中国高等院校建筑学科系列教材

# 计算机辅助建筑表达与分析

同济大学

龚华　孙澄宇　李丽　刘冠鹏 编著

上海人民美術出版社

**图书在版编目（CIP）数据**

计算机辅助建筑表达与分析／龚华等编著．－上海：上海人民美术出版社，2010.02
（中国高等院校建筑学科系列教材）
ISBN 978-7-5322-6343-1

Ⅰ.计... Ⅱ.①龚... ②孙... ③李... ④刘... Ⅲ.建筑设计：计算机辅助设计－高等学校－教材 Ⅳ.TU201.

中国版本图书馆CIP数据核字（2009）第112376号

中国高等院校建筑学科系列教材

**计算机辅助建筑表达与分析**

编　　著：龚　华　孙澄宇　李　丽　刘冠鹏
责任编辑：姚宏翔
统　　筹：赵春园
封面设计：孙豫苏
技术编辑：陆尧春
出版发行：上海人民美术出版社
（上海长乐路672弄33号）
网　　址：www.shrmms.com
印　　刷：上海丽佳制版印刷有限公司
开　　本：889×1194　1/16　11.5印张
版　　次：2010年2月第1版
印　　次：2010年2月第1次
书　　号：ISBN 978-7-5322-6343-1
定　　价：45.00元

# 目 录

# 序

**戴复东　中国工程院院士　同济大学博士生导师**

《中国高等院校建筑学科系列教材》即将出版。这是一件有意义的事。

现在，在一些人的思想中，还存在着下述的问题：即现在电脑发展非常迅速，也逐渐成熟，可以进行各种方式的绘图工作。所以建筑系和学院的学生们是不是需要学习美术？或者是不是需要花这么多时间学习这么多内容的美术等问题。这些是一种实际存在的社会分工现象，但作为建筑教育来说，我们应当怎样去正确认识呢？

广义的建筑是我们人类为了生存、生活的需要，自己不断去创造出新的、尚不存在的人工环境和自然环境，或是改造不合用的现存、已有的人工和自然环境。而这些环境都是由物质构成的，都是以一定的空间、实体的形态而存在的。在经济条件允许和技术条件可能的情况下，应当将这些环境设计建造或改造得更适用些、更舒适些、更赏心悦目些，这就是人类发展的基本要求。如何才能做到这一点呢？这就要靠规划、建筑、园林和环境设计人才了。而这些人才正是在大学建筑系或学院内各个专业所培养的对象。要学习和学会做好以上的工作，除了要进行逻辑思维的学习训练以外，对空间、实体的变化处理和运作方面需要非常重要的基础理论、基本知识和基本方法，是终身受用的基本功夫。这就一定要进行一定时间和内容的形象思维的基础学习训练。这一基础培养的任务，主要是通过美术课程的教学来进行。因为通过各项美术课程的学习，学生们才会通过绘画的对象，经过大脑的认识、组织、分析，逐步加深对空间、实体的物质对象各种关系的认识和理解，才能铭记在思想中，而得到形象与空间的辨别力和想象力。

其次，规划、建筑、园林和环境的设计人员们首先应当知道在空间、实体、形态的处理上，如何满足客观实际的要求而进行设计。但是设计人员往往不是投资人，也不是决策人。所以设计人员应当有办法将自己的规划设计构想使他人，特别是投资者、决策者和有关领导能够知晓、理解。同时，设计人员也应当对自己看见的形象和想法是不是合乎客观实际，是不是好，有一个充分的了解。这就要求设计人员自己能有对空间、实体和形态的手头表达能力。如何才能做到这一点呢？当然各种表达能力可以用立体的模型、各种透视和鸟瞰的表现图等等。而这些表达方式现在已经泛商业化了，可以由专门做模型的公司和制作表现图的公司来操作。从表面上看，似乎各种设计人员可以不要掌握这些技巧了。但是通过大量的实践表明，用商业化的办法由别人操作是需要的，也是可能的，但这样做会费时费钱，而别人制作的东西是否符合设计者的想法、意图，需要由设计者来鉴定。如果自己不具有这种表达能力，就会使设计人员处在一种对自己的设计只能有一些似曾相识的地位。同时也无法在设计的初始探索阶段，随时随地快速作出调整修改。因此作为一个真正有水平、有能力的设计人员，能够用徒手或是借用建筑作图的方法，将所设计的对象及早地、比较符合实际地绘制出来，这应当是一种不可缺少的、非常重要的本领。要达到这一点，最好在中学阶段就开始培养自己这方面的兴趣和能力，大学后再进行专门的、序列和系列的各种学习训练，必须在系列美术课程中进行，当然，从大学开始训练也是可以的。这样，就可以打下较强的专业基础。设计工作有时就好比军事竞赛一样。今天，虽然有了各种各样新式武器，但是要取得战争和战斗的胜利，首先要求指挥员有智慧和魄力的决策、布署，各军种的匹配，而最后战士的体魄、基本训练、单兵的作战能力仍占有极为重要的作用。

再者，世界是五彩缤纷的，而且搭配和组合得令人心旷神怡或是激情荡漾，我们要创造的人工和自然环境是千变万化的。因此我们设计人员要认识它们、理解它们和再现它们，这也是很不容易的事，这就有赖于我们在色彩绘画课程中打下的坚实基础。

上述的各种基础训练完成以后，如何与广义的建筑和建筑表现方式结合起来，也需要有一个重要的磨合过程。在这份教材中就坚实地向前跨出了一步。重视了学习美术基本功和广义建筑表现图中各领域、系列和序列之间的融合和匹配。

此外对于为人类创造美好环境的人才来说，在大学的专业教学中，对美的教育和培养，对国内外美术和艺术的历史发展等等都应当有计划、有步骤地对学生进行教育培训，以扩大他（她）们的眼界，加深他（她）们的认识和理解。希望他（她）们广闻博览、兼收并蓄、博采众长，为人类创造更美好的环境打下坚实的基础。

这些就是美术课程教学的主要目的，也是本系列教材发挥的重要作用。

# 绪论　CAD 简介与基本概念

CAD(Computer Aided Design) 含义是指计算机辅助设计，AutoCAD 是由美国 Autodesk 公司开发的一款绘图软件，主要用于二维和三维设计、绘图以及输出、共享。是目前世界上应用最广的 CAD 软件，市场占有率位居世界第一。其涉足的主要行业有城市规划、建筑、测绘、机械、电子、造船、汽车。

美国 Autodesk 成立于 1982 年 1 月，并于 1982 年 10 月发布了 AutoCAD 1.0 版，在二十多年的发展过程中，该公司不断丰富和完善 AutoCAD 系统，使该软件从最初一个简单的绘图软件提升为一个设计软件，其数据信息可以在多种软件中得以继承，并初步实现了从设计到建造的无纸化运作。目前 AutoCAD 公司推出的最新版本是 AutoCAD 2010。

AutoCAD 是一款矢量的图形软件，图形的创建和编辑都是以真实的尺寸在三维坐标系中输入的，这与 Photoshop 等位图软件不同，文件所占硬盘空间较小，最后图形输出无论是什么尺寸都是清晰的。

# 第一章 AutoCAD 软件介绍与基本操作

## 1.1 软件界面

中文版 AutoCAD 2008 的界面以及操作与 Windows 平台上的其他软件很相似，其界面主要包括标题栏、菜单栏、工具栏、绘图窗口、命令提示栏及状态栏，如图 1-1-1、1-1-2 所示。

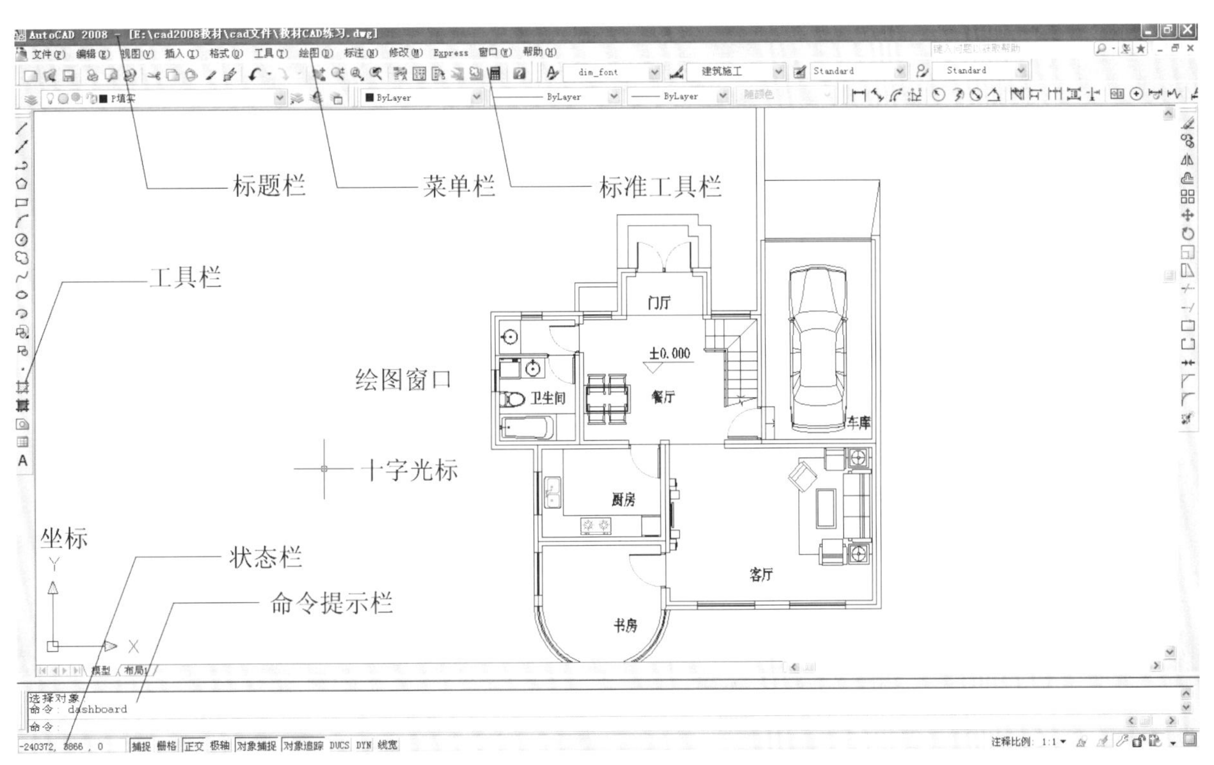


图 1-1-1 AutoCAD 2008 的界面一（经典界面）

**标题栏**：和 Windows 系统中大多数打开的应用程序窗口的标题栏一样，AutoCAD 2008 标题栏在左上角，显示当前在运行的程序名称及程序在操作的文件名称。

**菜单栏**：在标题栏的下面，任何菜单命令都可以有一个下拉菜单，用户可以选择相应的命令进行操作，如图 1-1-3 所示。

**工具栏**：AutoCAD 2008 提供了三十多个工具，点击工具栏可以方便地实现各种操作，工具栏是代替菜单命令的一种简便工具。工具栏的命令与下拉菜单的命令是一样的，但使用工具栏比下拉菜单更为直接方便。在系统默认的状态下 AutoCAD 2008 的操作界面上有“标准”、“图层”、“样式”、“对象特性”、“绘图”和“修改”6 个工具栏，用户可以在已有的工具栏上用鼠标右击，弹出工具栏快捷菜单如 1-1-4 所示，然后再点击所需的工具栏。

AutoCAD 2008 新增了“面板”这个集合的工具，面板工具包含了工具栏中所有的工具。

**绘图窗口**：绘图窗口是用户的工作区域，所做的一切操作都在这里显示，绘图区域有“模型”和“图纸空间”两种形式。可以点击模型和布局选项卡进行切换。

**命令提示栏**：命令提示栏是用户通过键盘输入命令、提示用户输入数据以及记录操作历史的区域，在界面的底部，可以通过鼠标的拖动放大或缩小其范围，如图 1-1-5、1-1-6 所示。命令提示栏是 AutoCAD 特有命令输入方式，较之其他的图形编辑软件更为方便。虽然 AutoCAD 命令输入可以通过点击下拉菜单或工具栏来完成，但在实际的使用过程中，绝大部分的命令都是通过快捷键用命令提示栏输入来完成的。

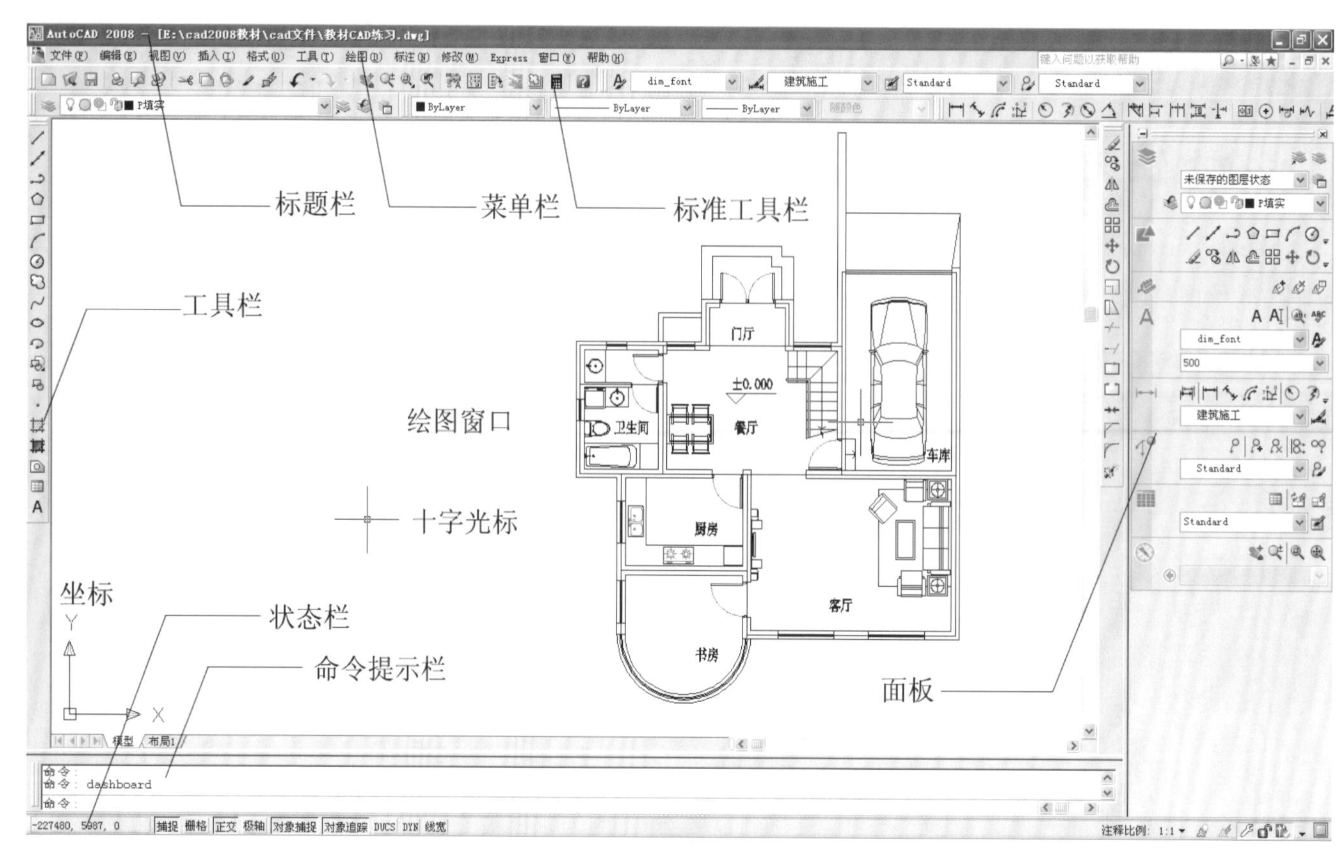


图 1-1-2 AutoCAD 2008 的界面二（面板为新增工具）

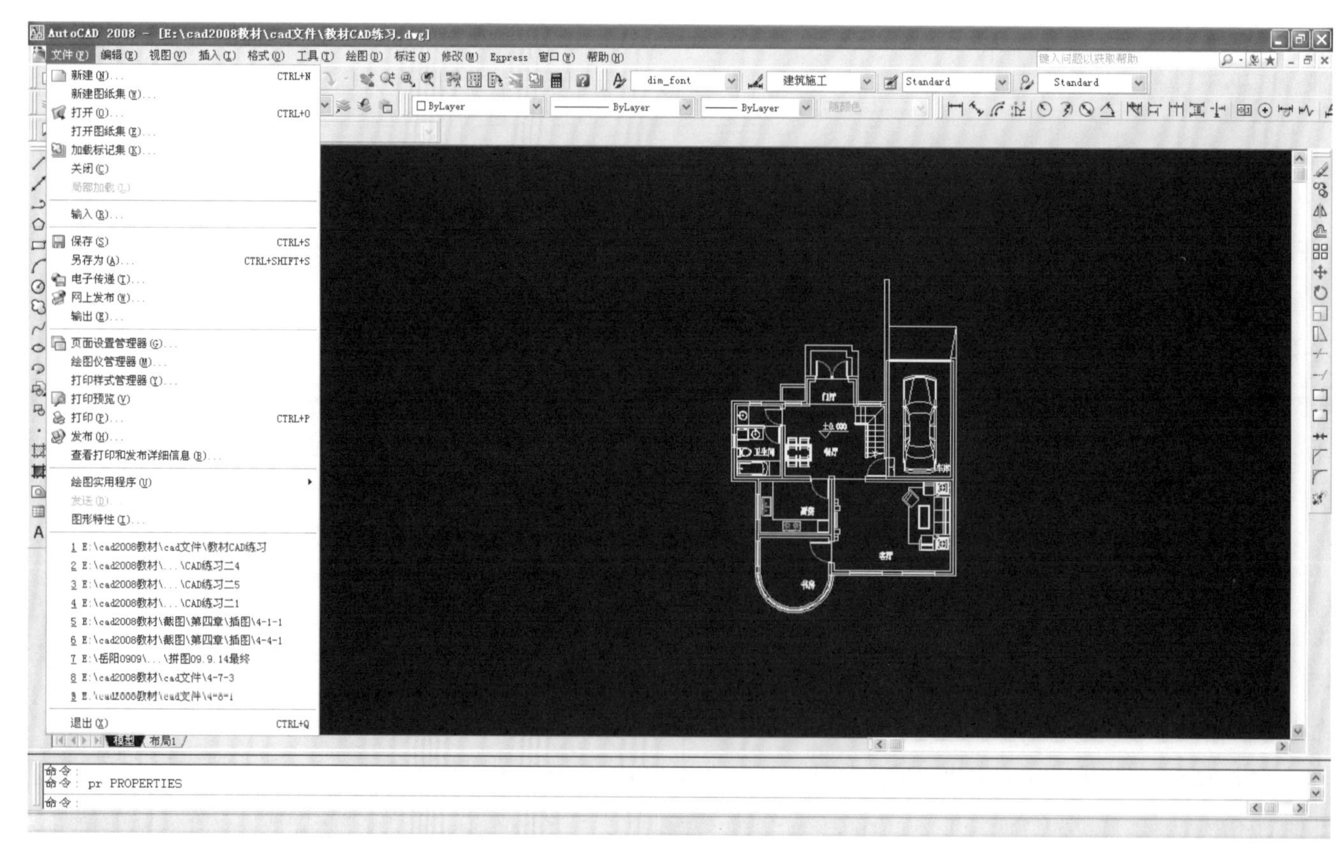


图 1-1-3

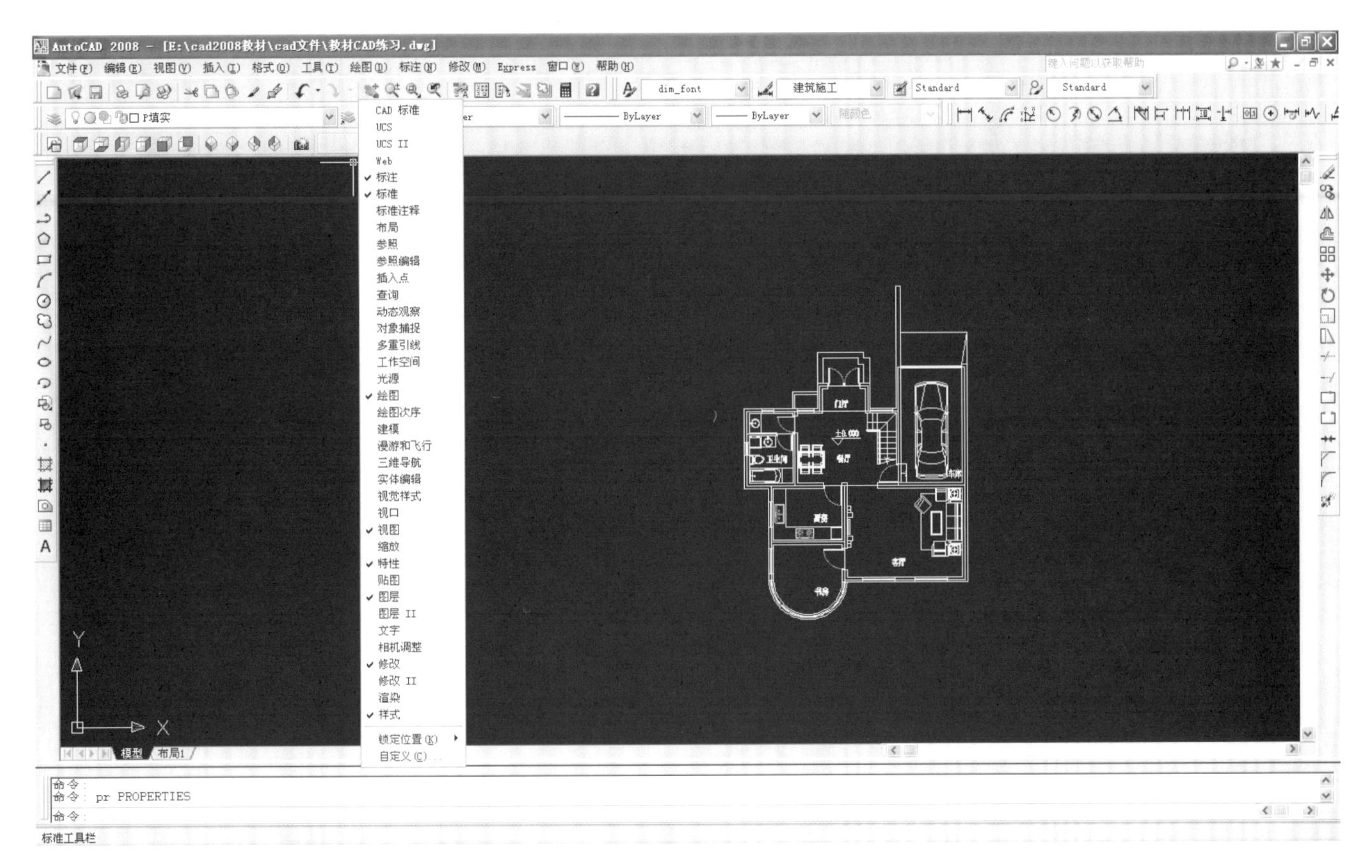
AutoCAD 2008 - [E:\cad2008教材\cad文件\教材CAD练习.dwg]
文件(F) 编辑(E) 视图(V) 插入(I) 格式(O) 工具(T) 绘图(D) 标注(N) 修改(M) Express 窗口(W) 帮助(H)
dim_font
建筑施工
Standard
Standard
ByLayer
ByLayer
CAD 标准
UCS
UCS II
Web
标注
标准
标准注释
布局
参照
参照编辑
插入点
查询
动态观察
对象捕捉
多重引线
工作空间
光源
绘图
绘图次序
建模
漫游和飞行
三维导航
实体编辑
视觉样式
视口
视图
缩放
特性
贴图
图层
图层 II
文字
相机调整
修改
修改 II
渲染
样式
锁定位置(K)
自定义(C)...
模型
布局1
命令：
命令： pr PROPERTIES
命令：
标准工具栏

图 1—1—4

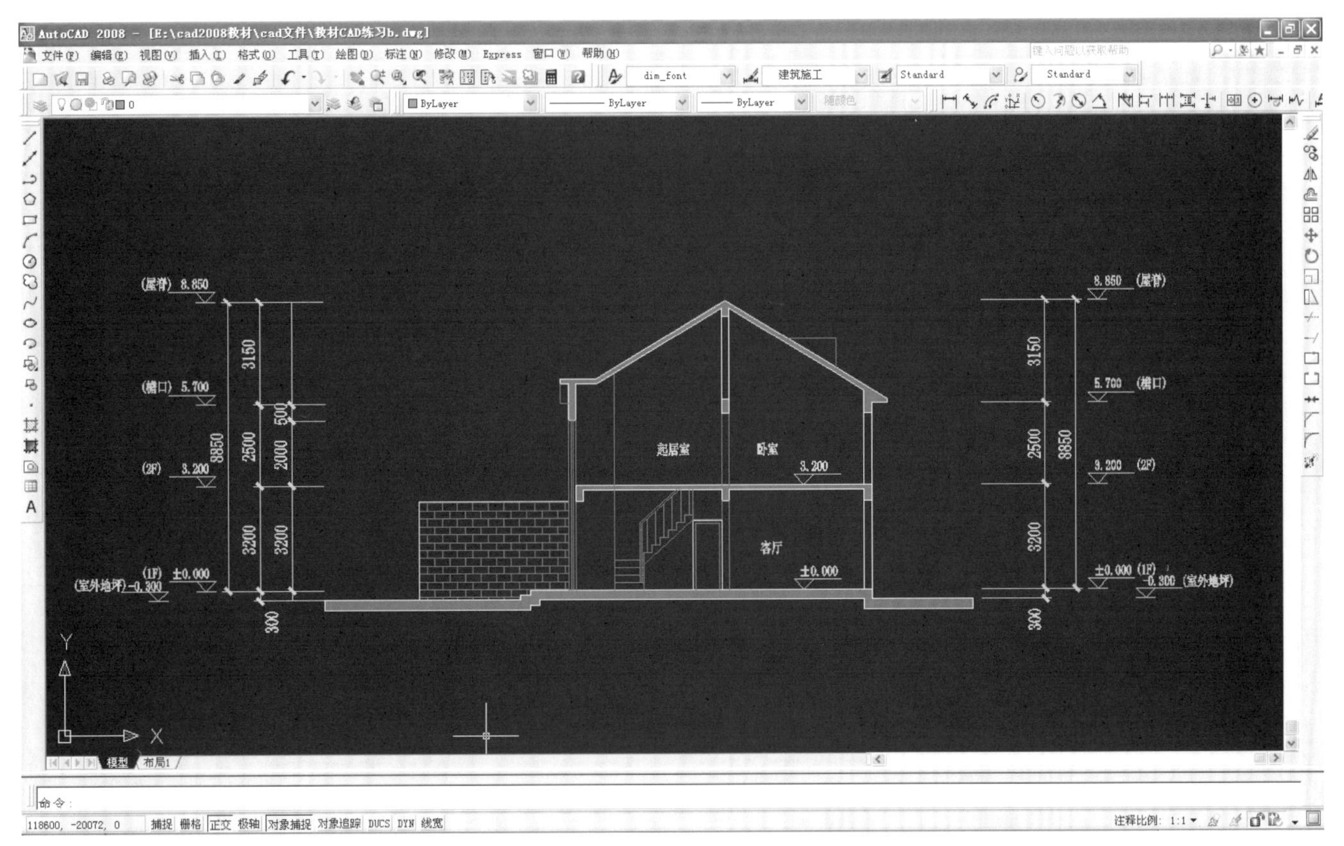
AutoCAD 2008 - [E:\cad2008教材\cad文件\教材CAD练习b.dwg]
文件(F) 编辑(E) 视图(V) 插入(I) 格式(O) 工具(T) 绘图(D) 标注(N) 修改(M) Express 窗口(W) 帮助(H)
dim_font
建筑施工
Standard
Standard
ByLayer
(屋脊) 8.850
(檐口) 5.700
(2F) 3.200
(1F) ±0.000
(室外地坪) -0.300
3150
2500
3200
500
2000
8850
300
起居室
卧室
客厅
3.200
±0.000
8.850 (屋脊)
5.700 (檐口)
3.200 (2F)
±0.000 (1F)
-0.300 (室外地坪)
模型
布局1
命令：
118600, -20072, 0
捕捉 栅格 正交 极轴 对象捕捉 对象追踪 DUCS DYN 线宽
注释比例：1:1

图 1—1—5

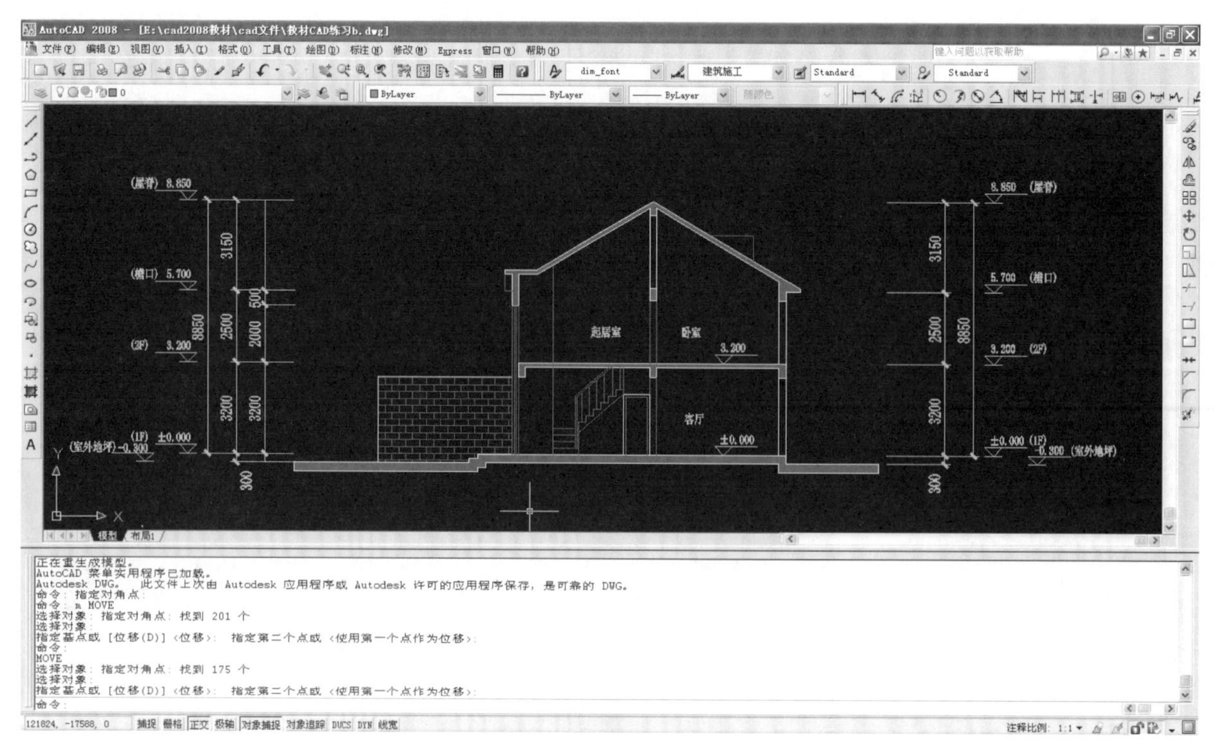


图 1—1—6

特别提示：AutoCAD 常用的命令都有默认的快捷键，这些快捷键的列表在下拉菜单 - 工具 - 自定义 - 编辑程序参数（acad.pgp）里面，这是一个文本格式（.txt）的文件，用户若需要修改或增加快捷键，只要修改文本并保存，当重新启动 AutoCAD 时，这些快捷命令就会生效，如图 1-1-7。

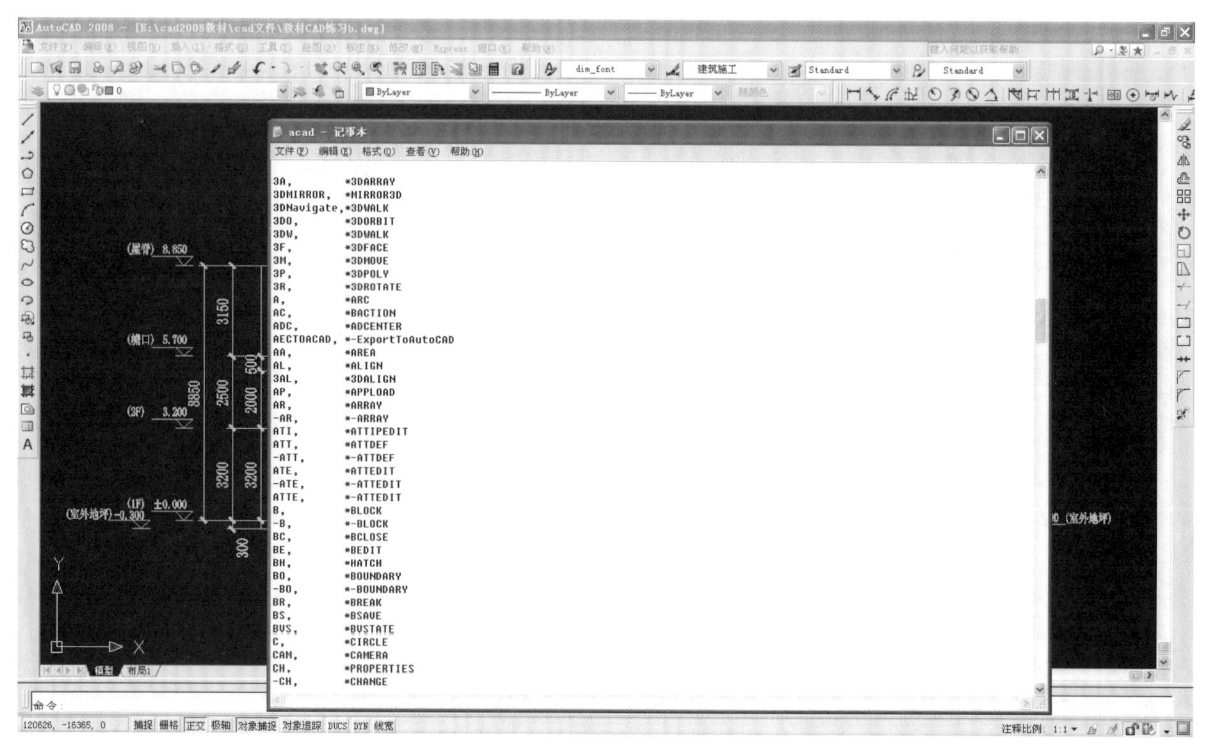


图 1—1—7

**状态栏**：状态栏位于 AutoCAD 2008 的工作界面的最底部。状态栏左侧显示十字光标当前的坐标位置，右侧显示辅助绘图的几个功能按钮，这几个按钮分别是：捕捉、栅格、正交、极轴、对象捕捉、对象追踪、DUCS（允许 / 禁止动态 UCS）、DYN（动态输入）、线宽、模型。这些按钮的具体用法将在以后的章节中详细讲解。

# 1.2 视图操作

视图操作是图形编辑软件中非常重要的一个环节，掌握了视图控制的要领，将大大提高你的工作效率，AutoCAD 2008 提供了大量的视图操作命令，这些命令可以通过四种方法实现，一是下拉菜单，二是工具栏，三是输入命令，四是通过鼠标的滚轮及移动鼠标。AutoCAD 的视图操作分一般命令以及三维视图专用的视图操作命令。下拉菜单的视图操作命令，如图 1-2-1 所示。

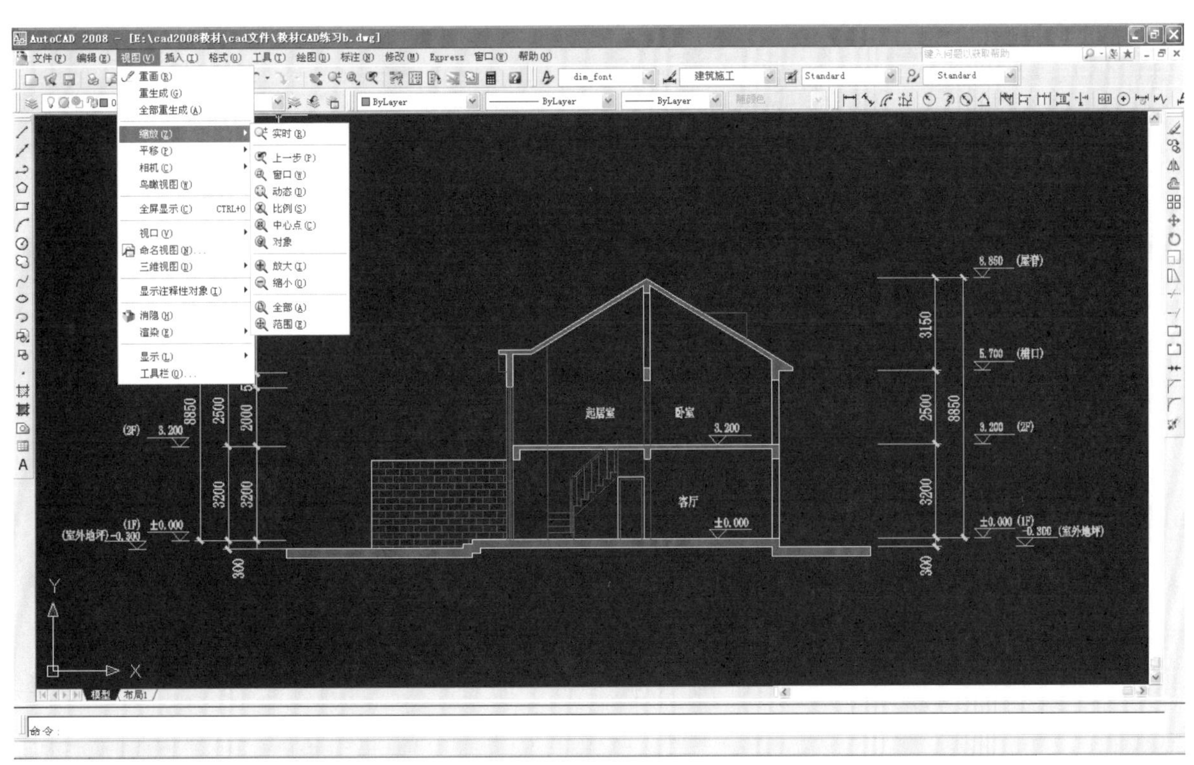


图 1-2-1

虽然 AutoCAD 视图操作的命令很多，但实际操作中最常用的只有三种：

实时缩放（ZOOM-R），滚动鼠标中键，往前为放大，往后为缩小。

范围缩放（ZOOM-E），在屏幕上显示全部图形的范围，双击鼠标中键。

实时平移（PAN），按住鼠标中键，移动鼠标。

# 1.3 设置（格式）

操作环境和对象特性的设置是操作前非常重要的步骤，而很多初学者往往忽略这一点。AutoCAD 的对象有很多的特性，目的是为了操作过程中对对象进行有效的管理以及控制。操作环境及对象的性状，就像我们手绘时先要选一张什么样的纸，什么样的笔，只是和手绘不一样的是这些特性在绘图过程中以及绘图结束时都可以修改。AutoCAD 2008 的设置（格式）命令都在下拉菜单“格式”这一列，这些设置包括图层、图层状态管理器、颜色、线型、线宽、比例缩放列表、文字样式、标注样式、表格样式、多重引线样式、打印样式、点样式、多线样式、单位、厚度、图形界限，如图 1-3-1 所示。这些设置会结合练习详细讲解。

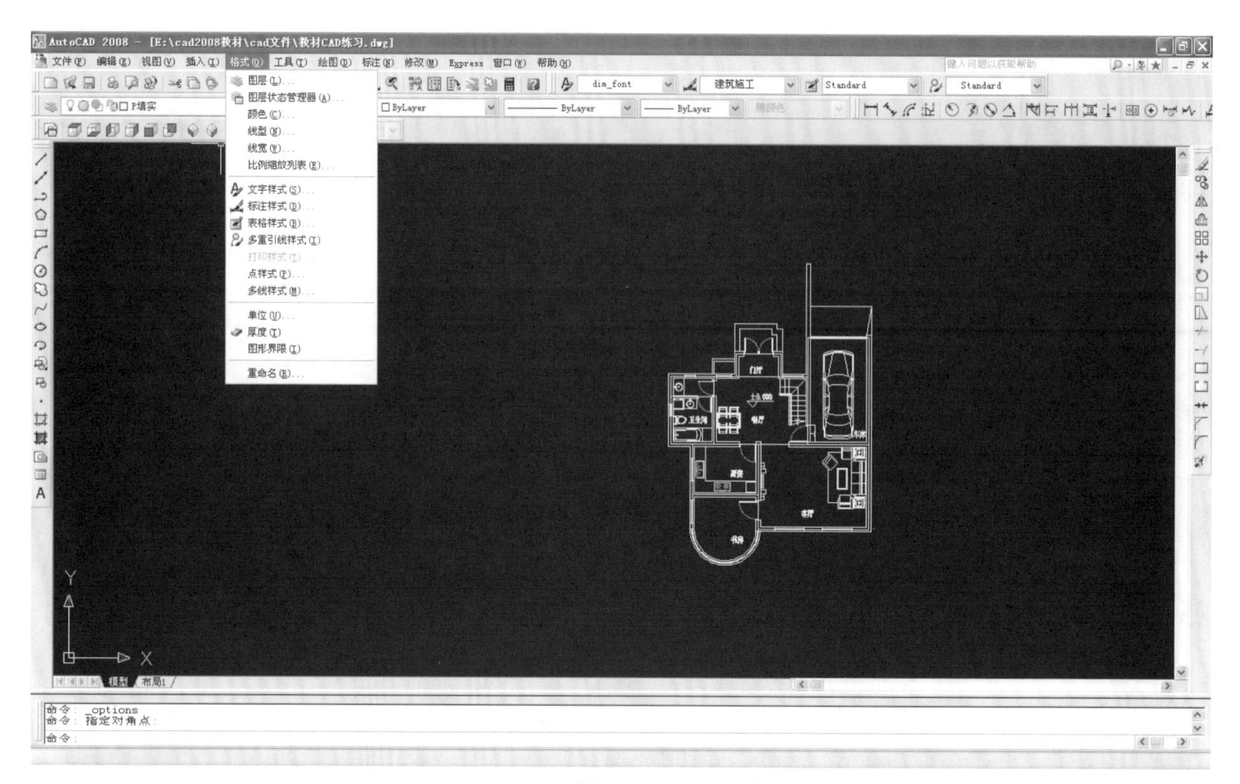


图 1–3–1

# 1.4 对象特性

**对象特性命令**：PROPERTIES

**命令调用**：下拉菜单 - 工具 - 选项板 - 特性；工具栏 - 标准 - 对象特性 ；默认快捷键 PR。

**命令详解**：对象特性工具板包含了所选中对象的所有信息，其中主要特性有：基本、三维效果、几何图形。对象的基本特性包含了对象的颜色、图层、线型、线型比例、打印样式、线宽、超链接、厚度；三维效果是指对象在渲染视图中的材质；而几何图形是指对象的坐标点、宽度以及标高、面积和长度。对象的特性工具板的功能一方面是可以显示和查询对象的特性，另一方面是可以在面板中进行修改对象的各种属性，如图 1-4-1 所示。

# 1.5 特性匹配

**命令调用**：下拉菜单 - 修改 - 特性匹配；工具栏 - 标准 - 特性匹配 ；默认快捷键 MA。

**命令详解**：特性匹配也称格式刷，是一个使用简单方便、效率非常高的命令，也是 AutoCAD 使用频率很高的一个命令。特性匹配的原理是，选取源对象，然后将源对象的特性匹配到所选的新对象上，命令使用可以先点取源对象，再调用命令，也可以先调用命令，再点选源对象，当十字光标变成刷子模式后，拾取新对象，点选、框选都可以。由于 AutoCAD 对象的特性非常多，有些对象不需要匹配时，用户可设置选项，当十字光标变成刷子模式后，命令提示栏有个选项 [ 设置（S）] 输入 S，按回车键或空格键或鼠标右键，即会跳出对话框，如图 1-5-1，用户可勾选不需要匹配的特性。

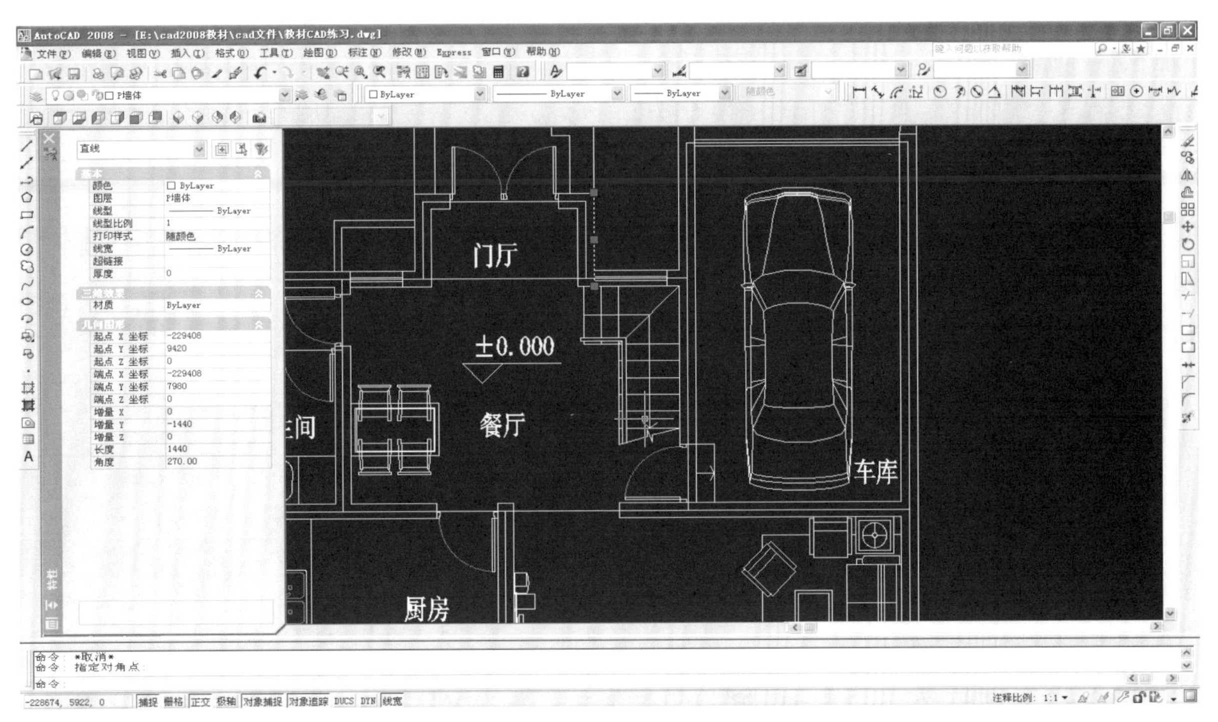


图 1—4—1

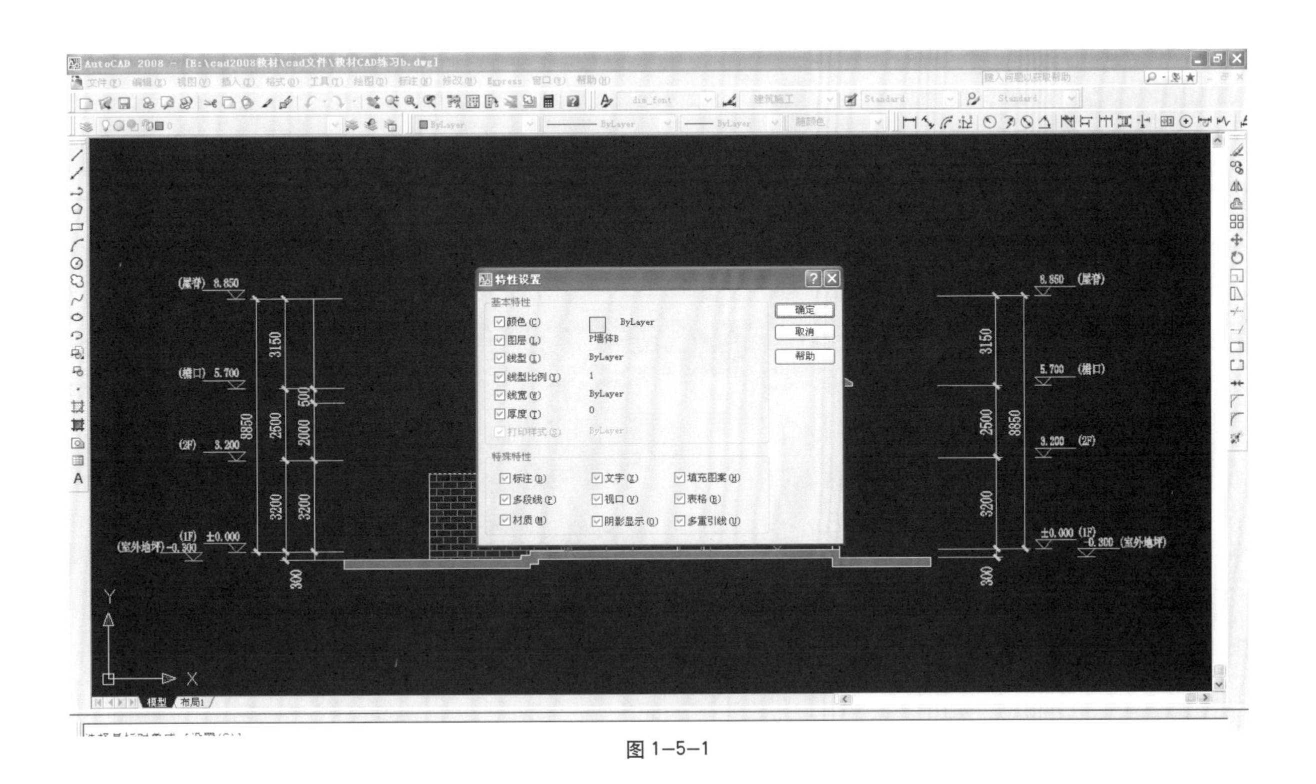


图 1—5—1

特别提示：AutoCAD 输入命令或选项后，可以有三种方法确认，一是按回车键，二是按鼠标右键，三是按空格键。

当用户勾选了系统快捷键（系统默认），按鼠标右键时，会跳出快捷命令菜单，再选“确认”，如图 1-5-2、1-5-3 所示；按空格键不会弹出快捷命令菜单。如果用户在按鼠标右键时不需要弹出快捷命令菜单，可以将工具－选项－用户系统配置中的“绘图区域中使用快捷菜单”勾选掉，如图 1-5-4 所示。不使用快捷菜单，当命令结束，再按鼠标右键时，系统就会自动重复上一个命令（按空格键同），在大多数情况下，绘图的效率会更高。本书在后面所提到的所有“确认键”都是指这三种确认方式的某一种。至于用户喜欢哪一种确认方式，是否要将“绘图区域中使用快捷菜单”勾选掉，看用户自己的使用习惯。对于大多数用户来说，输入命令后用拇指按空格键确认是最有效的方式。

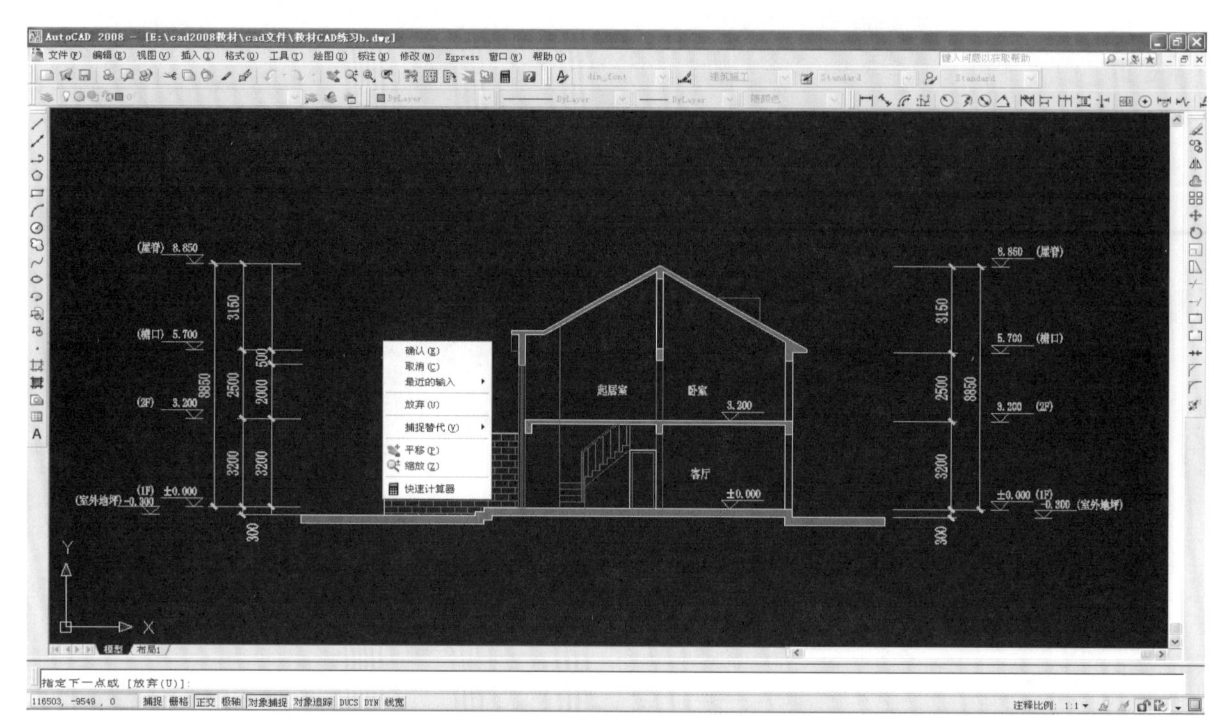


图 1-5-2

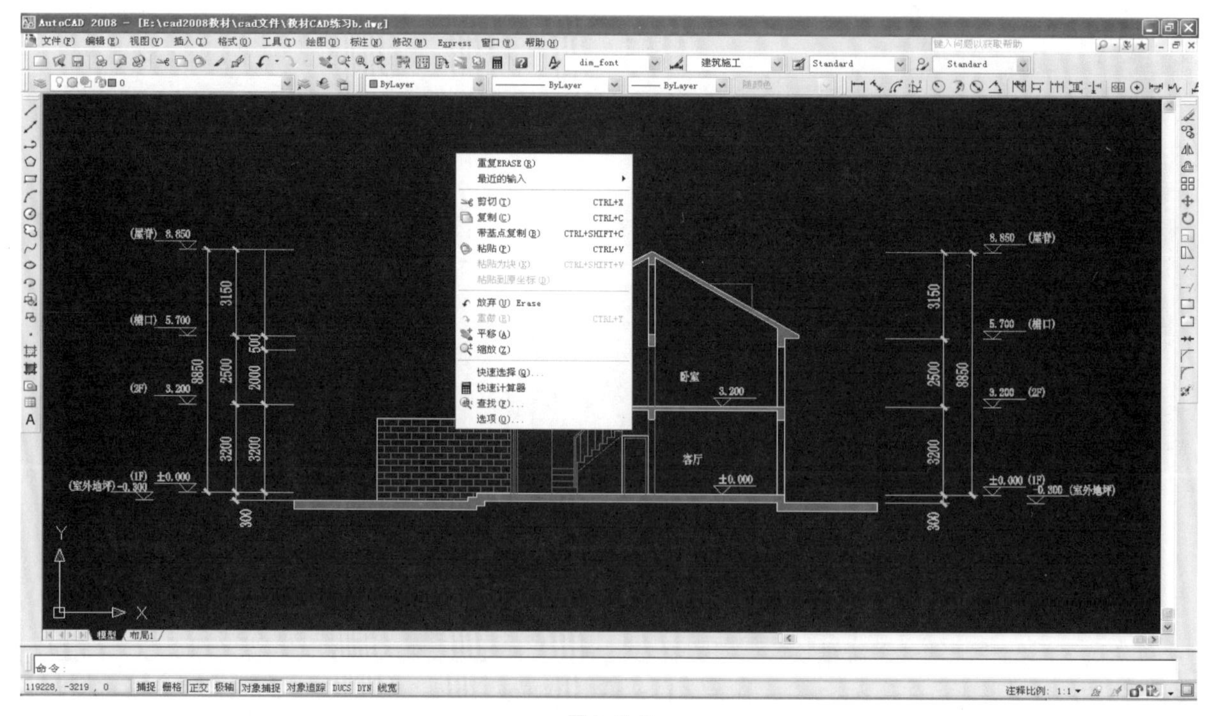


图 1-5-3

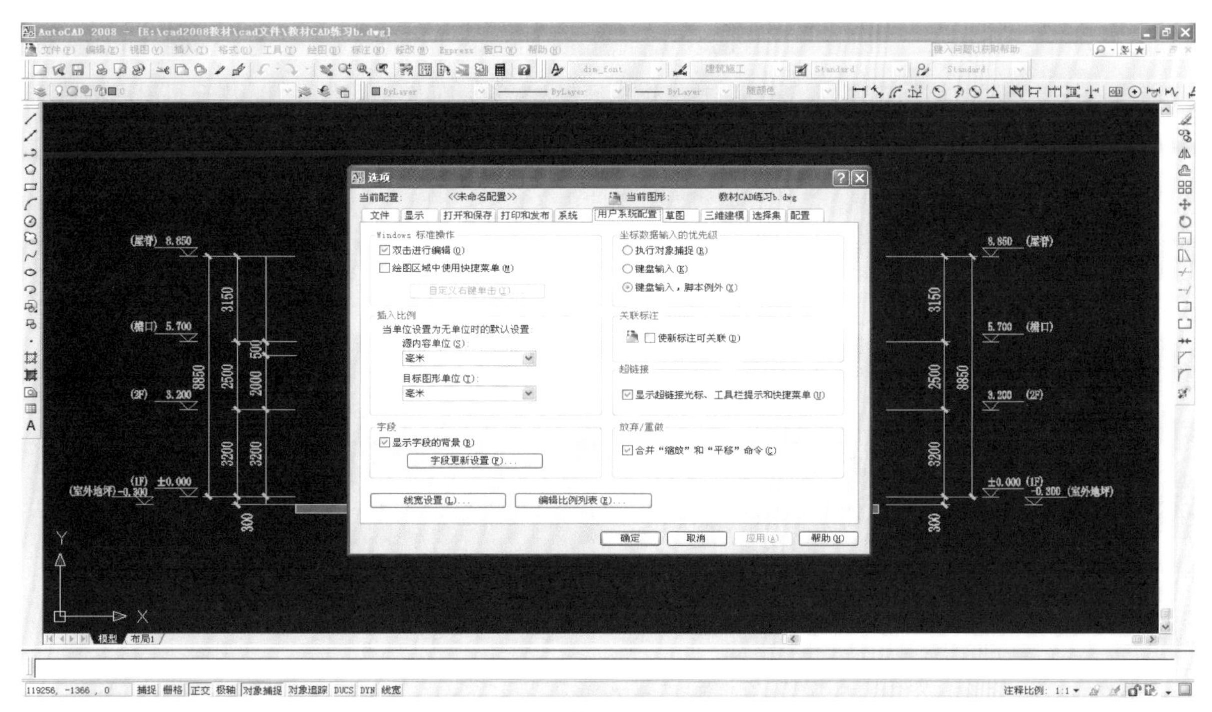

图 1–5–4

# 1.6 捕捉

AutoCAD 这个软件的特点是所有的图形对象都有精确的尺寸，对象和对象之间的关系也是非常精确的，比如端点重合、相切、垂直等等，都是一丝一毫不差的。这是因为图形的尺寸都是由图形生成的，如果图形尺寸不精确，那么工程图就起不了应有的作用。“捕捉”就是为绘图精确而设置的重要选项。

## 1.6.1 捕捉设置

把鼠标移动至屏幕最下端功能按钮“捕捉”按右键单击“设置”，跳出对话框，如图 1-6-1 所示，再点击“对象捕捉”即进入捕捉设置，AutoCAD 2008 提供了 13 个捕捉模式的设置，如图 1-6-2 所示。

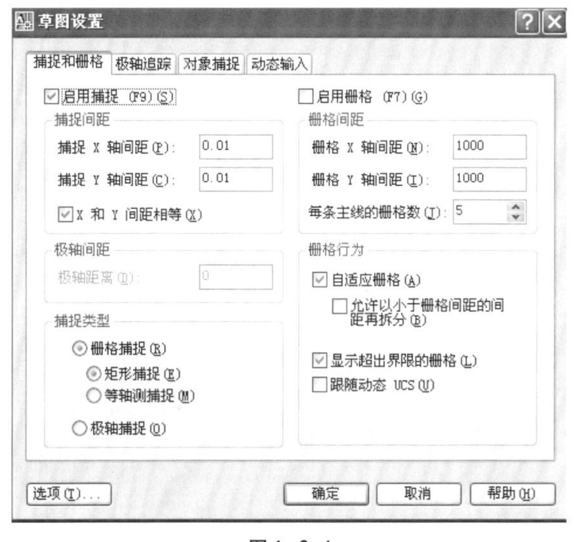


图 1–6–1

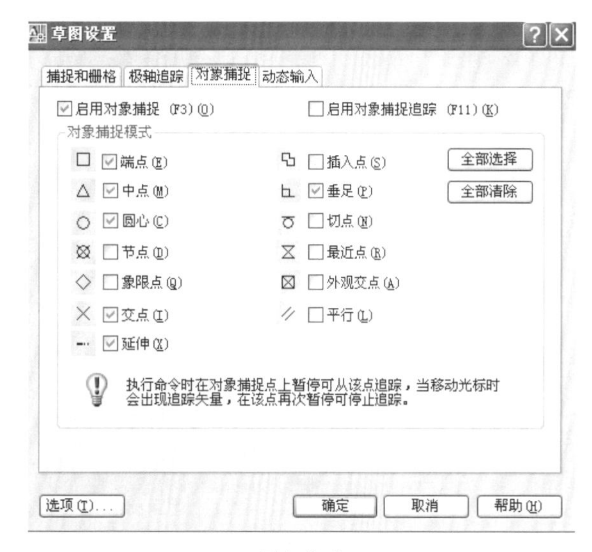


图 1–6–2

特别提示：捕捉并不需要全部打开，如果全部打开，在快速绘图时反而会适得其反，在一般的绘图过程中常用的捕捉模式有“端点”、“中点”、“圆心”、“交点”、“垂足”。在命令进行过程中，有时需要一个没有设置的捕捉点，这时可以按“Shift+鼠标右键”，会临时弹出优先捕捉对话框，如图 1-6-3 所示，用户可以点选要临时捕捉的点。捕捉的开和关可以用鼠标单击功能按钮，也可以按 F3 切换。

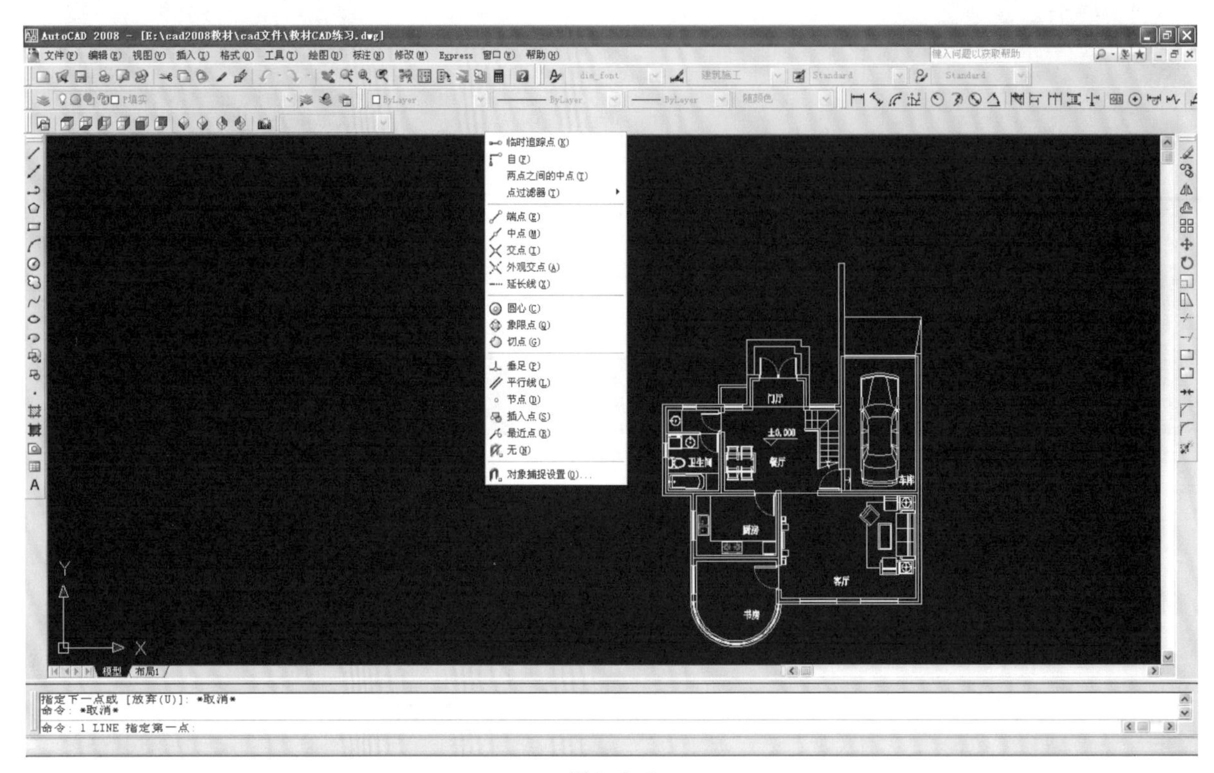


图 1-6-3

## 1.6.2 极轴追踪

极轴追踪是指在绘图和编辑过程中方向锁定在设定的某个角度上，使用方法是当鼠标在某一个方向移动时，屏幕会出现一根虚线，在虚线上确定点，即完成方向锁定如图 1-6-4 所示。极轴默认设置的角度有 90°、45°、30°、22.5°、18°、15°、10°、5°，也可以新建。极轴常用的角度有 90°、45°、30°。

极轴的设置和捕捉设置在同一个对话框上，如图 1-6-4。极轴的切换开关是 F10。

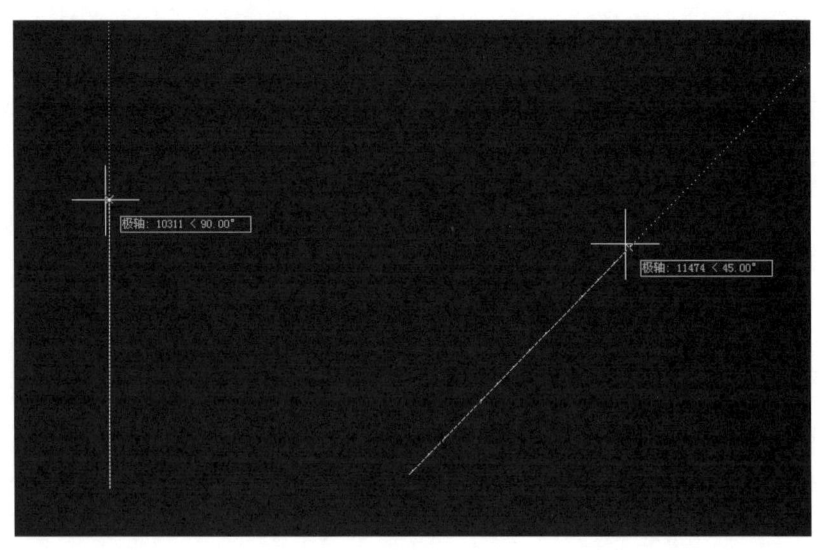


图 1-6-4

## 1.6.3 对象追踪

对象追踪是极轴和捕捉结合的追踪捕捉，其捕捉点不在对象身上，而在对象外面，比如，要捕捉一个矩形的核心点，但核心点并存在线，这时可以运用对象追踪，先捕捉矩形一个方向的中点，沿极轴虚线移动，再捕捉矩形另外一个方向的中点，再沿极轴移动，两个极轴的交点即为捕捉点，如图 1-6-5 所示。对象追踪的切换开关是 F11。

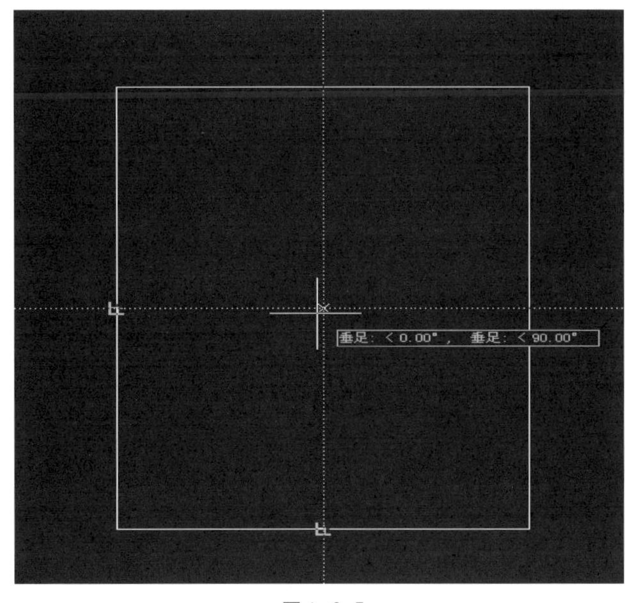


图 1-6-5

**特别提示：极轴追踪和对象追踪并不需要在绘图过程中一直开着，只是看图形的形态特征才选择开关，要不在屏幕经常出现虚线，反而会引起混乱。**

# 1.7 查询命令

查询命令用于查询对象和对象之间的信息，主要包括图层、空间、坐标、长度、面积、周长、距离、修改时间等。查询命令分列表查询、距离查询、面积查询、坐标查询、时间查询等。

## 1.7.1 列表显示命令：LIST

**命令调用：**下拉菜单－工具－查询－列表显示；工具栏－查询－列表显示 ；快捷键 LI。

**命令详解：**拾取对象后，即跳出对象信息文本框，如图 1-7-1 所示，列表显示是查询命令中信息显示最完整的查询方式。

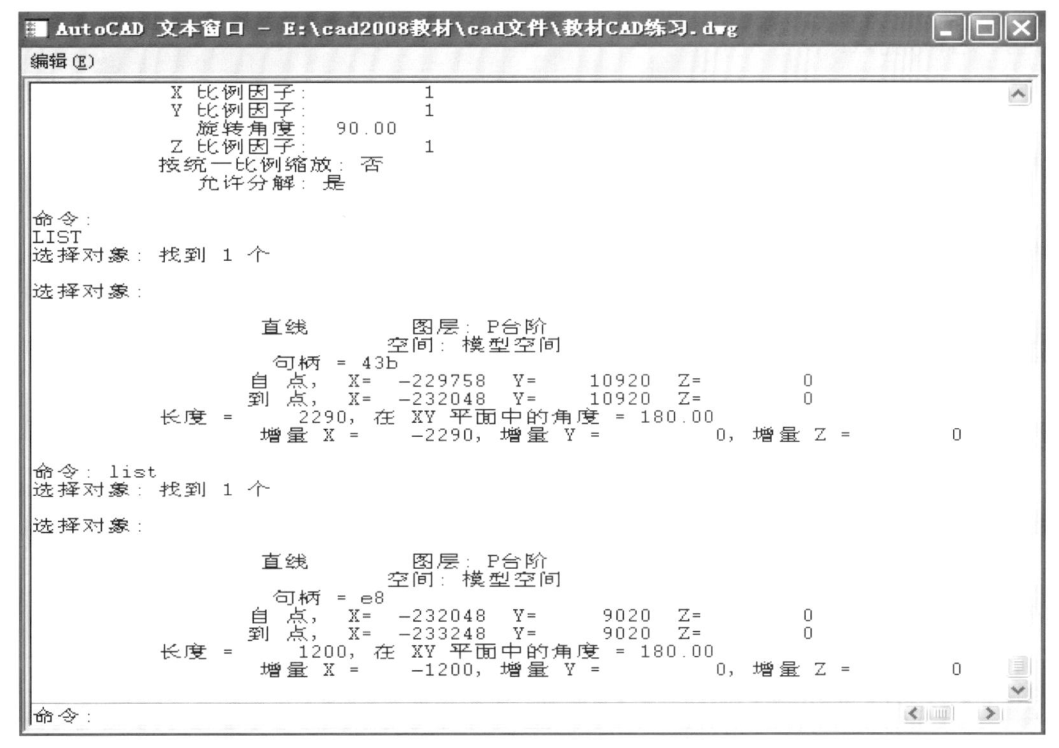


图 1-7-1

## 1.7.2 距离查询命令：DIST

**命令调用：**下拉菜单－工具－查询－距离；工具栏－查询－距离 ；默认快捷键 DI。

**命令详解：**在屏幕上拾取图形的两个点，命令提示栏显示两个点之间的距离。

## 1.7.3 面积查询命令：AREA

**命令调用：**下拉菜单－工具－查询－面积；工具栏－查询－面积 。

**命令详解：**命令调用后，状态栏有一个几个选项，输入 O，选取封闭的对象计算面积。输入 A 自动累计计算面积，输入 S 减选计算面积。如果直接点选，则计算所有点围合范围的面积。查询结果在命令提示栏显示。

## 1.7.4 点坐标查询命令：ID

**命令调用：**下拉菜单－工具－查询－点坐标；工具面板－查询－点坐标 。

**命令详解：**拾取点，在命令提示栏显示点 X、Y、Z 的坐标点。

## 1.7.5 时间查询命令：TIME

**命令调用：**下拉菜单－工具－查询－时间。

**命令详解：**该命令用于查询本文件的当前时间和此图形的各项时间统计，比如：创建时间、上次更新时间、累计编辑时间、消耗时间计时器等，如图 1-7-2。

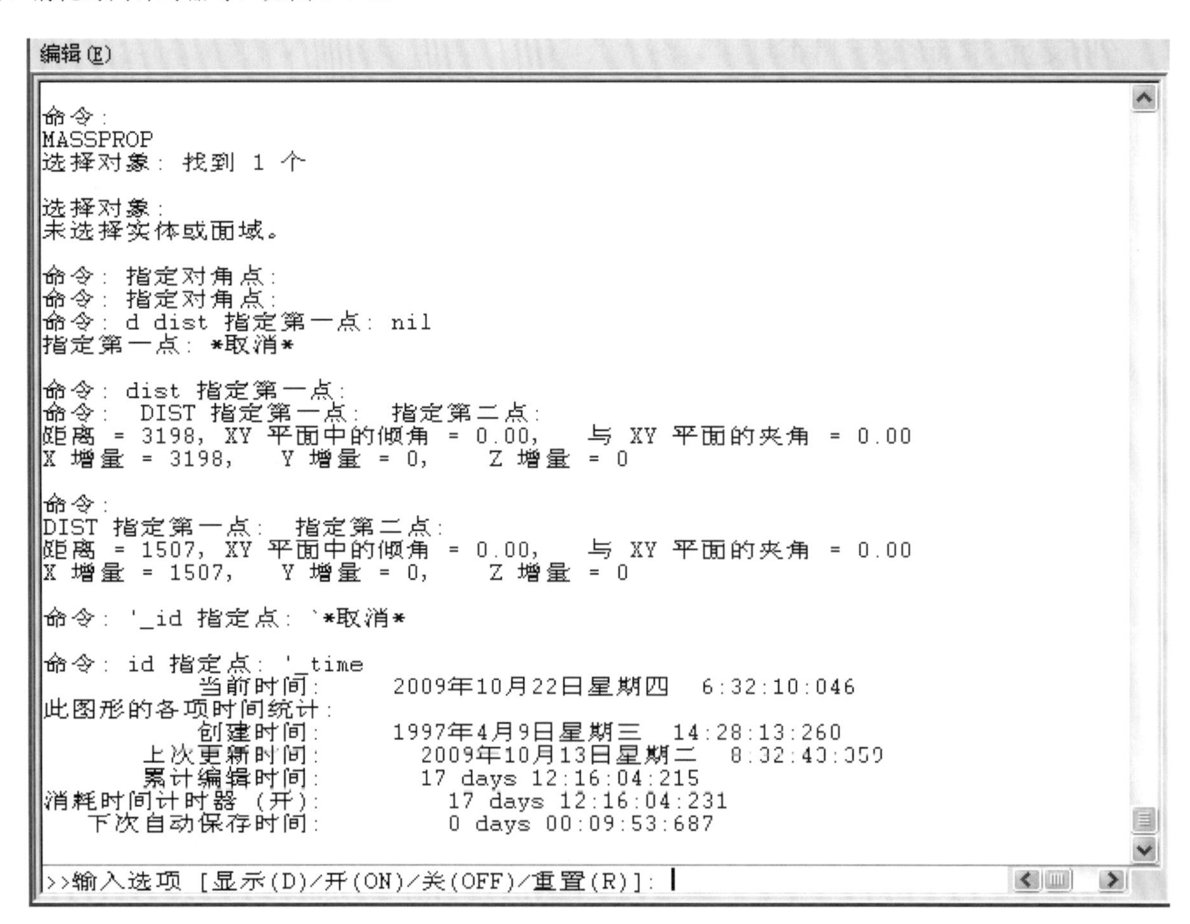


图 1-7-2

## 练习一：打开文件，视图操作，更改特性，查询对象面积、长度，保存文件

**步骤一**：启动 AutoCAD 2008，打开光盘文件“练习 2-2.dwg”。

**步骤二**：视图控制操作，用鼠标滚轮配合鼠标移动，放大、缩小、平移图形，双击中键显示图形范围，打开视图工具栏或下拉菜单，尝试其他视图操作方法。

**步骤三**：打开对象特性面板，在无命令的状态下，点击对象，对象出现蓝色夹点，然后在对象特性面板上修改颜色、图层、线宽（打开界面最下面的“线宽”功能按钮）。

**步骤四**：查询封闭对象的面积、线的长度。

**步骤五**：保存文件，使用下拉菜单，或点工具栏保存，或按功能快捷键“Ctrl+S”。

# 第二章　基本绘图功能

## 2.1 直线

**直线命令：**LINE

**命令调用：**下拉菜单－绘图－直线；工具栏－绘图－直线；默认快捷键 L。

**命令详解：**直线命令是绘图命令中最常用、最基本的命令，其用法非常简单，用鼠标在屏幕上指定第一点：鼠标左键单击线段起点，或按确认键延续上一个点；再指定下一点，按确认键结束命令。如果要绘制顶点重合的多段直线，则继续单击，最后按确认键结束命令。如图 2-1-1 所示，如果要绘制的线段闭合，输入 C 按确认键。如果回到上一个点，输入 U 按确认键，如图 2-1-2 所示。

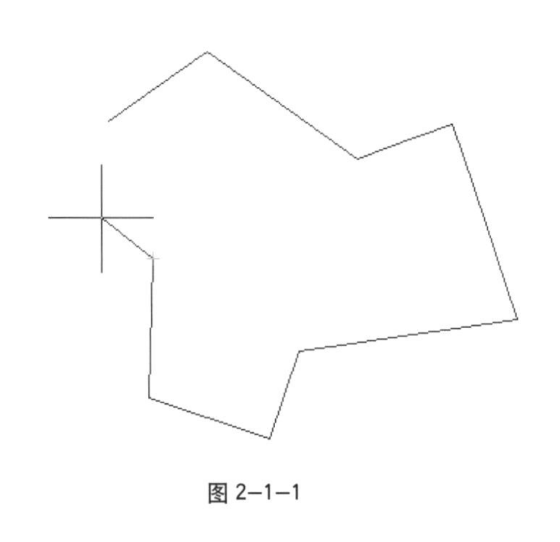

图 2-1-1

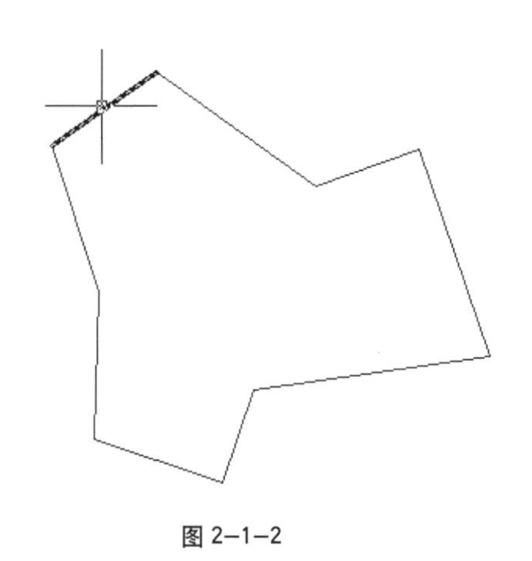

图 2-1-2

要绘制精确的起始点和终点，也可以直接输入坐标点，调用命令后，在命令提示栏输入 X，Y，Z 的绝对坐标点，例如 0，0，0 按确认键，那么线段的起始点在坐标的原点，再输入坐标或点选下一点。

当后一点需要精确的长度时，可以输入相对坐标，并按确认键，如 @2000，0，那么下一点在 X 方向的长度是 2000，Y 方向的长度为 0。相对坐标也可以不输入 @，先用鼠标拖动线的方向，然后直接在命令提示栏输入数据。

当“正交”开启时，二维直线只能在 XY 方向绘制。当“极轴”开启时，直线可以锁定在极轴设定的角度上。

**特别提示：在绘图和编辑的过程中，经常会遇到需要精确定位的情况，精确定位有绝对坐标点和相对的坐标点，绝对坐标点的输入方法是在命令提示栏输入 XYZ 向的数据，中间用逗号隔开，也即 X, Y 或 X, Y, Z，数据可以正也可以负。相对坐标点是相对于已确定的前一点或在编辑命令中的拾取点的坐标，可以正也可以负。相对坐标点的输入方法是在数据前加一个“@”，如 @X, Y 或 @X, Y, Z。**

## 2.2 射线

**射线命令：**RAY

**命令调用：**下拉菜单－绘图－射线

**命令详解：**射线是制定某个点而创建的单方向的放射线。

**指定起点：**选择起点 1

**指定通过点：**选择起点 2

**指定通过点：**选择起点 3

**指定通过点：**选择起点 4

**指定通过点：**选择起点 5

按确认键结束命令。射线的绘制可以直接用鼠标点取，也可以用鼠标拖动方向，然后输入角度，按确认键结束命令。如图 2-2-1 所示。

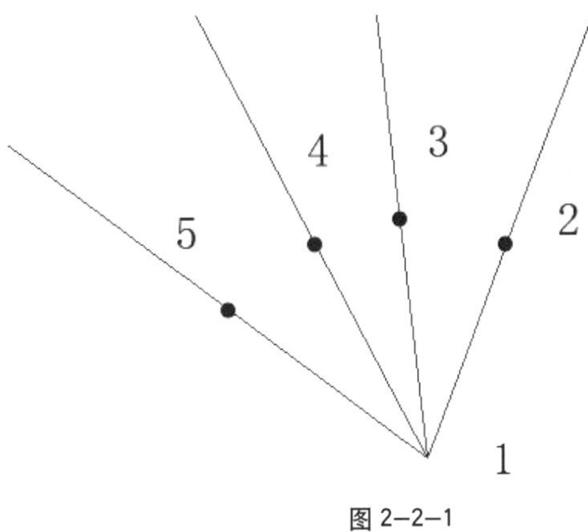


图 2-2-1

# 2.3 构造线

**构造线命令**：XLINE

**命令调用**：下拉菜单－绘图－构造线；工具栏－绘图－构造线 ；默认快捷命令：XL。

**命令详解**：构造线命令与射线命令有点类似，先确定一个点，然后绘制放射线，只是构造线的方向是双向无限延伸的。相对而言，构造线的功能要强得多，它不仅可以绘制放射线，也可以创建水平和垂直线或带角度的平行线。

## 2.3.1 一般构造线

**输入命令后，命令提示栏出现选项**：指定点或 [ 水平 (H)/ 垂直 (V)/ 角度 (A)/ 二等分 (B)/ 偏移 (O)]，若不作任何选项，直接在屏幕上指定起点，方法与射线一样。

**指定点或 [ 水平 (H)/ 垂直 (V)/ 角度 (A)/ 二等分 (B)/ 偏移 (O)]**：选择起点 1

**指定通过点**：选择通过点 2

**指定通过点**：选择通过点 3

**指定通过点**：选择通过点 4

**指定通过点**：选择通过点 5

通过点可以在屏幕上任意拾取，也可用鼠标指定方向，输入角度，按确认键，结束命令，如图 2-3-1 所示。

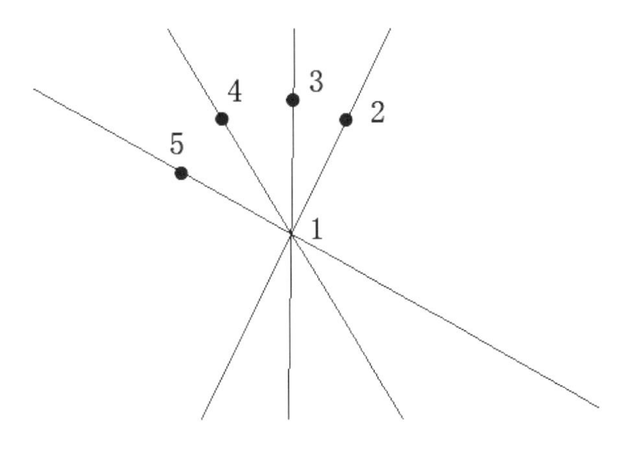


图 2-3-1

## 2.3.2 水平线 (H)

**指定点或 [ 水平 (H)／ 垂直 (V)／ 角度 (A)／ 二等分 (B)／ 偏移 (O)]**：输入选项 H，按确认键。拖动鼠标创建水平向的构造线，通过点可以在屏幕上拾取，也可在命令提示栏输入，按确认键。

**指定通过点**：选择通过点 1

**指定通过点**：选择通过点 2

**指定通过点**：选择通过点 3

**指定通过点**：选择通过点 4

**指定通过点**：按确认键结束命令，如图 2-3-2 所示。

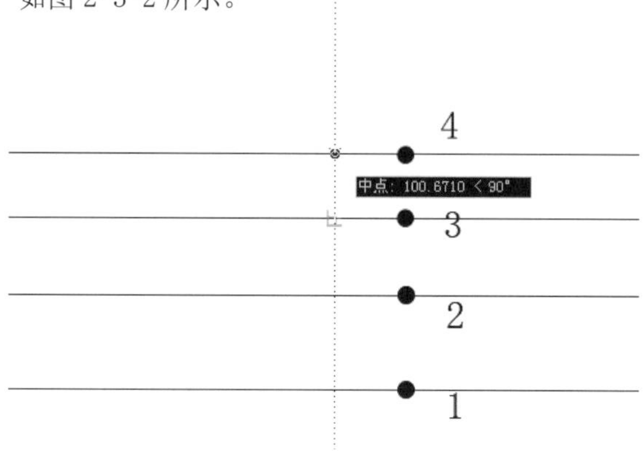


图 2-3-2

## 2.3.3 垂直线 (V)

**指定点或 [ 水平 (H)／ 垂直 (V)／ 角度 (A)／ 二等分 (B)／ 偏移 (O)]**：输入选项 V，按确认键。创建垂直向构造线。垂直向构造线的创建方法与水平向一样，如图 2-3-3 所示。

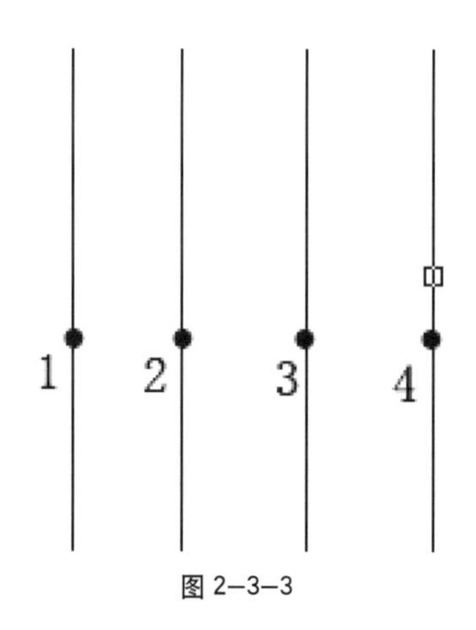


图 2-3-3

水平线和垂直线有时用来绘制建筑的轴线，但在建筑设计过程中轴线经常会调整，或者角度曲度有变化，加之构造线是无限延伸的，有些用户可能不习惯，所以一般建筑的轴线还是用“偏移”命令绘制比较常用。

## 2.3.4 角度 (A)

**指定点或 [ 水平 (H)／ 垂直 (V)／ 角度 (A)／ 二等分 (B)／ 偏移 (O)]**：输入选项 A，按确认键。

**输入构造线的角度 (O) 或 [ 参考 (R)]**：输入角度值，按确认键，或者输入参考 (R) 在屏幕上拾取直线作参考，按确认键，开始创建有角度的构造线。创建方法与水平和垂直线一样，如图 2-3-4 所示。

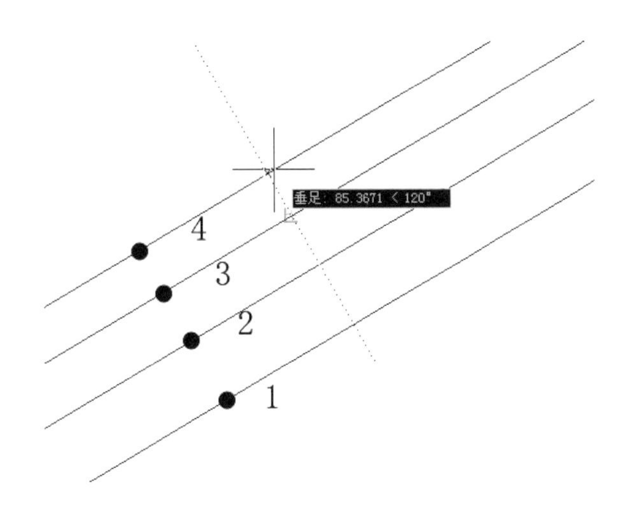


图 2–3–4

## 2.3.5 二等分 (B)

**指定点或 [ 水平 (H)/ 垂直 (V)/ 角度 (A)/ 二等分 (B)/ 偏移 (O)]**：输入选项 B，按确认键。

**指定角度顶点**：选择通过点 1

**指定角度起点**：选择通过点 2

**指定角度终点**：选择通过点 3

**指定角度终点**：按确认键结束命令，等分构造线用于平分两点之间的角度，如图 2-3-5 所示。

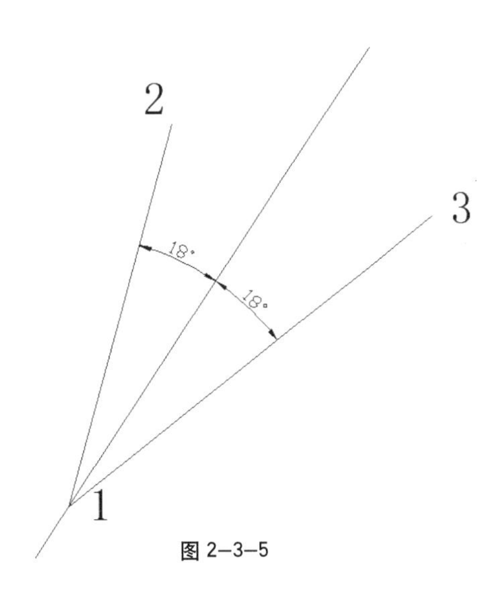


图 2–3–5

## 2.3.6 偏移 (O)

**指定点或 [ 水平 (H)/ 垂直 (V)/ 角度 (A)/ 二等分 (B)/ 偏移 (O)]**：输入选项 0，按确认键。

**指定偏移距离 [ 通过 (T)]<1.0000>**：输入距离，按确认键。

**选择直线对象**：在平面上拾取已有的直线。

**指定向哪侧偏移**：用鼠标指定偏移方向，左键单击，若要创建多根平行线，重复以上动作，按确认键，结束命令，偏移选项的功能几乎与“偏移”命令一模一样。

# 2.4 正多边形

**正多边形命令：**POLYGON

**命令调用：**下拉菜单－绘图－正多边形；工具栏－绘图－正多边形 ；默认快捷键：POL。

**命令详解：**本命令用于创建等边的多边形，当多边形的边数较多时，在三维建模中也可以代替圆，用以控制模型的段数。正多边形的创建可以指定边长、指定中心点再指定半径（外切和内切）来创建。

## 2.4.1 指定边长方法

**输入边的数目 <4>：**输入正多边形的边数 9

**指定正多边形的中心点或 [ 边 (E)]：**输入选项 E

**指定边的第一个端点：**选择第一个端点 1

**指定边的第二个端点：**选择第二个端点 2，如图 2-4-1 所示。

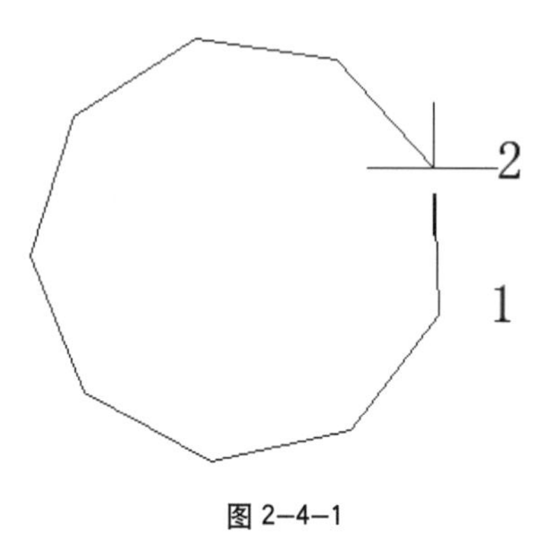


图 2-4-1

## 2.4.2 指定中心点、半径方法

**输入边的数目 <4>：**输入正多边形的边数 6

**指定正多边形的中心点或 [ 边 (E)]：**选择中心点 1

**输入选项 [ 内接于圆 (I)／外切于圆 (C)]<I>：**输入选项 I

**指定圆的半径：**选择半径点 2（或直接输入半径值），如图 2-4-2 所示。

外切圆是指中心到多边形角点的距离，内切圆是指中心点到边的垂点的距离。

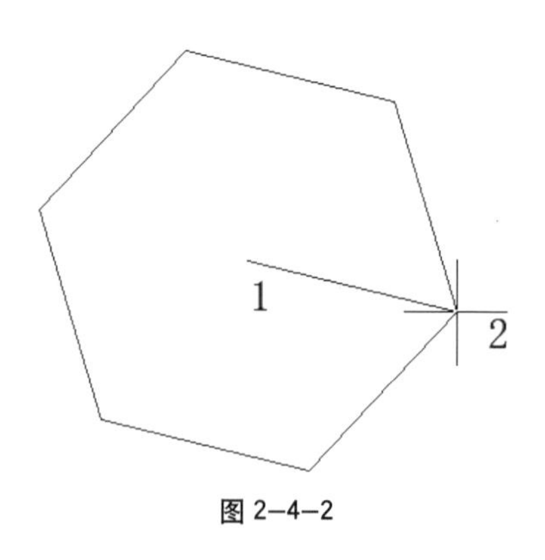


图 2-4-2

# 2.5 矩形

**矩形命令：**RECTANGLE

**命令调用：**下拉菜单－绘图－矩形；工具栏－绘图－矩形 ；默认快捷键：REC。

**命令详解：**矩形，也即长方形或正方形，是建筑设计中最常用的元素。矩形命令使用频率很高，使用方法也很简单，最常用的方法是确定对角的两个点来确定矩形的位置和大小。矩形的四个角可以设置为圆角和斜角，矩形的边也可以有宽度。

## 2.5.1 一般矩形

**指定第一个角点或 [ 倒角 (C)／标高 (E)／圆角 (F)／厚度 (T) 宽度 (W)]：**选择起点 1

**指定另一个角点或 [ 面积 (A)／尺寸 (D)／旋转 (R)]：**选择对角点 2（或在命令提示栏输入相对于第一个角点的相对坐标“@X，Y”，正数为坐标的正向，负数为 XY 的反向），如图 2-5-1 所示。

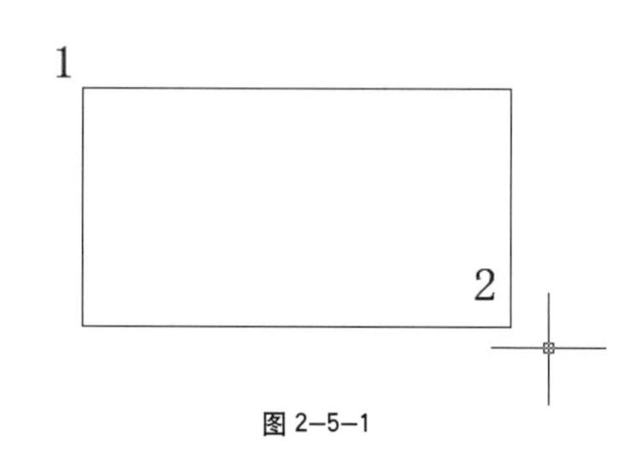


图 2-5-1

## 2.5.2 倒角矩形

**指定第一个角点或[倒角(C)/标高(E)/圆角(F)/厚度(T)宽度(W)]：**输入选项C，按确认键。

**指定倒角的距离：**

**指定矩形的第一个倒角距离<0.0000>：**输入第一段距离，按确认键。

**指定矩形的第二个倒角距离<0.0000>：**输入第二段距离，按确认键。

**指定第一个角点或[倒角(C)/标高(E)/圆角(F)/厚度(T)宽度(W)]：**选择起点1

**指定另一个角点或[面积(A)/尺寸(D)/旋转(R)]：**选择对角点（或输入@X，Y）结束命令，如图2-5-2所示。

图2-5-2

## 2.5.3 圆角矩形

**指定第一个角点或[倒角(C)/标高(E)/圆角(F)/厚度(T)宽度(W)]：**输入选项F，按确认键。

**指定倒圆角的半径：**

**指定矩形的圆角半径<0.0000>：**输入半径值，按确认键。

**指定第一个角点或[倒角(C)/标高(E)/圆角(F)/厚度(T)宽度(W)]：**选择起点1

**指定另一个角点或[面积(A)/尺寸(D)/旋转(R)]：**选择对角点（或输入@X，Y）结束命令，如图2-5-3所示。

图2-5-3

## 2.5.4 有宽度的矩形（实为有宽度的PLINE线）

**指定第一个角点或[倒角(C)/标高(E)/圆角(F)/厚度(T)宽度(W)]：**输入选项W，按确认键。

**指定矩形的线宽<0.0000>：**输入宽度，按确认键，后面步骤同，如图2-5-4。

特别提示：选项[厚度（T）]，是指矩形有高度，也即矩形是三维的，选项[标高（E）]，是指矩形不在Z轴为0的水平上。在创建二维图形时，千万不要输入这两个选项，要不然图形在二维视图里看起来是一个平面，但实际是三维，这对二维图形的绘制会带来混乱。另外以上的选项，一次输入后，再次调用矩形命令时还是存在的，但最常用的矩形是直角的、无宽度的，所以一般这些选项都应设为0。

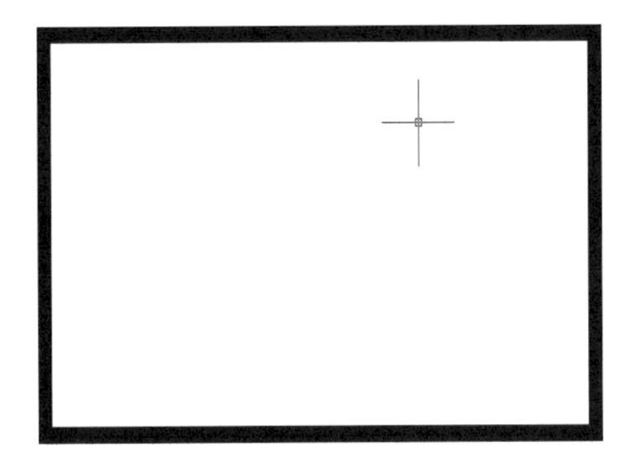

图2-5-4

## 2.5.5 指定矩形长宽

**指定第一个角点或倒角(C)/标高(E)/圆角(F)/厚度(T)宽度(W)]：**选择起点1

**指定另一个角点或[面积(A)/尺寸(D)/旋转(R)]：**输入尺寸选项D，按确认键。

**指定矩形的长度 <0.0000>**：输入长度值200，按确认键。

**指定矩形的宽度 <0.0000>**：输入宽度值100，按确认键。

**指定另一个角点或 [ 面积 (A)／ 尺寸 (D)／ 旋转 (R)]**：

选择另一个框角方向点2，结束命令，如图2-5-5所示。

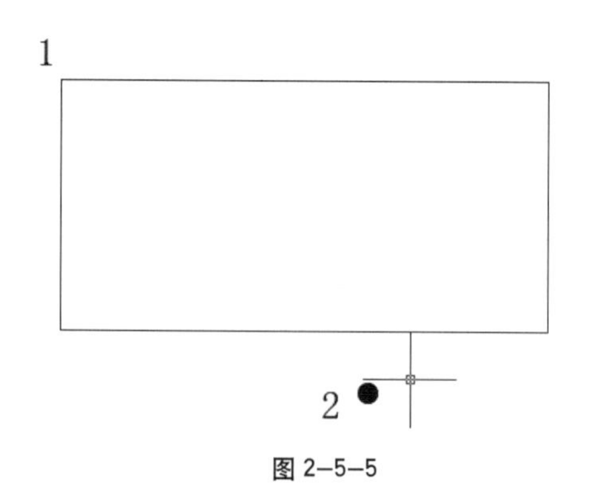


图 2–5–5

## 2.5.6 指定矩形面积与长度或宽度

**指定第一个角点或 [ 倒角 (C)／ 标高 (E)／ 圆角 (F)／ 厚度 (T) 宽度 (W)]**：选择起点

**指定另一个角点或 [ 面积 (A)／ 尺寸 (D)／ 旋转 (R)]**：输入面积选项A，按确认键。

**输入以当前单位计算的矩形面积 <0.0000>**：输入矩形面积值，按确认键。

**输入矩形长度或宽度 [ 长度 (L)／ 宽度 (W)]< 长度 >**：或在屏幕上点取，结束命令。

## 2.5.7 有角度的矩形

**指定第一个角点或 [ 倒角 (C)／ 标高 (E)／ 圆角 (F)／ 厚度 (T) 宽度 (W)]**：选择起点1

**指定另一个角点或 [ 面积 (A)／ 尺寸 (D)／ 旋转 (R)]**：

输入选项R，按确认键；输入旋转角度30，按确认键；或在屏幕上拾取2，或输入尺寸，结束命令，如2-5-6所示。

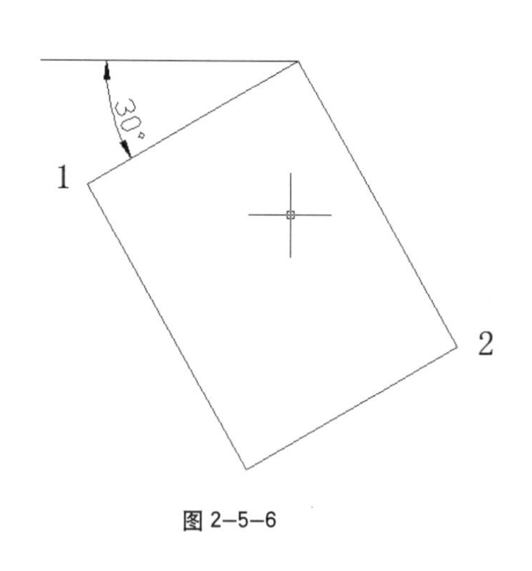


图 2–5–6

# 2.6 圆弧

**圆弧命令**：ARC

**命令调用**：下拉菜单 - 绘图 - 圆弧；工具栏 - 绘图 - 圆弧 ；默认快捷键A。

**命令详解**：圆弧也是较为常用的命令，最简单的画法是3点确定一个圆弧，除此还有指定圆心、角度、弦长、端点等许多画法，但这些都不是很常用。

## 2.6.1 三点确定圆弧

**指定圆弧起点或 [ 圆心 (C)]**：选择起点1

**指定圆弧的第二个点或 [ 圆心 (C)／ 端点 (E)]**：选择第二个点2

**指定圆弧的端点**：选择端点3结束命令，当继续绘制圆弧时，按确认键，下一个圆弧的起点自动定在前一个圆弧的终点上，新圆弧与上一个圆弧相切，如图2-6-1所示。

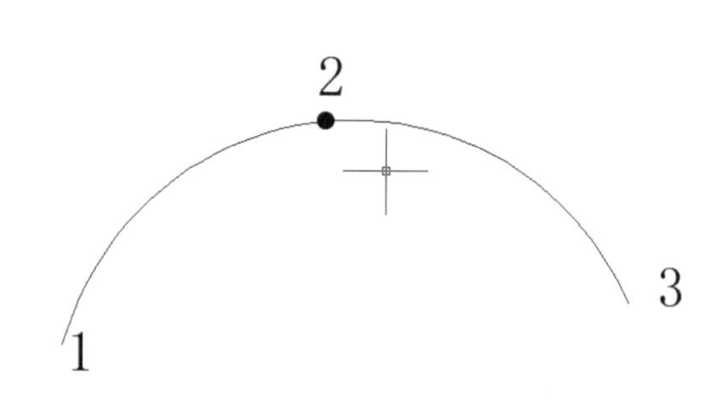


图 2–6–1

## 2.6.2 起点、圆心、端点

**指定圆弧起点或[圆心(C)]**：选择起点 1，输入选项 C，按确认键，指定圆心 2。

**指定圆弧的端点或[角度(A)/弦长(L)]**：选择端点 3，结束命令，如图 2-6-2 所示。

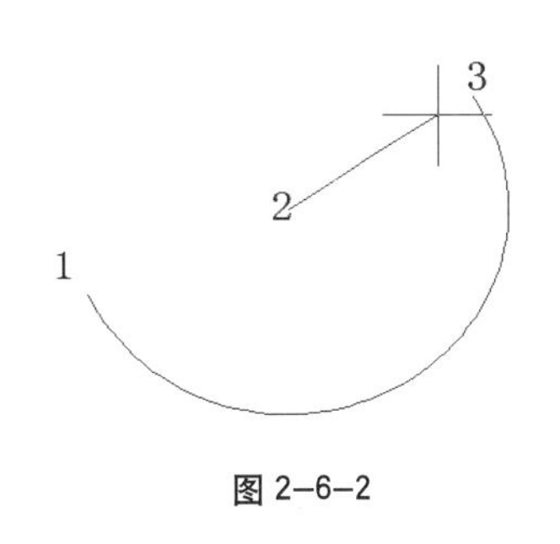


图 2-6-2

## 2.6.3 起点、圆心、角度/弦长

**指定圆弧起点或[圆心(C)]**：选择起点

**指定圆弧的第二个点或[圆心(C)/端点(E)]**：输入选项 C，按确认键。

**指定圆弧的圆心**：选择圆心

**指定圆弧的端点或[角度(A)/弦长(L)]**：输入选项 A 或 L，输入角度或弦长，按确认键，结束命令。

## 2.6.4 起点、端点、角度/方向/半径

**指定圆弧起点或[圆心(C)]**：选择起点 1

**指定圆弧的第二个点或[圆心(C)/端点(E)]**：输入选项 E，按确认键。

**指定圆弧的端点**：选择端点 2

**指定圆弧的圆心或[角度(A)/方向(D)/半径(R)]**：

**输入选项**:A/D/R，指定角度或方向（切向）或半径 2，结束命令，如图 2-6-3 所示。

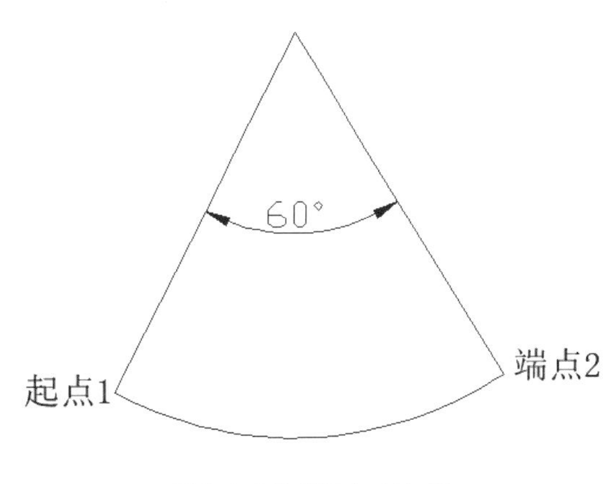


图 2-6-3 选项角度（A）60

## 2.6.5 圆心、起点、端点

**指定圆弧起点或[圆心(C)]**：输入选项 C，按确认键。

**指定圆弧的圆心**：选择圆心

**指定圆弧的起点**：选择起点

**指定圆弧的端点或[角度(A)/弦长(L)]**：选择端点，结束命令。

## 2.6.6 圆心、起点、角度/弦长

**指定圆弧起点或[圆心(C)]**：输入选项 C，按确认键。

**指定圆弧的圆心**：选择圆心

**指定圆弧的起点**：选择起点

**指定圆弧端点或[角度(A)/弦长(L)]**：输入选项 A/L，指定角度或弦长，结束命令。

输入圆弧命令和点取下拉菜单的命令，运用方式有所不同，在命令提示栏输入命令有很多的选项，而下拉菜单只要直接点取，不需输入选项。

# 2.7 圆

**圆命令**：CIRCLE

**命令调用**：下拉菜单-绘图-圆；工具栏-绘图-圆；默认快捷键：C

**命令详解**：圆也是较为常用的命令，最简单的画法是指定圆心和半径确定一个圆，除此还有指定圆心和直径，指定两点定一个圆，三点定一个圆，两个切点再指定半径定一个圆以及三个切点定一个圆。

## 2.7.1 指定圆心和半径

**指定圆的圆心或[三点(3P)/两点(2P)/相切、相切、半径(T)]：** 选择圆心点 1

**指定圆的半径或[直径(D)]<0.0000>：** 输入半径值 2，结束命令，如图 2-7-1 所示。

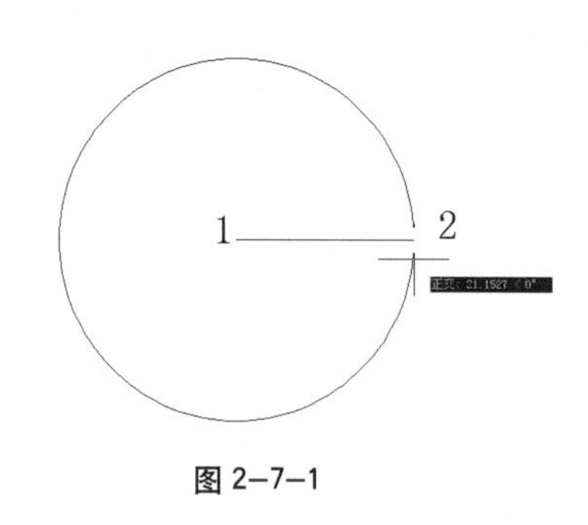

图 2-7-1

## 2.7.2 指定圆心和直径

**指定圆的圆心或[三点(3P)/两点(2P)/相切、相切、半径(T)]：** 选择圆心点

**指定圆的半径或[直径(D)]<0.0000>：** 输入选项 D，按确认键。

**指定圆的直径 <0.000>：** 输入直径值，按确认键，结束命令。

## 2.7.3 指定两点定一圆

**指定圆的圆心或[三点(3P)/两点(2P)/相切、相切、半径(T)]：** 输入选项 2P，按确认键。

**指定圆直径的第一个端点（实为圆心）：** 选择第一点 1

**指定圆直径的第二个端点：** 选择第二点 2，结束命令，如图 2-7-2 所示。

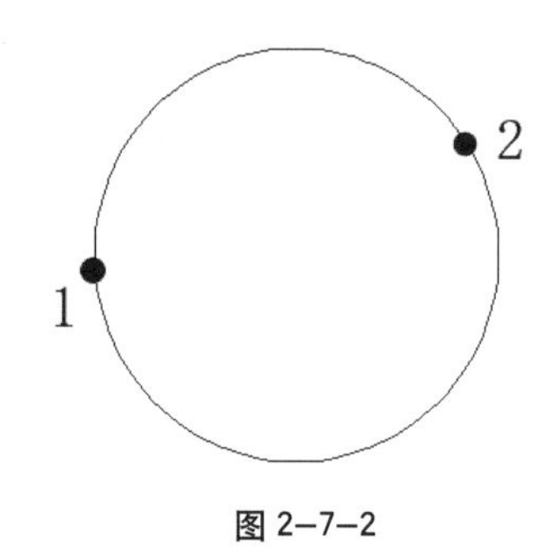

图 2-7-2

## 2.7.4 三点定一圆

**指定圆的圆心或[三点(3P)/两点(2P)/相切、相切、半径(T)]：** 输入选项 3P，按确认键。

**指定圆直径的第一个端点：** 选择第一点、选定第二点、选定第三点，结束命令。

## 2.7.5 相切、相切、半径

**指定圆的圆心或[三点(3P)/两点(2P)/相切、相切、半径(T)]：** 输入选项 T，按确认键。

**指定对象与圆的第一个切点：** 选择切点 1

**指定对象与圆的第二个切点：** 选择切点 2

**指定圆的半径<0.000>：** 输入半径，按确认键，结束命令，如图 2-7-3 所示。

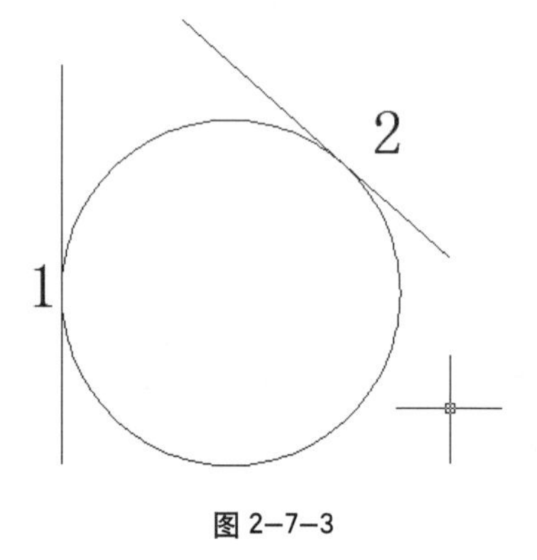

图 2-7-3

## 2.7.6 相切、相切、相切（该命令由下拉菜单点取，该命令有一定的实用性）

**指定圆上的第一点：** _tan 到选择切点 1

**指定圆上的第二点：** _tan 到选择切点 2

**指定圆上的第三点：** _tan 到选择切点 3，结束命令，如图 2-7-4 所示。

输入圆命令和点取下拉菜单的命令，运用方式有所不同，输入命令有很多的选项，而下拉菜单只要直接点取，不需输入选项。而“相切、相切、相切”选项只能在下拉菜单中点取。

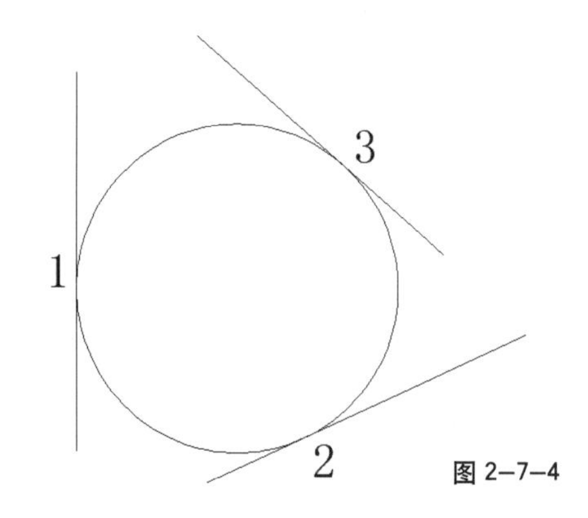

图 2-7-4

## 2.8 圆环

**圆环命令：**DONUT

**命令调用：**下拉菜单 - 绘图 - 圆环；默认快捷键：DO

**命令详解：**圆环是指一个内圆和一个外圆，中间填实。如果内圆直径为 0，则圆环为一个填实的圆点，圆环命令使用非常简单，先输入内圆和外圆的直径，然后用鼠标在屏幕上点取即可。

**指定圆环的内侧直径 <0.5000>：**输入内侧直径 100，按确认键。

**指定圆环的外侧直径 <1.0000>：**输入外侧直径 150，按确认键。

**指定圆环的中心点或 <退出>：**单击圆心位置，结束命令，如图 2-8-1 所示。圆环命令可以连续点取。

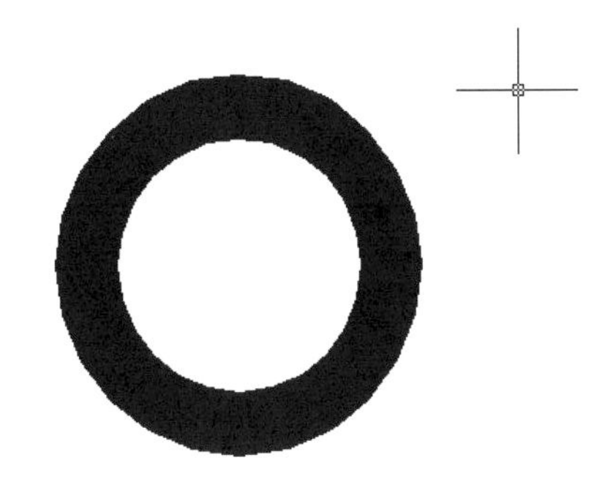

图 2-8-1

## 2.9 椭圆

**椭圆命令：**ELLIPSE

**命令调用：**下拉菜单 - 绘图 - 椭圆；工具栏 - 绘图 - 椭圆 ；默认快捷键：EL。

**命令详解：** 椭圆是较为常用的命令，可以通过先定中心点或先定轴来创建，椭圆命令也可以用来绘制椭圆弧，相对而言，椭圆的编辑功能没有圆强，圆弧可以当做 PLINE 来编辑，而椭圆弧则不能。

### 2.9.1 指定轴再指定端点

**指定椭圆的轴端点或 [ 圆弧 (A)/ 中心点 (C)]：**输入第一轴端点 1

**指定轴的另一个端点：**输入第二轴端点 2

**指定到另一条半轴长度或 [ 旋转 (R)]：**输入半轴长度或选择点 3，结束命令，如图 2-9-1 所示。

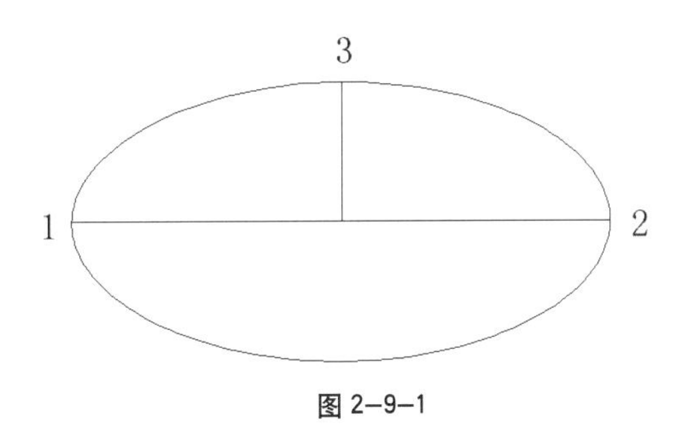


图 2-9-1

### 2.9.2 指定中心点再指定两条轴的长度

**指定椭圆的轴端点或 [ 圆弧 (A)/ 中心点 (C)]：**输入选项 C，按确认键。

**指定椭圆的中心点：**选择轴中心点 1

**指定轴的端点：**选择轴端点 2

**指定到另一条半轴长度或 [ 旋转 (R)]：**输入半轴长度或选择点 3，结束命令，如图 2-9-2 所示。

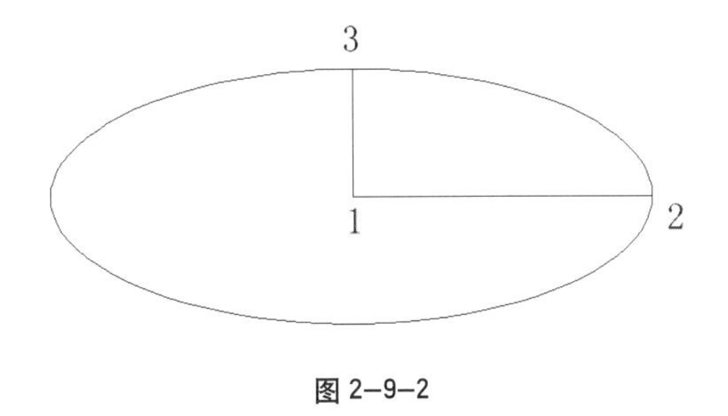


图 2-9-2

## 2.9.3 指定旋转角确定另一轴长度

**指定椭圆的轴端点或 [ 圆弧（A）/ 中心点（C）]：** 输入第一轴端点 1

**指定轴的另一个端点：** 输入第二轴端点 2

**指定到另一条半轴长度或 [ 旋转（R）]：** 输入选项 R，按确认键。

**指定绕第一根轴的旋转角度：** 输入旋转角度，结束命令。旋转角度 0-89.4°，0°为圆，角度定义概念如图 2-9-3 所示。

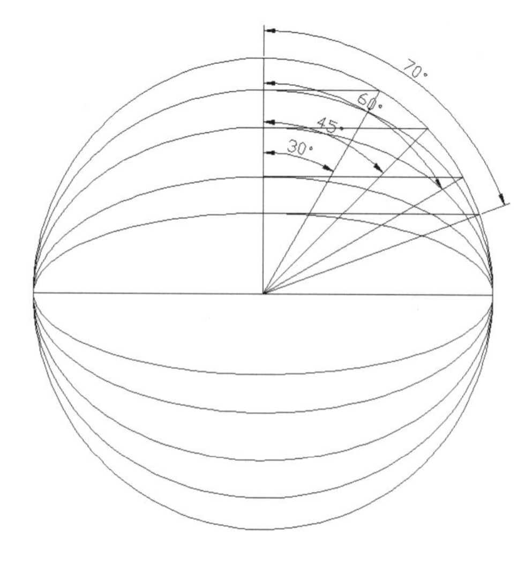


图 2-9-3

## 2.9.4 椭圆弧

### 2.9.4.1 指定两轴长度再指定椭圆弧角度

**指定椭圆的轴端点或 [ 圆弧（A）/ 中心点（C）]：** 输入选项 A，按确认键，绘制椭圆弧。

**指定椭圆的轴端点或 [ 圆弧（A）/ 中心点（C）]：** 指定端

**指定轴的另一个端点：** 选择第二轴端点 2

**指定到另一条半轴长度或 [ 旋转（R）]：** 输入半轴长度或选择端点 3

**指定起始角度或 [ 参数（P）/ 包含角度（I）]：** 指定起始角度点 4

**指定终止角度或 [ 参数（P）/ 包含角度（I）]：** 指定终止角度（输入，例如 120°或任意点取）5，结束命令，如图 2-9-4 所示。

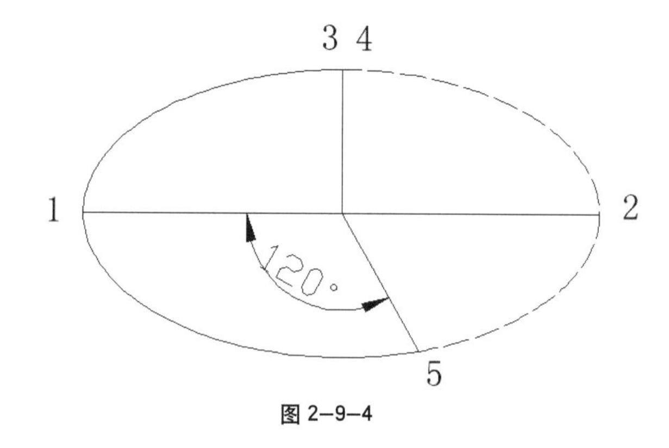


图 2-9-4

### 2.9.4.2 指定椭圆的中心点再指定两轴长度再指定椭圆弧角度

**指定椭圆的轴端点或 [ 圆弧（A）/ 中心点（C）]：** 输入选项 A，按确认键，绘制椭圆弧。

**指定椭圆的轴端点或 [ 圆弧（A）/ 中心点（C）]：** 输入选项 C，按确认键。

**指定椭圆的中心点：** 选择轴中心点 1

**指定轴的端点：** 选择轴端点 2

**指定到另一条半轴长度或 [ 旋转（R）]：** 指定另一条半轴长度 3

**指定起始角度或 [ 参数（P）/ 包含角度（I）]：** 指定起始角度点 4

**指定终止角度或 [ 参数（P）/ 包含角度（I）]：** 指定终止角度（输入，例如 120°或任意点取）5，结束命令，如图 2-9-5 所示。

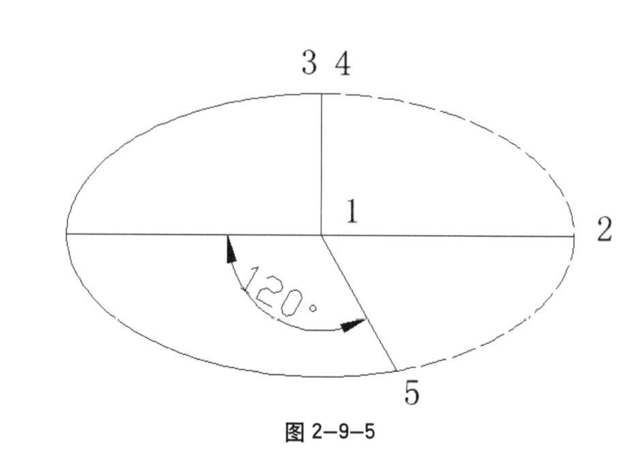


图 2-9-5

### 2.9.4.3 指定椭圆的中心点再指定两轴长度再指定椭圆弧包含角度

**指定椭圆的轴端点或[圆弧(A)/中心点(C)]**：输入选项A，按确认键，绘制椭圆弧。

**指定椭圆的轴端点或[圆弧(A)/中心点(C)]**：输入选项C，按确认键。

**指定椭圆的中心点**：选择轴中心点1

**指定轴的端点**：选择轴端点2

**指定到另一条半轴长度或[旋转(R)]**：指定另一条半轴长度3

**指定起始角度或[参数(P)/包含角度(I)]**：指定起始角度点4

**指定终止角度或[参数(P)/包含角度(I)]**：输入选项I，按确认键。

**指定弧的包含角度 <180>**：输入包含角270°，按确认键，结束命令，如图2-9-6所示。

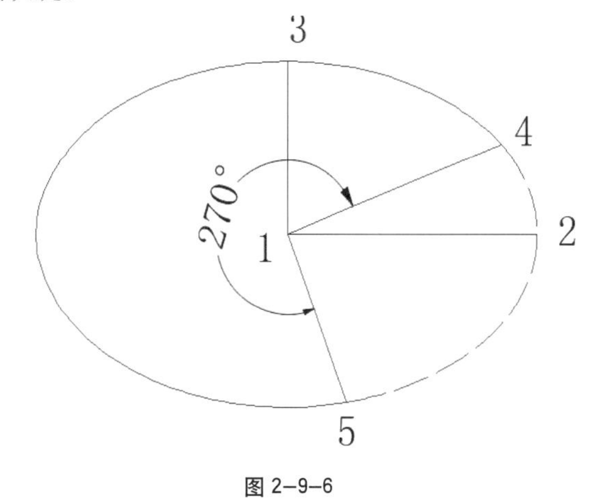


图2-9-6

# 练习二：绘制简单图案

## 练习目的

熟悉 AutoCAD 绘图环境设置，在规定范围创建基本图形，掌握基本的绘图命令。

## 步骤一（设置绘图环境）

打开 AutoCAD 2008，保存文件“练习二.dwg”。点开“下拉菜单－格式－图形界限”或直接输入 LIMITS，按确认键。命令提示栏显示“指定左下角点或［开(ON)/关(OFF)］<0.0000,0.0000>：。按确认键，命令提示栏显示“指定右上角点 <0.0000,000.0000>：输入 5000，3000，按确认键，目前图形界限为 5000×3000，并且左下角在坐标的原点。图形界限是指给图形设置一个范围区域，是为了视图控制的方便，并不是说超出界限就不能绘图，如果图形都在一个接近的界限内，那么文件和文件间“插入”和“参照”会很方便。打开“捕捉”设置面板，勾选“启用格栅”，将“格栅间距”设为 100×100，如图练习二 -1 所示。

双击鼠标中间，我们可以看到格栅点和图形的区域，如图练习二 -2 所示。

点开“下拉菜单－格式－图层”或点击图层工具栏“图层特性管理器”弹出“图层特性管理器”，添加几个图层，并设置不同的颜色。如图练习二 -3 所示。

**特别提示：图层设置非常重要，无论是绘制建筑工程图，还是绘制其他工程图，图形都由许多元素组成，不同的元素设置不同的图层是为了方便管理图面上不同的元素。不同的图层设置不同的色彩，通常情况下，图层的颜色都设置为“随层（bylayer）”，这样无论是在绘图过程中还是在文件的交换中，对图层的控制都可以一目了然。**

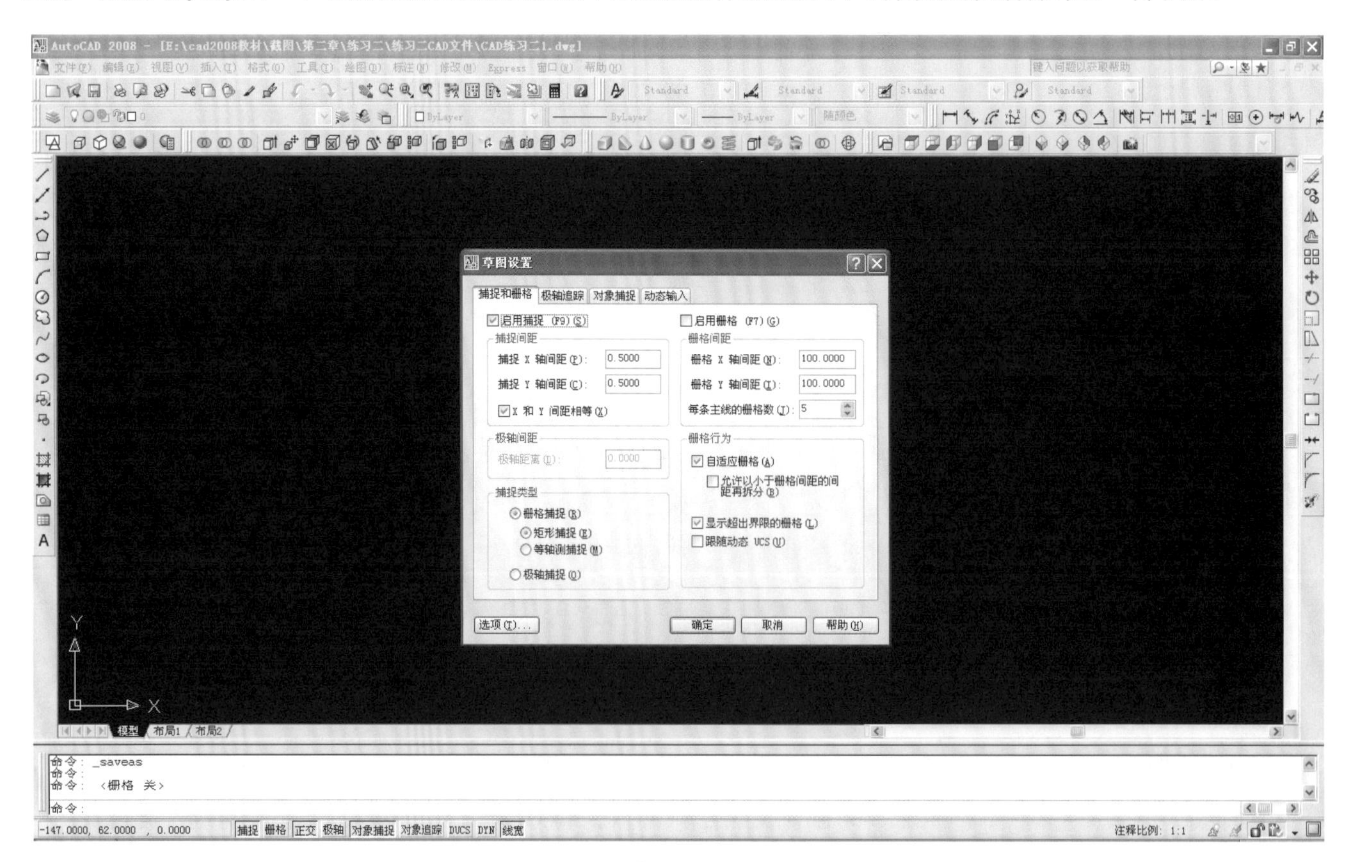


练习二 -1

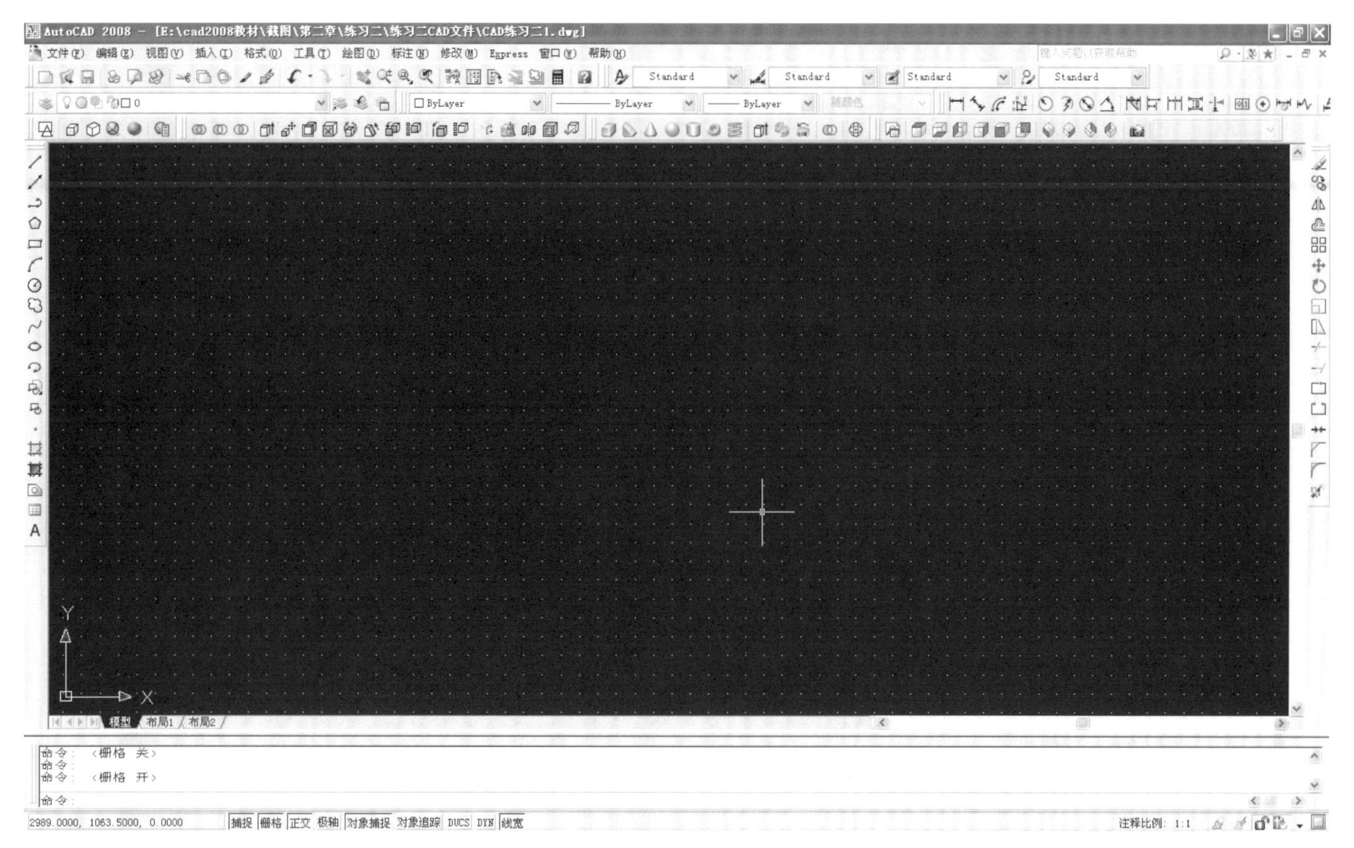
AutoCAD 2008 - [E:\cad2008教材\截图\第二章\练习二\练习二CAD文件\CAD练习二1.dwg]
命令：〈栅格 关〉
命令：〈栅格 开〉
命令：
2989.0000, 1063.5000, 0.0000
捕捉 栅格 正交 极轴 对象捕捉 对象追踪 DUCS DYN 线宽
注释比例：1:1


练习二 –2

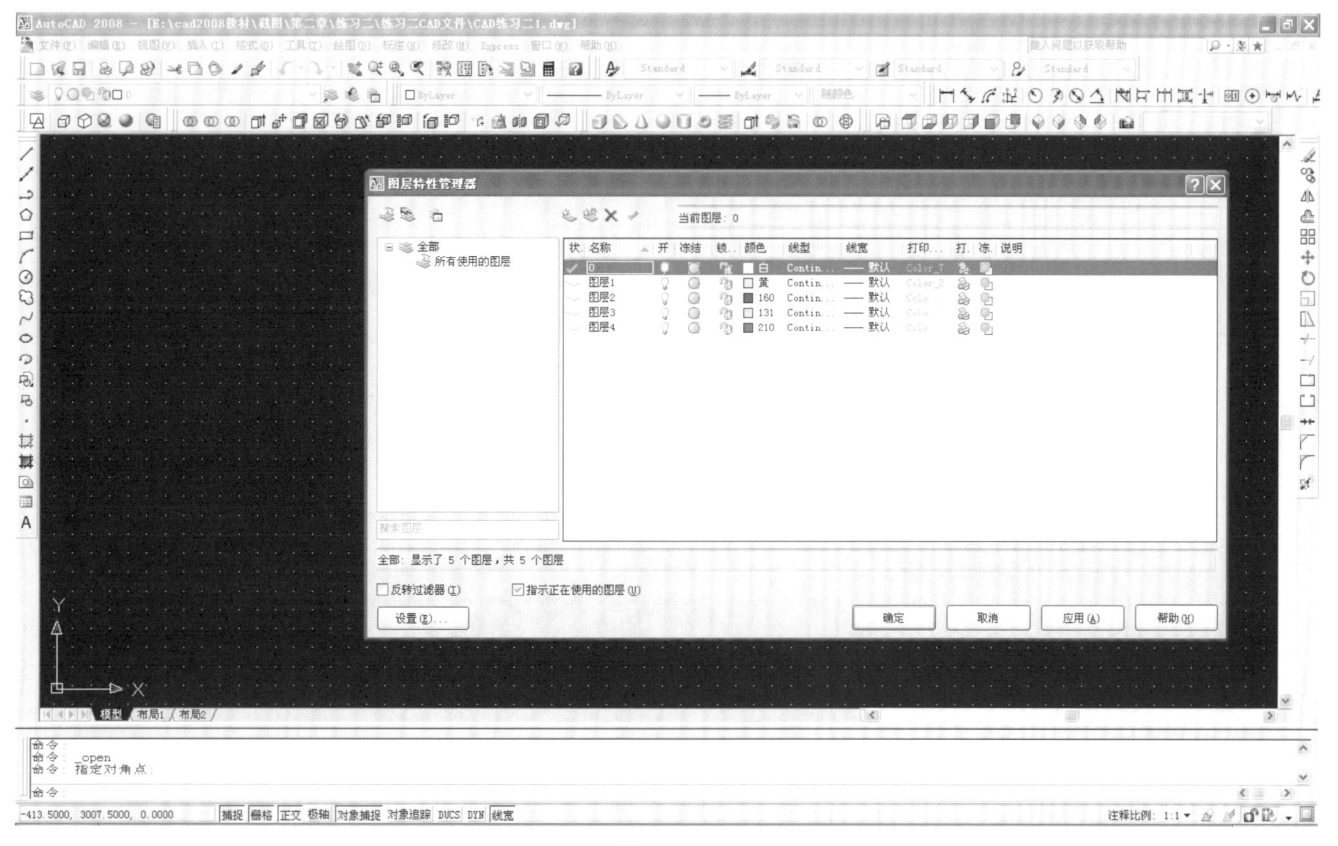
图层特性管理器
当前图层：0
全部
所有使用的图层
状 名称 开 冻结 锁 颜色 线型 线宽 打印 打 冻 说明
0 白 Contin... 默认 Color_7
图层1 黄 Contin... 默认 Color_2
图层2 160 Contin... 默认
图层3 131 Contin... 默认
图层4 210 Contin... 默认
全部：显示了 5 个图层，共 5 个图层
反转过滤器(I)
指示正在使用的图层(U)
设置(E)...
确定 取消 应用(A) 帮助(H)
命令：_open
命令：指定对角点：
命令：
-413.5000, 3007.5000, 0.0000


练习二 –3

**步骤二：**

在设定的图层界限内绘制直线、圆弧、圆环、正多边形、椭圆、矩形等图形，如果图形位置、形状不合适，可以通过移动夹点来调整，如图练习二 -4 所示。不同的图形设置在相应的图层上，打开“线宽”按钮，更改线宽特性，保存文件，如图练习二 -5 所示。

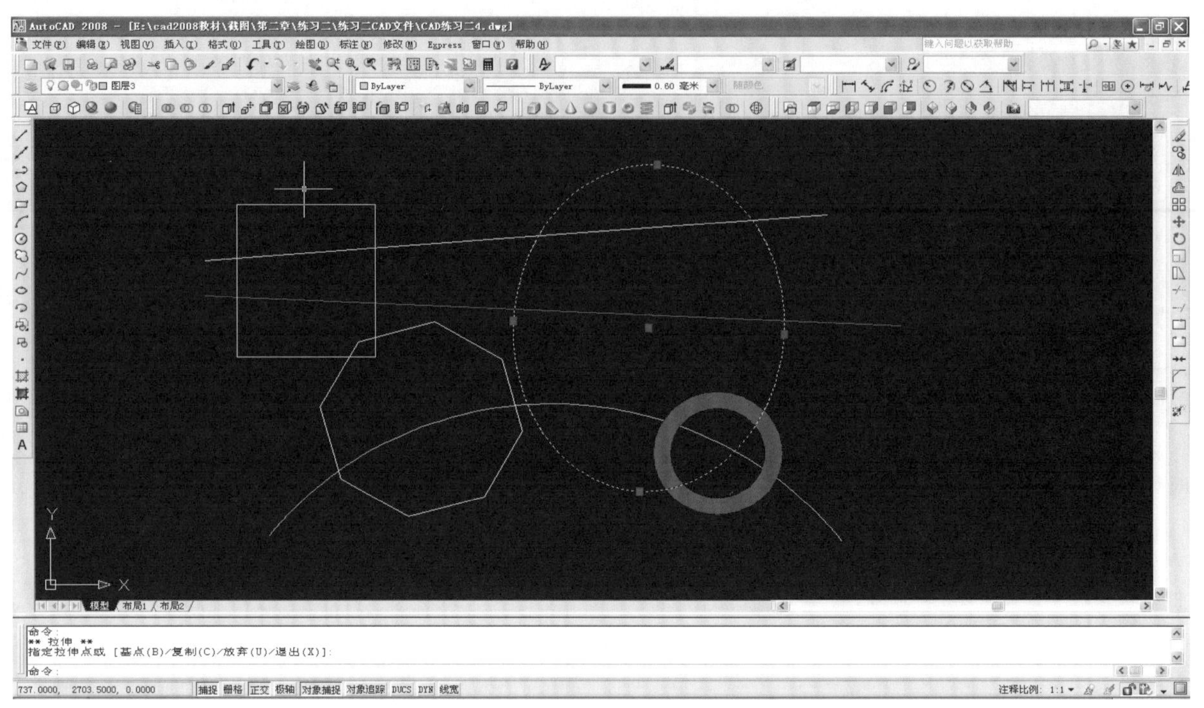


练习二 -4

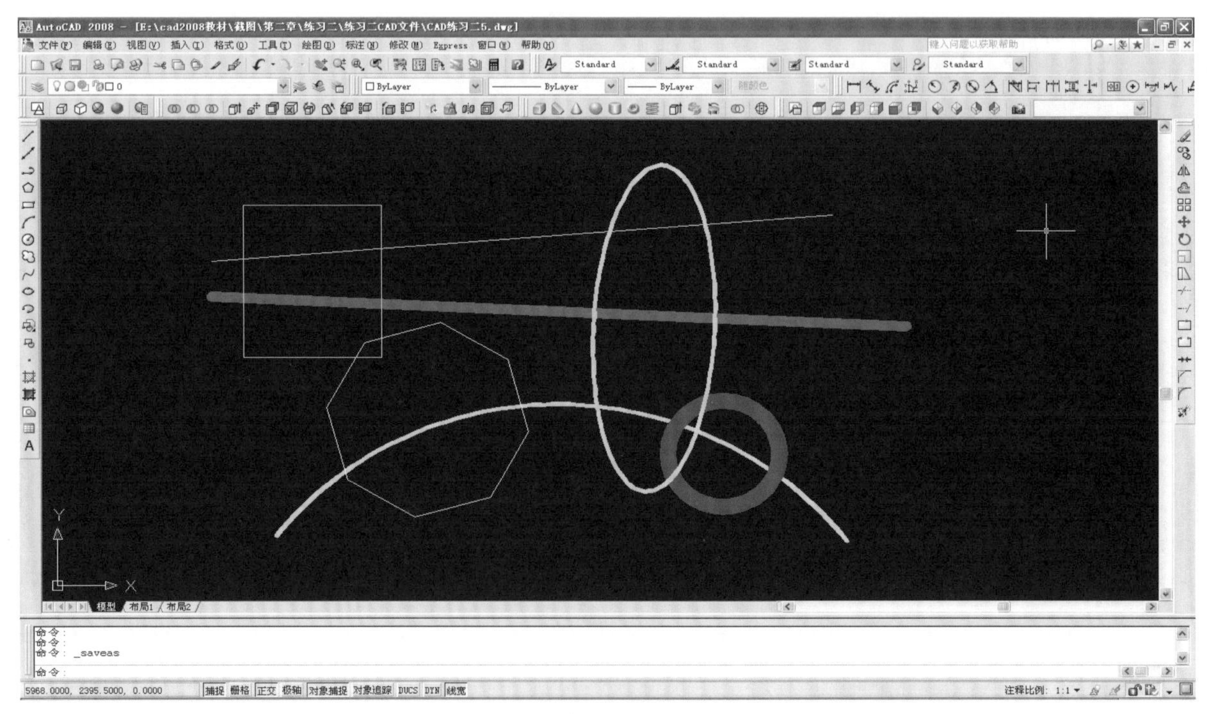


练习二 -5

# 第三章　基本编辑功能

## 3.1 删除

**删除命令：**ERASE

**命令调用：**下拉菜单－修改－删除；工具栏－修改－删除 ；默认快捷键：E

**命令详解：**删除命令最常用也最简单，选择对象输入命令、输入命令选择对象皆可。

**选择对象：**单击、框选（正或反）按确认键结束命令。在框选时尤其是套反框时，如果要排除被选的部分对象，按住“shift”再选择要排除的对象（其他命令同）。

## 3.2 复制

**复制命令：**COPY

**命令调用：**下拉菜单－修改－复制；工具栏－修改－复制 ；默认快捷键：CP,CO

**命令详解：**复制命令是常用命令，高版本的 AutoCAD 有两个“复制”命令，一个在“编辑”菜单里，一个在“修改”菜单里。我们这里讲的是编辑菜单里的“复制”命令，该命令只能复制当前文件的内容，另一个“复制”命令是 WINDOWS 的系统命令，可以复制外部文件，两个命令的性质和使用方法完全不同。

### 3.2.1 多个复制

**选择对象：**点选、框选，按确认键。

**指定基点或[位移(D)/模式(O)]＜位移＞：**选择基点 1

**指定第二个点或 [退出(E)/放弃(U)] ＜退出＞:** 指定第二点 2，第三点 3，第四点 4，按确认键结束命令，如图 3-2-1 所示。

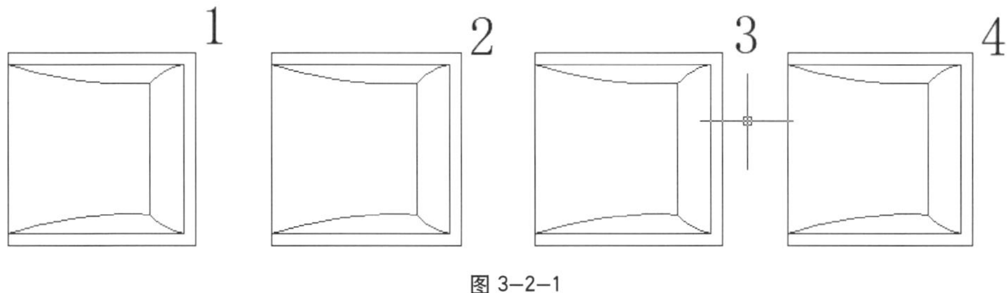


图 3–2–1

### 3.2.2 定义单个或多个复制模式

**选择对象：**选择对象

**当前的设置：**复制模式＝多个

**指定基点或[位移(D)/模式(O)]＜位移＞：**输入选项 0，按确认键。

**输入复制模式选项[单个(S)/多个(M)]＜多个＞：**输入选项 S，按确认键。

**指定基点或[位移(D)/模式(O) /多个(M)]＜位移＞：**选择基点

**指定第二点或＜使用第一个点作为位移＞：**选择位移点，结束命令。

特别提示：单个复制选项在实际使用中没什么意义，系统默认选项是多个复制，要复制单个的话，只要复制第一个，按确认键结束命令即可。复制命令可以在屏幕上直接点取，也可以输入相对坐标点。

# 3.3 镜像

**命令调用：**下拉菜单－修改－镜像；工具栏－修改－镜像；默认快捷键：MI。

**命令详解：**镜像是指对称复制，命令使用要求有一根轴，镜像按这根轴作翻转的复制，镜像完成后，可以保留源对象，也可以删除源对象。

**选择对象：**点选或框选对象，按确认键。

**指定镜像轴的第一点：**选择镜像点 1

**指定镜像轴的第二点：**选择镜像点 2

要删除源对象吗？［是(Y)/否(N)]〈N〉输入是删除源对象，直接按确认键，保留源对象，如图 3-3-1 所示。

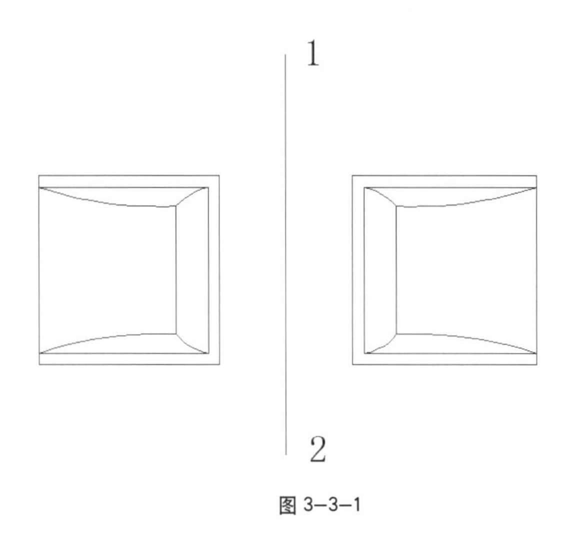


图 3-3-1

# 3.4 偏移

**偏移命令：**OFFSET

**命令调用：**下拉菜单－修改－偏移；工具栏－修改－偏移 ；默认快捷键：O。

**命令详解：**偏移也即推平行线，命令点选对象往指定的方向偏移，偏移可以保留源对象，也可以删除源对象，可以输入数据偏移，也可以在屏幕上点取偏移的位置。

## 3.4.1 输入距离偏移

**当前的设置：**删除源＝否，图层＝源 OFFSETGAPTYPE=0。

**指定偏移距离或[通过(T)/删除(E)/图层(L)]＜0.000＞：**输入偏移距离，按确认键。

**选择要偏移的对象或[退出(E)/放弃(U)]＜退出＞：**选择对象 1

**指定要偏移方向的点或[退出(E)/多个(M)/放弃(U)[＜退出＞：**选择偏移方向 2，若要连续偏移，输入选项(M)，在屏幕上点选方向，偏移多个对象，按确认键结束命令，若要改变距离，重新调用命令，如图 3-4-1 所示。

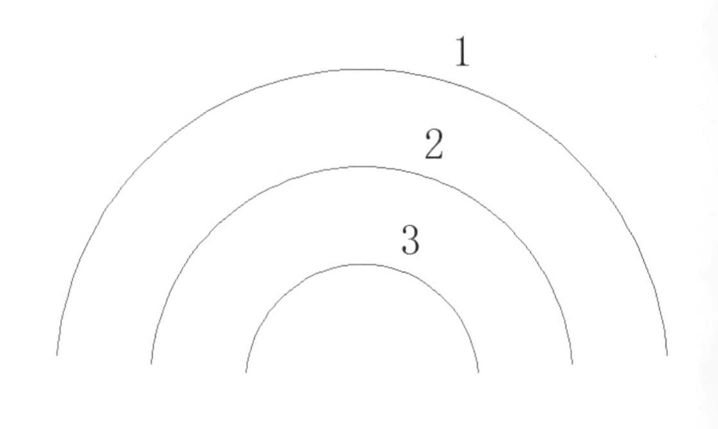


图 3-4-1

## 3.4.2 选择通过点偏移对象

**指定偏移距离或[通过(T)/删除(E)/图层(L)]<100.000>**：输入选项T，按确认键，选择菜单中的“通过(T)”，即不需要输入距离，只要在屏幕上点选即可偏移。

**选择要偏移的对象或[退出(E)/放弃(U)]<退出>**：点选对象

**指定通过点或[退出(E)/多个(M)/放弃(U)]<退出>**：选择要偏移的点，结束命令，如图3-4-2所示。

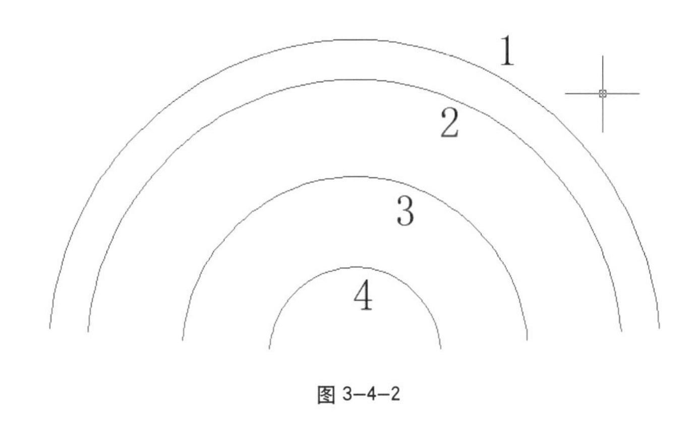

图 3-4-2

## 3.4.3 偏移对象后删除源对象

**指定偏移距离或[通过(T)/删除(E)/图层(L)]<100.000>**：输入选项E

要在偏移后删除源对象吗？[是(Y)/否(N)]<N>：输入选项Y，再作偏移即删除源对象。

## 3.4.4 指定复制对象为源对象图层或当前图层

**指定偏移距离或[通过(T)/删除(E)/图层(L)]<通过>**：输入选项L

**输入偏移对象的图层选项[当前(C)/源(S)]<当前>**：输入选项C，偏移的新对象改为当前图层；输入选项S；新对象保持源图层。

# 3.5 阵列

**阵列命令**：ARRAY

**命令调用**：下拉菜单-修改-阵列；工具栏-修改-阵列；默认快捷键：AR，-AR

**命令详解**：阵列是以一个源对象，在三维坐标内或指定一个圆心，进行按设定距离或角度、个数的多个复制。AutoCAD有二维阵列和三维阵列，二维阵列只在XY平面内阵列，三维阵列则在XYZ方向三维阵列。阵列命令可以以一个对话框完成命令的使用，也可以在命令提示栏输入快捷命令完成阵列操作。

## 3.5.1 对话框阵列（如图3-5-1所示）

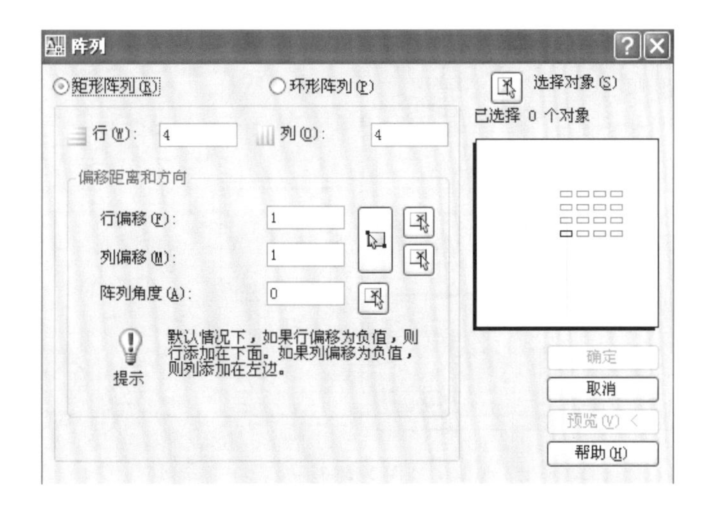

图 3-5-1

## 矩形阵列：

1. 勾选矩形阵列选项。

2. 修改行数和列数，行是指竖向，列是指横向。

3. 输入行距和列距，行距和列距也可以不输入数据，直接在屏幕上点取。

4. 单击“选择对象”按钮，对话框消失，在屏幕上点选取要阵列的对象，按确认键回到对话框，右面的“预览”大约显示了阵列的效果，按确认键结束命令，如图 3-5-2 所示。

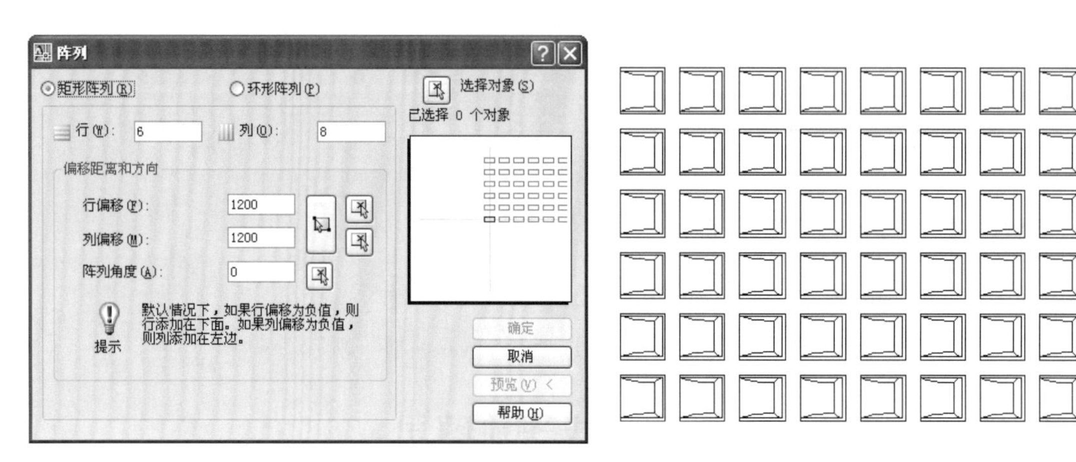


图 3-5-2

## 环形阵列：

1. 勾选环形阵列选项。

2. 选取环形阵列的中心点。

3. 选择要阵列的对象。

4. 选择“方法和值”选项。

**项目总数和填充角度**：在已知总角度内设置个数。

**项目总数和项目间角度**：设置阵列个数和阵列出对象之间的夹角。

**填充角度和项目间的角度**：设置阵列的总角度和阵列出对象之间的夹角。

5. 输入项目总数、填充角度或项目间的角度。

按确定键结束命令，如图 3-5-3 所示。

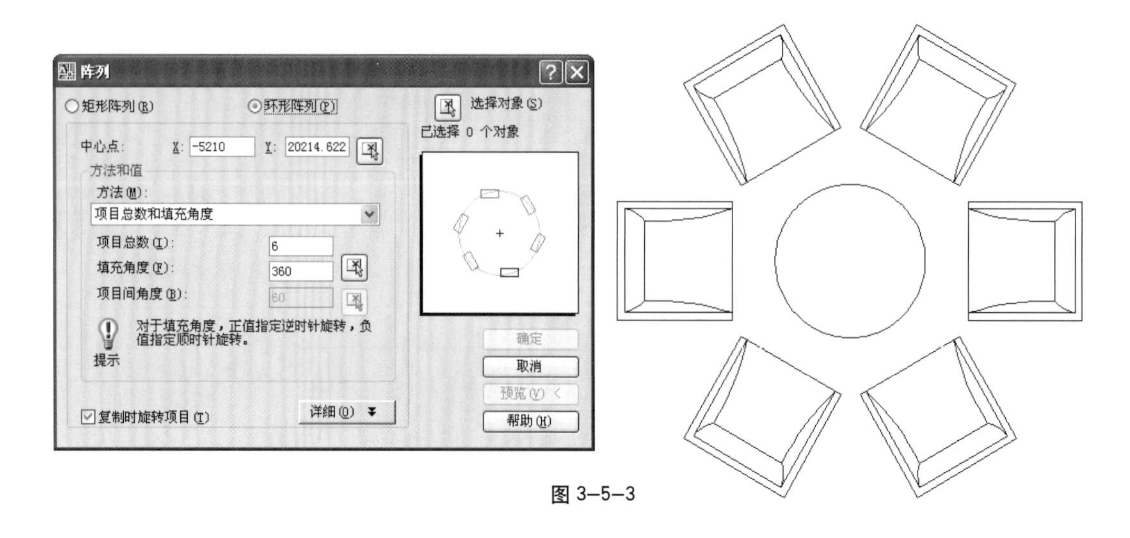


图 3-5-3

复制时旋转对象是指阵列对象沿角度对齐，不旋转项目是指阵列对象与源对象平行，不改变角度，如图3-5-4所示。

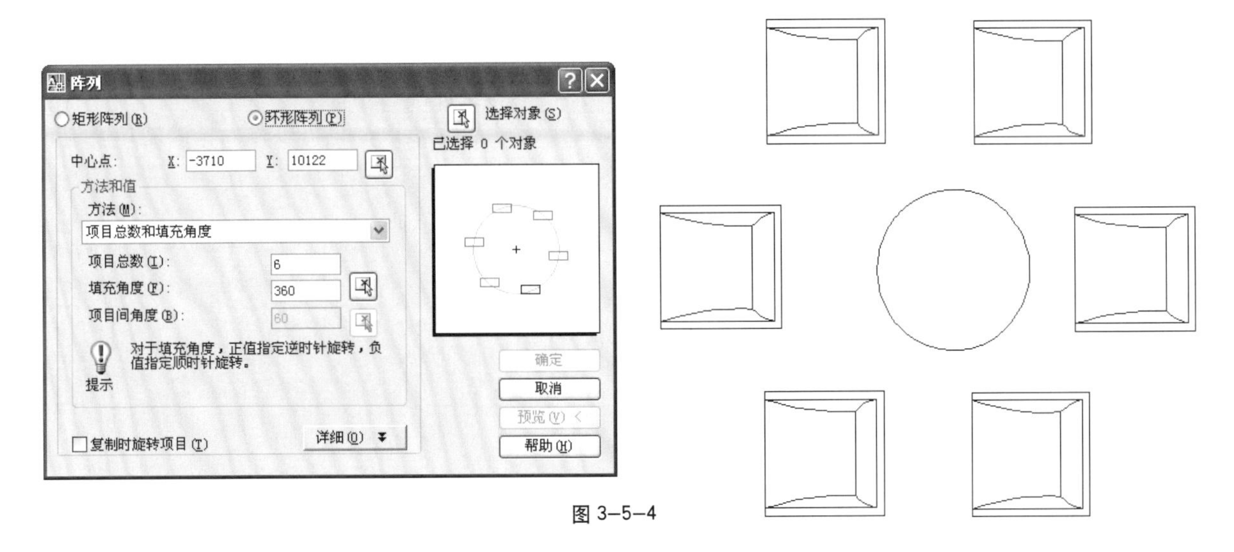


图 3-5-4

## 3.5.2 命令提示栏阵列

矩阵阵列：

在命令提示栏输入“-AR”。

**命令提示：**选择对象：选择要阵列的对象，按确认键。

**命令提示：**输入阵列类型 [ 矩形 (R)/ 环形 (P)]<P>：输入选项 R。

**输入行数 (——)<1>：**输入直行数，按确认键，如果“行”方向不需要阵列，直接按确认键。

**输入列数 (|||)<1>：**输入横列数，按确认键，如果“列”方向不需要阵列，直接按确认键。

**输入行间距或指定单位单元 (——)：**输入行距离，如果“行”方向无阵列，自动跳过此项。

**输入列间距 (|||)：**输入横列距离，如果“列”方向无阵列，自动跳过此项。

**环形矩阵：**在命令提示栏输入“-AR”。

**选择对象：**选择要阵列的对象，按确认键。

**输入阵列类型 [ 矩形 (R)/ 环形 (P)]<P>：**输入选项 P。

**指定阵列的中心点或 [ 基点 (B)]：**选择阵列的中心点。

**输入阵列中项目的数目：**输入阵列项目个数。

**指定填充角度 (+ = 逆时针，- = 顺时针 )<360>：**输入角度（总角度，非阵列对象间角度）。

**项目 (+= 逆时针，- = 顺时针 ) 间的角度：**输入项之间的夹角。

**是否旋转阵列中的对象？ [ 是 (Y)/ 否 (N)]<Y>：**对象是否跟着旋转，按确认键，结束命令。

# 3.6 移动

**移动命令：**MOVE

**命令调用：**下拉菜单 - 修改 - 移动；工具栏 - 修改 - 移动；默认快捷键：M。

**选择对象：**点选、框选，按确认键。

**指定基点或 [ 位移 (D)]< 位移 >：**选择基点 1。

指定第二个点 2，结束命令。移动命令和复制命令操作方法一样，只是一个出现新的对象、一个没有，如图 3-6-1 所示。

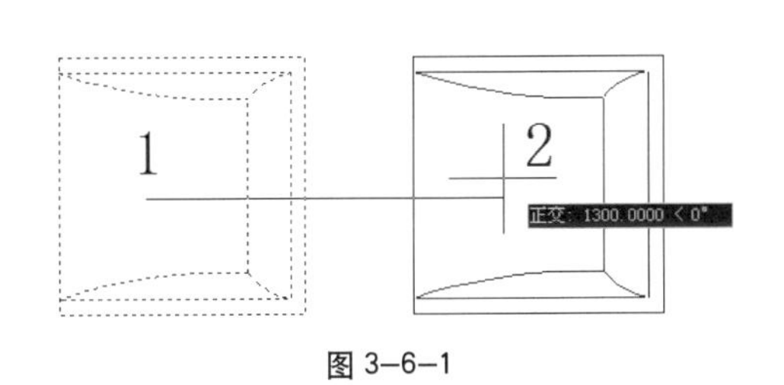


图 3-6-1

# 3.7 旋转

**旋转命令**：ROTATE

**命令调用**：下拉菜单 - 修改 - 旋转；工具栏 - 修改 - 旋转 ；默认快捷键：RO。

**命令详解**：旋转即旋转对象的角度，是常用命令，旋转可以在屏幕上任意点取，也可以输入精确的角度值，也可以按已有的对象为参照旋转，旋转可以只旋转源对象，也可以按源对象复制一个新的对象。

## 3.7.1 输入角度值

**UCS 当前的直角方向**：ANGDIR= 逆时针，ANGBASE=0。

**选择对象**：选择对象，按确认键。

**指定基点**：选择基点 1

**指定旋转角度或 [ 复制 (C)／参照 (R)]<0>**：输入角度值（Z 轴正向时，顺时针为负，反时针为正），按确认键，结束命令，如图 3-7-1 所示。

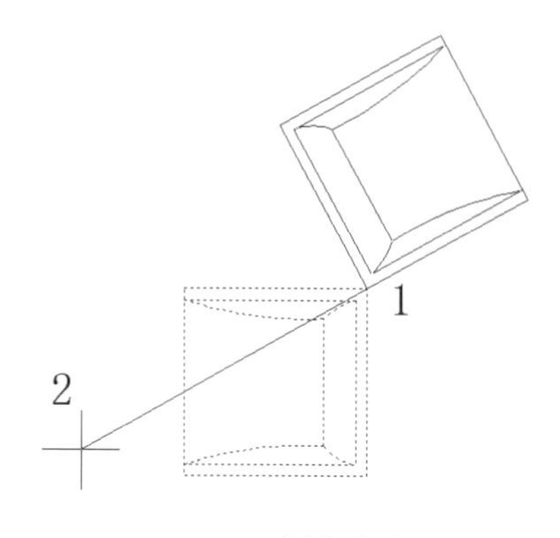


图 3-7-1

## 3.7.2 参照旋转

**UCS 当前的直角方向**：ANGDIR= 逆时针，ANGBASE=0。

**选择对象**：选择对象，按确认键。

**指定基点**：选择基点 1

**指定旋转角度或 [ 复制 (C)／参照 (R)]<0>**：输入选项 R（参照是指不输入角度，在屏幕拾取参照对象，这是旋转命令在实际使用中常用的选项）。

**指定参照角 <0>**：点取要旋转对象的第一点 2，再点取要旋转对象的第二点 3。

**指定新角度或 [ 点 (P)]<0>**：点取要旋转到的角度，结束命令，如图 3-7-2 所示。

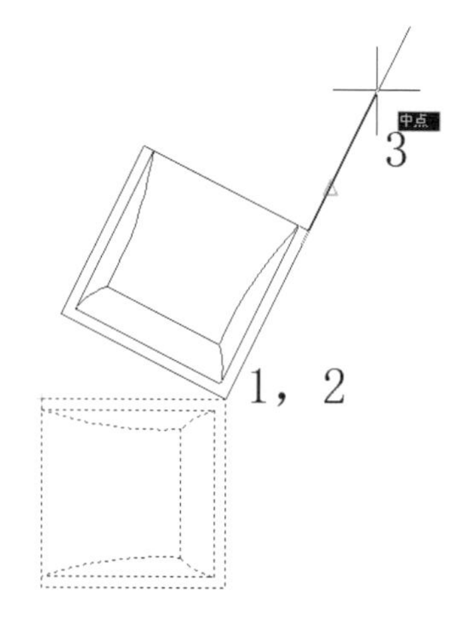


图 3-7-2

## 3.7.3 复制新角度值对象

**UCS 当前的直角方向**：ANGDIR= 逆时针，ANGBASE=0。

**选择对象**：选择对象，按确认键。

**指定基点**：选择基点

**指定旋转角度或 [ 复制 (C)／参照 (R)]<0>**：输入选项 C

**指定旋转角度或 [ 复制 (C)／参照 (R)]<0>**：输入角度值，结束命令，新对象被复制。

# 3.8 缩放

**缩放命令**：SCALE

**命令调用**：下拉菜单 - 修改 - 缩放；工具栏 - 修改 - 缩放 ；默认快捷键：SC。

**命令详解**：缩放即缩放对象的大小，是常用命令，缩放可以在屏幕上任意点取，也可以输入精确的比例值，还可以按已有的对象为参照缩放，缩放可以只缩放源对象，也可以按源对象复制一个新的对象。

## 3.8.1 输入比例

**选择对象**：选择对象，按确认键。

**指定基点**：选择基点 1

**指定比例因子或 [ 复制 (C)/ 参照 (R)]<1.0000>**：输入比例值 1.5，按确认键。如图 3-8-1 所示。

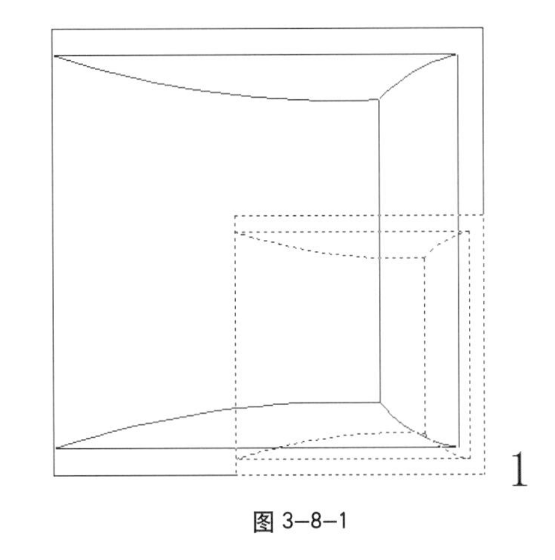


图 3-8-1

## 3.8.2 参照缩放

**选择对象**：选择对象，按确认键。

**指定基点**：选择基点 1

**指定比例因子或 [ 复制 (C)/ 参照 (R)]<1.0000>**：输入选项 R（不输入比例，在屏幕拾取参照对象，这是缩放命令使用中常用的选项）。

**指定参照长度 <1.0000>**：点取源对象长度值 2，点取源对象长度值 3。

**指定新的长度或 [ 点 (P)]<1.0000>**：点取新的长度值 4，结束命令，如图 3-8-2 所示。

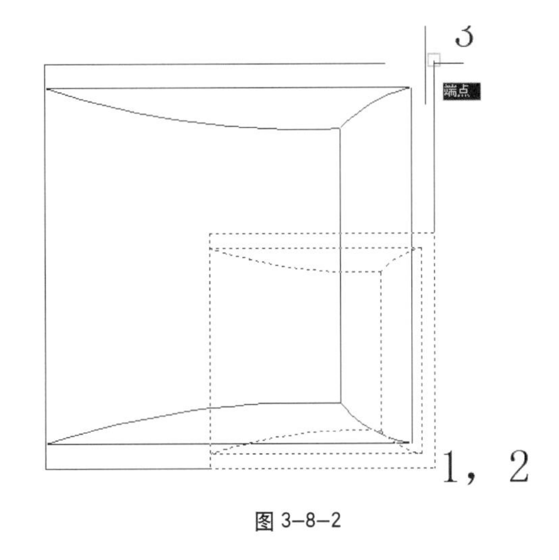


图 3-8-2

## 3.8.3 复制新比例对象

**选择对象**：选择对象，按确认键。

**指定基点**：选择基点

**指定比例因子或 [ 复制 (C)/ 参照 (R)]<1.0000>**：输入复制选项 C，按确认键。

**指定比例因子或 [ 复制 (C)/ 参照 (R)]<1.0000>**：输入比例值，按确认键。

# 练习三：将简单图案编辑成复杂图案

## 练习目的

熟悉和掌握 AutoCAD 基本编辑命令。

## 步骤一

打开 AutoCAD 2008，打开文件“练习二.dwg”，另存为“练习三.dwg”。

## 步骤二

在练习二的基础上，对图形再作编辑，使简单图形变成复杂图形，如图练习三所示。

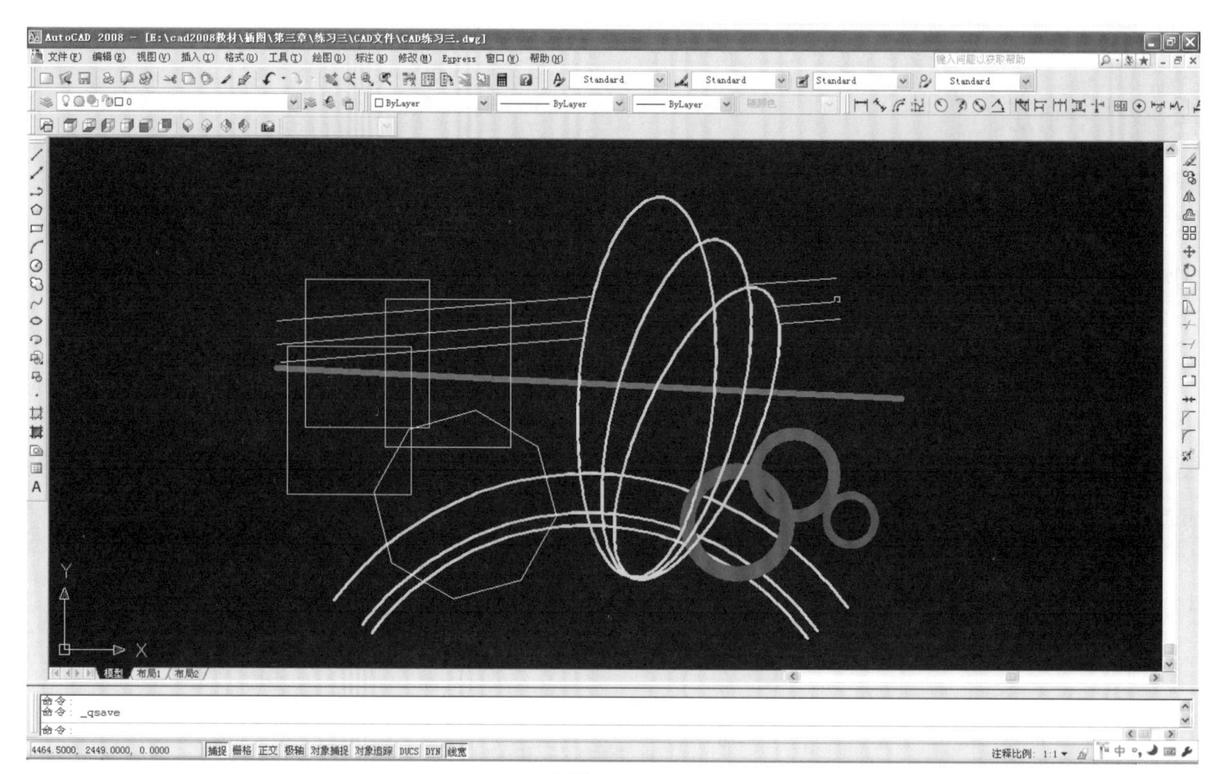


图练习三 -1

# 第四章　高级绘图功能

## 4.1 多线

**多线命令：** MLINE

**命令调用：** 下拉菜单 - 绘图 - 多线；默认快捷键：ML。

**命令详解：** 多线是指一次绘制多根直线，可以是两根，也可以是多根，多线在建筑工程图的绘制中，主要用于绘制墙体和窗。多线命令使用前必须设置多线样式，然后将样式置于当前，再进行多线的绘制，多线的编辑有专门的多线编辑器，基本的编辑命令不能完全用于编辑多线，所以多线最后还是要分解成一般的直线，才能彻底完成图形编辑的要求。

### 4.1.1 多线设置

**命令调用：** 下拉菜单 - 格式 - 多线样式。

出现对话框。多线默认样式为 STANDARD，用户可以新建样式，按所要绘制的内容取名并设置相应的参数。

**置为当前：** 将多线样式置为当前的绘制样式。如图 4-1-1 所示。

图 4-1-1

**新建：** 新建一个多线样式。

**修改：** 修改选中的多线样式参数。

**重命名：** 重新命名多线样式名称。

**删除：** 删除多线样式。

**加载：** 加载保存的多线样式设置（*.mln）。

**保存：** 保存多线样式设置，比如：wall.mln，一些常用的样式可以保存起来，以便以后加载使用，其实在绘制建筑工程图时，用到的样式只有两种，一个是墙一个是窗。

新建新的样式后，点继续弹出新建样式的设置对话框，如图 4-1-2 所示。

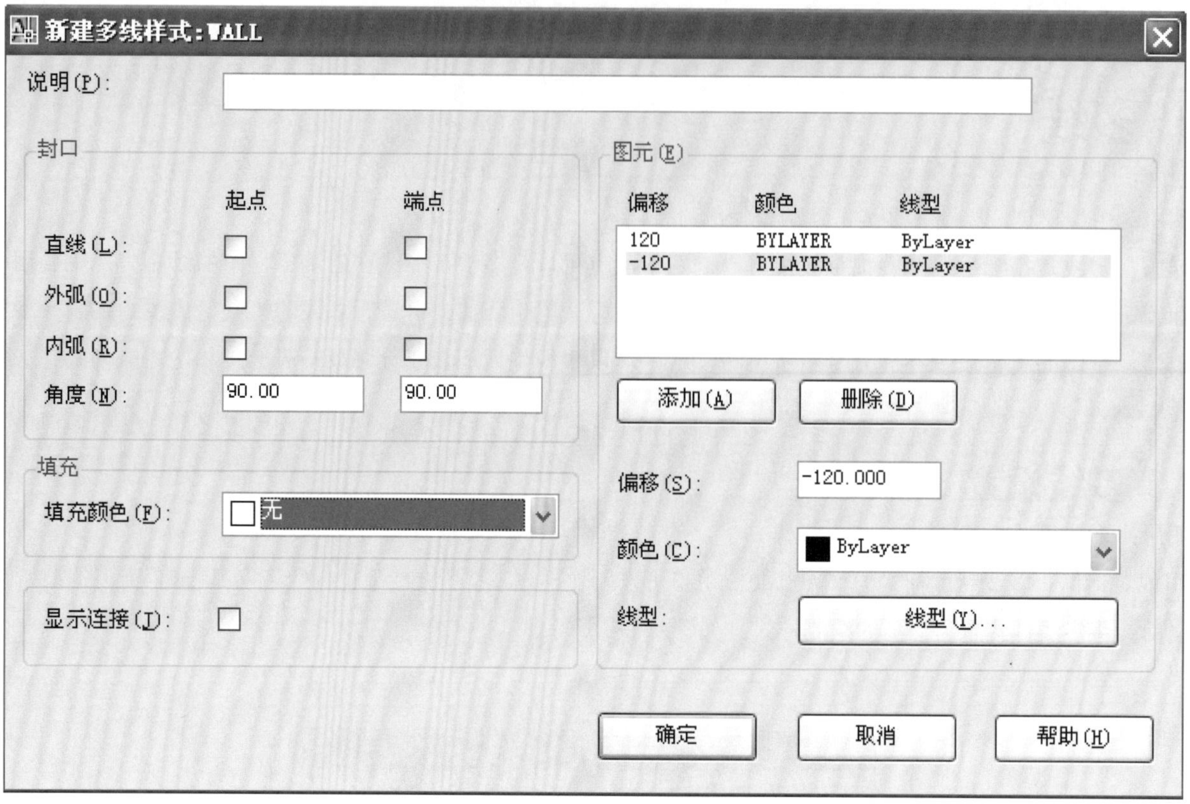

新建多线样式:WALL

说明(P):

封口

| | 起点 | 端点 |
|---|---|---|
| 直线(L): | ☐ | ☐ |
| 外弧(O): | ☐ | ☐ |
| 内弧(R): | ☐ | ☐ |
| 角度(N): | 90.00 | 90.00 |

填充

填充颜色(F): 无

显示连接(J): ☐

图元(E)

| 偏移 | 颜色 | 线型 |
|---|---|---|
| 120 | BYLAYER | ByLayer |
| -120 | BYLAYER | ByLayer |

添加(A) 删除(D)

偏移(S): -120.000

颜色(C): ByLayer

线型: 线型(Y)...

确定 取消 帮助(H)

图 4-1-2

**封口**：是指多线起点和端点的样式，可以是直角封闭，也可以是弧形封闭，并可以有角度，多线也可以是填实的，如图 4-1-3 所示。

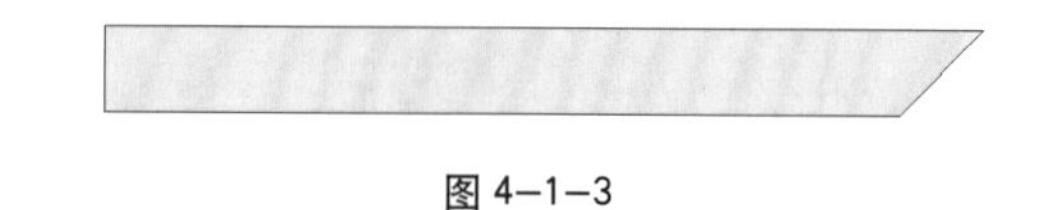

图 4-1-3

**图元**：设置多线数量，多线之间距离以及线型，多线之间的距离可以设置为一个常用整数比如 100，-100，在绘制多线时可以按比例放大缩小，也可以设置一个真实的数据，在绘制多线时把比例设置为 1。一般来说，在绘制建筑过程图时，比较适合把多线距离设置为实际的尺寸，比如 120，-120，或者 100，-100，或者 50，-50，然后在绘制多线时把比例设置为 1。

偏移修改，先点击默认的数据，再在偏移框内修改，若要增加线，点击添加，如图 4-1-4 所示。

图元(E)

| 偏移 | 颜色 | 线型 |
|---|---|---|
| 120 | BYLAYER | ByLayer |
| 30 | BYLAYER | ByLayer |
| -30 | BYLAYER | ByLayer |
| -120 | BYLAYER | ByLayer |

添加(A) 删除(D)

偏移(S): 30

颜色(C): ByLayer

线型: 线型(Y)...

图 4-1-4

多线的某一个样式设置完成后，就不能再修改，若要绘制另外样式的多线，需再新建样式。

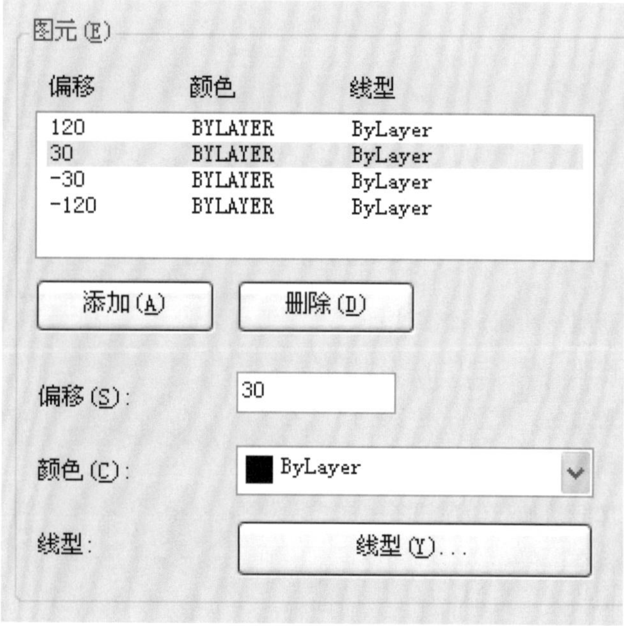

## 4.1.2 多线绘制

输入命令或点菜单。

**命令提示栏出现提示：**

**当前的设置**：对正＝上，比例＝ 20.00，样式＝ STANDAND，这显然不是我们常用的选项。

**指定起点或 [ 对正 (J)／比例 (S)／样式 (ST)]**：输入 J，按确认键，确定对齐选项。

**输入对正类型 [ 上 (T)／无 (Z)／下 (B)]< 靠下 >：**

**上**：多线上端对齐起始点。

**无**：多线中心对齐起始点。

**下**：多线下端对齐起始点。

建筑工程图的墙或窗都是依据轴线绘制的，轴线一般都是位于墙线的中间，输入对正类型选项 Z，按确认键。

输入比例选项 S，输入 1，按确认键。如果要改样式，输入 ST，输入样式名称，按确认键，选项完毕，现在可以绘制多线了。

选择起始点 1，指定下一点 2，指定下一点 3，指定下一点 4，指定下一点 5，按确认键结束命令，多线的绘制方法和直线一样，如图 4-1-5 所示。

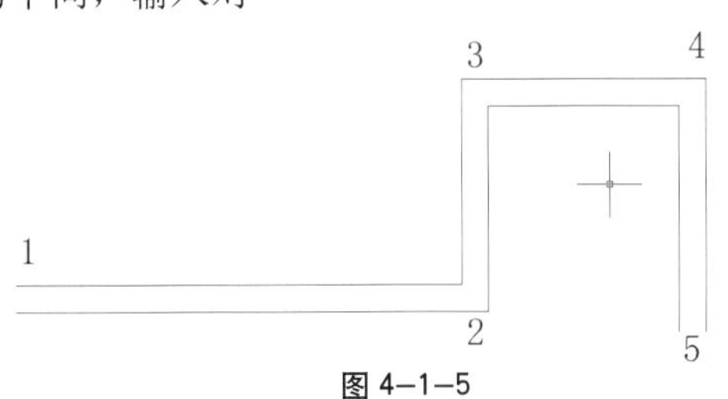


图 4-1-5

## 4.1.3 多线编辑

多线有专门的多线编辑器。

在高版本中，基本的修改命令可以使用拉伸夹点，修剪（TRIM）、拉伸（STRETCH）、延伸 (EXTEND)，其他的倒角、打断等命令不能用。

双击多线，弹出多线编辑工具，如图 4-1-6 所示。选择编辑工具，对多线进行修改。

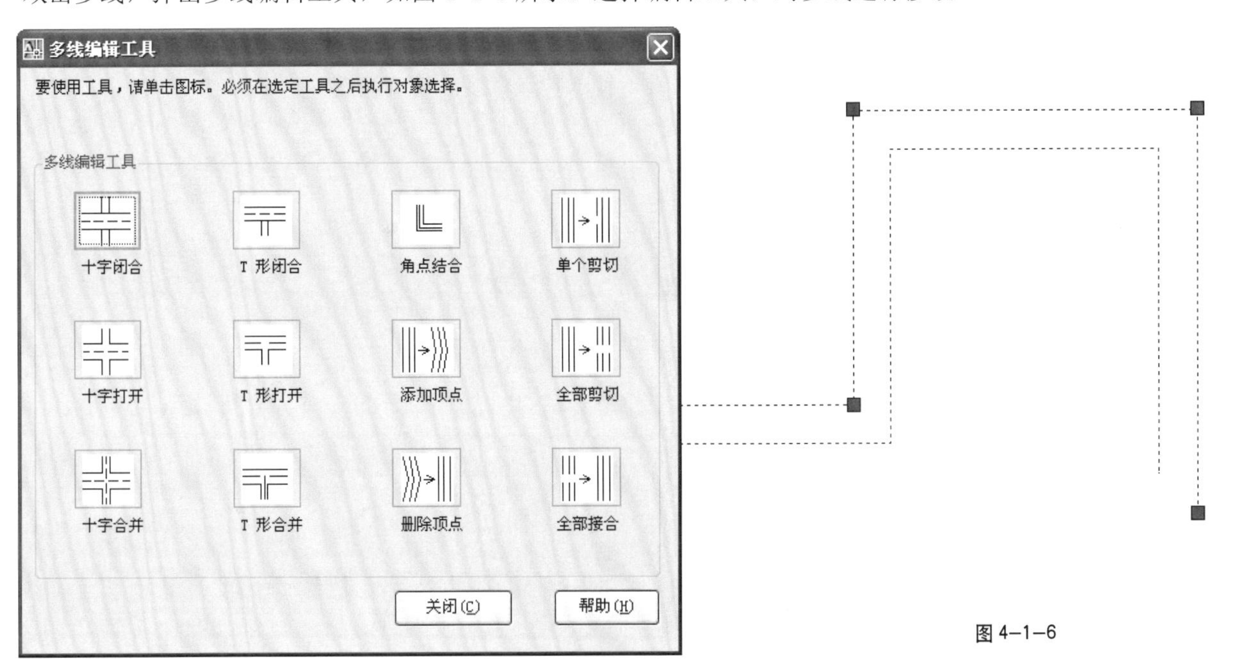


图 4-1-6

# 4.2 多段线

**多段线命令：**PLINE

**命令调用：**下拉菜单 - 绘图 - 多段线；工具栏 - 绘图 - 多段线 ；默认快捷键 PL。

**命令详解：**多段线是指连续的线段，其绘制方法类似直线，只是直线的线段是不连续的，而多段线是连续的，不管画多少段，是一根线，多段线可以进行进一步编辑，其编辑功能比较强，在曲面建模时，封闭的多段线在导入 3DS MAX 时，被认为是“面”。

## 4.2.1 多线绘制

### 4.2.1.1 直线段绘制

选择起点，在屏幕上点击起点 1，当前线宽为 0.0000

**指定下一个点或 [ 圆弧 (A)／半宽 (H)／长度 (L)／放弃 (U)／宽度 (W)]：**如果不作任何选项，点击下一点 2，再下一点 3、4、5 点，按确认键结束命令，如图 4-2-1 所示。

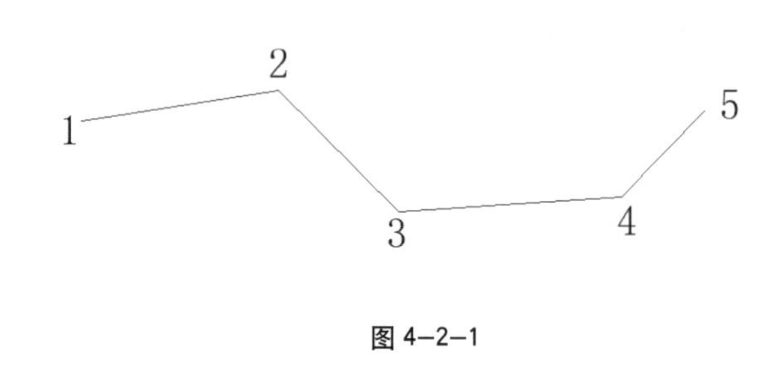


图 4-2-1

### 4.2.1.2 选项说明

**指定下一点或 [ 圆弧 (A)／闭合 (C)／半宽 (H)／长度 (L)／放弃 (U)／宽度 (W)] 输入选项：**

**圆弧（A）：**绘制圆弧，多段线可以绘制直线，也可以绘制弧线。

**闭合（C）：**闭合多段线，将多段线封闭。

**半宽（H）：**设置多段线半宽（一半的宽度），输入起始半宽，按确认键，输入端点半宽，按确认键。

**长度（L）：**输入长度，指点下一个线段的长度，按确认键。

**放弃（U）：**放弃最后选取点的，回到上一个点，在绘制多线的过程中，经常会点错的点，这时不必放弃整段多段线，只要输入 U，放弃最后一点，再继续绘制多段线。

**宽度（W）：**设置多线的宽度，输入起始宽度，按确认键，输入端点宽度，按确认键。

### 4.2.1.3 弧线段绘制

选择起点，在屏幕上点击起点 1，当前线宽为 0.0000。

**指定下一个点或 [ 圆弧 (A)／半宽 (H)／长度 (L)／放弃 (U)／宽度 (W)]：**点击下一点 2。

**指定下一个点或 [ 圆弧 (A)／半宽 (H)／长度 (L)／放弃 (U)／宽度 (W)]：**输入 A，下一段绘制弧线，命令提示栏提示：[ 角度 (A)／圆心 (CE)／闭合 (CL)／方向 (D)／半宽 (H)／直线 (L)／半径 (R)／第二个点 (S)／放弃 (U)／宽度 (W)]：不作选项，点击下一点 3、4，输入选项 L，恢复直线，点击下一点 5，按确认键，结束命令，如图 4-2-2 所示。

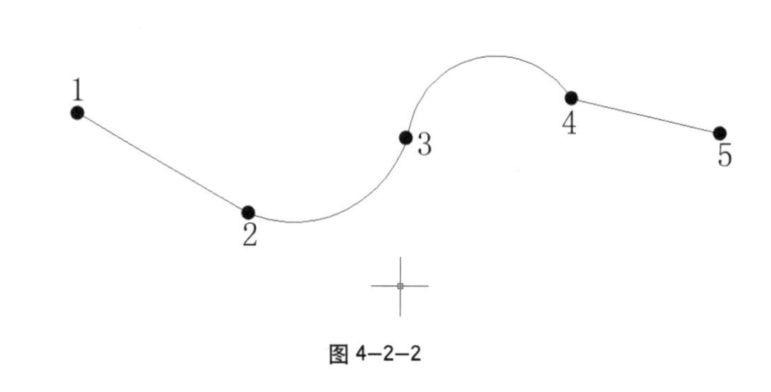


图 4-2-2

#### 4.2.1.4 弧线段绘制选项说明

**输入圆心（CE）**：确定下一段弧线的圆心。

**输入方向（T）**：下一段弧线寻找切线。

**输入半径（R）**：确定下一段弧线的半径。

**输入第二个点（S）**：下一段弧线按3点绘制，本选项也即选取弧线的第二点。

**输入直线（L）**：下一段线结束弧线，恢复到直线。

### 4.2.2 多段线编辑

**多线编辑命令**：PEDIT

**命令调用**：下拉菜单－修改－对象－多段线；工具栏－修改II－多段线；默认快捷键PE；或在屏幕上双击多段线。

**命令调用后，命令提示栏出现提示**：

输入选项［闭合（C）/合并（J）/宽度（W）/编辑顶点（E）/拟合（F）/样条曲线（S）/非曲线化（D）/线型生成（L）/放弃（U）］：＊取消＊

**闭合（C）**：闭合开放的多段线，将多段线封闭，使多段线的最后一点和第一代重合，如果不输入本选项，即使第一点和最后一点重合，系统还是认为不是封闭的PLINE线。

**合并（J）**：将端点重合的线段或多段线或直线、圆弧等合并为一根多段线。

**宽度（W）**：改变和设置多段线的宽度，本选项也可以在对象特性管理器里修改。

**拟合（F）**：将多段线转化为光滑的曲线，曲线通过多段线所有的顶点，如图4-2-3所示。

**样条曲线（S）**：将多段线转化为样条曲线，该曲线不通过多段线的顶点，如图4-2-4所示。

**非曲线化（D）**：将拟合的多段线或样条曲线恢复到直线。

**线型生成（L）**：将选项设置为“开”则将多段线作为一个整体来生成线型，如果设置为“关”，则将每个线段来生成线型，如图4-2-5所示。

**编辑顶点（E）**：编辑多段线的各个顶点，本选项输入后，出现进一步的顶点编辑选项。

**［下一个（N）/上一个（P）/打断（B）/插入（I）/移动（M）/重生成（R）/拉直（S）/切向（T）/宽度（W）/退出（X）］<N>**：＊取消＊

**下一个（N）**：将“x”标记移到下一个顶点。

**上一个（P）**：　将“x”标记移到上一个顶点。

**打断（B）**：保存当前“x”标记的顶点，选择其他顶点，删除这两个顶点之间的线段，如图4-2-6所示。

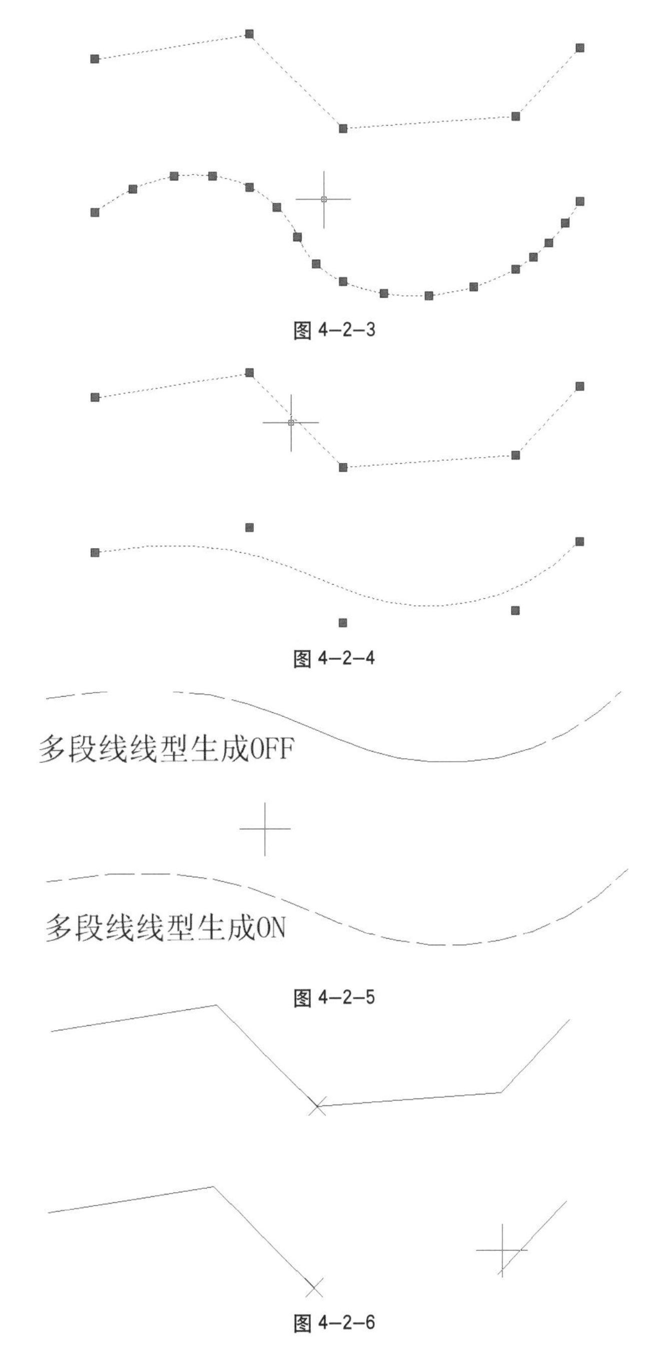


图4-2-3

图4-2-4

图4-2-5

图4-2-6

**插入 (I)**：在标记“x”的顶点后插入一个新的顶点。

**移动 (M)**：移动顶点“x”的位置。

**重生成 (R)**：重新生成多段线。

**拉直 (S)**：将两个顶点间线段拉直。

**切向 (T)**：修改“x”标记顶点的切线方向，该方向会影响多段线的拟合。

**宽度 (W)**：修改“x”标记顶点后面的起点和端点宽度。

**特别提示：多段线的编辑功能很强，也很复杂，初学者可能会看得眼花缭乱，但这么多功能里最常用的是：封闭、样条曲线、线型生成、拟合、宽度，其余命令不是很有用，例如图 4-2-6 的打断命令，用修剪命令更为直接方便，移动顶点，使用夹点拖动更简单。**

# 4.3 样条曲线

**样条曲线命令**：SPLINE

**命令调用**：下拉菜单 - 绘图 - 样条曲线；工具栏 - 绘图 - 样条曲线 ；默认快捷键：SPL。

**命令详解**：样条曲线是指通过顶点控制曲度的曲线，在专业的三维建模软件中，这是一根使用频率非常高的线，我们已经知道多段线可以编辑为样条曲线，但编辑后的样条曲线并不通过多段线的顶点，而样条曲线可以直接按顶点绘制，即使拉动夹点后，其顶点还是在样条曲线上，但多段线编辑的样条曲线可以设置宽度，可以倒角，用本命令绘制的样条曲线则不能设置宽度，也不能倒角，也就是说其进一步的编辑功能不如多段线。

命令使用：

**指定第一点或 [ 对象 (O)]**：选择第一点 1

**指定下一点**：选择第二点 2

**指定下一点或 [ 闭合 (C)／拟合公差 (F)]＜起点切向＞**：选择第三点 3

**指定下一点或 [ 闭合 (C)／拟合公差 (F)]＜起点切向＞**：选择第四点 4，选择第五点 5。按确认键，确定起点切向，按确认键确定端点切向，按确认键结束命令。指定起点和端点的切向是为了控制样条曲线的曲度，因为样条曲线的曲度是以顶点的属性确定的，如图 4-3-1 所示。

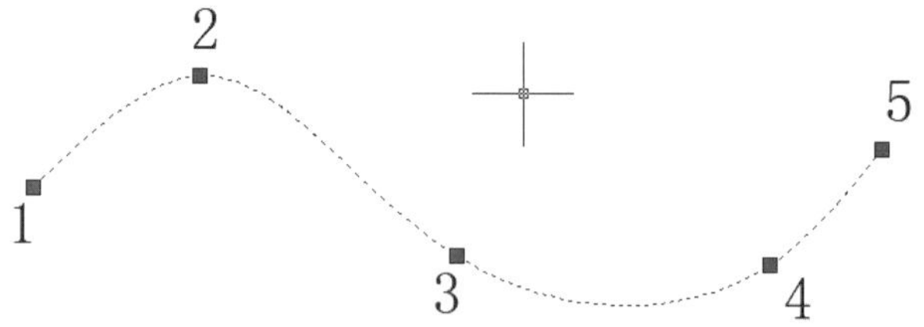

图 4-3-1

**选项 [ 对象 (O)]**：可将二维或三维的样条拟合多段线转换为等价的样条曲线并删除多段线。

**[ 闭合 (C) ]**：闭合样条曲线，并在连接处相切。

**[ 拟合公差 (F)]**：修改当前样条曲线的拟合公差，使其按新的公差拟合现有的点。拟合公差是指曲线与指定拟合点之间接近程度。

# 4.4 创建块

**创建块命令**：BLOCK

**命令调用**：下拉菜单 - 绘图 - 块 - 创建；工具栏 - 绘图 - 创建块  ；默认快捷键：B、-B。

**命令详解**：图块是指有多个对象组成集合，图块和“组”不同，“组”是将图形成组，可以统一选取，图块不仅可以统一选取，还可以储存在文件内部，随时插入使用，即使图面上的图形被删除，图块还是存在，在高版本中，图块可以单独进行编辑，编辑完成并保存，文件中的所有同名图块将同时改变。图块创建有内部图块外部图块两种，内部图块在文件内部，外部图块则做到文件外部。

图块可以通过对话框创建，也可以在命令提示栏创建。

## 4.4.1 对话框创建图块

输入命令弹出对话框，如图 4-4-1 所示。

图 4-4-1

**名称**：图块的名称，图块必须有名称，名称不能重复，若名称重复，则重新定义图块，将原同名图块覆盖。

基点：图块插入时的基点，基点可以是坐标原点，也可以在屏幕上指定，一般整体的图形都选择原点，而构件、元素则点选基点，比如“门”、“家具”等。

**单击 按钮拾取基点**：在屏幕上拾取块的插入点。

**块单位**：插入块时的单位设置，建筑工程图都用毫米为单位。

**对象－保留**：保留屏幕上做成图块的对象。

**对象－转化为块**：将屏幕上做成图块的对象转化为图块。

**对象－删除**：将屏幕上做成图块的对象删除，输入命令 OOPS 可以恢复。

**单击 按钮选择对象**：选择要做成图块的对象。

**注释性**：配合布局空间，是否调整图块的方位。

**按统一比例缩放**：图块插入时，是否在 XY 向按统一比例缩放。

**允许分解**：图块是否允许分解，一般都设置为允许分解。

按“确定”完成图块创建，如图 4-4-2 所示。

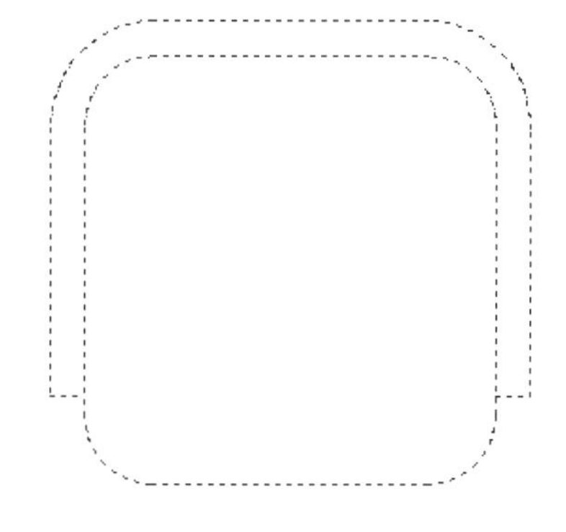

图 4-4-2

### 4.4.2 命令提示栏创建图块

**输入命令：**-B

**命令提示栏提示：**输入块名或 [?]: *取消*，输入图块名称，按回车键（按空格键无效）。

**指定插入基点或 [ 注释性 (A)]:** 在屏幕上拾取基点，或输入：0，0，0。

**选择对象**：选择对象按确认键，结束命令。

## 4.5 写块（创建外部图块）

**写块命令：**WBLOCK

**命令调用：**默认快捷键 W

**命令详解：**“写块”实际上就是将选取的对象，另存为一个文件，在绘图过程中，有时需要将图形中的一部分内容另外存个文件，供别的文件插入使用，比如一个完整的卫生间。“写块”的另外一个功能是，有些图形很复杂，信息很杂乱，这时可以将这个图形写块出去，图形中的一些不需要的信息也就自动被删除，文件会变得很干净。

输入写块命令 W，弹出对话框，如图 4-5-1 所示。

图 4-5-1

**源 - 块：**将文件中已有的块写块。

**源 - 整个图形：**将整个图形写块。

**源 - 对象：**选取屏幕上的对象写块。

**基点、对象：**与“图块”的执行方法一样。

**目标：**选择外部图块的存储位置。

按“确定”结束命令。

## 4.6 插入块

**插入命令：** INSERT

**命令调用：** 下拉菜单－插入－块 ；工具栏－绘图（插入点）－插入块 ；默认快捷键 I。

**命令详解：** 插入命令调用后，弹出对话框，如图 4-6-1 所示。

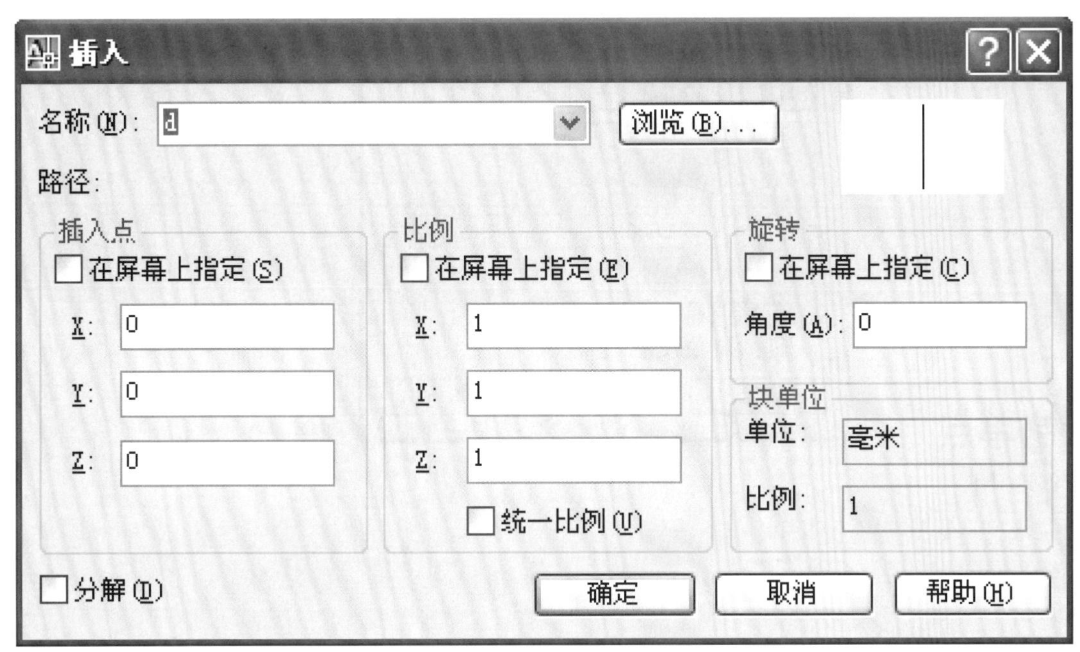

图 4-6-1

**名称：** 指直接选用本文件中已存在的块。

**浏览：** 是选取外部的 DWG 文件。

**插入点：** 是指图块制作时选定的插入点，对于外部的 DWG 文件来说，插入点就是该文件的坐标原点，如果不勾选“在屏幕上指点”那么插入点自动选在本文件的坐标的原点。

**比例：** 指定由屏幕或对话框输入 X、Y、Z 的比例值。

**旋转：** 是指指定由屏幕或对话框输入块的旋转角度。

**分解：** 是指块插入后会分解成文件的原始对象，而不是块的对象，在实际操作中一般不会勾选“分解”选项，按“确定”结束命令。

## 4.7 点

**点命令：** POINT

**命令调用：** 下拉菜单－绘图－点；工具栏－绘图－点 ；默认快捷键：PO。

**命令详解：** 点即绘制点，点的命令包括绘制点还包括等分线段，点在绘图过程中使用得比较少，而等分线段使用得较多，点有很多的样式可以选择，创建点之前可以先修改点样式，也可以创建完成后再修改点的样式。

### 4.7.1 点样式

**命令：** DDPTYPE

**命令调用：** 下拉菜单－格式－点样式，如图 4-7-1 所示。

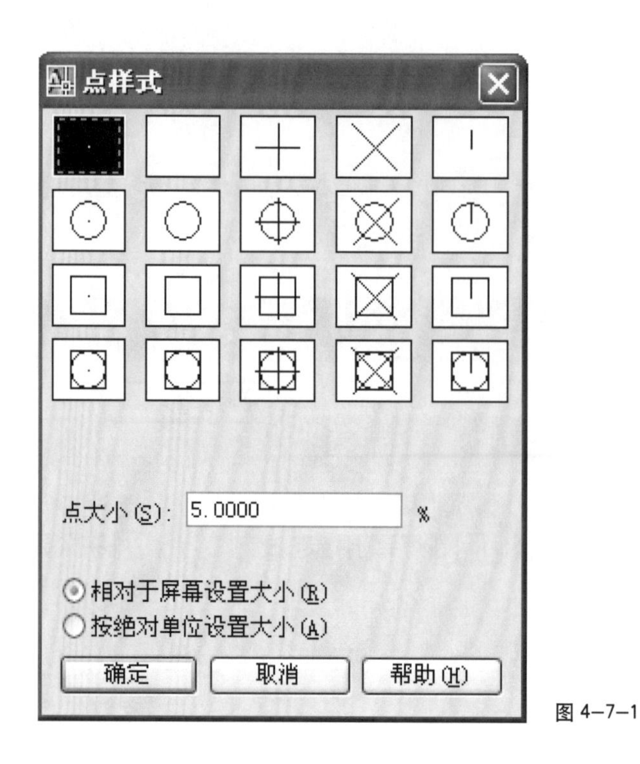


图 4-7-1

## 4.7.2 绘制单点

**绘制单点命令：**POINT

**命令调用：**下拉菜单－绘图－点－单点。

**当前的点的模式：**PDMODE=97，PDSIZE=0.0000。

在屏幕单击，绘制点，结束命令。

**当前点模式：**PDMODE=98，PDSIZE=0.0000。

**指定点：**右屏幕上单击，绘制单点。

## 4.7.3 绘制多点

**命令调用：**下拉菜单－绘图－点－多点

**当前点模式：** PDMODE=97，PDSIZE=0.0000。

在屏幕上连续单击，绘制多个点，结束命令。

**指定点：**在屏幕上单击绘制多点。

## 4.7.4 定数等分

**定数等分命令：**DIVIDE

**命令调用：**下拉菜单－绘图－点－定数等分；默认快捷键 ：DIV。

**命令详解：**以点来定数量等分对象，调用本命令前应先设置点的样式，因为默认点的样式在线上无法看到。不管是定数等分还是等量等分，只是在线上增加了点或图块，而线并未被打断；在实际绘图中，用点来等分线是为了能在线上捕捉等分点，而用块来分线，是为了在线上均匀地排布对象，比如沿曲线布置的灯具、椅子等。

### 4.7.4.1 点定数等分

输入命令

**选择要定数等分的对象：**选择对象

**输入线段数目或[块(B)]：**输入等分数量，按确认键，结束命令，如图 4-7-2 所示。

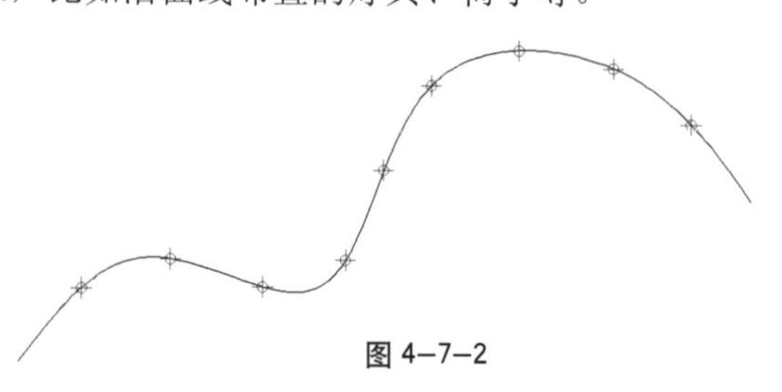

图 4-7-2

### 4.7.4.2 块定数等分

以图块（BLOCK）方式定数等分对象（等分前必须先创建图块）

输入命令

**选择要定数等分的对象：**选择对象

**输入线段数目或 [ 块 (B)]：**输入 B，按确认键。

**输入要插入的块名：**输入创建完成的块名称，按回车键。

**是否对齐块和对象？ [ 是 (Y)／否 (N)]<Y>：**输入 Y，块是跟着对象角度旋转，如图 4-7-3 所示；输入 N，块不跟着对象角度旋转，如图 4-7-4 所示。

**输入线段数目：**输入等分数量，按确认键，结束命令。

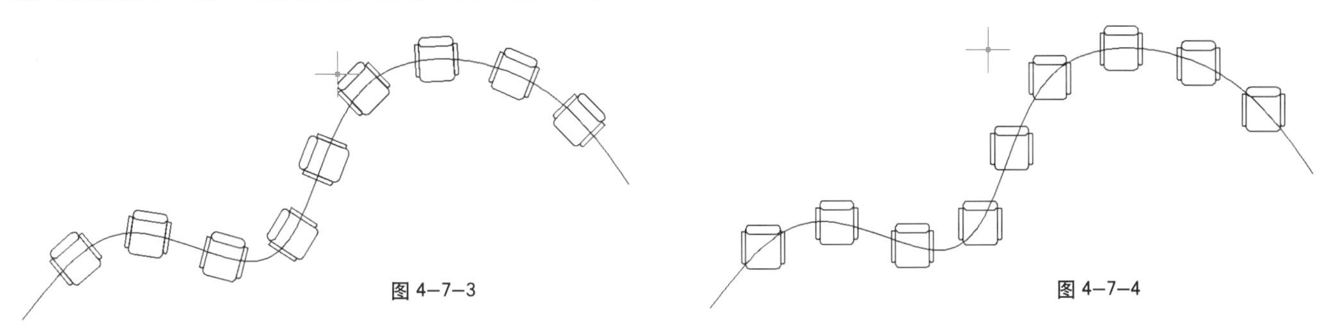

图 4—7—3　　图 4—7—4

### 4.7.5.1 点定数等分

输入命令

**选择要定数等分的对象：**选择对象

**指定线段长度或 [ 块 (B)]：**输入分段长度，按确认键，结束命令。

### 4.7.5.2 块定数等分

以图块（BLOCK）方式定数等分对象（等分前必须先创建图块）

输入命令

**选择要定数等分的对象：**选择对象

**指定线段长度或 [ 块 (B)]：**输入 B，按确认键。

**输入要插入的块名：**输入创建完成的块名称，按回车键。

**是否对齐块和对象？ [ 是 (Y)／否 (N)]<Y>：**输入 Y，块是跟着对象角度旋转图；输入 N，块不跟着对象角度旋转。

**输入线段数目：**输入分段长度，按确认键，结束命令。

## 4.8 图案填充和渐变色

**图案填充和渐变色命令：**HATCH

**命令调用 ：**下拉菜单－绘图－图案填充；工具栏－绘图－图案填充，默认快捷键：H。

**命令详解 ：**AutoCAD 的图形都是用线来画的，线与线之间是空的，不是面，但有时候，线之间可能需要用颜色填满，有时候需要填有图案，图案填充这个命令的作用就在于此。图案填充有两个要点，一个是填充的边界，一个是怎么填图案，填什么样的图案，本命令的要点就是这两个。

图案填充是通过对话框来完成的，输入命令，弹出对话框，如图 4-8-1 所示。点击右下角三角标记可进入高级选项，如图 4-8-2 所示。

图 4—8—1

图 4—8—2

面板显示了填充分两类，一类是用图案填充，另外一类是用渐变色填充。

### 4.8.1 图案填充

类型：图案的类型，AutoCAD 2008 共有三个类型，即预定义、用户定义和自定义。默认所用的图案为预定义，其他的定义需要用户自己添加，AutoCAD 填充图案不是画出来，而是用程序写出来的，文件名称是“*.pat”。

预定的图案分三个类型，即：ANSI、ISO、其他预定义，如图 4-8-3、4-8-4、4-8-5 所示。

图 4-8-3

图 4-8-4

**样例**：填充图案的预览。

**角度**：图案填充时的旋转角度，角度为 0，则填充图案平行于 XY 坐标。

**比例**：控制填充图案的大小，也即图案的疏密程度。

**图案填充原点**：定义图案填充的原点位置，控制图案填充时图案和边界的关系。

**添加**：拾取点：用鼠标单击图形内部，选取填充范围，这是简捷快速的填充边界选取的方法。

**特别提示：点选的填充范围必须完全封闭，若边界未封闭，系统会提示“未找到有效边界”。当填充范围过于复杂，比如有多段样条曲线以及由许多图块组成的边界，系统也会提示找不到边界，或者会耗时很多，直至系统没有响应。遇到这种情况，用户可以将填充范围用直线划开，再连续点。**

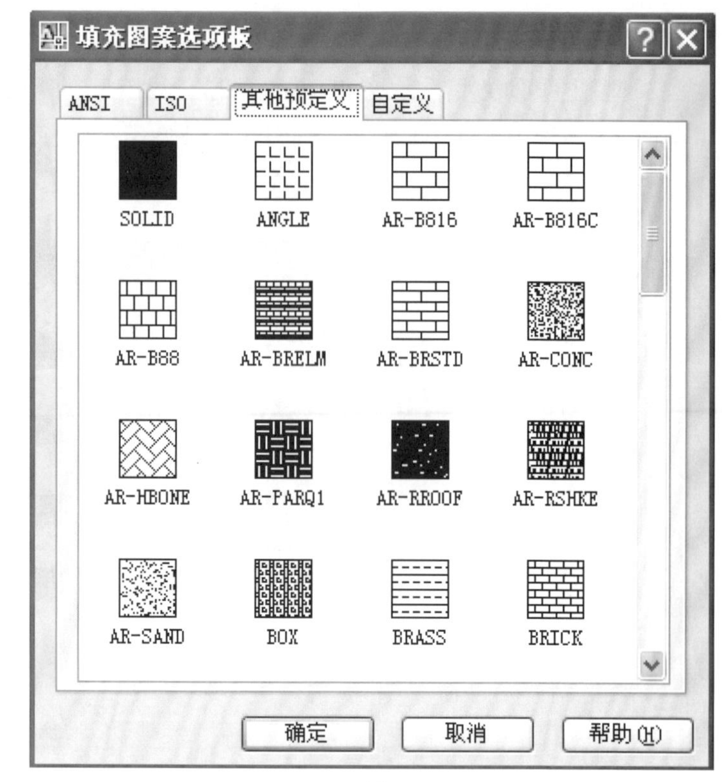


图 4-8-5

**添加**：选择对象：通过选择对象来选取填充范围，和点选不同，选择的对象可以不完全封闭的。

**删除边界**：填充时经常会遇到图形内部还有封闭的范围，有时有好几圈范围，如果直接点选填充，系统会一圈隔着一圈填，而我们需要的只是最外圈，或者第一圈和第二圈，这是需要把某些边界删除。如图 4-8-6、4-8-7、4-8-8、4-8-9 所示。例图中的填充效果也可以通过高级选项中“孤岛检测”来实现。

**查看选择集**：以虚线显示所选的填充范围，确认范围是否正确。

**注释性**：创建注释性图案填充，使用注释性图案填充可以通过符号形式表示材质。

**关联**：确定填充图案是否有关联性。

**绘图次序**：填充图案与边界线的重叠关系，一般来说填充图案都是“置于边界之后”，这样可以看到边界线，方便进一步编辑。

**继承特性**：选择已有的某个图案填充对象，新的图案填充将继承该对象的图案、角度、比例和关联等特性。

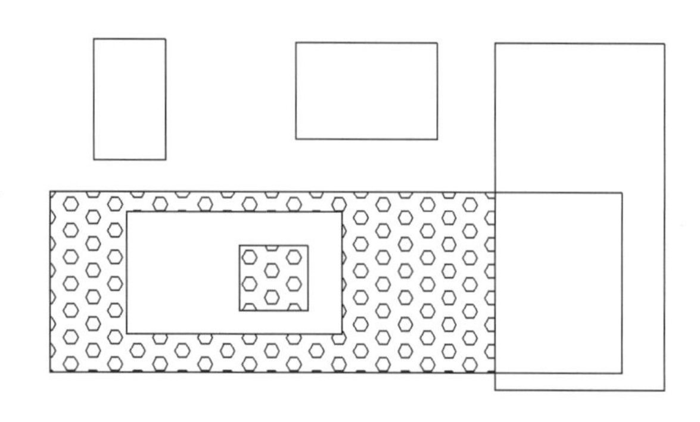

图 4-8-6　未删除边界

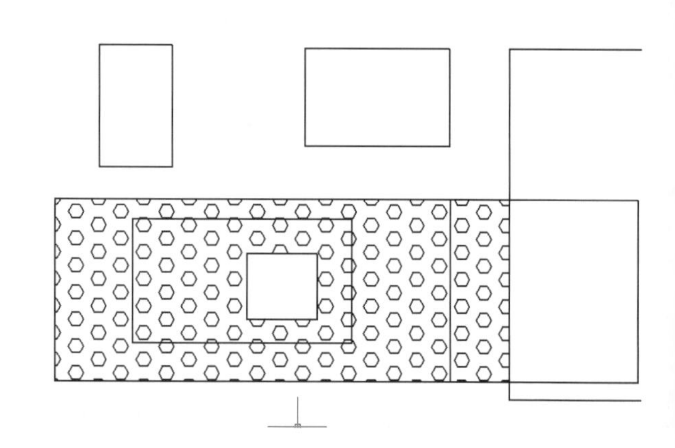

图 4-8-7　删除第一圈边界

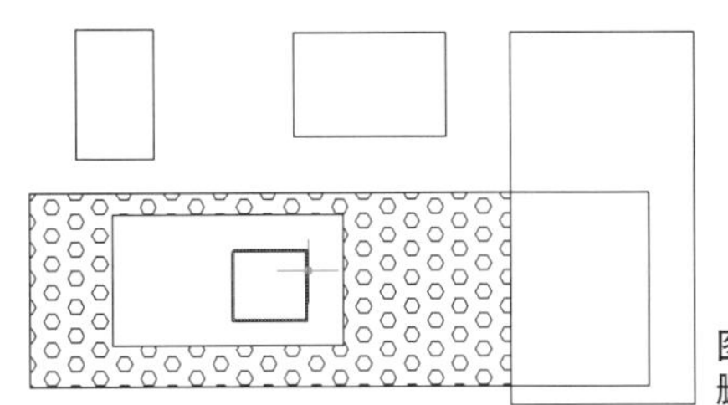

图 4-8-8
删除两圈边界

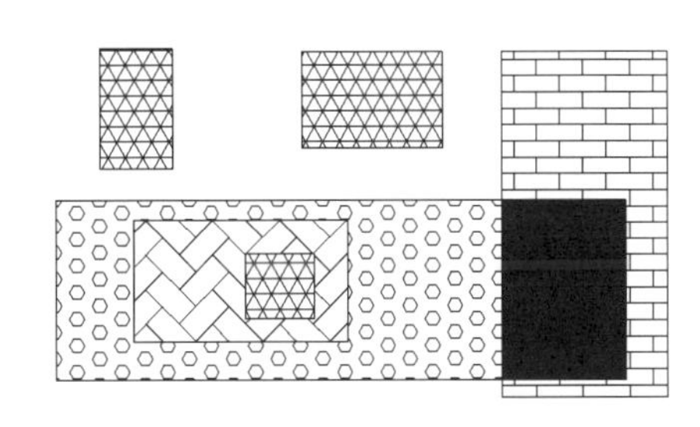

图 4-8-9
通过删除边界，三个圈内填不同的图案。

## 4.8.2 渐变色填充

在图案填充和渐变色面板上点“渐变色”，换成渐变色填充面板。渐变色分单色和双色，如图 4-8-10、4-8-11 所示。渐变色填充面板和图案填充面板很接近，只是一个填的是图案，一个填的是渐变色。点颜色条右边按钮可以调整颜色，通过着色 - 渐浅滑块可以调整渐变的两色之间的对比度。方向：用于调整渐变两色的位置关系。

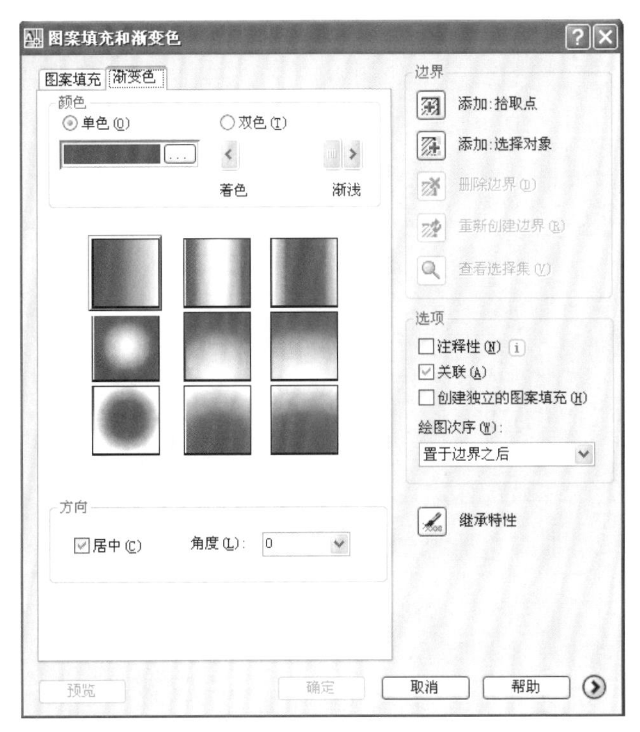


图 4-8-10

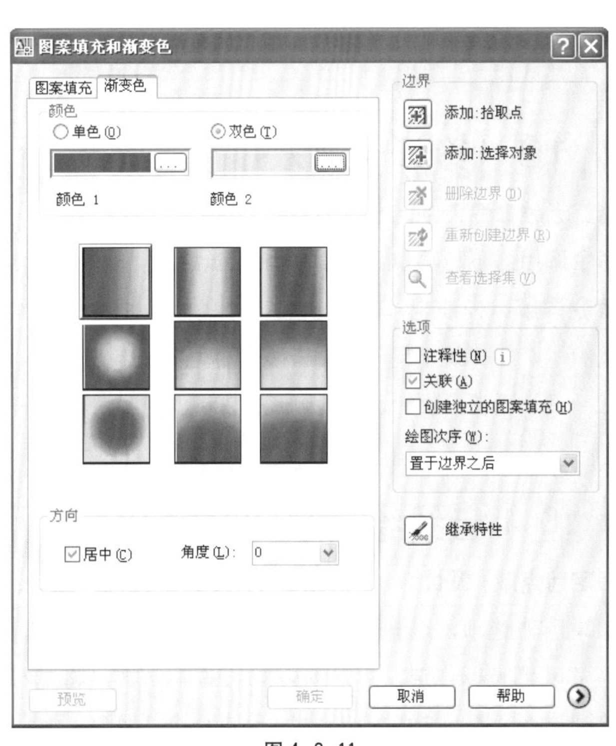


图 4-8-11

# 4.9 边界

**边界命令：**BOUNDARY

**命令调用：**下拉菜单 - 绘图 - 边界；默认快捷键：BO，-BO。

**命令详解：**边界命令比较简单但作用很大，边界命令通过用鼠标点取封闭区域创建封闭的 PLINE 线或面域（实体模型）。

边界命令可以通过对话框和在命令提示栏输入快捷键来执行。对话框如图 4-9-1 所示。

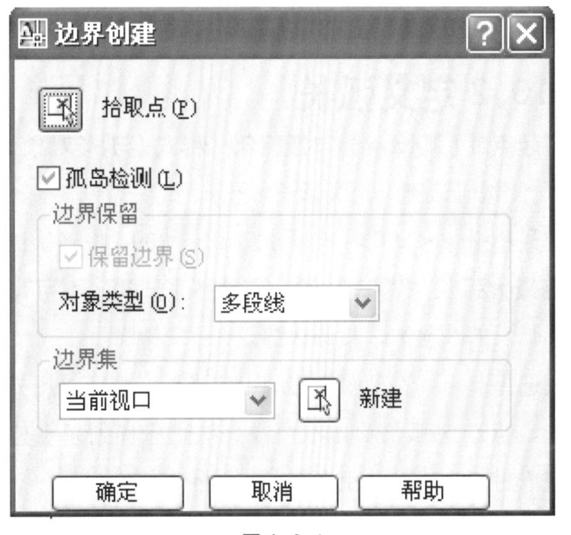


图 4-9-1

**孤岛检测**：是否进行孤岛检测。

**对象类型**：多段线或面域。

**拾取内部点**：选择图形内部点，按确定键，结束命令。

在命令提示栏输入 -BO。

**命令提示栏提示**：指定内部点或 [ 高级选项 (A)]： 点取内部点，按确认键，结束命令，如图 4-9-2 所示。

**命令提示栏提示**：指定内部点或 [ 高级选项 (A)]：输入选项 A。

**命令提示栏提示** ：输入选项 [ 边界集 (B)/ 孤岛检测 (I)/ 对象类型 (O)]：三个选项与面板选项一样。

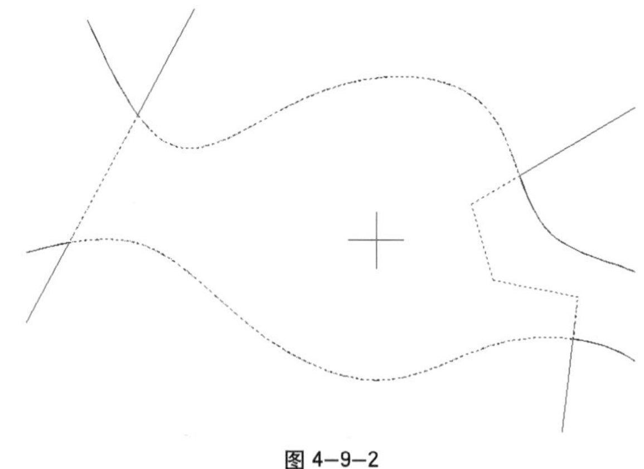

图 4-9-2

# 4.10 修订云线

**修订云线命令**：REVCLOUD

**命令调用**：下拉菜单 - 绘图 - 修订云线。

**命令详解**：云线也即形状像云一样的线，是由圆弧组成的线，在建筑工程图中，云线主要用于绘制灌木。

最小弧长：200 ，最大弧长：200 。样式：普通。

## 4.10.1 云线绘制

**指定起点或 [ 弧长 (A)/ 对象 (O)/ 样式 (S)] < 对象 >**：如果不作选项，选择起点并在屏幕上移动十字光标，也可以用光标点选，点选的弧长长短不一样，将光标移到起点位置即完成封闭云线，结束命令，如图 4-10-1 所示。

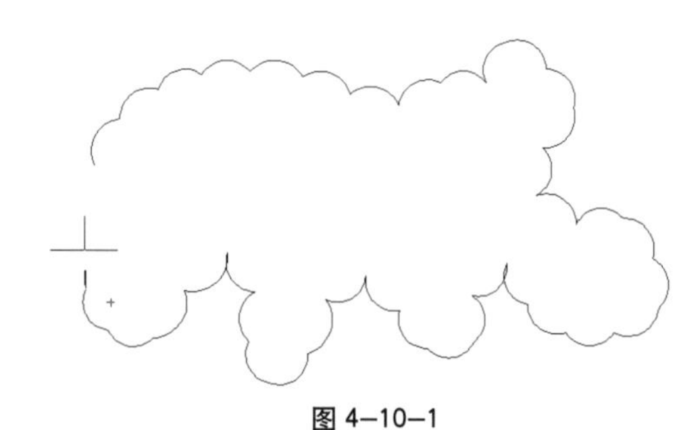

图 4-10-1

## 4.10.2 定义弧长

**指定起点或 [ 弧长 (A)/ 对象 (O)/ 样式 (S)] < 对象 >**：输入 A，按确认键，定义弧长。

**指定最小弧长 <200>**：输入最小弧长 300，按确认键。

**指定最大弧长 <200>**：输入最大弧长 500（不可超过最小弧长的 3 倍），按确认键。

选择起点并在屏幕上移动十字光标，也可以用光标点选，点选的弧长长短不一样，将光标移到起点位置即完成封闭云线，结束命令，如图 4-10-2 所示。

图 4-10-2

## 4.10.3 选择封闭对象创建云线

**指定起点或［弧长（A）／对象（O）／样式（S）］＜对象＞：** 输入选项 O。

**选择对象：** 选择封闭的多段线或圆。

**反转方向［是（Y）／否（N）］＜否＞：** 输入云线是否反转方向，输入 Y 云线反转方向，结束命令，如图 4-10-3 所示。

图 4-10-3

## 4.10.4 绘制不同样式的云线

**指定起点或［弧长（A）／对象（O）／样式（S）］＜对象＞：** 输入选项 S，按确认键。

**选择圆弧样式［普通（N）／手绘（C）］＜普通＞：** 输入 C，选手绘样式，按确认键。

**指定起点或［弧长（A）／对象（O）／样式（S）］＜对象＞：** 选择起点并在屏幕上移动十字光标，也可以用光标点选，点选的弧长长短不一样，将光标移到起点位置即完成封闭云线，结束命令，如图 4-10-4 所示。

云线也可以是不封闭的，用户可以选择任意点结束云线，按确认键，命令提示显示：反转方向 ［是（Y）/否（N）］〈N〉：按确认键，结束命令，如图 4-10-5 所示。

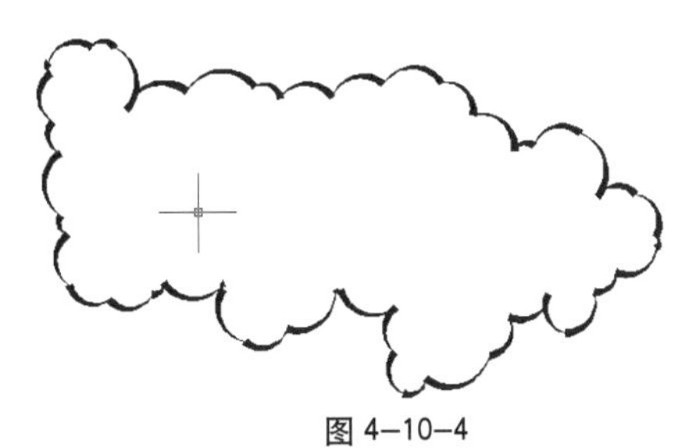

图 4-10-4

图 4-10-5

## 练习四：绘制简单建筑平面图

### 练习目的

绘制简单的建筑平面图，掌握基本的绘图命令和基本的编辑命令的运用方法，熟悉建筑平面图绘制的环境设置，了解建筑工程图的绘制步骤和方法。

练习内容：绘制建筑轴线、用多线绘制建筑墙体。

### 绘图步骤

### 步骤一

设置建筑工程图绘制的环境。

启动 AutoCAD 2008，打开图层特征管理器，添加绘制建筑图的所需的图层并设置不同颜色，加载线型，并将线型比例设置为合适的尺度，将轴线层的线型设为点划线，如图练习四 -1、练习四 -2 所示。

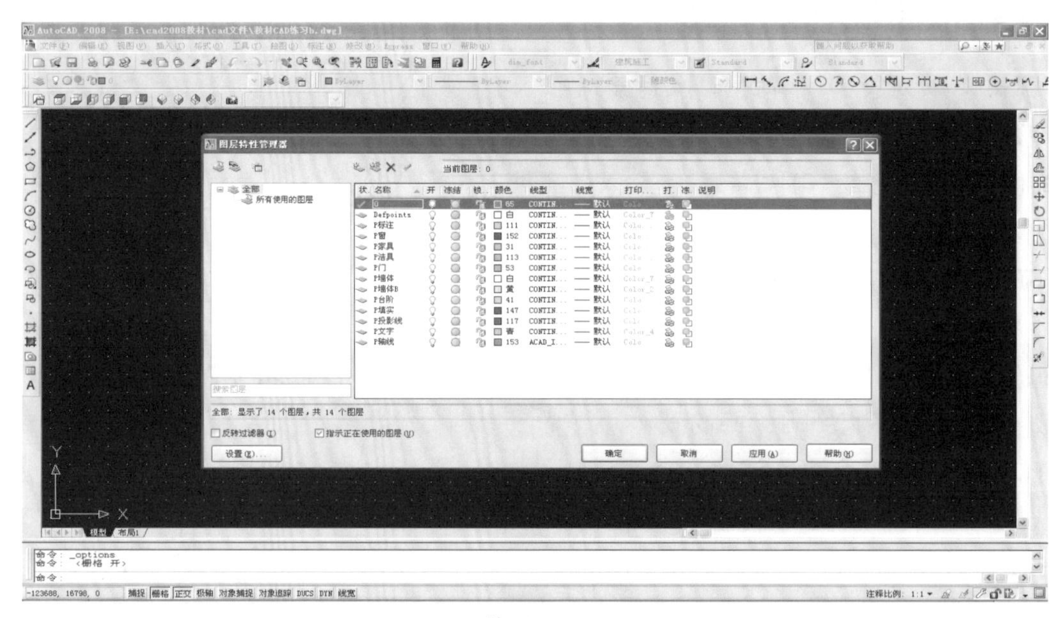


练习四 -1

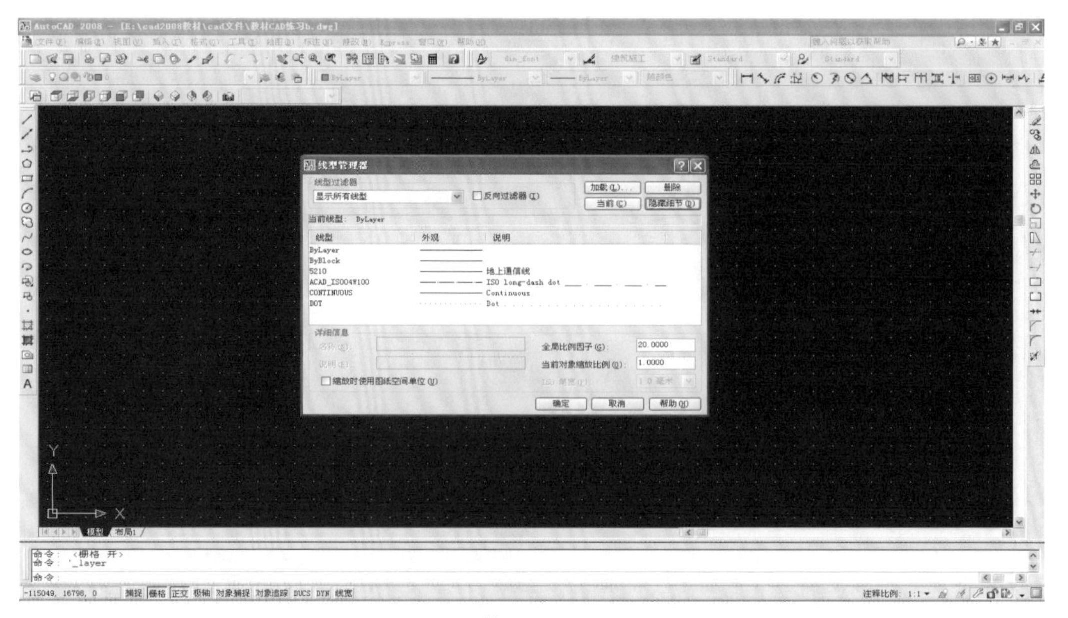


练习四 -2

打开单位设置，将长度精度设置设为 0，角度单位设置设为 0.00，如图练习四 -3 所示。建筑平面图都以 1 为“1mm”输入，这对于建筑来说已经很精确了，建筑图上是没有毫米以下的标注的，如图练习四 -3 所示。

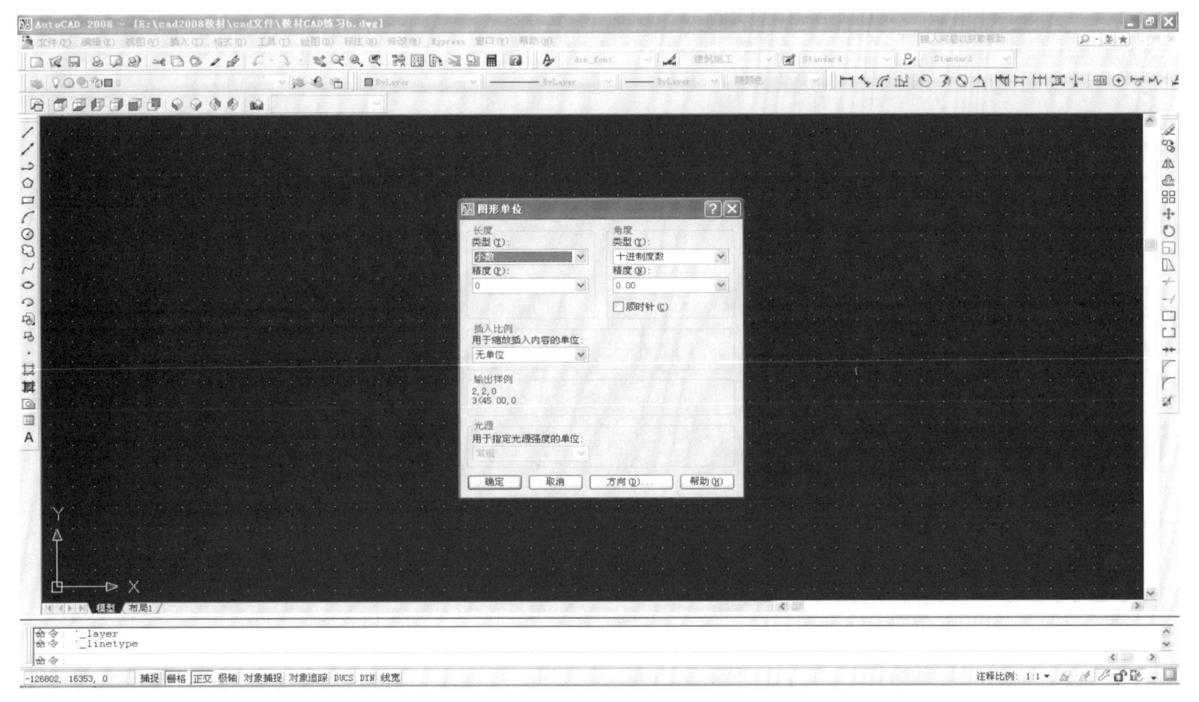


练习四 -3

打开图形界限设置，将图形界限，指定左下角的坐标定为 0，0，指定右上角点的坐标 120000,90000，并打开捕捉对话框，将 XY 的格栅间距指定为 1000，双击鼠标中键，显示图形界限。

**步骤二：**绘制建筑轴线

将当前层切换到轴线层（也可以在 0 层绘制，完成后改为轴线层），打开正交按钮，或按 F8，在图形界限内绘制第一根水平线，长度为 16000，绘制第一根垂直线，长度为 20000（用鼠标指定方向后，直接在命令提示栏输入，按确认键），如图练习四 -4 所示。

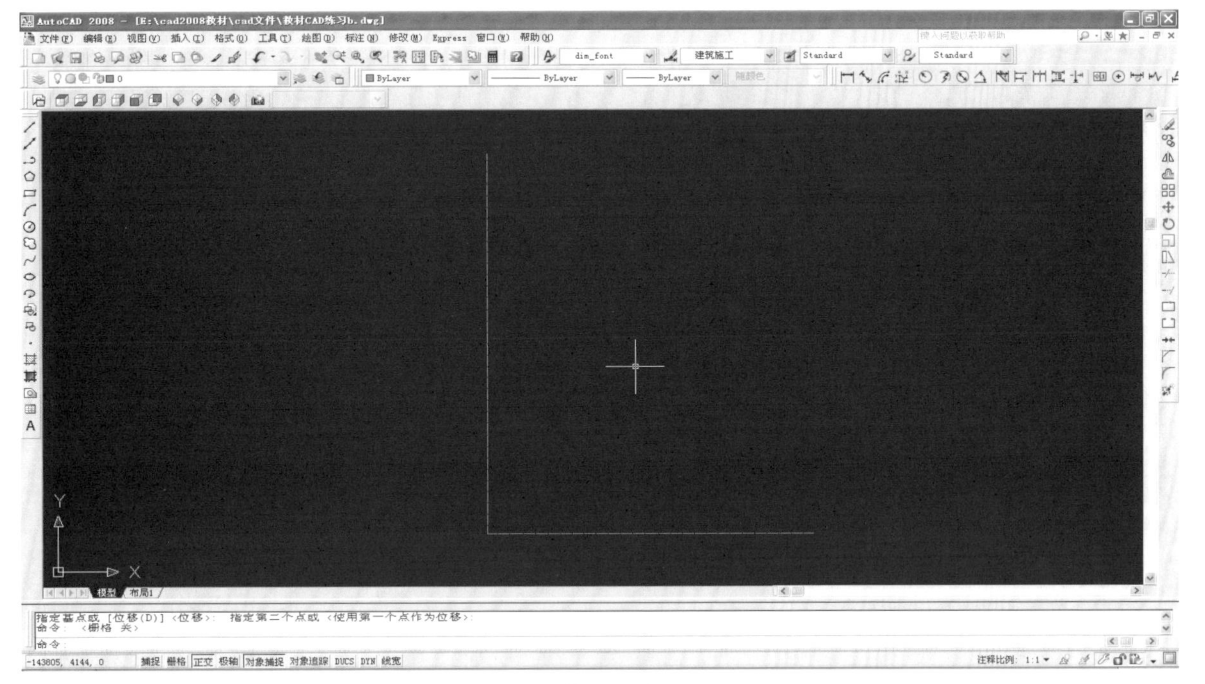


练习四 -4

打开光盘文件练习六 -3.dwg，或将本书翻到练习六，参照有标注的建筑平面图，用偏移命令绘制其余轴线，如图练习四 -5 所示。

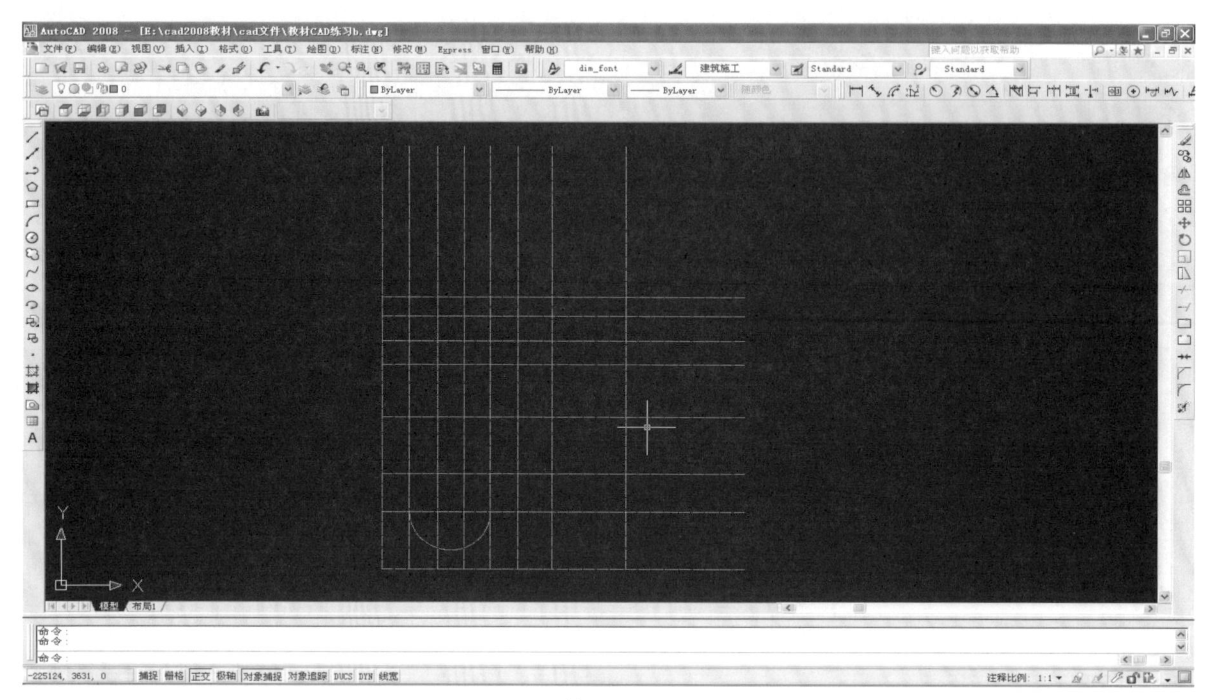

练习四 –5

**步骤三**：用多线绘制墙体

打开多线设置，新建一个多线样式，将偏移设为 120，-120。将图层“墙”指定为当前层，输入多线命令，调整对齐、比例选项，捕捉轴线绘制墙线，墙线可以一段段绘制，也可以连续绘制，如图练习四 -6 所示。

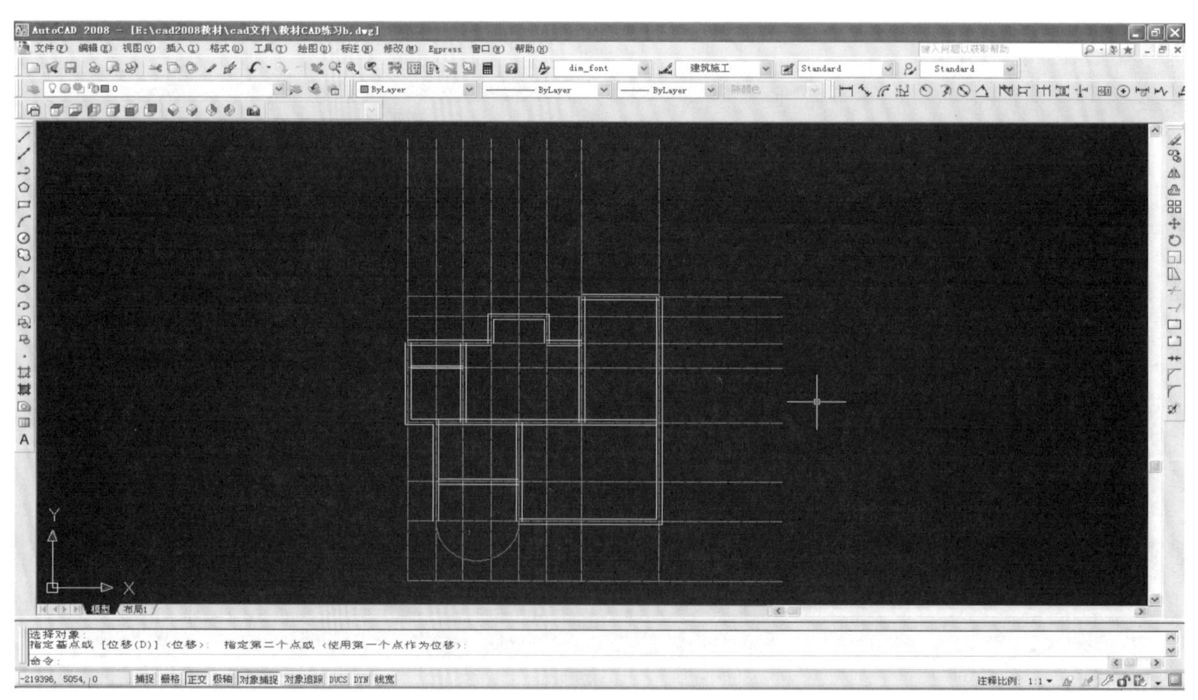

练习四 –6

双击墙线，弹出多线编辑器，运用“角点结合”、“T 字合并”、“十字合并”编辑墙线，使墙线符合建筑工程图的制图标准要求。多线编辑器并不能把所有的墙线编辑到位，有些不能编辑的部分，最后还是要把多线炸开，用普通命令编辑，圆弧部分的强只能用偏移来绘制，如图练习四 -7 所示。

保存文件练习四 .dwg。

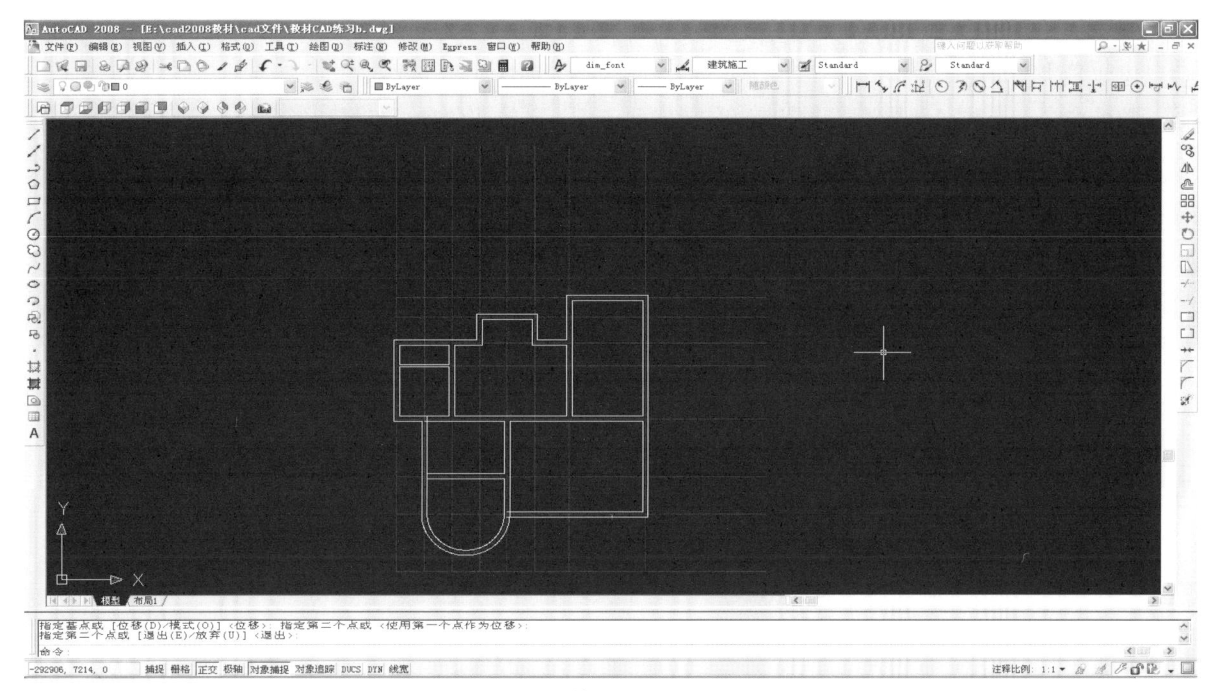


练习四 -7

# 第五章　高级编辑功能

## 5.1 拉伸

**拉伸命令**：STRETCH

**命令调用**：下拉菜单 - 修改 - 拉伸；工具栏 - 修改 - 拉伸 ；默认快捷键：S。

**命令详解**：拉伸命令与拖动夹点类似，只是夹点只能移动一点，而拉伸命令可以移动多个点。

拉伸命令比较简单，输入命令，命令提示栏提示：

**以交叉窗口或交叉多边形选择要拉伸的对象**：框选对象按确认键

**指定基点或 [ 位移 (D)]< 位移 >**：选择基点 1

指定第二个点 2，或输入数据，结束命令，如图 5-1-1、5-1-2 所示。

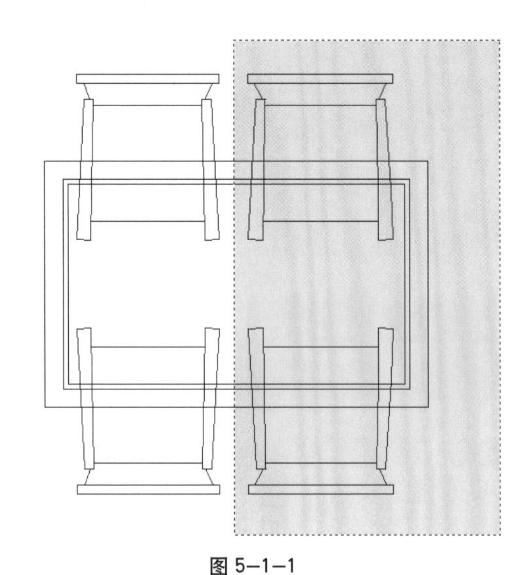

图 5-1-1

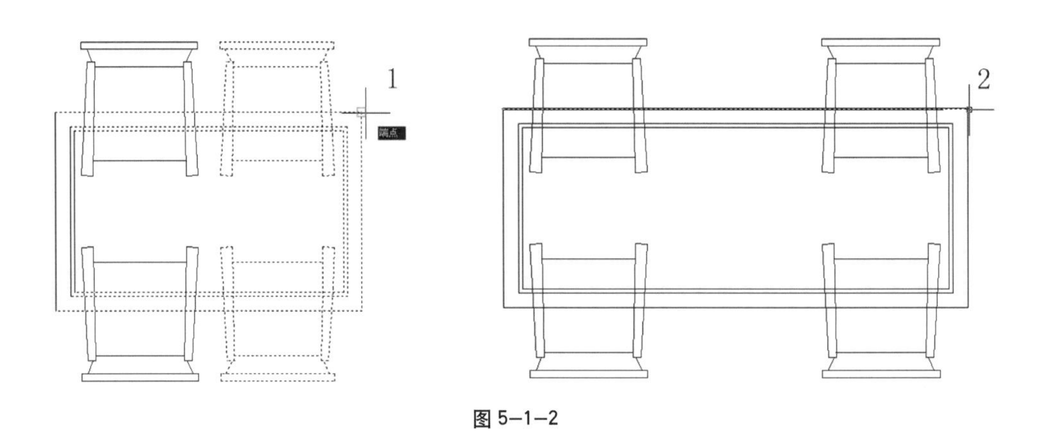


图 5-1-2

特别提示：拉伸命令选择对象只能用交叉框（也即反框、虚线框），对象目标是顶点，窗选框（实线框）或没选择对象顶点，本命令无法执行；如果交叉框选中了不需要拉伸的顶点，可以按住 Shift 键取消不需要选取的顶点，拉伸命令在二维和三维中都能使用。

# 5.2 修剪

**修剪命令**：TRIM

**命令调用**：下拉菜单 - 修改 - 修剪；工具栏 - 修改 - 修剪 ；默认快捷键：TR。

**命令详解**：修剪命令和复制、移动、缩放、旋转命令一样，是 AutoCAD 最为常用的命令，修剪命令是以一根或多根线为基准，裁切线另一端的对象。在低版本时，修剪命令不能窗选，目前的版本可以用交叉框修剪，大大提高了绘图效率，修剪命令可以是三维的，基准线和被剪线的即使不在一个平面内同样可以修剪。

## 5.2.1 一般修剪

**输入命令，命令提示栏提示：**

**当前设置**：投影 = 无，边 = 无

选择剪切边 ...nil

**选择对象或 ＜全部选择＞**：要以对象作为修剪边在屏幕上选取对象 1，按确认键；要全部选取按确认键（全部选择即所有对象被选取，相互可以修剪）。

**命令提示栏提示**：选择要修剪的对象，或按住 shift 键选择要延伸的对象，或 [ 栏选 (F)/ 窗交 (C)/ 投影 (P)/ 边 (E)]/[ 删除 (R)/ 放弃 (U)]：框选裁切端。三条线被剪切，按确认键，结束命令，如图 5-2-1、5-2-2、5-2-3 所示。

特别提示：AutoCAD 2006 以后的版本，一般的修剪即可以使用交叉框套选，在实际绘图中大多数情况下都采用这个方式，所以选项中的栏选（F）和窗交（C）选项已无太大意义。另外，命令提示拉所提示的“或按住 Shift 键选择要延伸的对象”的意思是修剪命令和延伸命令可以互用，修剪命令执行时，按住 Shift 键，即为延伸命令，反之也一样。

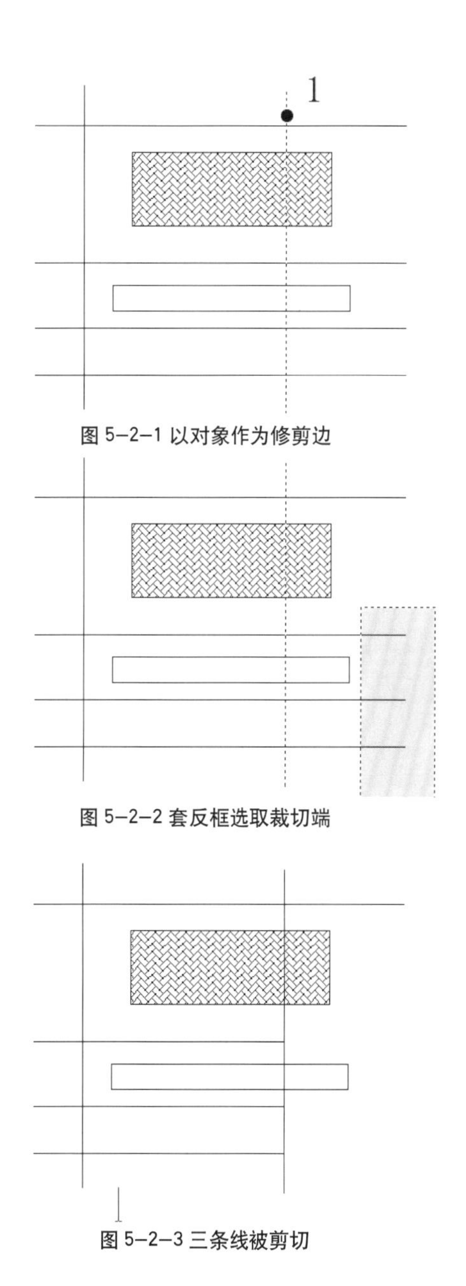

图 5-2-1 以对象作为修剪边

图 5-2-2 套反框选取裁切端

图 5-2-3 三条线被剪切

## 5.2.2 栏选修剪对象

栏选本意是像栅栏（fence）一样选，AutoCAD 2006 版前的修剪是不能套框修剪的，只能一根一根线点，这样效率很低，这时可用栏选来提高效率，栏选即通过点连成线，线是可以多段的，线碰到的对象全部被剪切。

**选择要修剪的对象，或按住 Shift 键并选择要延伸的对象，或 [ 栏选 (F)/ 窗交 (C)/ 投影 (P)/ 边 (E)]/[ 删除 (R)/ 放弃 (U)]**：输入选项 F，按确认键。

在屏幕上指定栏选第一点 1，指定栏选第二点 2，指定栏选第三点 3，指定栏选第四点 4，按确认键，结束命令，如图 5-2-4、5-2-5、5-2-6 所示。

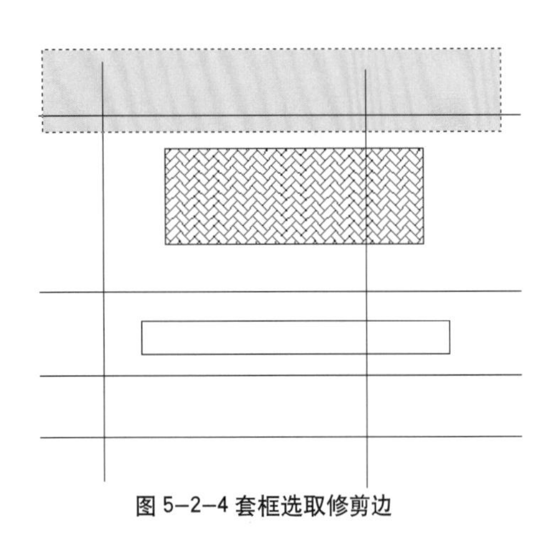

图 5-2-4 套框选取修剪边

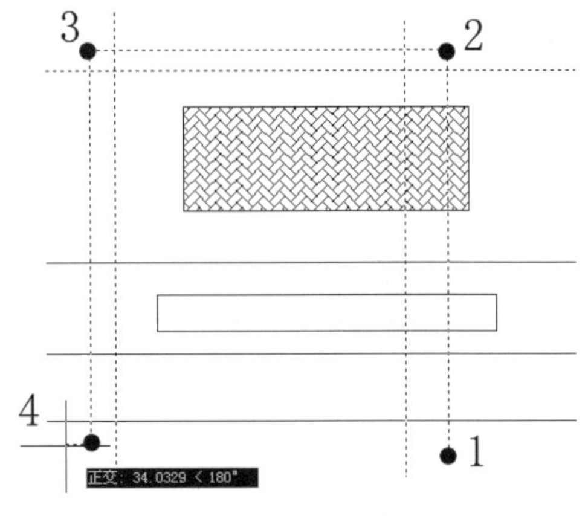


图 5-2-5 栏选修剪点

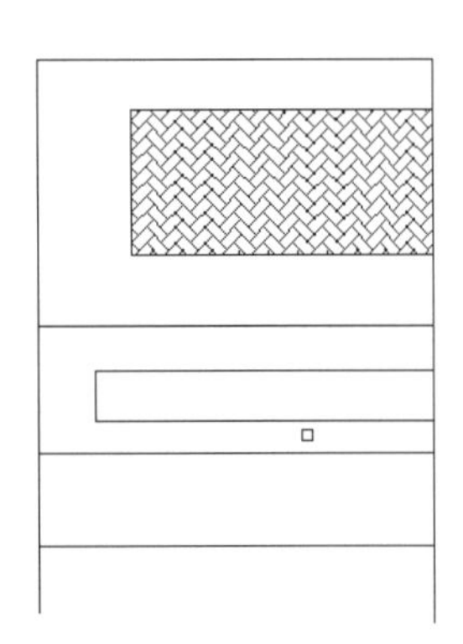

图 5-2-6 栏选的线被修剪

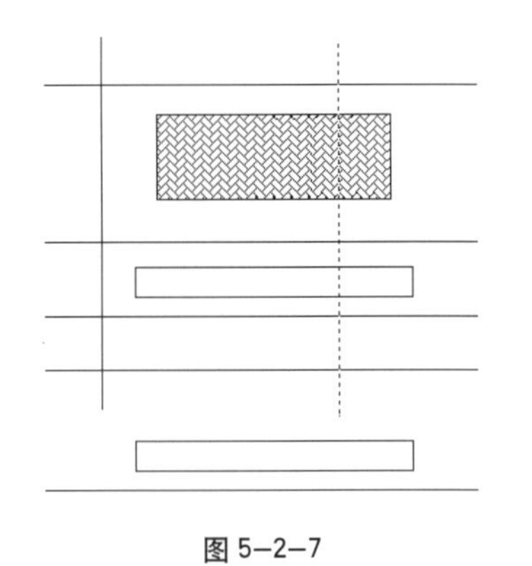

图 5-2-7

## 5.2.3 延伸裁切线

延伸裁切线是指延伸修剪边，使未与修剪边相交的线也被修剪。输入修剪命令，选取修剪边，如图 5-2-7 所示。

**选择要修剪的对象，或按住 Shift 键并选择要延伸的对象，或 [ 栏选 (F)／窗交 (C)／投影 (P)／边 (E)／[ 删除 (R)／放弃 (U)]：** E：输入选项 E，按确认键。

**命令提示栏提示：** 输入隐含边延伸模式 [ 延伸 (E)／不延伸 (N)] ＜不延伸＞：输入 E，按确认键。

窗选三个未与修剪边相交的对象，按确认键，结束命令，如图 5-2-8 所示。

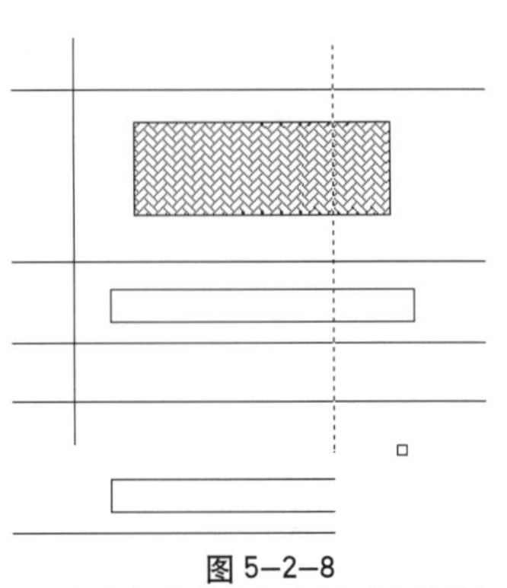

图 5-2-8
三个未与修剪边相交的对象被剪切

选项“E 延伸”后，再次调用修剪命令时，其设置仍是“延伸”，这时应该把选项改回来，因为在实践的绘图中，选延伸修剪边的时候几乎没有，此选项会把图面上的与之有关的对象全部裁切掉，这显然是很可怕的。

修剪选项删除［（R）］是指删除对象，与删除命令相似。

**修剪选项投影［(P)］是指是否可以修剪不再与修剪边不在同一平面内的对象：**［无(N)/UCS(U)/视图(V)］<N>无(N)：不能修剪不在同一平面内的对象。

**UCS(U)：**可以修剪不在同一平面的对象。

**视图(V)：**不在同一平面的对象修剪后，在当前视图中，其端点与修剪边重合，该选项极少使用。

# 5.3 延伸

**延伸命令：**EXTEND

**命令调用：**下拉菜单－修改－延伸；工具栏－修改－延伸；默认快捷键：EX。

**命令详解：**延伸命令与修剪命令正好相反，修剪命令是以修剪边为基准，裁切对象，而延伸命令是按延伸边为基准，使对象延伸到延伸边，延伸命令和修剪命令可以通过按住 Shift 键互换。两者在使用中的区别是，修剪命令可以修剪线、各种图形（圆、多边形等）、图案填充。而延伸命令只能延伸线。

**当前的设置：**投影＝UCS，边＝无：提示当前设置状态。选择边界的边。

**选择对象或＜全部选择＞：**选择延伸边界对象 1，按确认键，如 5-3-1 所示。

**选择要延伸的对象，或按住 Shift 键并选择要修剪的对象，或［栏选(F)/窗交(C)/投影(P)/边(E)］/删除(R)/放弃(U)］：**框选要延伸的对象，按确认键，结束命令，如图 5-3-1、5-3-2、5-3-3 所示。

延伸命令的其他选项与修剪命令的使用方法一样。

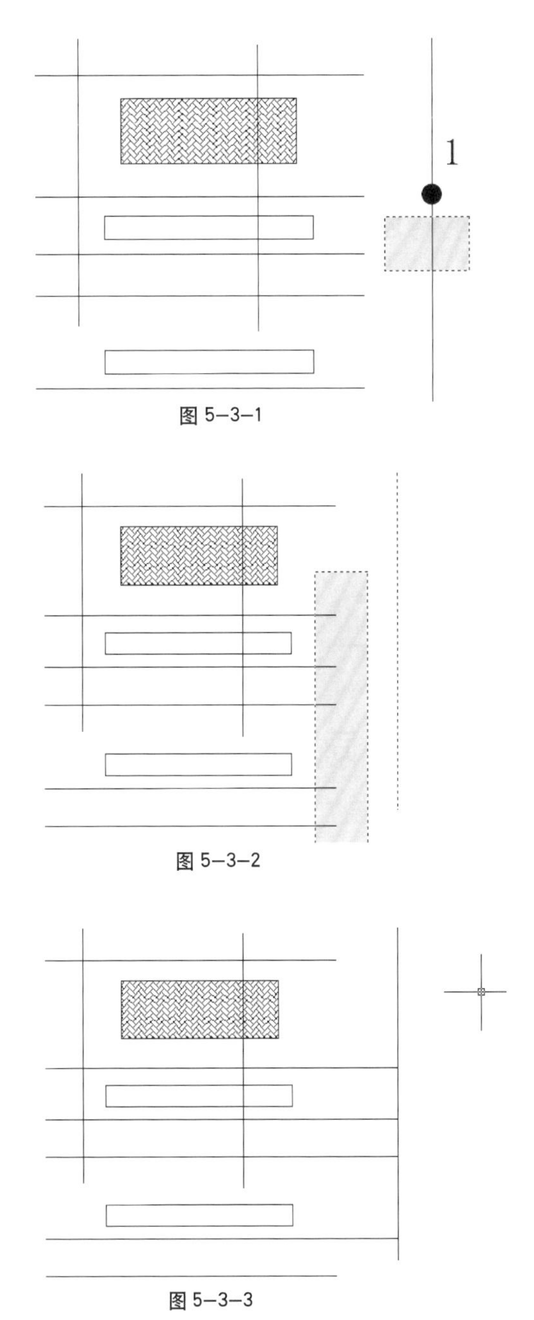


图 5-3-1

图 5-3-2

图 5-3-3

# 5.4 打断

**打断命令：**BREAK

**命令调用：**下拉菜单－修改－打断；工具栏－修改－打断；打断于点；默认快捷键：BR。

**命令详解：**打断命令即把线打断，结果和修剪差不多，只是修剪是用基准线把线剪断的，而打断则是直接在线上选取点，将线打断。

### 5.4.1 打断

输入命令，命令提示选择对象，在线上点取第一点，再点取第二点，结束命令，如图 5-4-1 所示。输入命令，命令提示选择对象，在线上点取第一点。

**命令提示栏提示**：指定第二个打断点或［第一点（F）]：输入 F。

**命令提示栏提示**：指定第一个打断点，重新选取第一点，再选第二点，结束命令。

该选项的作用是多了一个选取对象的步骤，在图形复杂、选对象困难时，可以输入此选项。

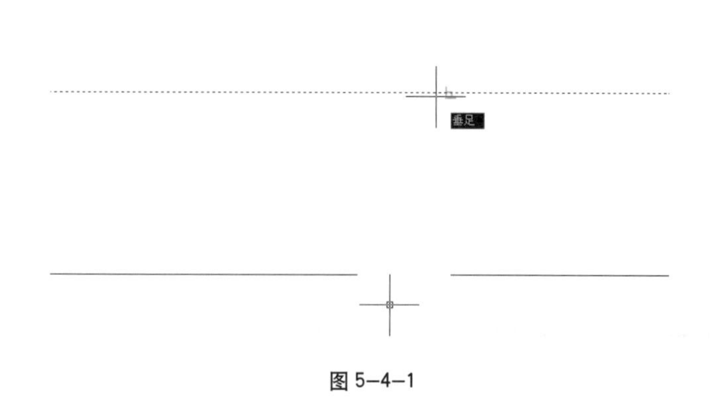

图 5-4-1

### 5.4.2 打断于点

点取工具栏命令，选择对象。

**命令提示栏提示**：指定第一个打断点，结束命令，线在这个点上被打断。

打断命令选取第一点后，输入 @，与“打断于点”的命令相同。

## 5.5 合并

**合并命令**：JOIN

**命令调用**：下拉菜单 - 修改 - 合并；工具栏 - 修改 - 合并 ；默认快捷键：J。

**命令详解**：合并命令正好与打断命令相反，是将具有重合顶点的直线、多段线、弧线、样条曲线为一条线。

### 5.5.1 合并同方向的直线

**选择源对象**：选择直线 1

**选择要合并到源的直线**：选择直线 2，按确认键，结束命令，命令提示栏会提示：已将 1 条直线合并到源，如图 5-5-1 所示。


图 5-5-1

### 5.5.2 合并多段线和直线

**选择源对象**：选择多段线 1

**选择要合并到源的对象**：选择直线 2，按确认键，结束命令，命令提示栏会提示：已将 1 条线段添加到多段线，如图 5-5-2 所示。

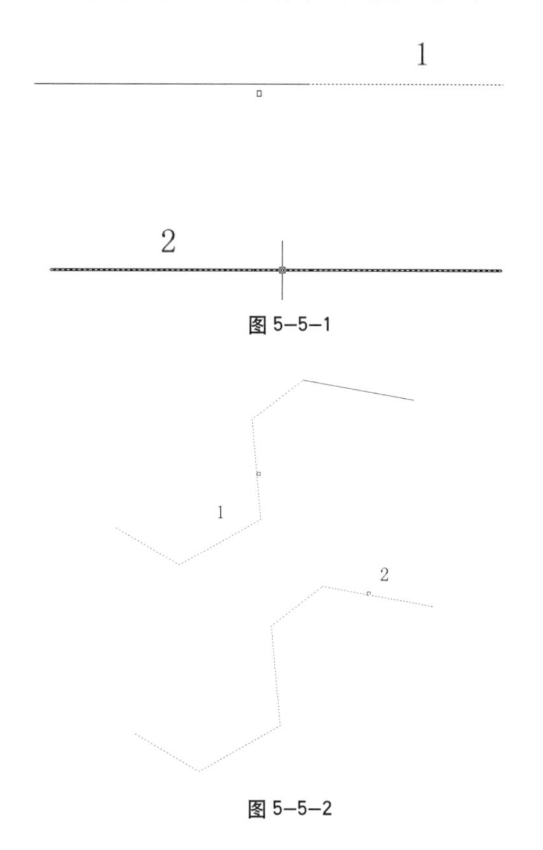

图 5-5-2

## 5.5.3 合并圆弧 (ARC) 或 (ELLIPSE)

**选择源对象：**选择圆弧 1

**命令提示栏提示：**选择圆弧

**以合并到源或进行 [ 闭合 (L)]：**选圆弧 2

**命令提示栏提示：**合并的弧线段组成了一个圆。要转换为圆吗？［是 (Y)/ 否 (N)］<Y>：

**输入 Y 圆弧封闭为圆，命令提示栏提示：**已合并两个圆弧，并将它们转换为圆。

输入 N，两条弧线合并，如图 5-5-3 所示。

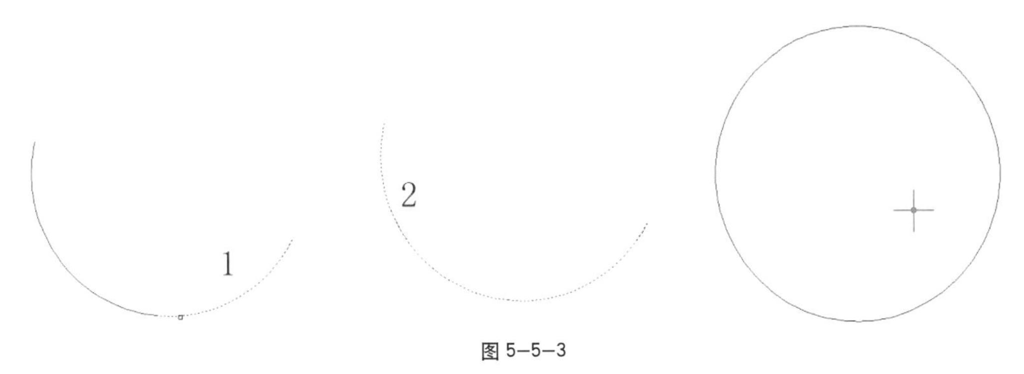


图 5—5—3

# 5.6 倒角

**倒角命令：**CHAMFER

**命令调用：**下拉菜单－修改－倒角；工具栏－修改－倒角 ：默认快捷键：CHA。

**命令详解：**倒角也就是切角，AutoCAD 可以将两根分开的线、具有共同顶点的两根线或者两根交叉的线通过倒角命令连起来或切除角以外的线，倒的角可以使线的顶点重合，也可以是一个斜角。倒角命令是 AutoCAD 常用的命令。命令可以倒两条直线，也可以倒 PLINE 线，但不能倒弧线的角。

## 5.6.1 设置倒角距离值

**(TRIM 模式 ) 当前倒角距离 1 = 10.0000，距离 2 = 10.0000：**当前设置状态。

**选择第一条直线或 [ 放弃 (U)／ 多段线 (P)／ 距离 (D)／ 角度 (A)／ 修剪 (T)／ 方式 (E)／ 多个 (U)]**

**输入 D，设置倒角距离：**

**指定第一个倒角距离 <10.0000>：**输入距离 100，按确认键。

**指定第二个倒角距离 <10.0000>：**输入距离 200，按确认键。

倒角距离是指，倒角的大小，默认倒角距离为 0，虽然系统设置了两个倒角距离，但实际使用是两个倒角距离一般都是相同的，而在建筑工程图的绘制中，倒角距离绝大多数情况下都为 0。倒角距离的概念，如图 5-6-1 所示。

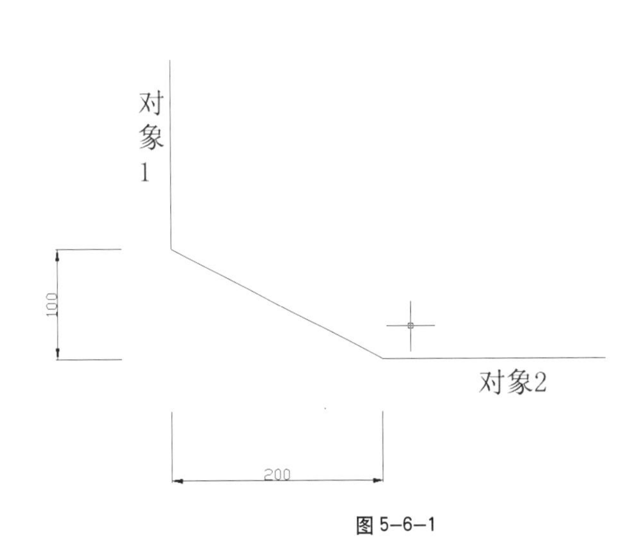


图 5—6—1

## 5.6.2 一般对象倒角

输入命令，直接倒角。

(TRIM 模式）当前倒角距离 1 = 100.0000，距离 2 = 200.0000。

选择第一条直线或 [ 放弃 (U)/ 多段线 (P)/ 距离 (D)/ 角度 (A)/ 修剪 (T)/ 方式 (E)/ 多个 (U)]

选择第一条直线 1，选择第二条直线，或按住 Shift 键选择要应用角点的直线：

选择对象 2，结束命令，如图 5-6-2 所示。

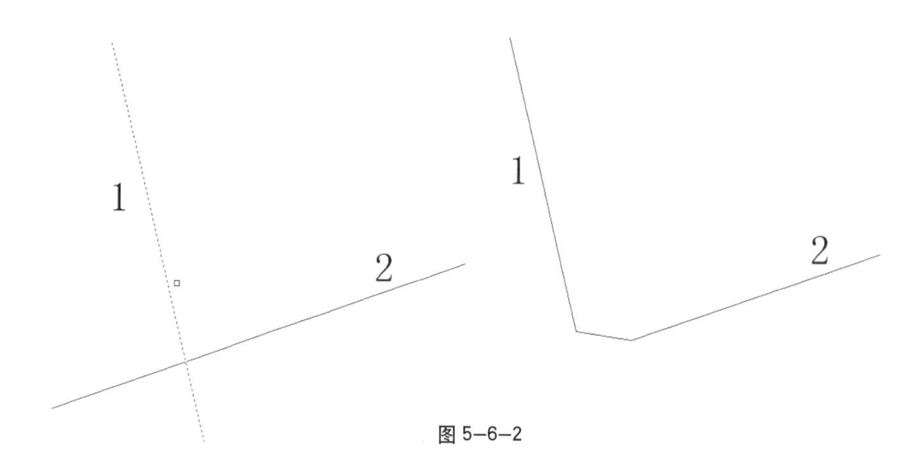


图 5-6-2

**特别提示：如果按住 Shift 键，选第二条线，不管什么情况下，倒角距离为 0。一般倒角也可以用于直线和多段线、多段线和多段线之间的倒角，倒角完成后，两条线自动连成一条多段线，如图 5-6-3 所示。**

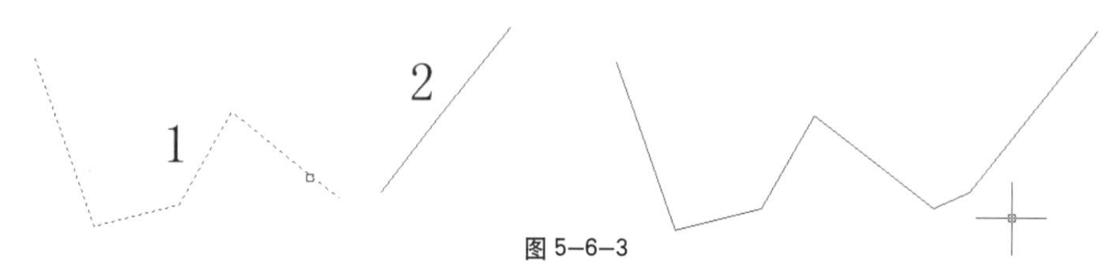


图 5-6-3

## 5.6.3 多段线倒角

一条多段线上各个顶点的倒角。

**(TRIM 模式）当前倒角距离 1 = 100.0000，距离 2 = 200.0000：**当前设置状态。

**选择第一条直线或 [ 放弃 (U)/ 多段线 (P)/ 距离 (D)/ 角度 (A)/ 修剪 (T) 方式 (E)/ 多个 (U)] 输入 P，命令提示栏提示：**选择二维多段线。

选择多段线，结束命令，多段线所有顶点被切角，如果多段线线段过短，小于倒角的距离，系统会提示几条太短，如图 5-6-4 所示。

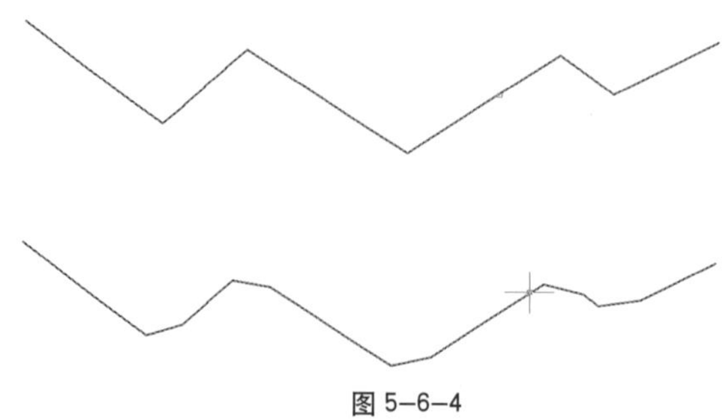

图 5-6-4

## 5.6.4 角度与距离倒角

(TRIM模式) 当前倒角距离1＝0.0000,距离2＝0.0000。

选择第一条直线或 [ 放弃 (U)/ 多段线 (P)/ 距离 (D)/ 角度 (A)/ 修剪 (T)/ 方式 (E)/ 多个 (U)]

**指定第一条直线的倒角长度 <0.0000>：**输入长度：200

**指定第一条直线的倒角角度 <0>：**输入角度 40

选择第一条直线或 [ 放弃 (U)/ 多段线 (P)/ 距离 (D)/ 角度 (A)/ 修剪 (T)/ 方式 (E)/ 多个 (U)]

**选择第二条直线：**选择第二条直线 2，结束命令，如图 5-6-5 所示。

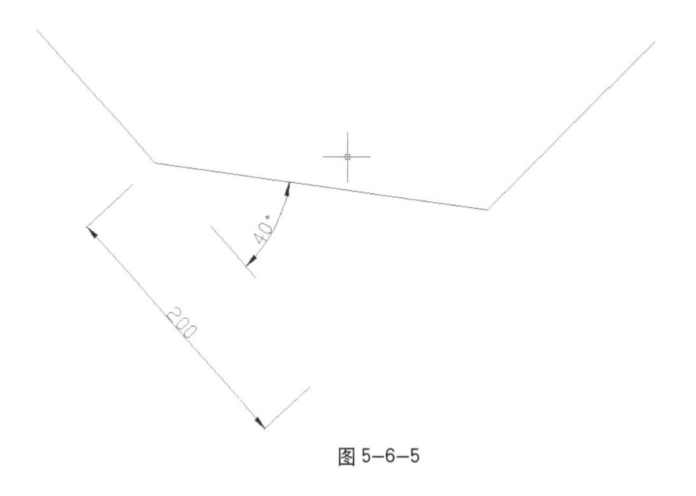


图 5-6-5

## 5.6.5 不修剪对象的倒角

倒角后原有的线不剪除。

(TRIM 模式 ) 当前倒角距离 1 ＝ 200.0000，距离 2 ＝ 200.0000。

选择第一条直线或 [ 放弃 (U)/ 多段线 (P)/ 距离 (D)/ 角度 (A)/ 修剪 (T)/ 方式 (E)/ 多个 (U)]

**输入修剪模式选项 [ 修剪 (T)/ 不修剪 (N)]< 修剪 >：**输入选项 N

选择第一条直线或 [ 放弃 (U)/ 多段线 (P)/ 距离 (D)/ 角度 (A)/ 修剪 (T)/ 方式 (E)/ 多个 (U)]

选择第一条直线 1，选择第二条直线，选择对象 2，如图 5-6-6 所示。

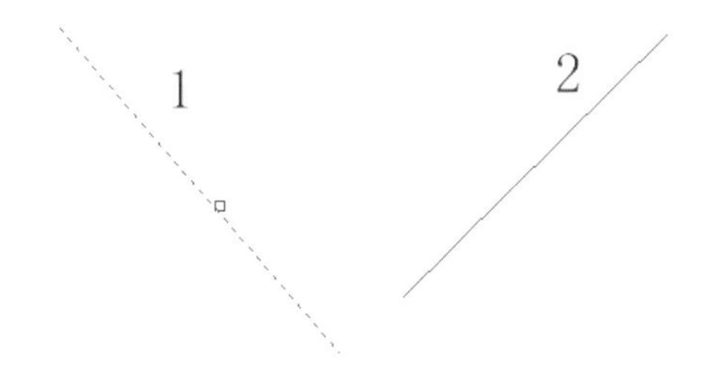


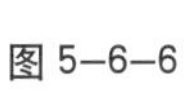

图 5-6-6

## 5.6.5 连续倒角

倒角命令一般只能倒两根线，当选取第二个对象，命令随之结束，要连续倒角，必须输入选项多个（U），当然，如果用户对操作 AutoCAD 非常熟练，也可以连续重复使用本命令，不必输入该选项，实际操作速度差不多。

(TRIM 模式 ) 当前倒角距离 1 ＝ 200.0000，距离 2 ＝ 200.0000。

**选择第一条直线或 [ 放弃 (U)/ 多段线 (P)/ 距离 (D)/ 角度 (A)/ 修剪 (T)/ 方式 (E)/ 多个 (U)]：**输入选项 U

**选择第一条直线或 [ 放弃 (U)/ 多段线 (P)/ 距离 (D)/ 角度 (A)/ 修剪 (T)/ 方式 (E)/ 多个 (U)]：**选择对象 1

**选择第二条直线或按住 Shift 键选择要应用角点的对象：**选择对象 2

**选择第一条直线或 [ 放弃 (U)/ 多段线 (P)/ 距离 (D)/ 角度 (A)/ 修剪 (T)/ 方式 (E)/ 多个 (U)]：**选择对象 3

**选择第二条直线或按住 Shift 键选择要应用角点的对象：**选择对象 4

**选择第一条直线或 [ 放弃 (U)/ 多段线 (P)/ 距离 (D)/ 角度 (A)/ 修剪 (T)/ 方式 (E)/ 多个 (U)]**：选择对象 5

**选择第二条直线或按住 Shift 键选择要应用角点的对象**：选择对象 6，按确认键，结束命令，如图 5-6-7 所示。

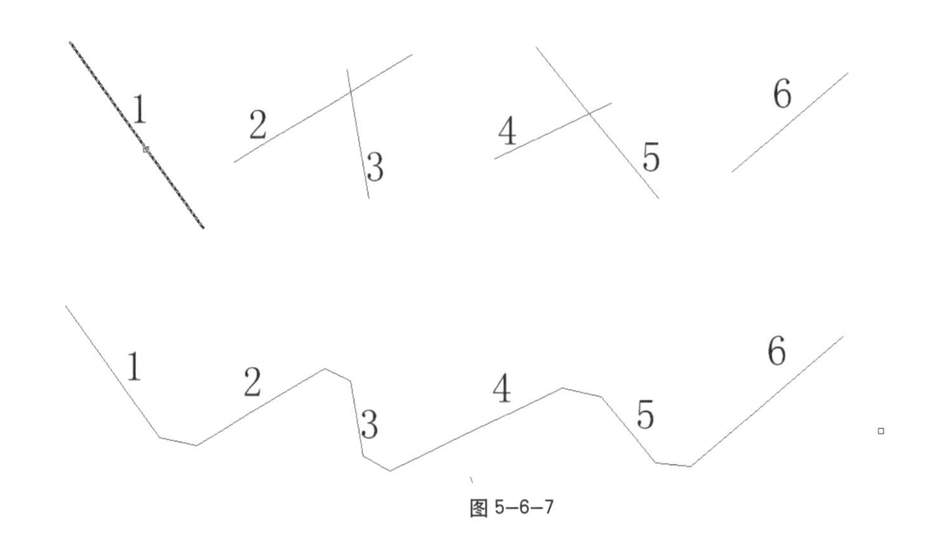

图 5–6–7

# 5.7 圆角

**圆角命令**：FILLET

**命令调用**：下拉菜单 - 修改 - 圆角；工具栏 - 修改 - 圆角 ；默认快捷键：F。

**命令详解**：圆角命令与倒角命令很相似，只是一个倒的是直线角，一个倒的是弧线角，圆角可以倒曲线和直线，而倒角只能到直线或多段线，当倒角命令的倒角距离为 0，圆角命令的半径为 0，两个命令的使用效果是一样的。

## 5.7.1 指定新圆角半径

**当前设置**：模式＝修剪，半径＝ 0.0000：当前的设置状态。

**选择第一个对象或 [ 放弃 (U)/ 多段线 (P)/ 半径 (R)/ 修剪 (T)/ 多个 (M)]**：输入选项 R

**请指定圆角半径 <0.0000>**：输入新半径值，按确认键，结束半径设置。

**选择第一个对象或 [ 放弃 (U)/ 多段线 (P)/ 半径 (R)/ 修剪 (T)/ 多个 (M)]**：选择对象

## 5.7.2 一般对象倒圆角

**当前设置**：模式＝修剪，半径＝200.0000：当前的设置状态。

**选择第一个对象或 [ 放弃 (U)/ 多段线 (P)/ 半径 (R)/ 修剪 (T)/ 多个 (M)]**：选择对象 1

**选择第二个对象，或按住 Shift 键选择要应用的对象**：选择对象 2，结束命令，如图 5-7-1 所示。圆角命令的其他选项的运用与倒角命令基本一致。

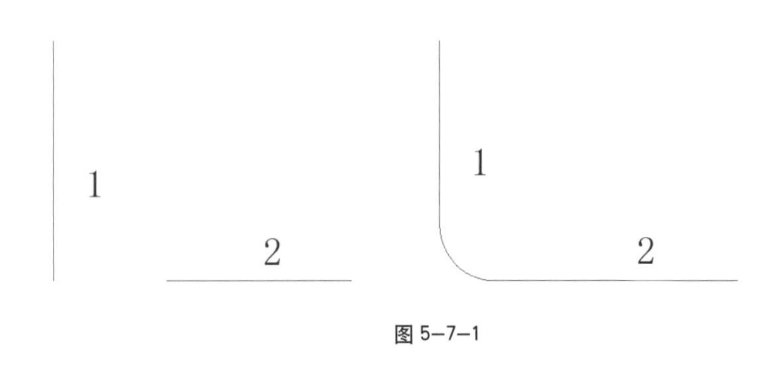

图 5–7–1

# 5.8 对齐

**对齐命令**：ALIGN

**命令调用**：下拉菜单 - 修改 - 三维操作 - 三维对齐；默认快捷键：AL。

**命令详解**：对齐命令可以在三维使用，也可以在二维使用，对齐命令比较简单，目的是将对象的与源对象对齐，同时可以缩放比例，将对象的大小源对象匹配。

**输入命令，命令提示栏提示：**

**选择对象**：选择对象，按确认键。

**指定第一个源点**：选择位移与对齐角度基点 1

**指定第一个目标点**：选择位移目标点 2

**指定第二个源点**：选择旋转旧参照点 3

**指定第二个目标点**：选择旋转新参照点 4

**指定第三个源点或＜继续＞**：按确认键，结束选择。

**要否基于对齐点缩放对象？[是(Y)/否(N)]<N>**：输入是否调整比例，输入 Y，按对齐点缩放对象，输入 N，不缩放对象，如图 5-8-1、5-8-2 所示。

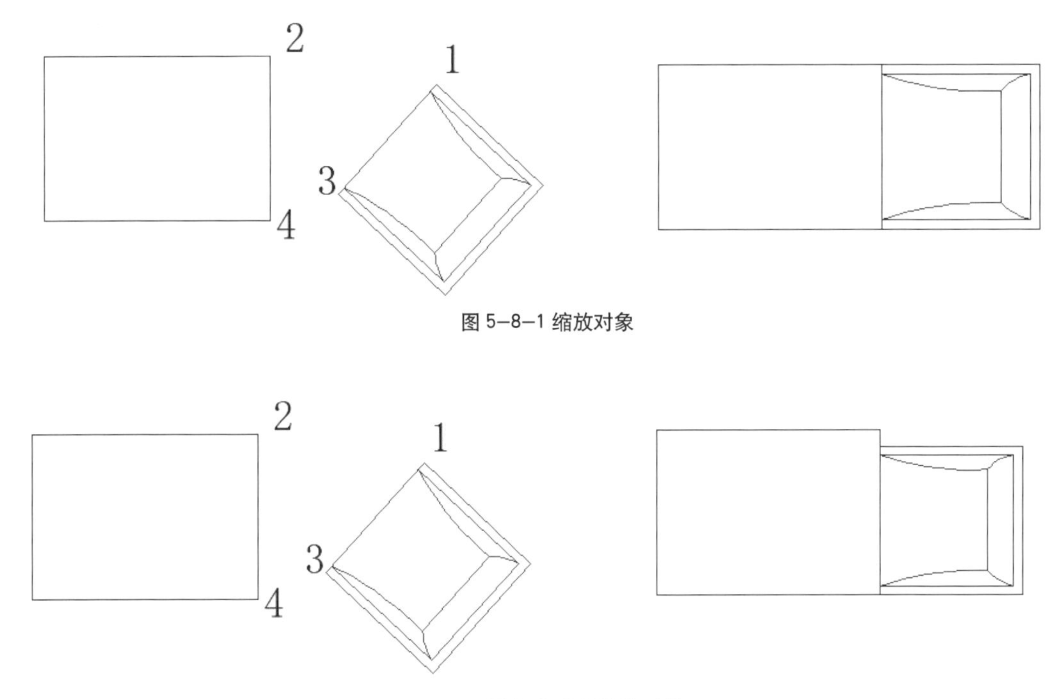


图 5-8-1 缩放对象

图 5-8-2 不缩放对象

# 5.9 拉长

**拉长命令**：LENGTHEN

**命令调用**：下拉菜单 - 修改 - 拉长；工具栏 - 修改 - 拉长。默认快捷键：LEN。

**命令详解**：拉长命令不是常用命令，拉长命令的原理是通过增量或减量精确地调整线的长度，拉长命令和拉伸命令不同，拉伸是拉动顶点改变长度，而拉长命令则与顶点无关。

## 5.9.1 输入增减量调整长度

输入命令，命令提示栏提示：

**选择一个对象或[增量(DE)/百分数(P)/全部(T)/动态(DY)]**：选择对象，命令提示栏提示目前线的长度，输入选项 DE

#### 5.9.1.1 输入长度

**输入长度增量或 [ 角度 (A)]<0.0000>：**输入长度 60( 正值增加长度，负值减去长度 )，按确认键。

**选择要修改的对象或 [ 放弃 (U)]：**选取对象，结束命令，如图 5-9-1 所示。

图 5—9—1

#### 5.9.1.2 输入角度

**输入长度增量或 [ 角度 (A)]<0.0000>：**输入选项 A，按确认键。

**输入角度增量 <0>：**输入角度 60( 正值增加角度，负值减去角度 ) 按确认键。

**选择要修改的对象或 [ 放弃 (U)]：**选取对象，结束命令，如图 5-9-2 所示。

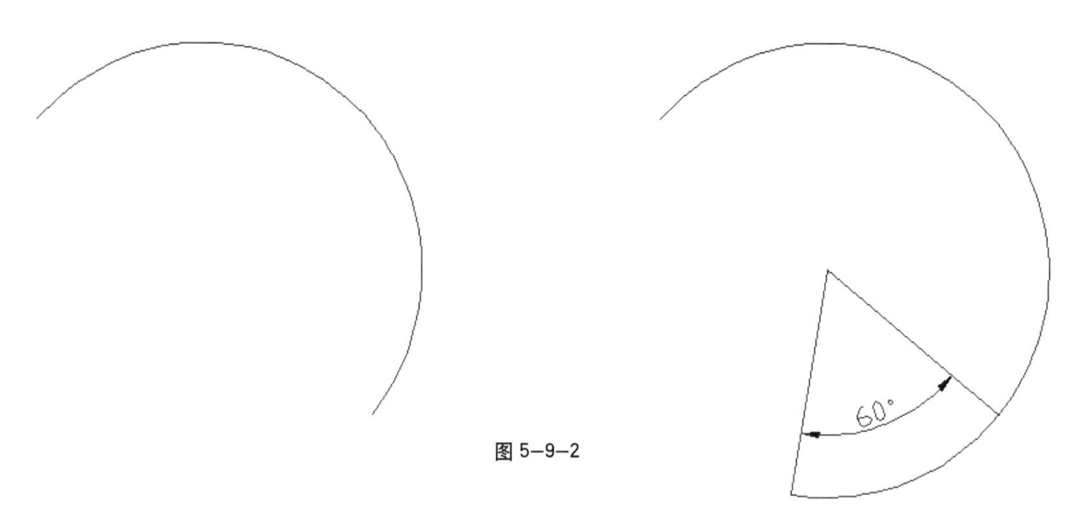


图 5—9—2

### 5.9.2 输入百分数调整长度

**选择对象或 [ 增量 (DE)／百分数 (P)／全部 (T)／动态 (DY)]：**输入选项 P

**输入长度百分数 <0.0000>：**输入百分数 120，按确认键。

**选择要修改的对象或 [ 放弃 (U)]：**选取对象，结束命令，如图 5-9-3 所示。

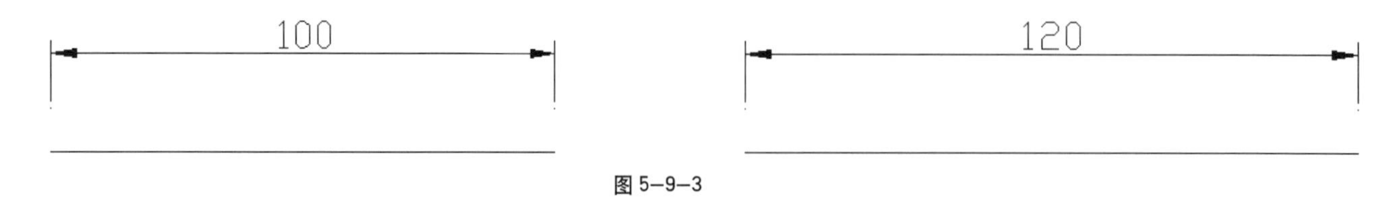


图 5—9—3

### 5.9.3 输入总长度调整长度

**选择一个对象或 [ 增量 (DE)／百分数 (P)／全部 (T)／动态 (DY)]：**输入选项 T 总长度

**指定总长度或 [ 角度 (A)]<0.0000>：**输入总长度 120 按确认键

**选择要修改的对象或 [ 放弃 (U)]：**选取对象，结束命令。

## 5.9.4 输入总角度调整长度

**输入总长度或 [ 角度 (A)]<0.0000>：**输入选项 A

**输入总角度 <0>：**输入总角度 120，按确认键。

**选择要修改的对象或 [ 放弃 (U)]：**选取对象，结束命令，如图 5-9-4 所示。

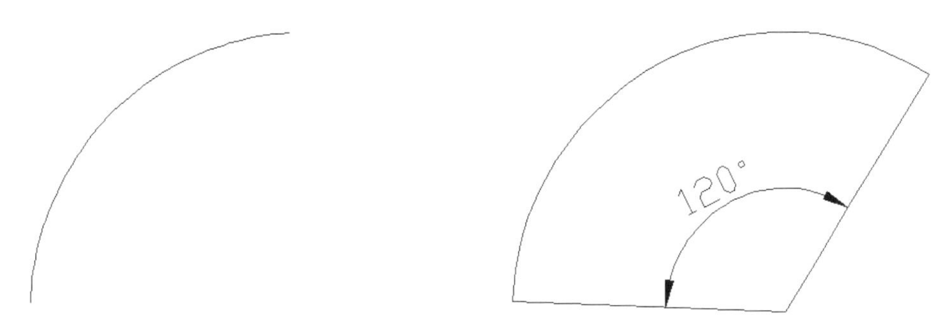


图 5-9-4

## 5.9.5 动态控制长度（多段线对象不可使用）

**选择一个对象或 [ 增量 (DE)／百分数 (P)／全部 (T)／动态 (DY)]：**输入选项 DY

**选择要修改的对象或 [ 放弃 (U)]：**选取修改端

**指定新端点：**选取新端点，结束命令，如图 5-9-5 所示。

图 5-9-5

# 5.10 分解

**分解命令：**EXPLODE

**命令调用：**下拉菜单 - 修改 - 分解；工具栏 - 修改 - 分解。默认快捷键：X。

**命令详解：**分解命令也称炸开，是指将图块、多段线、标注、多线、3D 模型等分解最简单为直线、弧形等。

**输入命令，命令提示栏提示：**选择对象：选择对象，结束命令。

# 练习五：修改建筑平面图

## 练习目的

通过练习，熟练掌握 AutoCAD 2008 的高级绘图命令和编辑命令，了解建筑工程图的制作过程和要求。

## 练习内容

完成建筑平面图图、建筑；立面图、建筑剖面图。

## 练习步骤

打开文件：练习四 .dwg。

**步骤一**：进一步编辑墙线

用偏移命令和修剪命令剪除平面图上窗位置上的墙线，在平面上建筑的窗都是由建筑轴线定位的，所以绘图时窗的位置线也是由轴线偏移的，如图练习五 -1 所示。

新建绘制窗的多线样式，将偏移设置为 90，30，-30，-90。将当前图层指定为“窗”，用多线绘制窗，如图练习五 -2 所示。

**步骤二**：创建门

将当前图层指定为“门”并绘制门，尺寸为 1000，然后将门做成图块，运用复制和镜像以及旋转、缩放命令把平面图上的门创建完。

**步骤三**：布置家具

插入家具图块（光盘文件：练习五：图块 .dwg），用户也可以自己绘制，再做成图块，运用编辑命令，把平面图上的家具布置完毕，如图练习五 -3 所示。

**步骤四**：绘制立面图、剖面图

立面图和剖面图绘制是对着平面图拉引线开始的，如图练习五 -4 所示。

建筑的层高以及门窗、屋顶的高度按设计要求设置，具体尺寸见练习六。剖面图绘制完成后，用填充图案命令，将梁、柱、楼板屋顶板等钢筋混凝土部分填实，如图练习五 -5 所示。

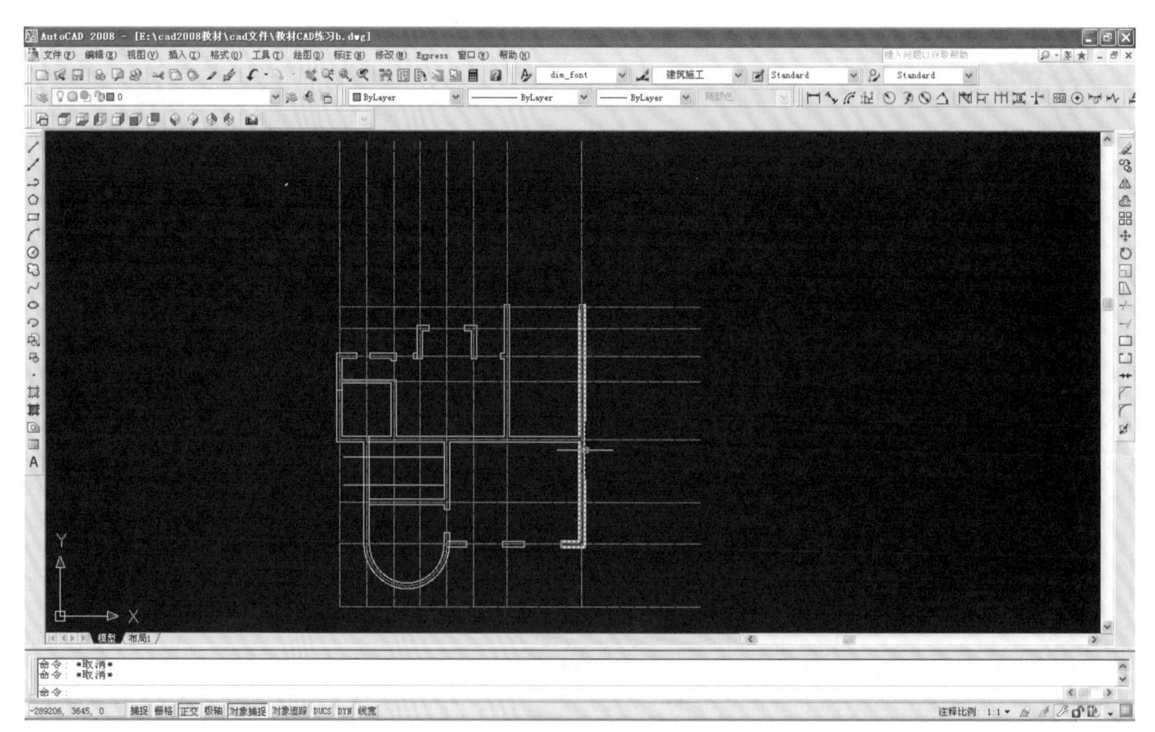

练习五 -1

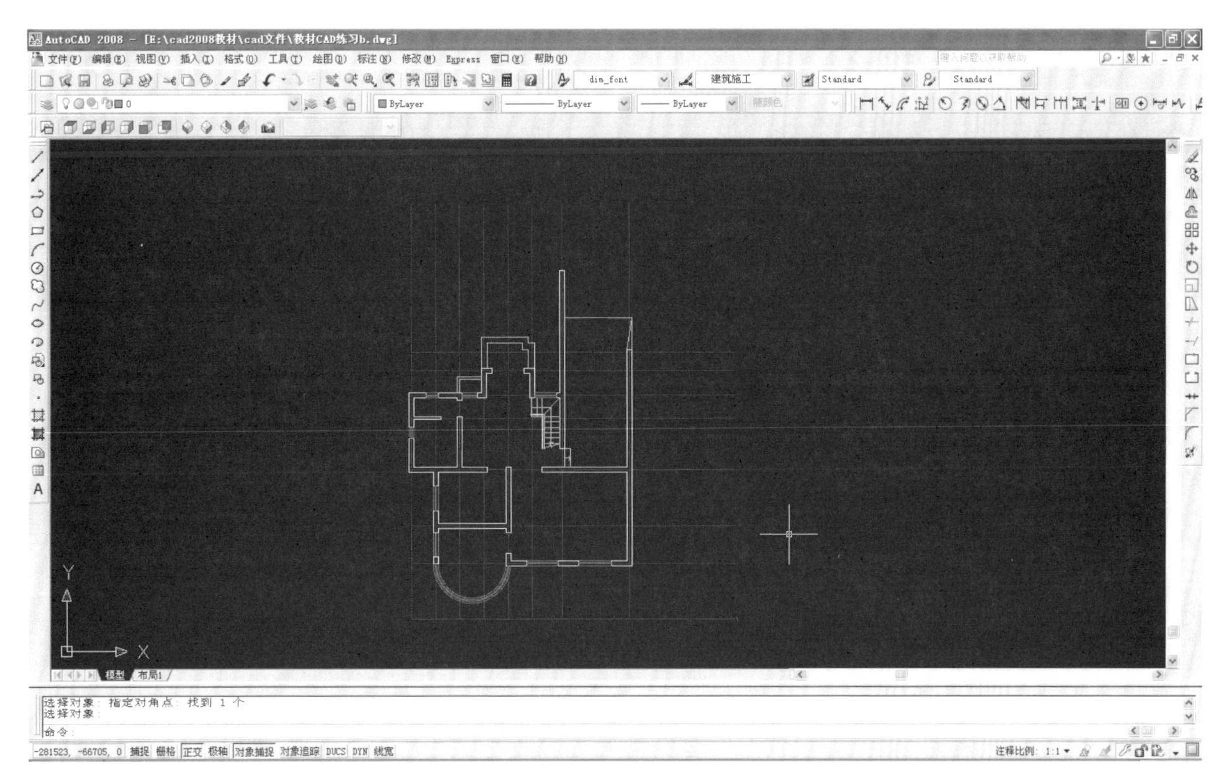

练习五 -2

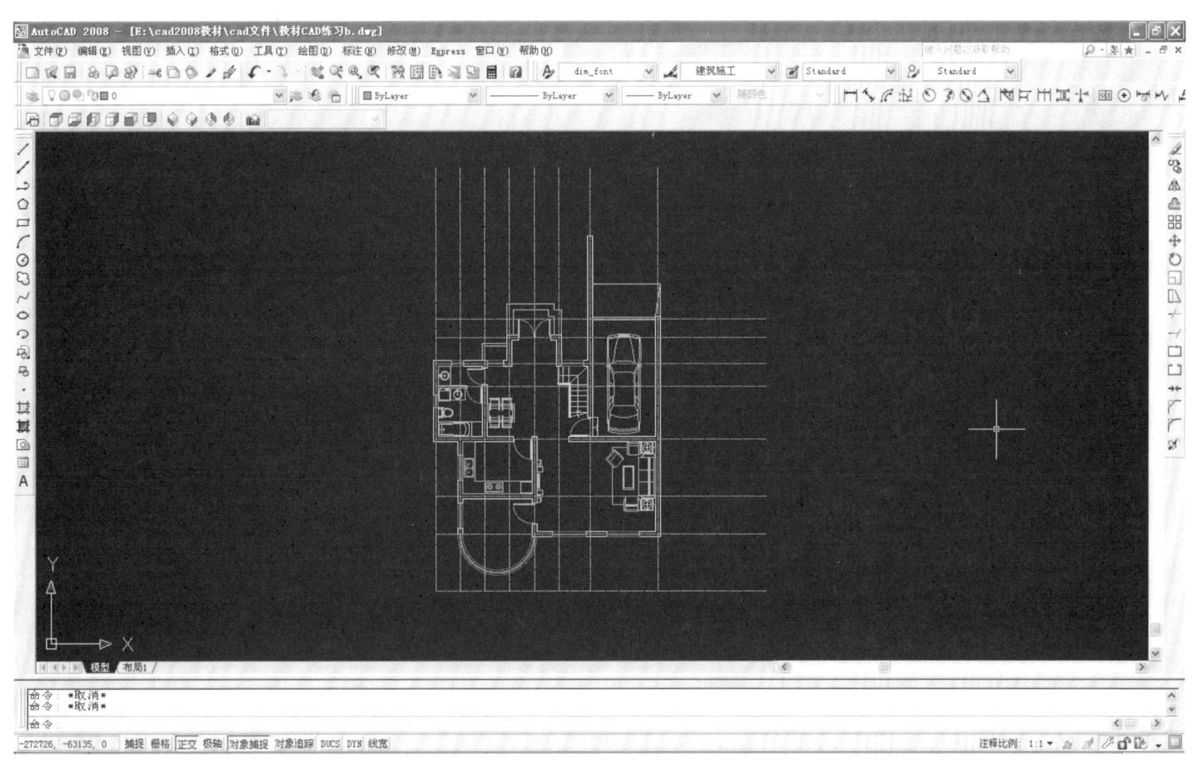

练习五 -3

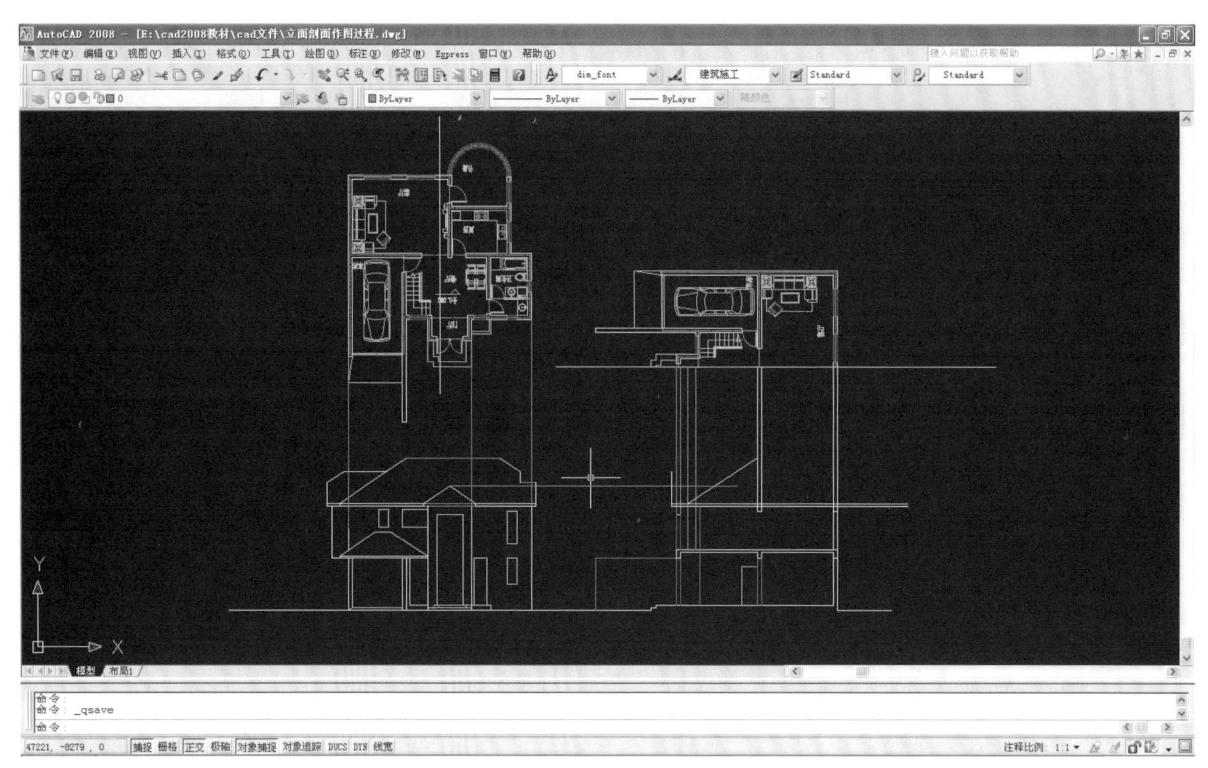
AutoCAD 2008 - [E:\cad2008教材\cad文件\立面剖面作图过程.dwg]
命令:
命令: _qsave
命令:

练习五 –4

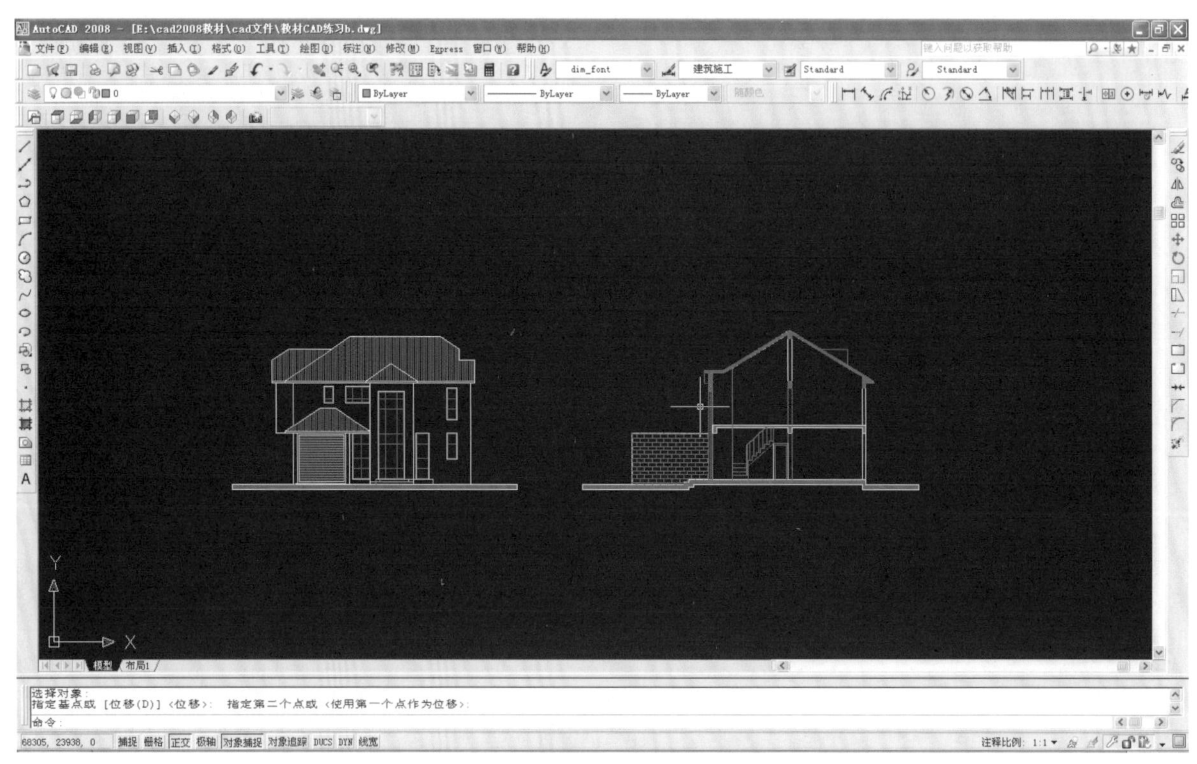
AutoCAD 2008 - [E:\cad2008教材\cad文件\教材CAD练习b.dwg]
选择对象:
指定基点或 [位移(D)] <位移>: 指定第二个点或 <使用第一个点作为位移>:
命令:

练习五 –5

# 第六章　建筑工程制图

## 6.1 尺寸标注

### 6.1.1 标注样式

由于最后出图比例的原因以及各专业标注形式的不同，在进行标注前，用户必须对标注的样式进行设置，如果标注样式和出图的比例不匹配，那么使用标注命令时往往只能看到标注线，其余的内容都看不见。AutoCAD 标注样式是通过对话框设置的。

**标注样式命令**：DIMSTYLE（或 DDIM）

**命令调用**：下拉菜单 - 格式 - 标注样式；工具栏 - 标注 - 标注样式 ；快捷键：-D。

输入命令，弹出对话框，如图 6-1-1 所示。

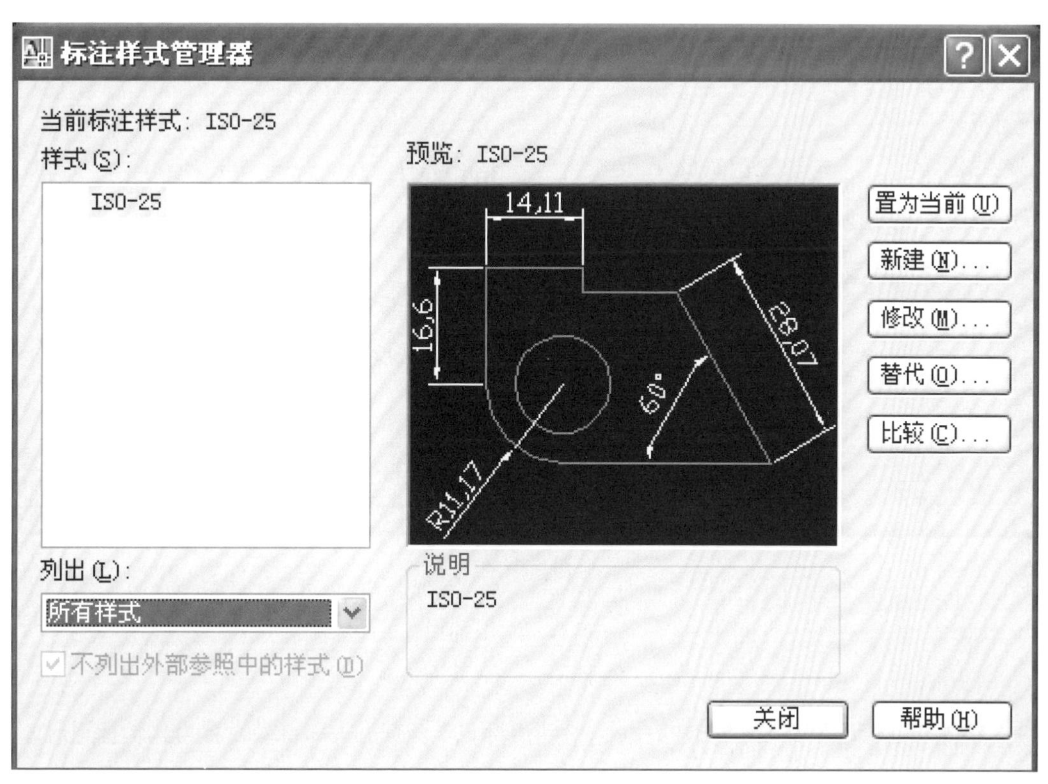


图 6-1-1

对话框左面是文件中所有样式的列表，中间是标注样式的预览，右面是样式的新建和设置。

选项说明：

**置为当前**：将当前标注样式设为所选的样式。

**新建**：创建新的标注样式。

**修改**：修改样式内的设置。

**替代**：替代当前的样式设置。

**比较**：比较各样式的设置状况。

在一个文件中，可能会有各种比例的出图要求，所以一个文件中会有几个标注样式，每个样式必须有一个名字，打开 AutoCAD 2008 的标注样式对话框，用户会发现样式列表中已经有一个名为“ISO-25”的样式。如果用户需要更多的样式可以点“新建”，完成“新建”后，再点击“继续”，开始对标注样式的各项设置进行调整。标注样式是满足各专业需要的，它的设置也比较复杂，主要设置内容是标注线的位置离开标注对象的位置，出头长短，箭头的形式和大小，以及文字的大小和位置。线的设置内容如图 6-1-2 所示。

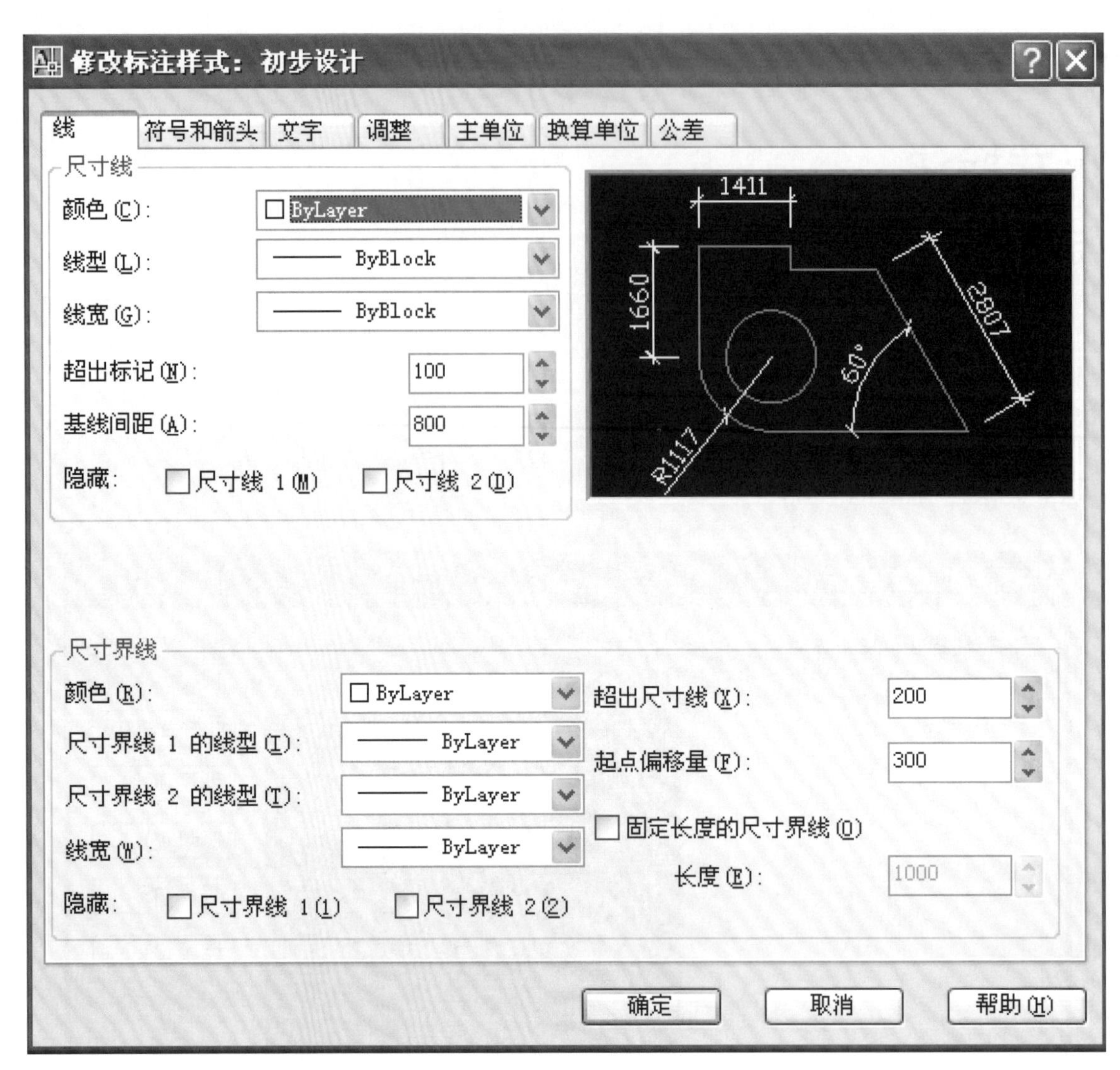


图 6-1-2

颜色、线型、线宽一般情况下都设为“ByLayer”，“超出标记”只有箭头和符号设置为建筑标记时才能设置。“基线间距”这一项可以不设，建筑工程图中没有此项标注。“固定长度的尺寸界线”是指标注尺寸线的长度固定，具体用法参照练习六。

箭头和符号的设置内容如图 6-1-3 所示。

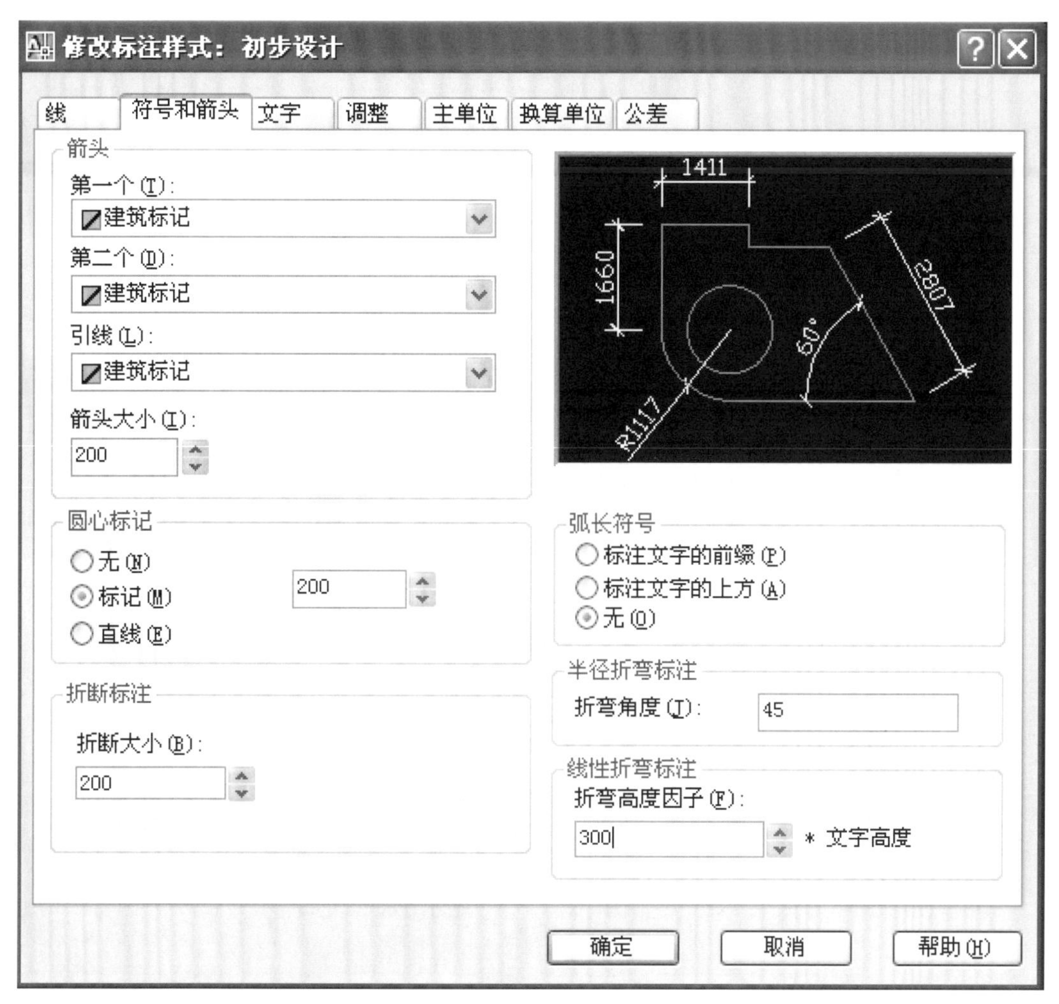


图 6–1–3

在建筑工程图中，所有的“箭头”全部指定为“建筑标记”，主要的标注设置的具体数据请参照练习六标注部分，一般建筑工程图中（按 1 ： 100 模型打印）有关的箭头、符号、文字的大小均指定为 300 左右。样式对话框中与建筑标注有关的主要的设置内容及概念如图 6-1-4 所示。

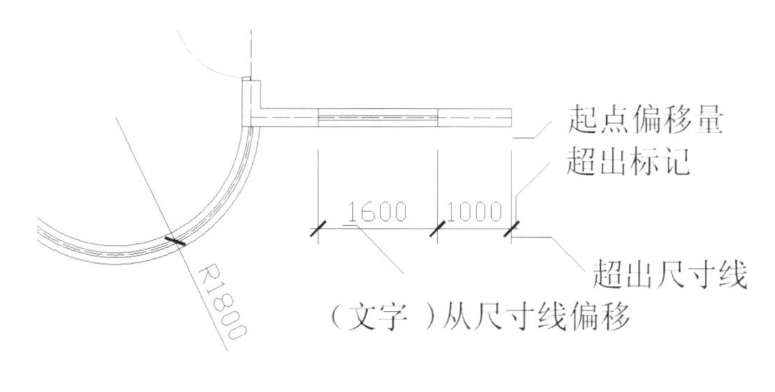


图 6–1–4

文字的设置内容如图 6-1-5 所示。建筑工程图中一些主要的选项可参照对话框中的选项。

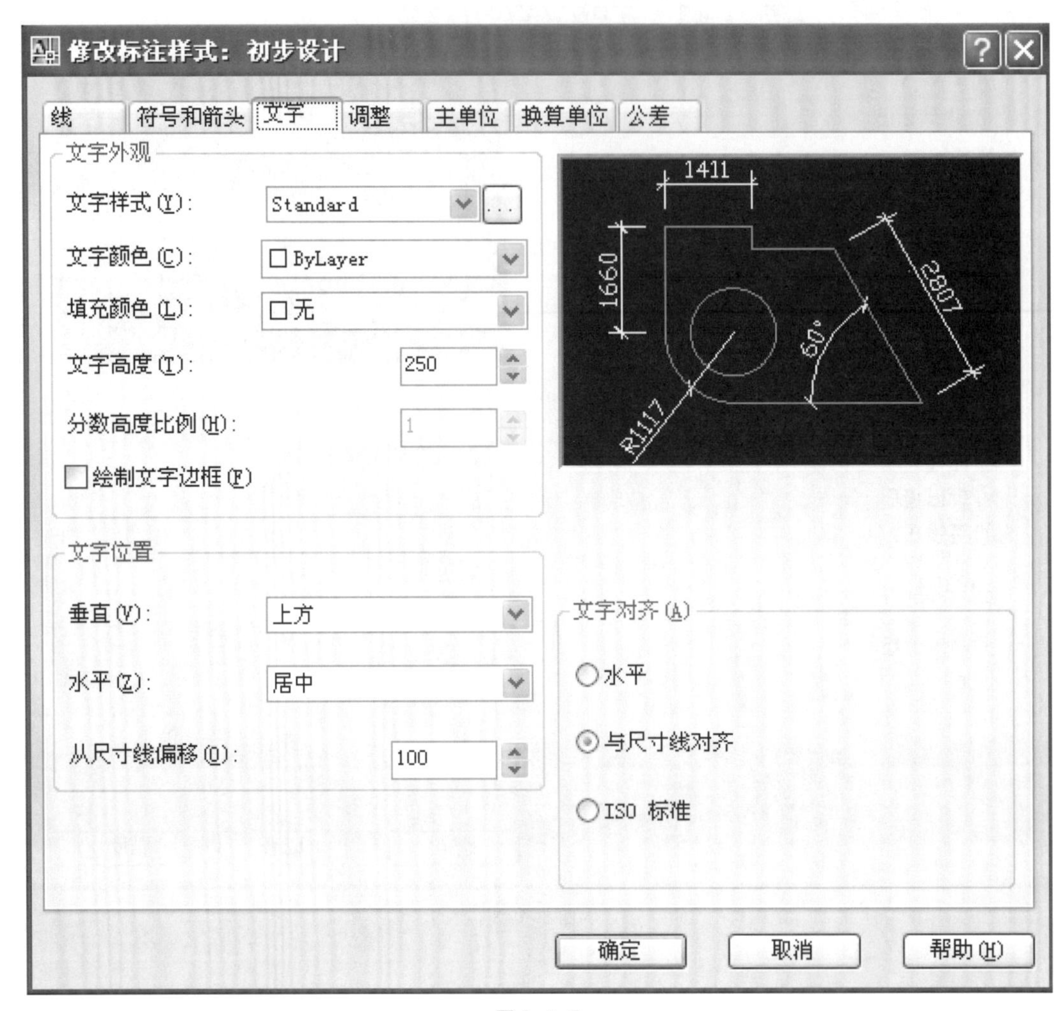


图 6–1–5

调整设置是指文字、箭头、线之间的关系，设置内容如图 6-1-6 所示。建筑工程图有关的选项请参照对话框中的选项，如果出图按“图纸空间”排版，可将“将标注缩放到布局”选项勾选。

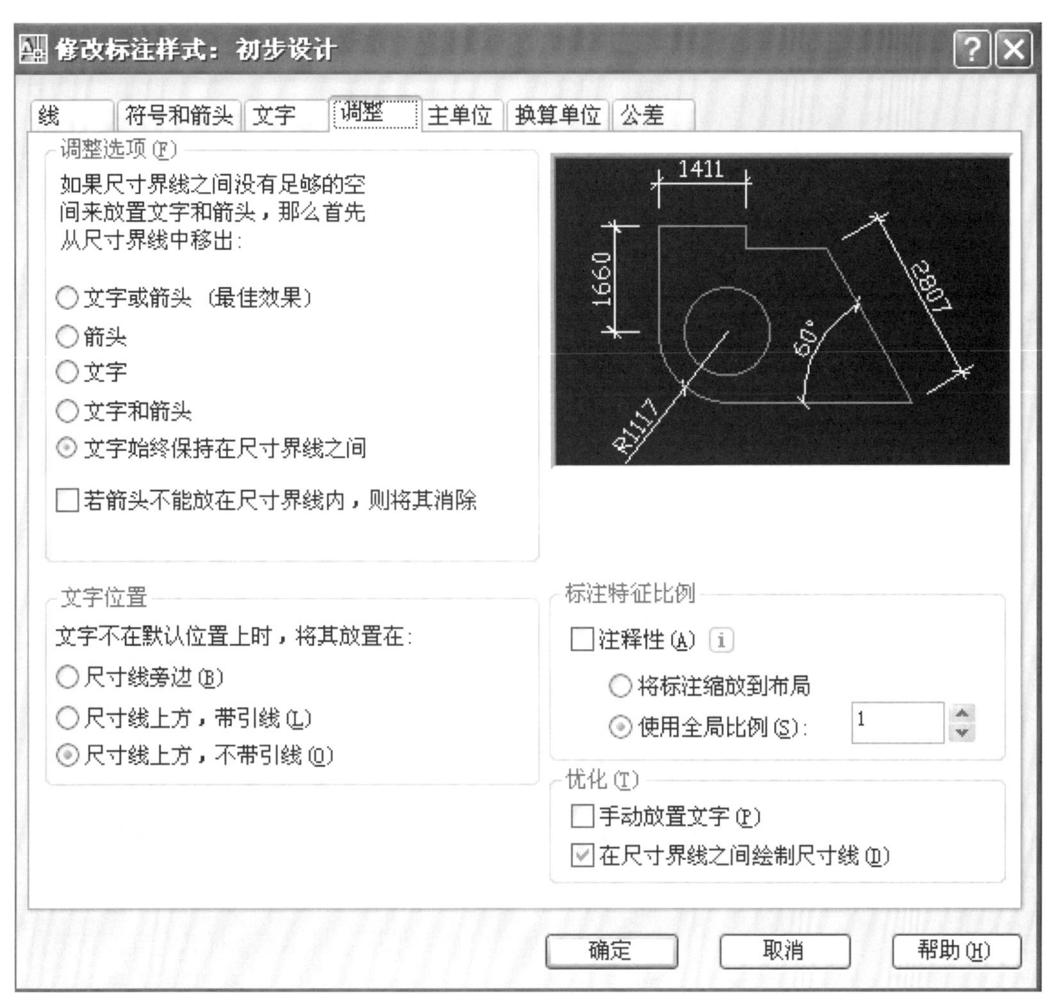


图 6–1–6

主单位的设置内容如图 6-1-7 所示。在建筑工程图中，平面图的精度指定为 0，总平面图的精度指定为 0.000。特别提示：在建筑工程图中，建筑总平面式以 1 为 1 米输入的，制图标准要求线性标注保留两位小数，而坐标点的标注要求保留三位小数。

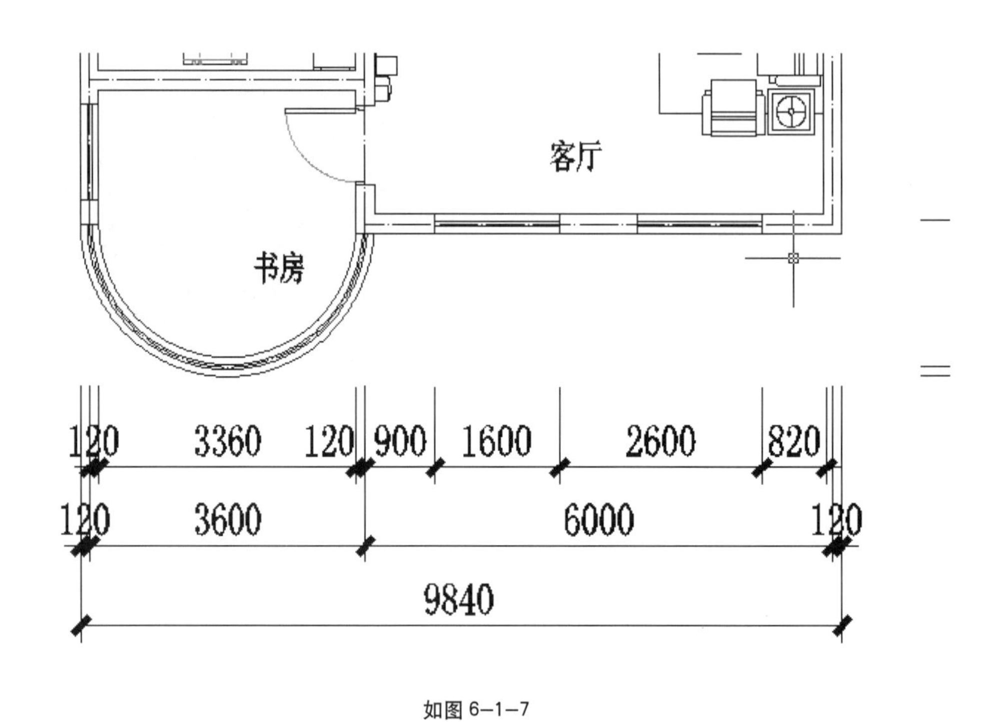


如图 6–1–7

标注样式中其余的设置按默认设置即可，设置完成，如果立即要使用，可点击该样式，并点击置为当前。

## 6.1.2 标注

**标注命令**：DIM

**命令调用**：下拉菜单 - 标注；工具栏 - 标注。

标注命令包含了各种标注方式以及样式设置，与建筑工程图有关的标注内容有以下几种：

**线型标注**：平行于坐标的直线标注，是最常用的标注形式，如图 6-1-8 所示。

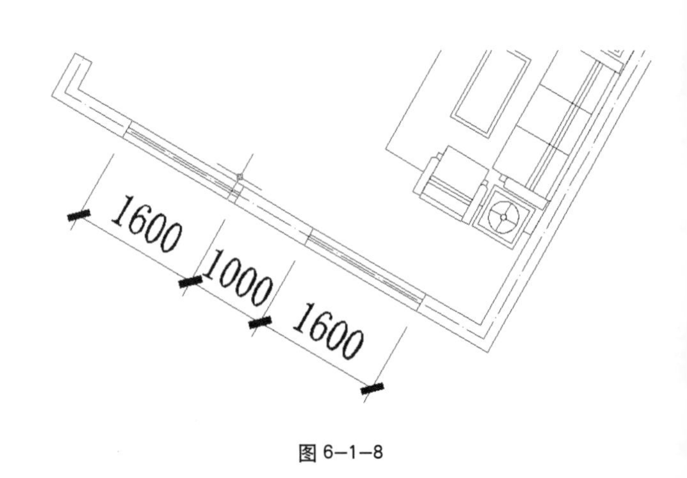


图 6–1–8

**对齐标注**：与对象平行的直线标注，不管当前用户坐标在什么方向，对齐标注总是和对象平行，标注方法与线型标注相同，如图 6-1-9 所示。

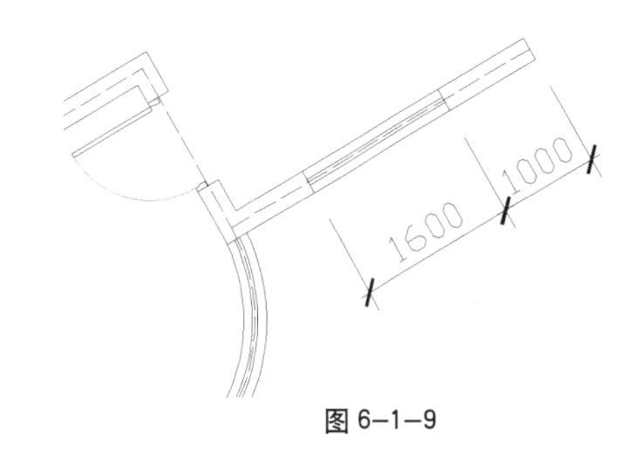


图 6-1-9

**坐标标注**：用鼠标拾取点，在横向拖动，标注 Y 向的坐标，在竖向拖动标注 X 向的坐标。AutoCAD 的坐标标注的形式不符合建筑工程图的制图标准，并且建筑工程图的 XY（城市坐标系）方向与 AutoCAD 的坐标的 XY 相反，即 X 是 Y，Y 是 X。标准的坐标标注如图 6-1-10 所示，建筑工程图中的坐标标注一般用再此开发的软件标。

**半径标注**：标注方法是拾取圆弧，如图 6-1-11 所示。

**角度标注** ：标注方法是点取线的两点，如图 6-1-12 所示。

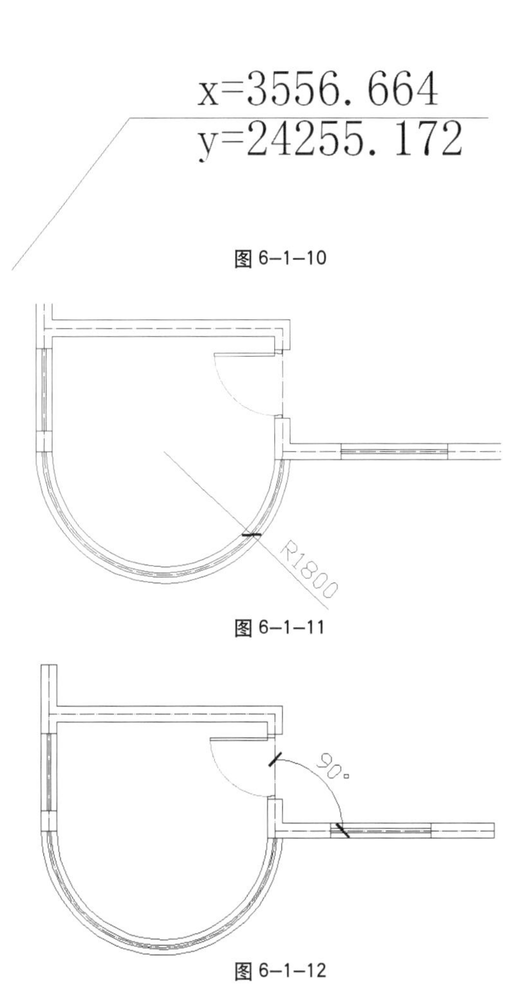


图 6-1-10

图 6-1-11

图 6-1-12

**快速标注** ：快速标注是指选取要标注的所有对象，迅速生成对象的标注。如图 6-1-13 所示，运用快速标注时必须对对象整理，比如要标注轴线时，只留轴线层。因为所有的对象系统都会生成标注，这样会使标注很混乱。

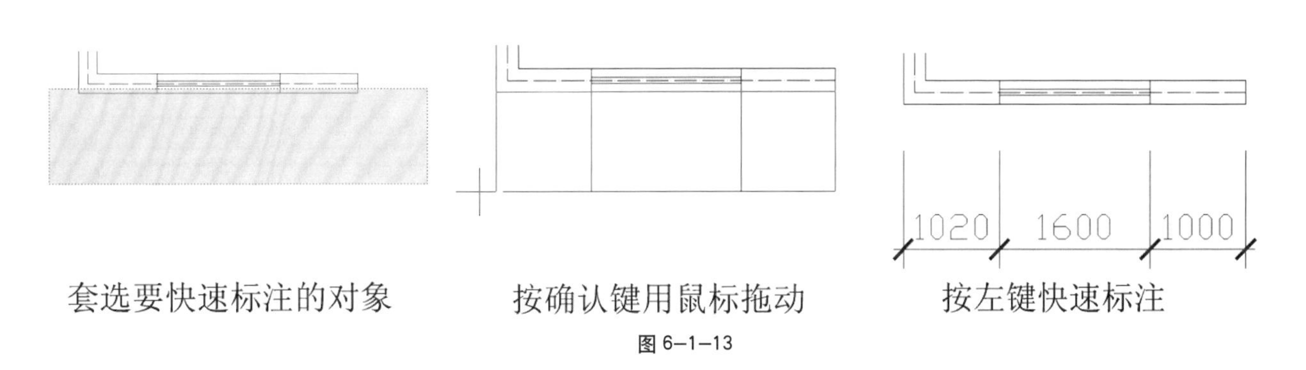


图 6-1-13

**连续标注**：一般的尺寸标注都要拾取 2 个点，连续标注是指在上一次标注或重新拾取（选项 S）的基础上再拾取一点连续标注，按确认键，结束命令。连续标注是常用命令，它的特点是只要拾取一点，标注位置自动与源标注对齐，如图 6-1-14 所示。

**编辑标注**：用于修改标注的旋转、倾斜和文字内容。

**标注更新**：主要用于更新标注的样式，要改变标注样式，一般情况下都使用“格式刷”命令，那样更方便。

**标注样式**：设置标注样式，与下拉菜单的标注样式同。

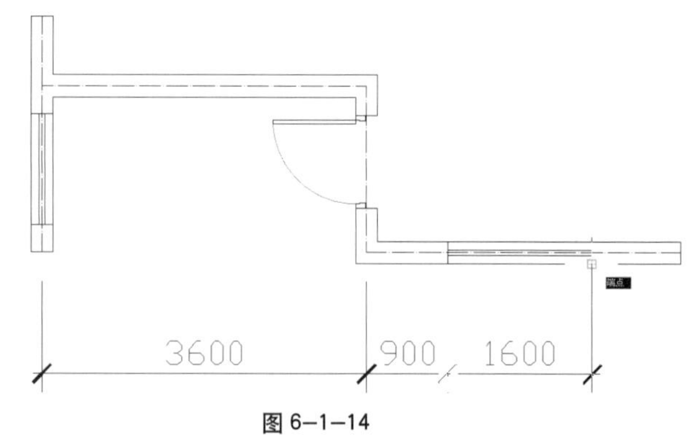


图 6-1-14

**编辑标注文字**：用于修改文字的位置和角度，编辑标注和编辑标注文字也可以在“对象特性管理器”修改，也可以直接拉动标注的夹点调整文字的位置，那样更方便。

# 6.2 文字标注

和标注一样，在文字输入前，必须对文字的样式进行设置。

**文字标注命令**：STYLE

**命令调用**：下拉菜单 - 格式 - 文字样式；工具栏 - 文字 - 文字样式 ；默认快捷键：ST。

输入命令弹出对话框，如图 6-2-1 所示。

图 6-2-1

文字样式设置比较简单，主要包括：高度和长宽比例以及倾斜。文字有单行文字和多行文字，单行文字只能单行标注和编辑，一般用来标注房间名称，多行文字类似 Word 文本，一般用来编写设计说明。

## 6.2.1 单行文字

**单行文字命令**：DTEXT

**命令调用**：下拉菜单－绘图－文字－单行文字；工具栏－文字－单行文字 AI；默认快捷键：-DT。

**命令详解**：命令提示了文字的对齐方式，以及字高、角度和文字样式的选择。

**指定文字的起点或[对正（J）样式（S）]**：左键直接在屏幕上点击标注文字的位置，然后输入字高（也可以不输入，直接用鼠标点字高），文字的当前样式已设置文字高度，高度选项不出现，直接出现文字的角度选项，输入角度（一般为0），按确认键。输入J，会出现多种的对齐方式：[对齐(A)/调整(F)/中心(C)/中间(M)/右(R)/左上(TL)/中上(TC)/右上(TR)/左中(ML)/正中(MC)/右中(MR)/左下(BL)/中下(BC)/右下(BR)]：

虽然AutoCAD 2008设置了那么多的对正样式，但实际绘图中大多都是左中对齐，所以用户不必点开此选项。

**样式（S）**：选择文字样式，如果用户要标注的样式已经在文字样式面板设置当前样式，那就不必点此选项，用户也可以不选样式，等文字写完后再编辑。

## 6.2.2 多行文字

**多行文字命令**：MTEXT 命令调用：下拉菜单－绘图－文字－多行文字；工具栏－文字－多行文字 A；默认快捷键：T或MT。

**命令详解**：命令提示了文字的高度、对齐方式、行距、角度、文字样式、宽度和栏的选择。

如果用户如不进行以上选项的选择和调整，直接输入文字，那就点击鼠标的左键在屏幕上拖一个框，如图6-2-2所示。

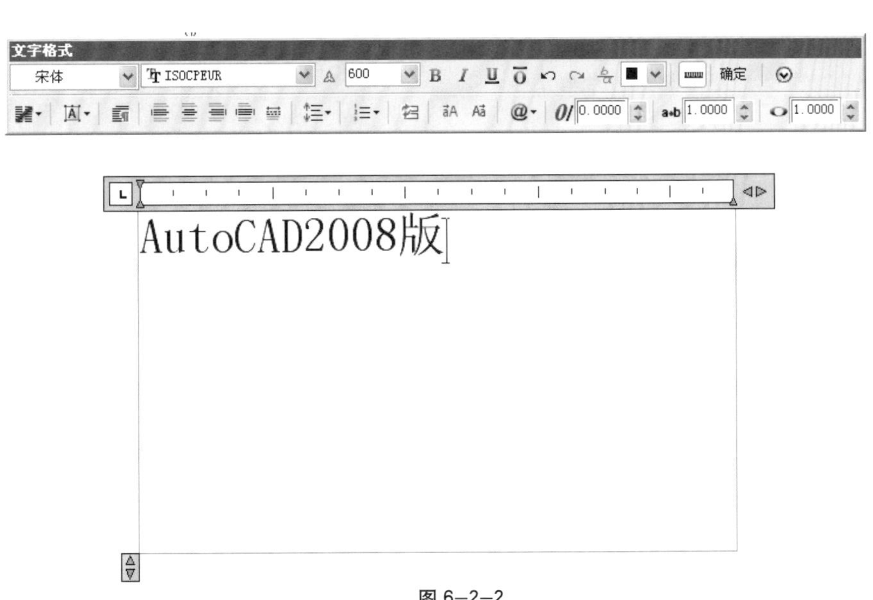


图 6-2-2

多行文字的输入框和Word软件的界面有点相似，使用方式也比较接近。输入和编辑结束后，点面板上的“确认”或用鼠标左键在输入框外的任意点点击，完成文字标注。

对多行文字和单行文字再次进行编辑时，方式是不同的，多行文字可以在文字编辑框内进行，用户只要双击文字，就会自动跳出的编辑框，而单行文字除修改文字的内容，其余只能在对象特征管理器进行修改。当然不管是单行文字还是多行文字，最简单方便的修改方式是用格式刷直接刷，使其的特性匹配。

# 6.3 插入参考

我们在第四章已经讲过“插入图块”。外部参照命令的使用和插入外部图块命令的使用非常相似，只是插入到文件的不是图块，是外部参照。虽然在形式上两个命令的使用很相似，但在本质上是完全不同的，插入外部图块是把外部文件直接加载在编辑的文件里，当外部文件改动时，图块不会更新，而参照对象一般只作移动、缩放和旋转，这些对象不占本文件的空间，要对其修改一般在原文件上修改，当用户再次打开文件时会自动更新。当然，当编辑文件的进行到接近完成时，或者用户不在乎文件量的大小，可以将其绑定，那么其属性就和插入的文件属性一样。

外部参照是一个非常有用的命令，特别是在绘制建筑组团时，将建筑组团分成若干单体，然后再作参照，是非常有效的操作方式。

## 6.3.1 外部参照

**外部参照命令**：XREFT 命令调用：下拉菜单－插入；工具栏－插入点；默认快捷键：XR。

**命令详解**：外部参照可以附着（插入）DWG 文件、图像文件、DWF 文件、DGN 文件。

输入命令，弹出对话框，如图 6-3-1 所示。

图 6–3–1

外部参照对话框显示了本文件中存在的外部参照的文件，以及更新和新加载外部参照的按钮，如图 6-3-2 所示。

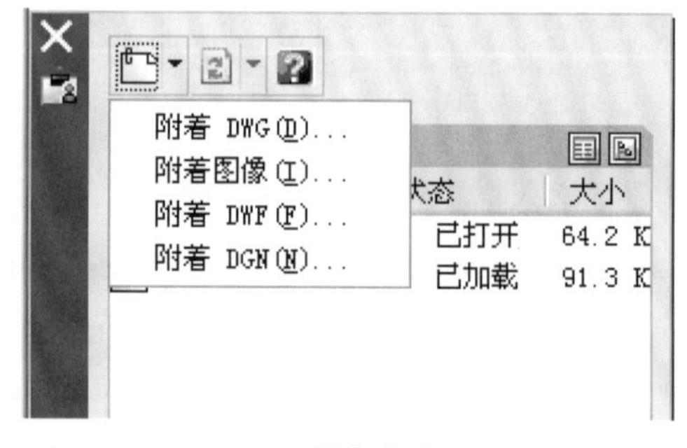


图 6–3–2

点击附着 DWG，选取要加载的文件，再点击打开，出现选项对话框，如图 6-3-3 所示。

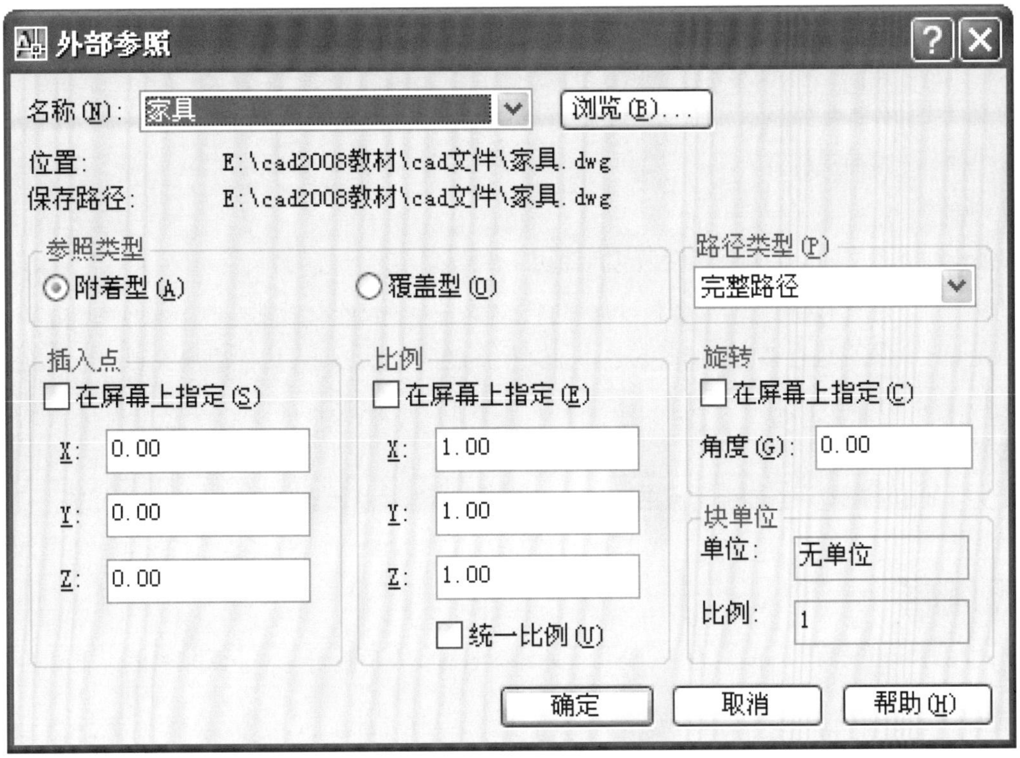

外部参照
名称(N): 家具　浏览(B)...
位置: E:\cad2008教材\cad文件\家具.dwg
保存路径: E:\cad2008教材\cad文件\家具.dwg
参照类型　附着型(A)　覆盖型(O)
路径类型(P)　完整路径
插入点　在屏幕上指定(S)　X: 0.00　Y: 0.00　Z: 0.00
比例　在屏幕上指定(E)　X: 1.00　Y: 1.00　Z: 1.00　统一比例(U)
旋转　在屏幕上指定(C)　角度(G): 0.00
块单位　单位: 无单位　比例: 1
确定　取消　帮助(H)

图 6-3-3

这个对话框和插入图块很相似，浏览、插入点、比例、旋转和插入块的使用方式一样，参照类型有附着型和覆盖型。完整路径是指外部参照加载时的完整路径，相对路径是指当前文件的相对路径，无路径则不显示外部参照文件的路径。

让我们再回到外部参照对话框，点击刷新，即刷新当前屏幕，点击重新加载所有参照，即更新所有外部参照，鼠标移到文件中的参照文件按右键，出现快捷命令选项，如图 6-3-4 所示。

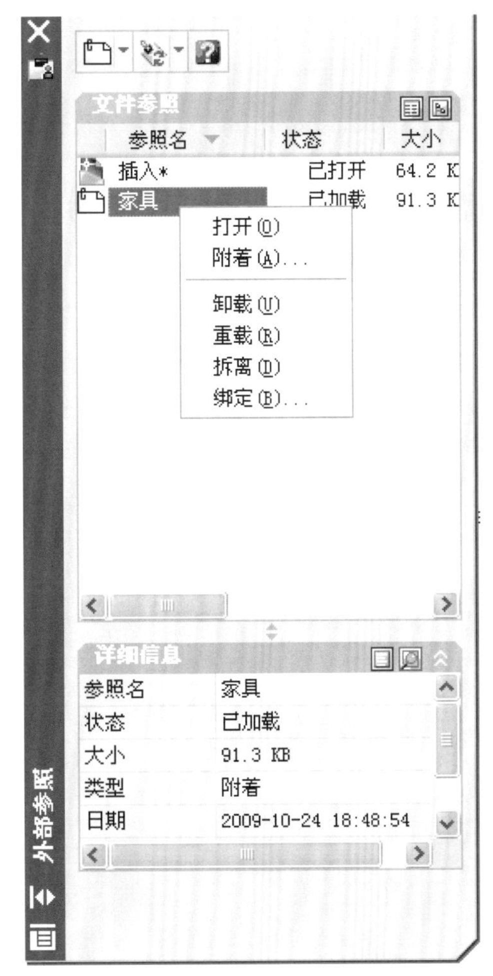


图 6-3-4

选项说明：

**打开**：文件中外部参照的源文件。

**附着**：继续附着。

**卸载**：暂时删除文件中的外部参照显示，而并不删除外部参照。

**重载**：将“卸载”的外部参照重新显示。

**拆离**：完全删除外部参照。

**绑定**：将外部参照绑定在本文件中，其使用性质与“图块”一样。

外部参照可以通过“参照编辑”进行修改，并保存到外部文件，但这不是外部参照主要的使用方法，相对图块，外部参照的优点是便于对图形进行管理，同时它也不占文件在硬盘中的空间，比如用户绘制一个建筑组团，有一个总体的文件，单体可以分有几个文件，可以有一个设计团队来完成，而总体文件上只要更新外部参照就可以，不需要外部文件每次修改都重新插入一次。

**特别提示：外部文件的图形位置一直要保持原来的坐标位置，要不然在总体文件中图形会偏移位置。**

## 6.3.2 参照编辑

**参照编辑命令**：REFEDIT 命令调用：下拉菜单 - 工具 - 外部参照与块在位编辑 - 在位编辑参照；工具栏 - 参照编辑 -

**命令详解**：参照编辑是对文件中的图块和外部参照进行编辑，因为图块如果不炸开是不能直接进行编辑的，参照编辑命令是在图块没有被炸开的情况下对图块或外部参照进行修改，修改完成后，点击“保存参照编辑”按钮，所有文件中的同名图块将全部被修改，如果对象是外部参照，则外部文件被修改。

# 6.4 图纸布局（图纸空间）

“布局”也就是排版，AutoCAD 在作图时都是三维环境，图纸布局就像一张纸，是二维的空间环境，是将模型空间在图纸空间中排版，为的是更方便、直观地输出。一个文件中可以有多个布局，每个布局对应了单独的打印输出的图纸。虽然模型空间也可以直接在打印机上输出，但运用了图纸空间，可以更有效地控制图纸的尺寸、打印范围，以及打印比例。比如直接用模型空间打印，一张图纸是不能以不同的比例输出的，二维的平面图也不能和三维的透视图同时输出，运用了布局，这一切就可以轻松地实现，并且打印出来的最后效果和布局显示是完全一样的。

通常情况下，从设计到布局打印包含了这么几个步骤

**第一步**：创建模型图形。

**第二步**：配置打印设备。

**第三步**：激活或创建布局。

**第四步**：指定布局页面设置。

**第五步**：创建浮动视口并将之置于布局。

**第六步**：设置浮动视图的视图比例。

**第七步**：按需要在布局中添加注释和几何图形。

**第八步**：打印布局。

下面我们以光盘文件练习六 .dwg、练习七 .dwg 为例，以常用的步骤来实施布局的具体过程。

**第一步**：在模型空间打开光盘文件练习六 .dwg，插入外部文件练习七 -7.dwg（光盘 / 第七章 / 练习七 /CAD 文件 / 练习七 -7.dwg）并调整图形位置，如图 6-4-1 所示。

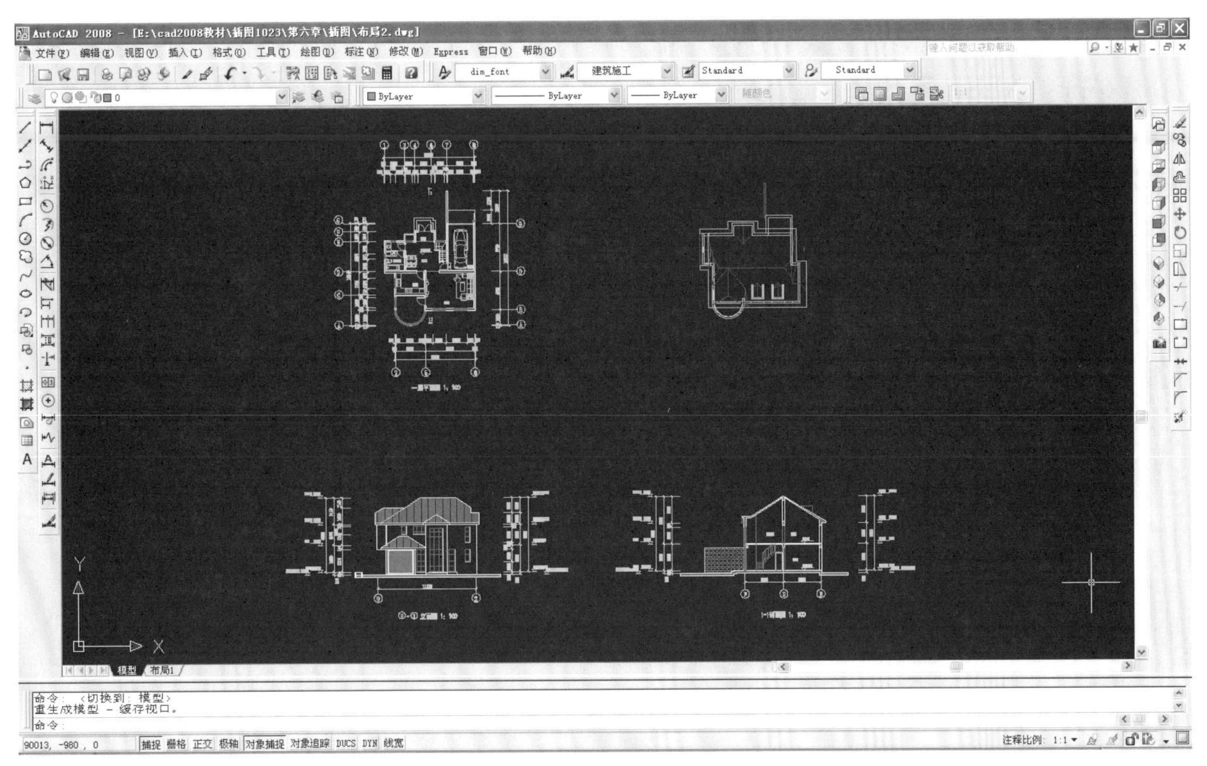


图 6–4–1

**第二步**：点默认的布局 1，鼠标移到布局 1 按右键，点重命名，将“布局 1”修改为“平立剖透视”。重命名的好处是当图形中有很多布局时便于辨认管理。若要新建布局的话：下拉菜单－插入－布局－新建布局。命令提示栏提示：输入新布局名〈布局 2〉：输入：平立剖透视，按回车键，左键单击屏幕下方的模型与布局的选项卡“平立剖透视”，跳出对话框，点修改，弹出页面设置对话框，选择打印机，并把图纸尺寸设为 A1，如图 6-4-2 所示。

页面设置 － 平立剖透视

页面设置
名称：〈无〉

打印机/绘图仪
名称(M)：PostScript Level 1 Plus.pc3　特性(R)
绘图仪：PostScript Level 1 Plus －
位置：桌面*.pdf
说明：
841 MM　594 MM

图纸尺寸(Z)
ISO A1 (841.00 x 594.00 毫米)

打印区域
打印范围(W)：布局

打印偏移(原点设置在可打印区域)
X：0.00 毫米　居中打印(C)
Y：0.00 毫米

打印比例
布满图纸(I)
比例(S)：自定义
1 毫米 =
0.03937 单位(U)
缩放线宽(L)

打印样式表（笔指定）(G)
无
显示打印样式(T)

着色视口选项
着色打印(D)　按显示
质量(Q)　常规
DPI　150

打印选项
打印对象线宽
按样式打印(E)
最后打印图纸空间
隐藏图纸空间对象(J)

图形方向
纵向(A)
横向(N)
反向打印(-)

预览(P)...　确定　取消　帮助(H)

图 6–4–2

**第三步**：一般建筑施工图都以 1 ∶ 100 出图，有几张图要在一张图纸上输出，是几号图纸，如果确定是 A1，那么现在就插入一张 A1 的图框，如图：注意插入点为 0，0，比例 X、Y、Z 向的比例均为 1，旋转角度也为 0。如果插入后视图中没出现图框，就用视图缩放命令进行调整，这与模型空间的操作方法一样。需要注意的是图框文件以及文件的图形位置都应相对靠近坐标的原点，这样插入进来的图框就不需要再调整视图，如图 6-4-3 所示。

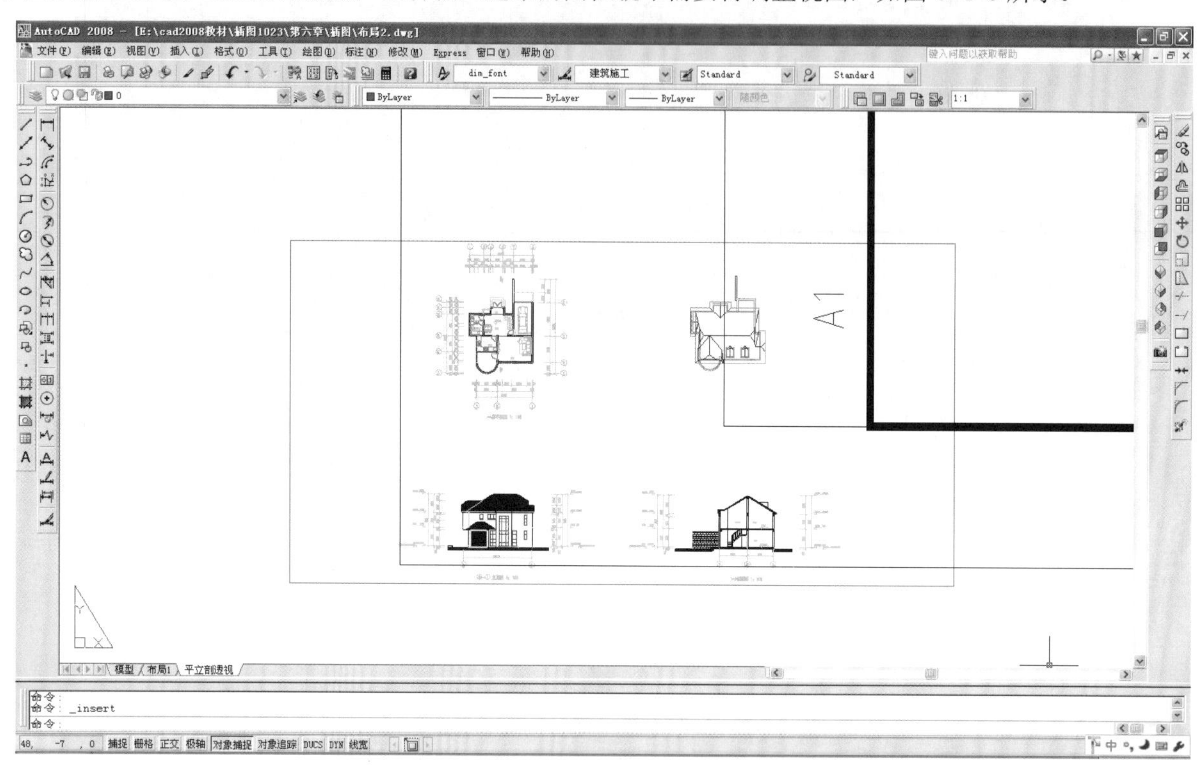


图 6–4–3

**特别提示：插入图框时，必须是图纸空间，也就是说，默认的视窗线必须是细线，并且比例为 1 ∶ 1。**

**第四步**：删除默认的布局视窗，打开视口工具条（或运用下拉菜单），创建浮动视口，如图 6-4-3 所示：浮动视口类似 PPT 软件中的文本框，一个布局可以有多个浮动视口，它们之间相对独立，可以有不同的视图、比例等。现在我们点击单个视口，在 A1 图纸范围内拖动出一个视窗，如图 6-4-4 所示。

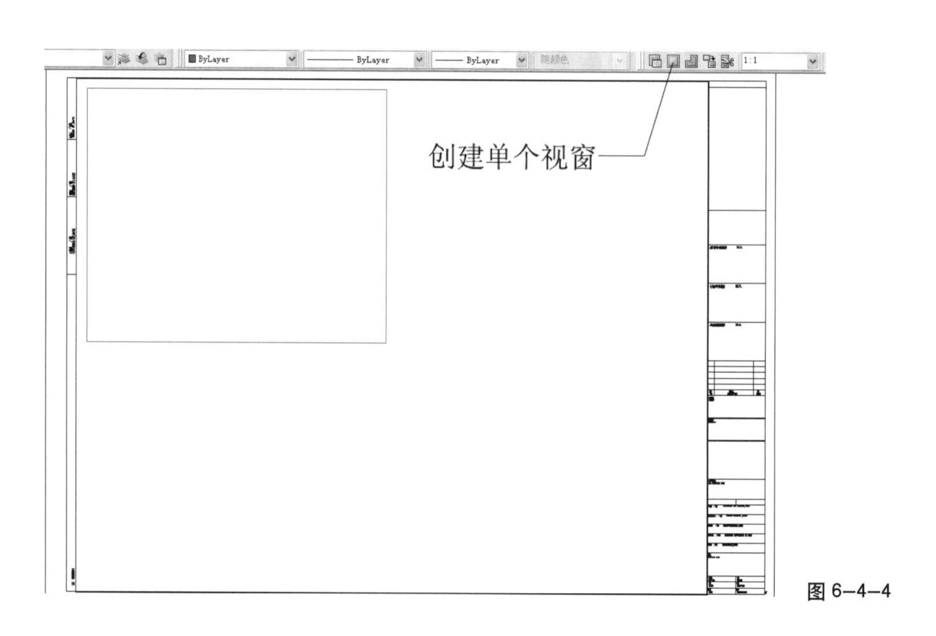


图 6–4–4

然后调整浮动视口中的图形位置。这里有一个要点：当鼠标在浮动视口内双击时，视口的框线变粗，这时浮动视口内为模型空间，用鼠标中键双击，模型空间显示全部图形范围，模型空间时，将视口工具条上的比例调整为 1 ∶ 100，再调整图形的位置，如图 6-4-5 所示。

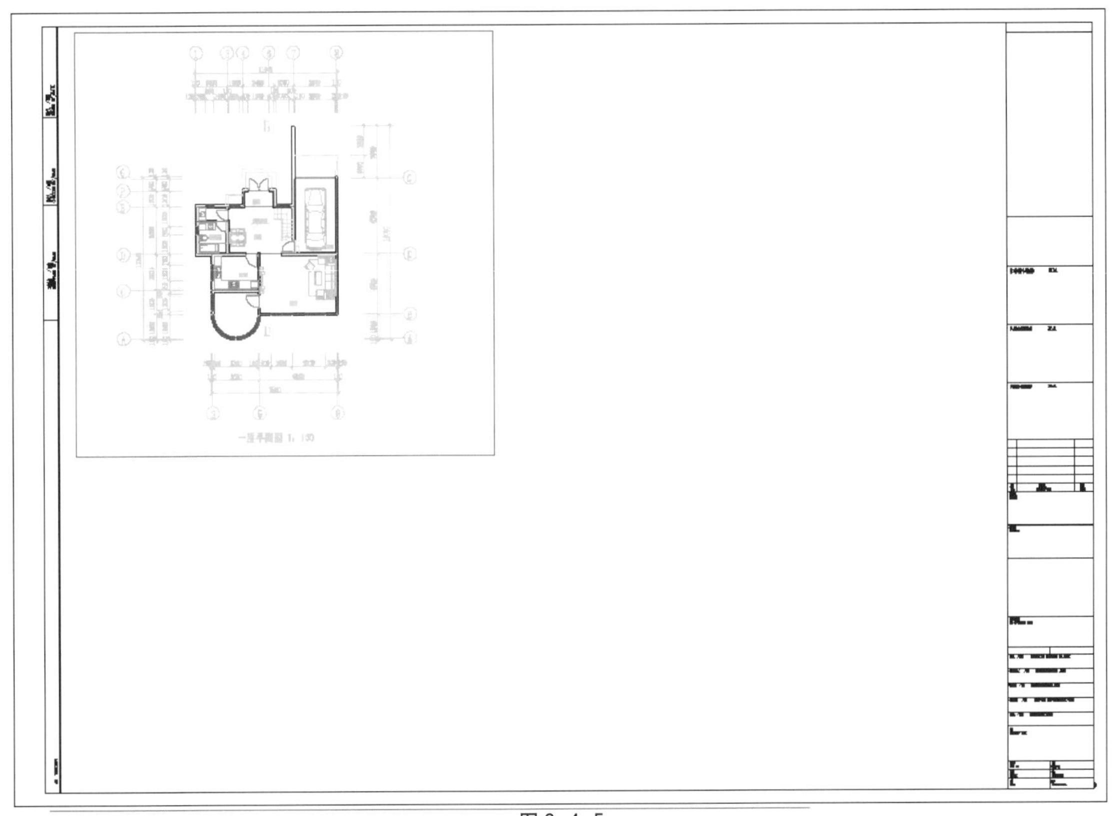

图 6-4-5

再重复两次，共创建三个视窗，再调整图形位置。三维模型显示的也是平面图，双击该视窗，视窗线变粗，按住 Shift 键，按住鼠标中键移动，变成三维视图，如图 6-4-6 所示。

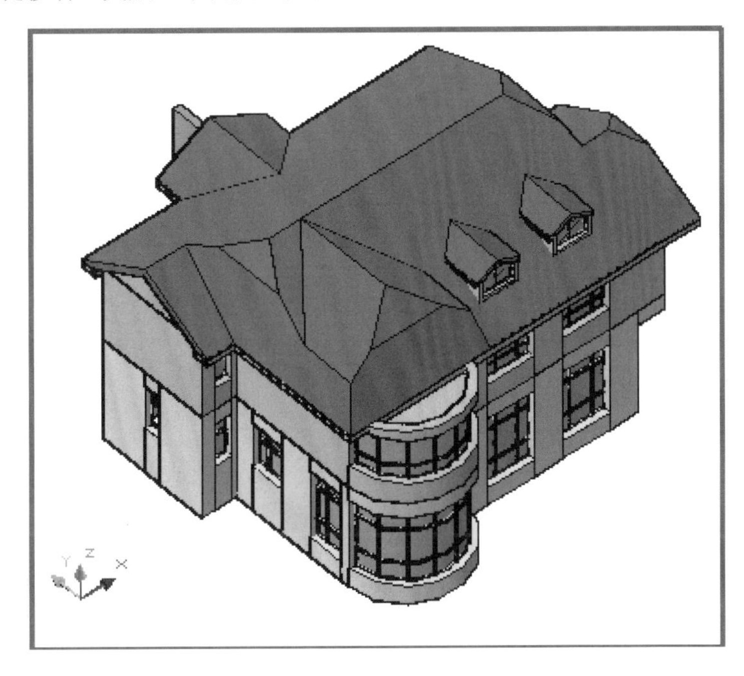


图 6-4-6

**第五步**：当鼠标在浮动视口外双击时，视口线变细，这时候为图纸空间，可以移动视口的位置，可以点击夹点调整视口的大小，浮动视口的框线与图形中的线一样，可以改变图层，指定开或关。三个视口中的图形位置分别调整完毕后，鼠标在视口外双击，变成图纸空间，然后鼠标分别移到视口线单击，出现夹点后按右键，出现快捷键，将视口分别设为显示锁定，如图 6-4-7 所示。

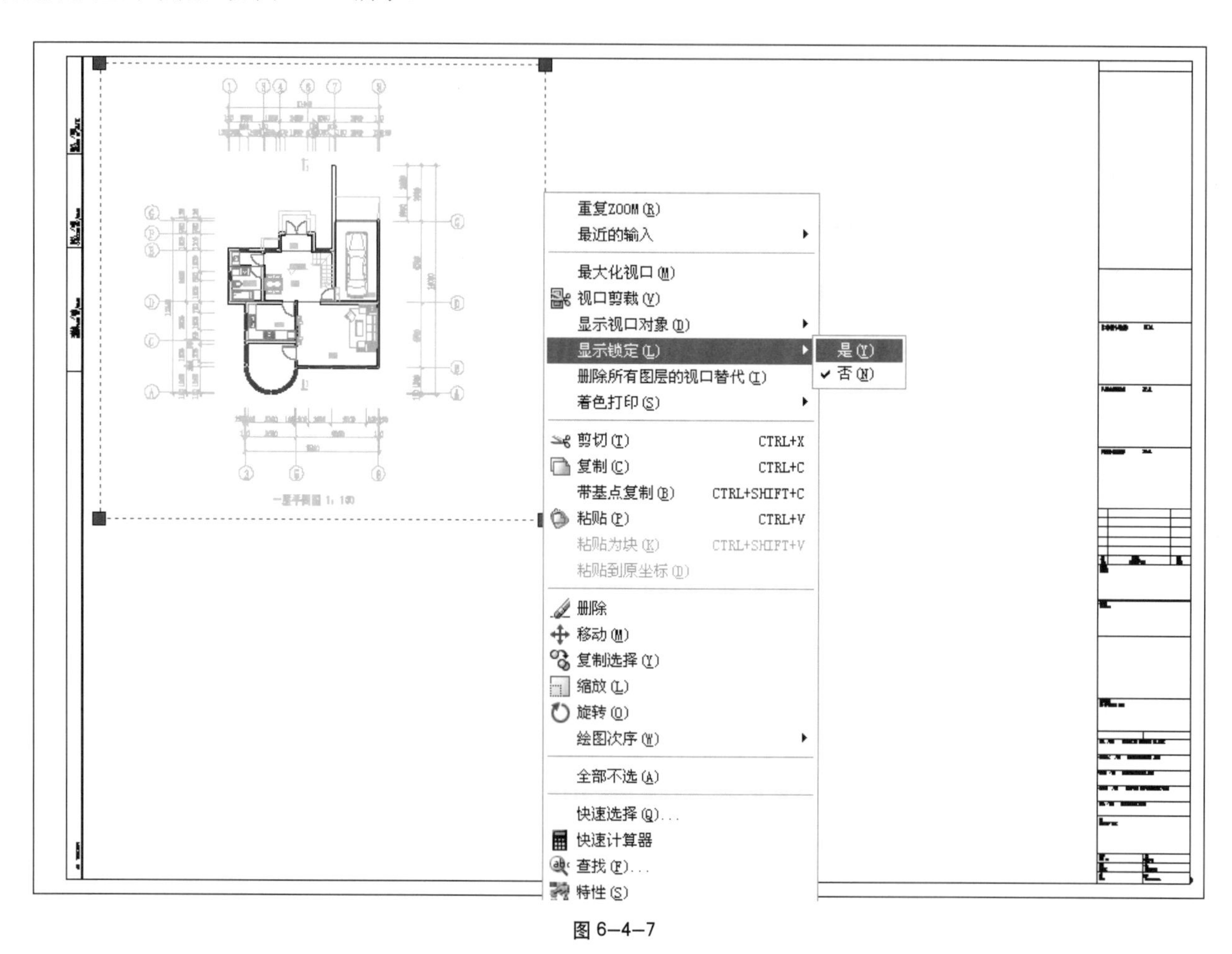


图 6—4—7

这时候视口内的图形位置和比例被锁定，不会因拖动视口时不慎而发生变化。这一步非常重要。接下来就是在图框范围内调整视口的位置，单击视口线出现夹点，鼠标点在线上移动，及可调整视口的位置，直至最后满意，如图 6-4-8 所示。

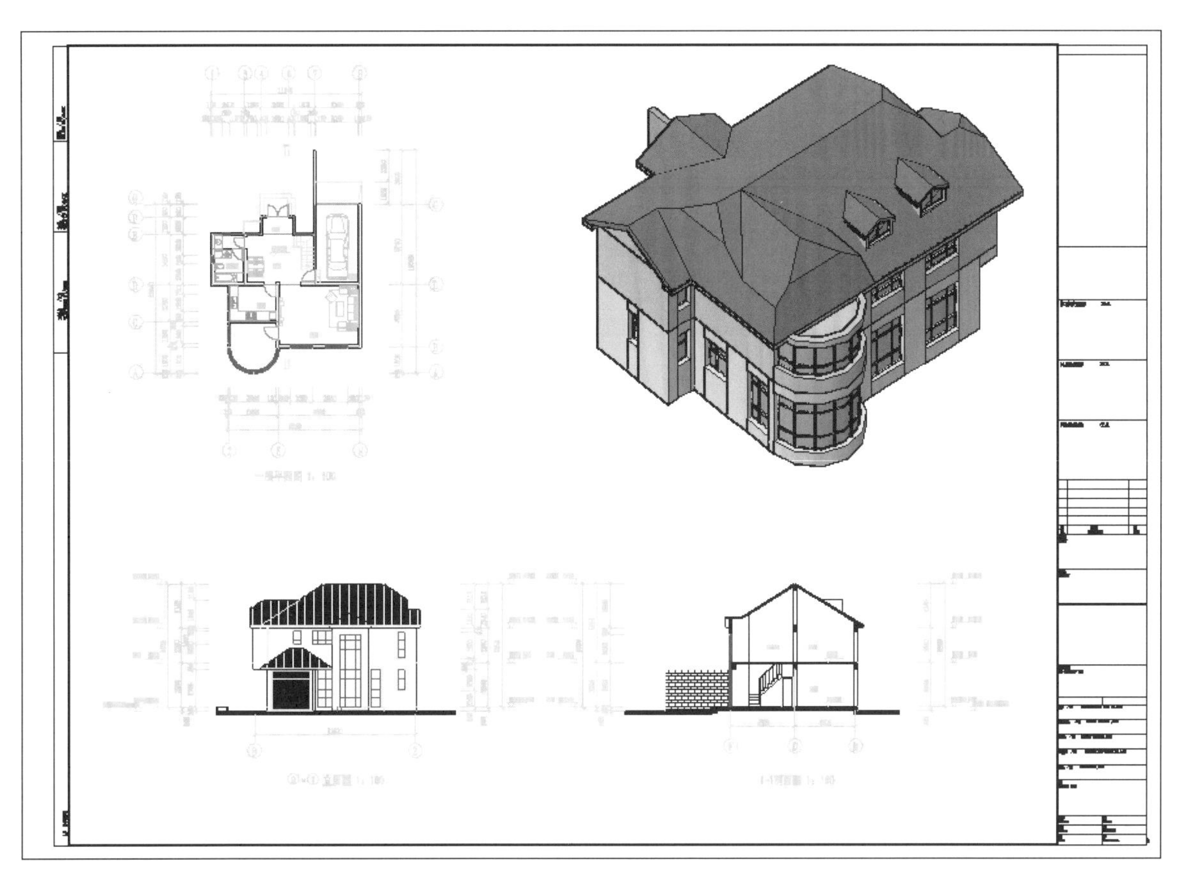

图 6-4-8

**第六步**：新建一个图层，将视口线改变为这个图层，并把该图层关闭，不执行这一步，打印时会出现浮动视口框线。

**第七步**：至此布局的工作已经全部完成，接下去就是继续页面设置或直接打印，要进行页面设置把鼠标移到下面的布局名，单击右键，选“页面设置管理器”，页面设置的面板和打印面板一样，主要内容为：按用户的打印机选择打印机类型，将打印样式设为 monochrome.ctb，黑白打印设置选项。打印比例设为 1 ∶ 1，打印范围为“范围”，打印偏移量为“居中打印”。

需要说明的是，由于目前设计行业的分工越来越细，一般打印部分的工作都是有专业的打印公司完成，设计师只完成第一部分的工作，所以这一章节对一个专业设计师来说有点画蛇添足，但如果在创建模型图形完成后，能将图形设置为布局，这样最后的出图效果为更理想、直接。

## 6.5 打印与输出

打印与输出是一张图纸的最后一道步骤，AutoCAD 的打印可分为“模型空间”打印和“图纸空间”打印两种，“模型空间”打印也即直接在模型空间打印，相对比较繁琐，“图纸空间”打印是按布局打印，相对简单。但事实上，在大部分的工程出图时，都是按“模型空间”出图的，因为一个建筑施工图一般都有几十甚至几百张图纸，如果都做成“布局”是不现实的。所以，实际工程出图的程序是：当图纸制作完成后，按图纸的内容（平、立、剖、总图、详图、节点、说明）套上不同比例的图框，标注不同的图名、比例，设置不同的打印比例，最后直接在打印机上输出。

**打印命令**：PLOT

打印对话框，如图 6-5-1 所示。

**命令调用**：下来菜单 - 文件 - 打印。

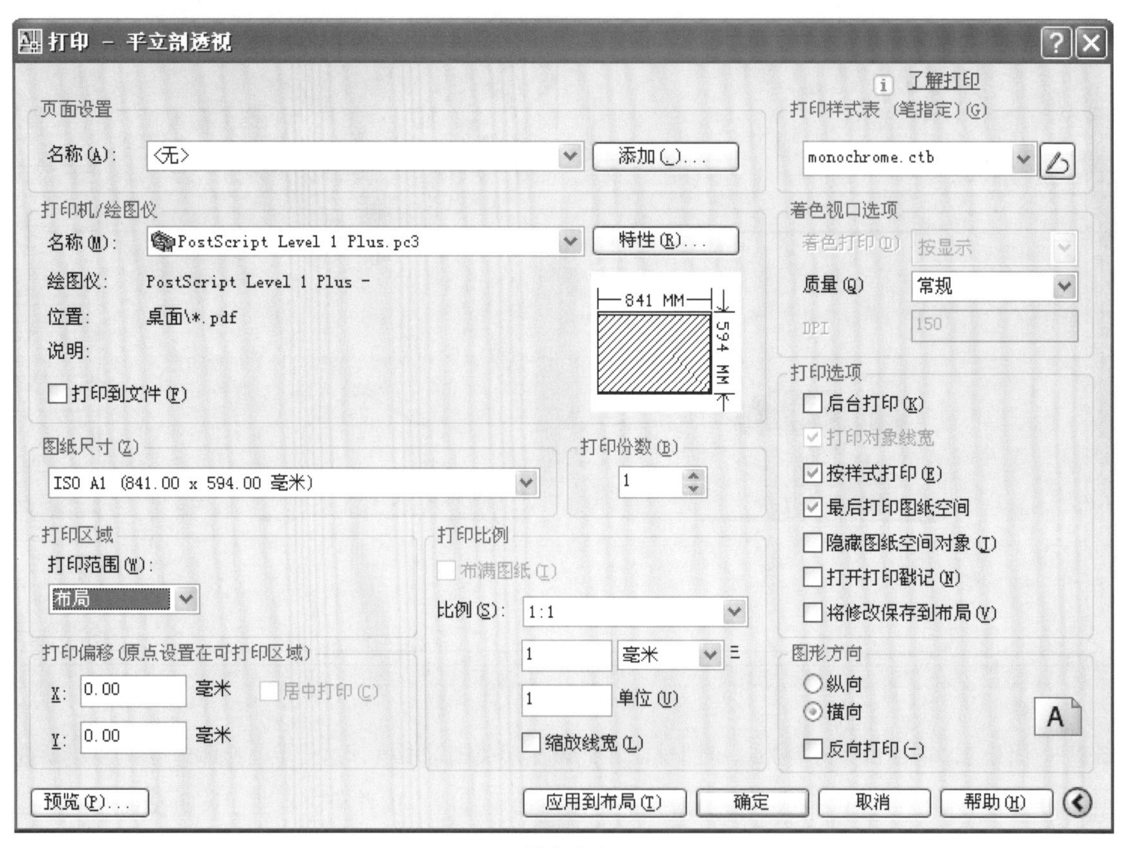


图 6-5-1

页面设置默认值为“无”，如果用户添加过设置，可以点选可以使用的设置，这样就不必在作其他设置，只要窗选打印内容便可直接打印，如果打印设置与上一次打印相同，可点选“上一次打印”。

**打印机 / 绘图仪**：选取已添加的打印机。

添加打印机可以通过工具 - 向导 - 添加绘图仪来添加系统中存在的打印机或绘图仪。

图纸尺寸选取要打印的图纸大小，不同的打印机的图纸可选择范围是不同的。

**打印范围**：模型空间直接打印一般都选窗选然后鼠标在屏幕上拖动，选取要打印的范围。

**打印比例**：按需要设置出图比例，若无需出图比例，则勾选“布满图纸”。

**打印偏移**：一般选取“居中打印”。

**预览**：可预览打印的效果，包括范围、色彩、线宽、线型等。

**打印样式表**：若设为 acad.ctb 为 AutoCAD 标准的颜色控制图笔、线型、线宽等的对应设置文件。若设为 monochrome.ctb 为 AutoCAD 标准的黑白颜色控制图笔、线型、线宽等的对应设置文件。

**着色打印**：是指三维模型的着色方式，一般都选“按显示”，如要着色可在打印前先做好。

**质量**：常规。

**打印选项**：按样式打印。

**图纸方向**：按出图需要，是纵向还是横向，还是需要镜像打印。

# 练习六：完成并打印输出建筑工程图

## 练习目的

掌握 AutoCAD 2008 建筑工程图的标注技巧，熟悉建筑工程图的输出打印特点。

## 练习步骤

**步骤一**：文字标注

打开文字样式设置面板，设置文字的高度和样式，一般建筑工程图都将数字和文字的高度指定为 300，将汉字高度指定为 350-400，字体指定为宋体。运用多排文字或单排文字命令都可以，在平面图、立面图和剖面图上标注文字。

**步骤二**：尺寸标注

打开标注样式设置面板，新建“建筑扩初”标注样式，并按建筑标注要求指定相应的标注参数。标注样式中，线的设置如图练习六 -1 所示，注意勾选固定长度的尺寸界线，其余设置参照 6.1.1 标注样式。建筑初步设计阶段的标注一般有三道尺寸，第一道为门窗、第二道为轴线、第三道为外包尺寸，如果按 1 ∶ 100 出图，尺寸线之间的距离 800-1000，尺寸线离开建筑 1000-1500，轴号圈的直径一般为 800-1000。

调用直线标注命令，先标注轴线尺寸（第一道尺寸的位置可以先从建筑外墙偏移一个辅助线定位），第一段标注完后，用连续标注命令，标完其余尺寸，依次标完其他方向的尺寸，如果尺寸间距太小，数字重叠，用拉夹点，调整数字位置，如图练习六 -2 所示。

立面图和剖面图的标注方法如图练习六 -3、练习六 -4 所示。

±0.000 输入方法为：%PP0.000，标注完成后保存文件：练习六 . dwg

**步骤三**：参照 6.4 布局章节，做成布局，并打印，如图练习六 -5 所示。

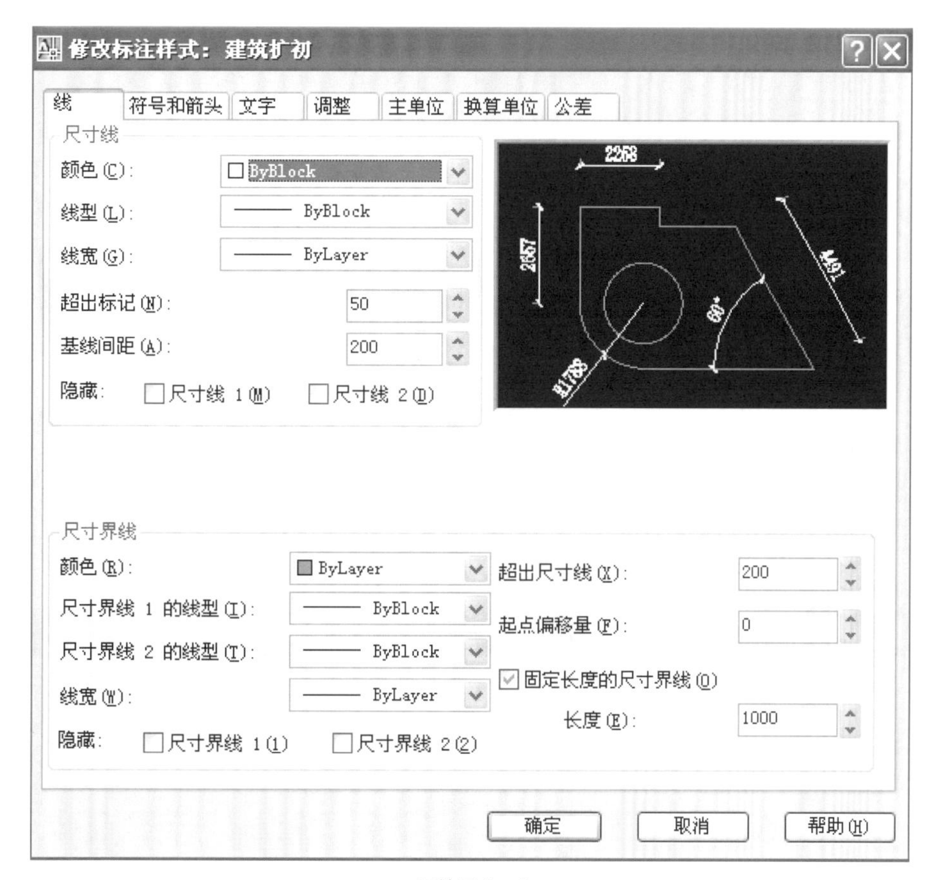


图练习六 -1

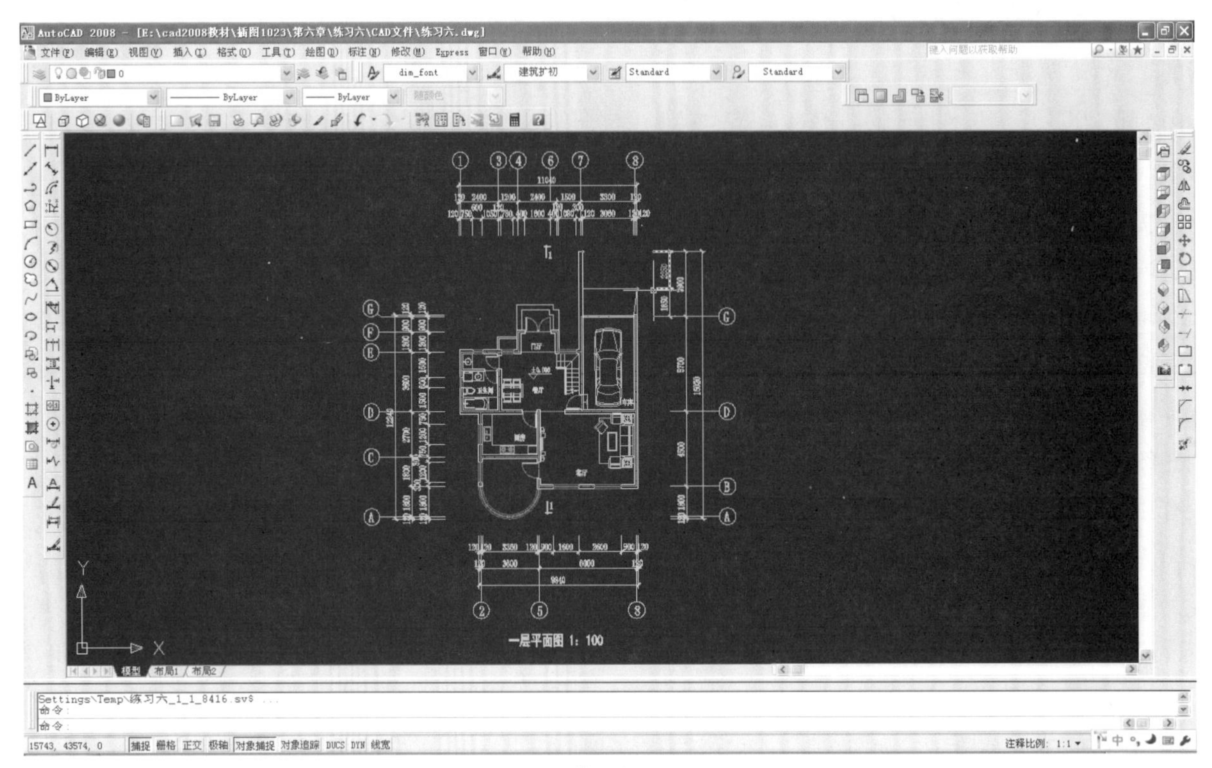

图练习六 -2

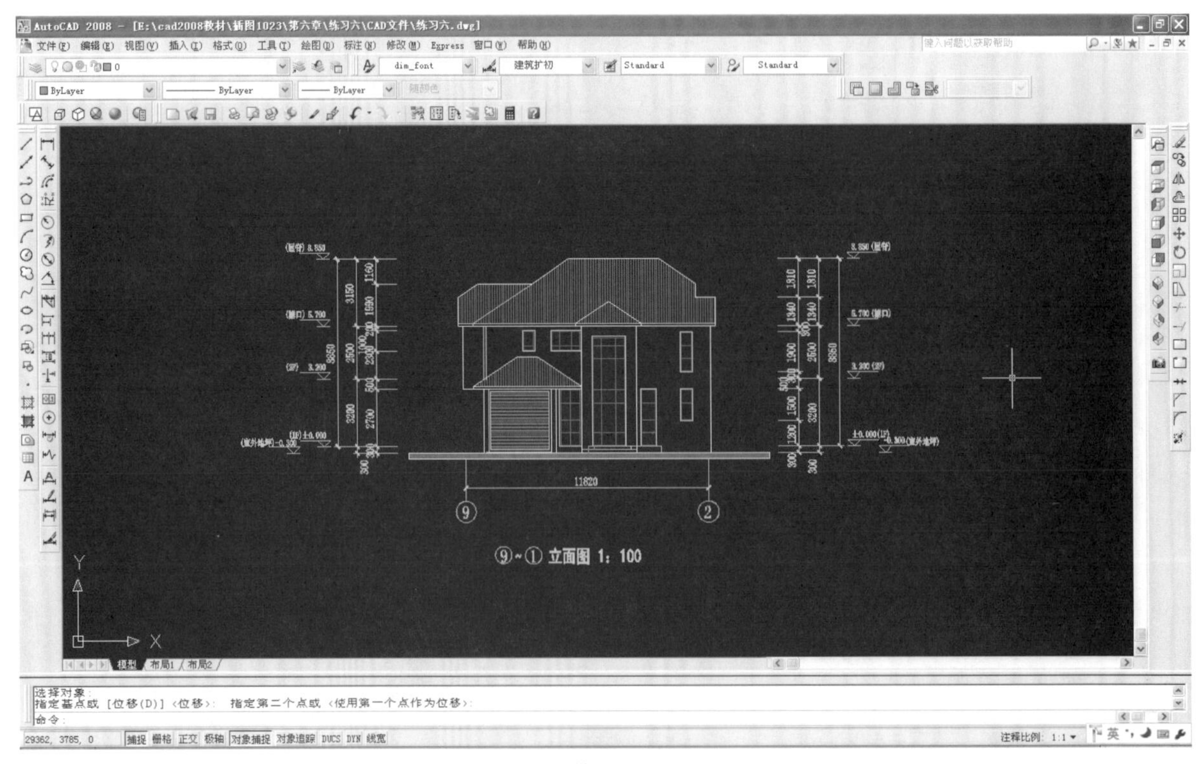

图练习六 -3

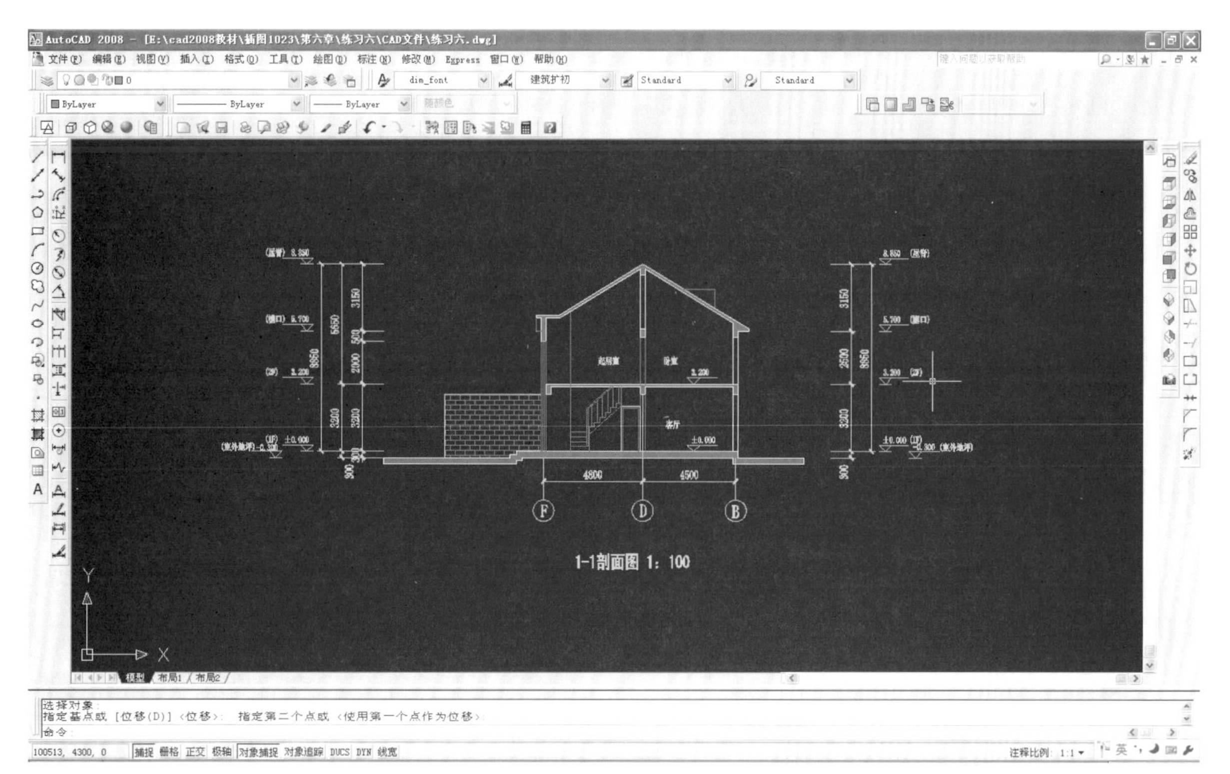
AutoCAD 2008 - [E:\cad2008教材\插图1023\第六章\练习六\CAD文件\练习六.dwg]
文件(F) 编辑(E) 视图(V) 插入(I) 格式(O) 工具(T) 绘图(D) 标注(N) 修改(M) Express 窗口(W) 帮助(H)
ByLayer
Standard
4800
4500
F
D
B
1-1剖面图 1：100
Y
X
模型
布局1
布局2
选择对象
指定基点或 [位移(D)] <位移>： 指定第二个点或 <使用第一个点作为位移>：
命令：
100513, 4300, 0
捕捉 栅格 正交 极轴 对象捕捉 对象追踪 DUCS DYN 线宽

图练习六 –4

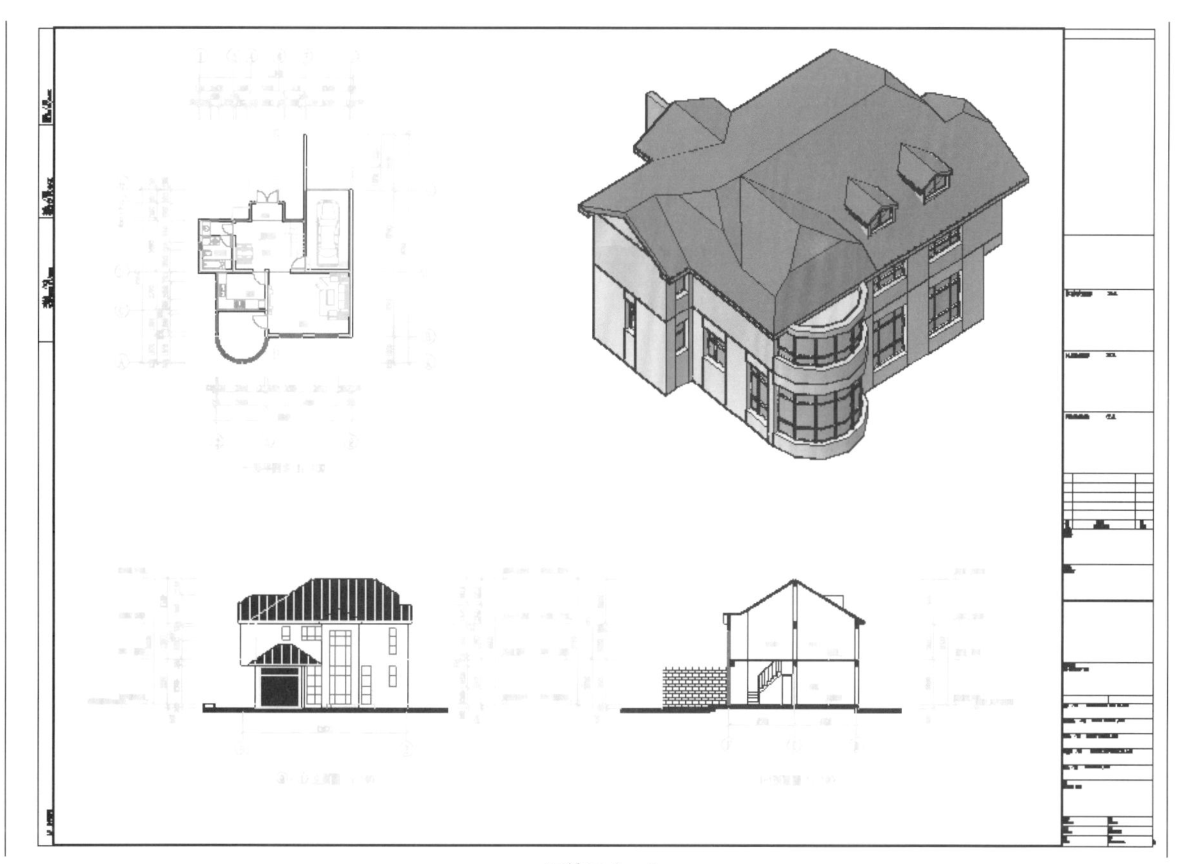

图练习六 –5

# 第七章　三维建模

AutoCAD 2008 在三维建模、渲染方面的功能较之以前的版本有较大的提高，虽然和 3DS MAX 相比，AutoCAD 建模的功能不是很全面，但 AutoCAD 建的模更为精确，模型的文件量也相对较小，对于建筑建模应该是更为实用。AutoCAD 建模分两种，一种是曲面建模，一种是实体建模。曲面模型都是面片，是用加法一点点加起来的，其内部是空的；而实体模型有点类似 3DS MAX 的模型，可以作波尔运算，也即体与体之间可以作减缺和合并，而曲面模型则不能。

不管是哪种建模方式，在建模之前，首先应该掌握的是视图控制和坐标的控制。

## 7.1 三维视图

AutoCAD 2008 在三维视图的控制方面较之以前的版本有了很大改善。尤其是三维动态观察这个命令，AutoCAD 2008 使用起来非常方便。这个命令的改善，使 AutoCAD 三维建模在视图控制方面与其他专业的三维建模软件已经不相上下了。

总的来说，AutoCAD 三维视图分预设和动态两种。预设的视图可以将最合适的视图保存和调用，比较容易掌握；而动态的视图使用起来更为方便。

### 7.1.1 预设视图

#### 7.1.1.1 视点预置

**视点预置命令**：DDVPOINT

**命令调用**：下拉菜单 - 视图 - 三维视图 - 视点预置。

**默认快捷键**：VP。

**命令详解**：视图预置命令以一个对话框出现，如图 7-1-1 所示。

对话框左面表示了平面的角度，右图则表示了竖向的角度，对应的是图形在世界坐标在 X、Y、Z 的方向，使用起来非常方便。

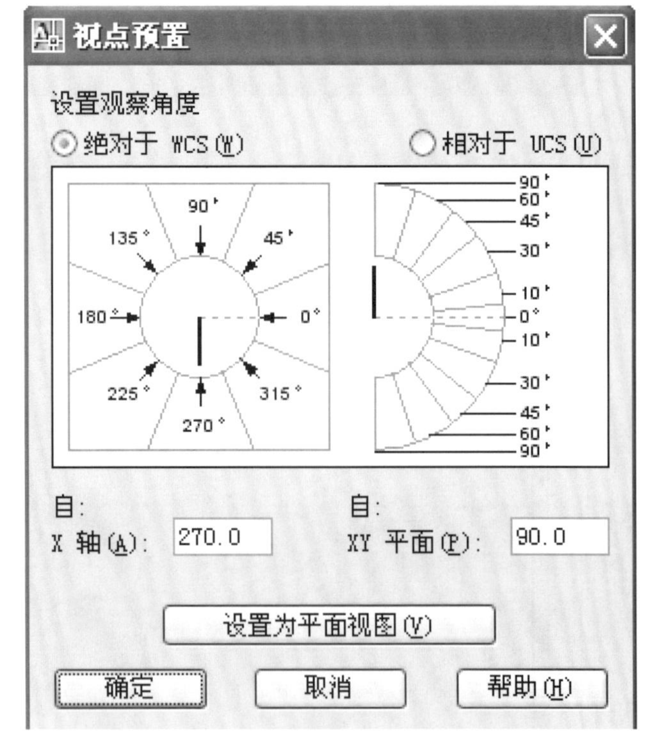


图 7-1-1

#### 7.1.1.2 视点

**视点命令**：VPOINT

**命令调用**：下拉菜单 - 视图 - 三维视图 - 视点；默认。

**快捷键**：-VP。

**命令详解**：视点预置命令以一个立体的坐标系和一个平面的坐标系出现，如图 7-1-2 所示。

鼠标在平面的坐标系里移动，立体的坐标也相应转动，非常直观。平面坐标系表示了四个平面方向，两个圈表示高度，内圈是从上往下看，外圈是从下往上看。用户可以移动鼠标选择合适的角度，这个命令使用起来也很直观方便，缺点是在选择角度时并不能直接看到图形，所以使用起来时有时要来回几次才能得到满意的角度。

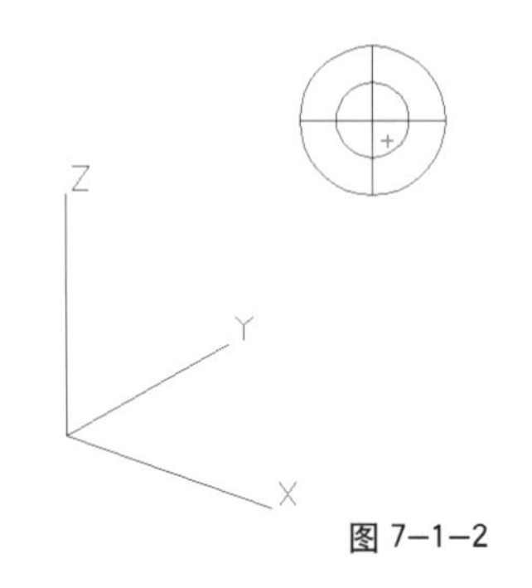


图 7-1-2

### 7.1.1.3 视图

**命令调用：**下拉菜单－视图－三维视图；工具栏－视图。

**命令详解：**视图命令预设了六个平面的视图和四个 45° 方向的轴侧图，视图命令的调用，用工具栏比较方便，需要注意的是，视图命令中六个平面视图的切换是随坐标一起切换的，无论你当前是什么视图什么坐标，当你切换这六个平面视图时，坐标总是以 XY 向对齐的。理解和活用这个特点非常重要。如图 7-1-3 所示。

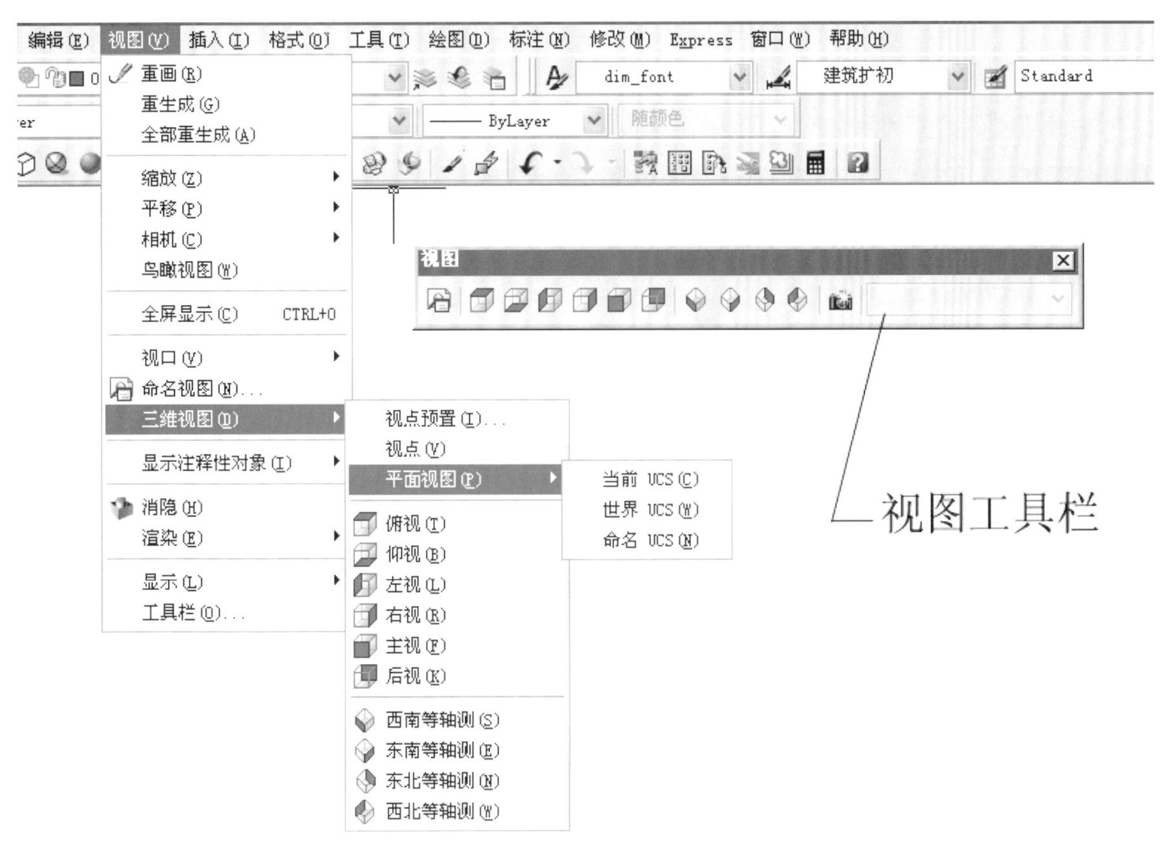


图 7–1–3

### 7.1.1.4 平面视图

**平面视图命令：**PLAN

**命令调用：**下拉菜单－视图－三维视图－平面视图；工具栏－视图－平面视图。

**命令详解：**无论当前是什么视图，只要输入这个命令，视图就会恢复到平面视图，下拉菜单的这个命令有几个选项，如图 7-1-3 所示。

当前 UCS，即以当前的坐标恢复的平面图，命名 UCS，可以以命名的 UCS 回复到平面图，世界 UCS，也即以世界坐标回复到平面图，视图垂直于世界坐标的 Z 轴。UCS 将会在下一节中讲到，PLAN 命令实际上就是都是回复到 XY 平面，但 UCS 是可以旋转的，所以当前视图恢复到 XY 方向的平面图并非都是世界坐标时的平面图方向。需要注意的是，工具栏中的平面视图没有选项，它都是回复到世界坐标，而工具栏中的其他四个立面图，一个平面图则是以世界坐标为视图方向，但各个立面的坐标却都变成了用户坐标，也即立面图的坐标都是 XY 向的，与世界坐标不同，因为 AutoCAD 的有些建模命令只能在 XY 平面里操作，所以坐标与视图同时转是有一定的功能的。目前用户可能对这个命令的选项不是很明白，这个很正常，当你看完下一节后，就完全理解了。

专业的建模软件，坐标与视图都相互关联的，相对其他软件 AutoCAD，视图控制最大的优势是：视图可以随着坐标的旋转而旋转。

## 7.1.2 动态视图

**动态视图命令**：3DORBIT

**命令调用**：工具栏－动态观察；快捷键 3DO。

**命令详解**：动态观察也即在建模过程中实时的动态变化视图，这是建模过程中最为常用的视图。AutoCAD 2008 在动态观察命令中新增加一个受约束的动态观察，并且增加了功能快捷键“shift+ 鼠标中键”按住鼠标中键再移动鼠标可以实时的观察图形。这个命令的增加是突破性的，大大地提高了建模的效率。

**受约束动态观察** ：视图在转动的过程中，Z 轴方向始终是垂直的，在建模过程中，只要按“shift+ 鼠标中键”并移动鼠标，视图立刻可以进入到该动态观察，如图 7-1-4 所示。

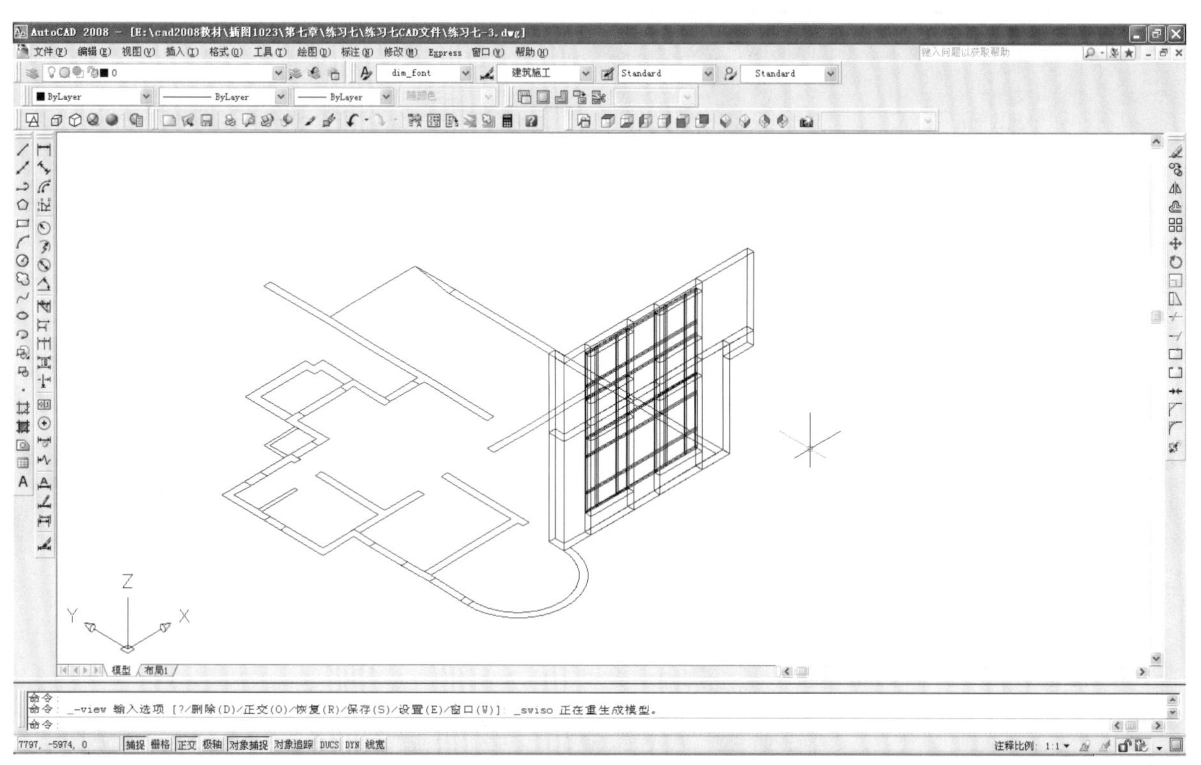


图 7—1—4

**自由动态观察**：这是个传统的命令，视图在转动的过程中，Z 轴的方向是可以自由转动的，由于 Z 轴是可以自由转动的，所以视图看上去像透视图，不像轴侧图，这与我们习惯的建模环境不一样，这个命令使用起来不方便，如图 7-1-5 所示。

**连续动态观察**：在平面上按左键拖动一个方向，松开左键后视图会像动画一样连续转动，按确认键，结束命令。

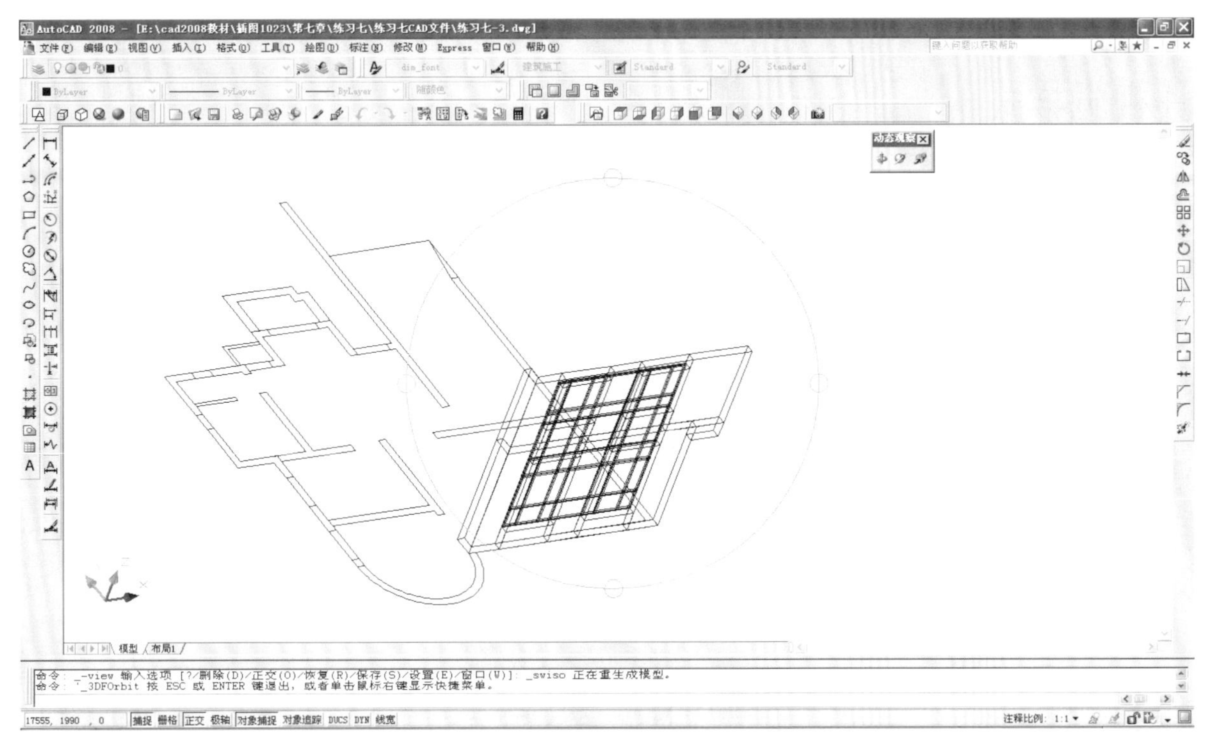


图 7–1–5

## 7.1.3 视口

**视口命令：** VPORTS

**命令调用：** 下拉菜单 - 视口；工具板 - 视口。

**命令详解：** AutoCAD 可以将操作界面分为多个，在每一个视口中，可以有不同的视图和坐标，但编辑的图形是同步的，如图 7-1-6 所示。

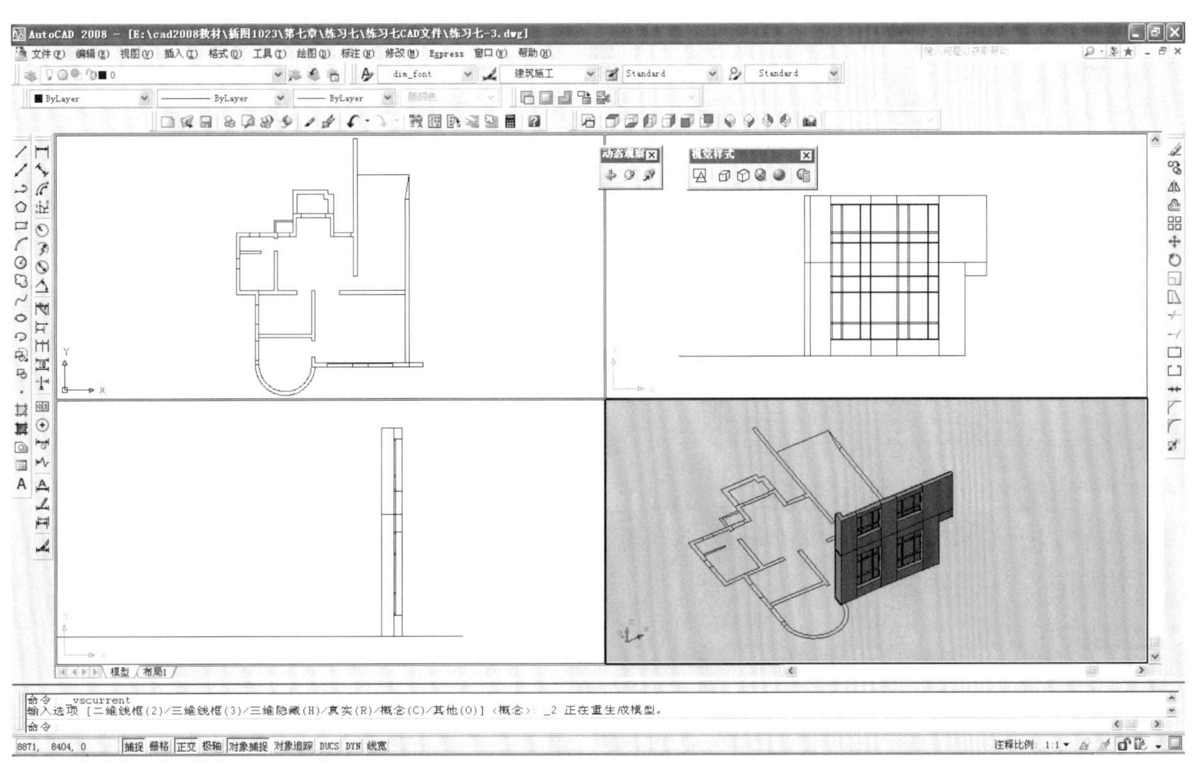


图 7–1–6

关于视口的概念我们在“布局”一节已经讲过，用法是一样的，视口是可以命名并保存的。

## 7.1.4 视觉样式

**视觉样式命令：** visualstyles

**命令调用：**下拉菜单 - 工具 - 选项板 - 视觉样式；工具栏 - 视觉样式，如图 7-1-7 所示。

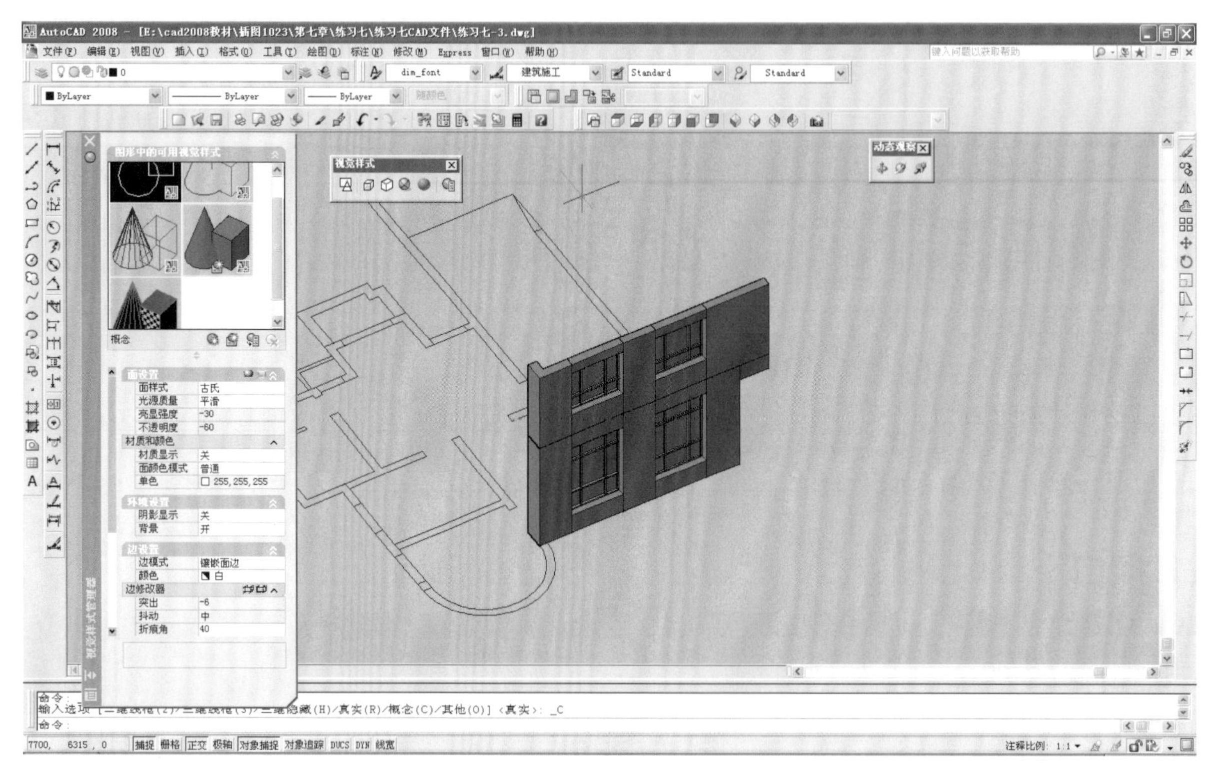


图 7-1-7

**命令详解：**视觉样式是对三维图形不同的显示方式，有线框的和着色的，目的是为了能更清晰地观察三维模型。一般情况下都选用“概念”这个样式。

# 7.2 三维坐标（UCS）

AutoCAD 的坐标系本来就是三维的，只是我们在作平立剖图时都在 X、Y 平面里作图，Z 方向的坐标都是为 0 的。AutoCAD 的坐标系可以分为世界坐标和用户坐标。世界坐标是固定的，用户坐标可以任意地旋转，移动，并且命名和保存。

三维坐标有正和负，其旋转也有正向和负向。当正面对着坐标箭头时，顺时针为负，逆时针为正。

**三维坐标命令：**UCS

**命令调用：**下拉菜单 - 工具 - 新建 UCS；工具板 -UCS。

**命令详解：**UCS 是用户坐标体系，用户可以通过这个命令使坐标旋转，移动，捕捉图形；也可以回到世界坐标。输入 UCS，回车 2 次，回到世界坐标。

**坐标控制选项如下：**

（W） 设置当前坐标为世界坐标系统。

（P） 回到上一个坐标。

(F) 选择一个面，参考该面定义为UCS坐标。

(OB) 选择参考对象，参考对象定义为UCS坐标。

(V) 视图平行与当前的XY坐标平面。

(O) 指定新的坐标原点，即0,0,0移动位置。

(Z) 用鼠标拉伸方向定义Z轴的方向。

(3) 选取3个点，定义UCS坐标。

(x) UCS绕X方向旋转，可输入任意角度。

(y) UCS绕Y方向旋转，可输入任意角度。

(z) UCS绕Z方向旋转，可输入任意角度。

(A) 把当前的UCS运用到所选择的视窗。

(NA) 命名、保存、恢复、删除坐标。

## 7.3 三维曲面建模

曲面建模是CAD低版本时主要的建模方法，其特点是模型不是实体，是面片，所以曲面建模也被称为“二维半”建模。模型内部是空的，因为面与面之间不能作“加”、“减”，也即波尔运算。所以无论多么复杂的模型只能靠面一点点搭起来，建模的速度比较慢，但曲面模型对面的控制比较方便，所以曲面模型的文件量比较小，在作动画和虚拟现实时，曲面模型有相当大的优势。曲面模型一般不在AutoCAD内部渲染，最终是靠导出DXF文件，在其他软件中作进一步的编辑、渲染。要注意的一点是：要完整地导出DXF文件，曲面模型只能导出（高版本中是另存为）R12版的DXF，虽然目前AutoCAD的最新版本已经是AutoCAD 2010版，但R12版的DXF文件还是保留着。

曲面建模的主要手段是：

1. **给图形或有宽度的PLINE线设定厚度**：厚度可以通过特性面板修改，如图7-3-1所示。

2. **封闭的PLINE线**：封闭的PLINE线，包括圆形、多边形、矩形在3DS MAX默认为封闭的面。

3. **三维面(3DFACE)**：点取三点成一个面，如图7-3-2所示。

4. **平移网格(TABSURF)**：通过一个图形和一根直线创建多边形曲面，如图7-3-3所示。用平移网格创建的曲面和设定厚度的曲面形式上是一样的，但平移网格的曲面无论哪个方向的夹点都可以拉伸，而设定厚度的曲面只能拉伸垂直于厚度方向的夹点。

5. **旋转网格(REVSURF)**：图形指定一根轴旋转，创建一个近似于旋转曲面的多边形网格，如图7-3-4所示。

6. **边界定义的网格(EDGESURF)**：由四条直线或三维曲线创建曲面，四条线的顶点必须相接，如图7-3-5所示。

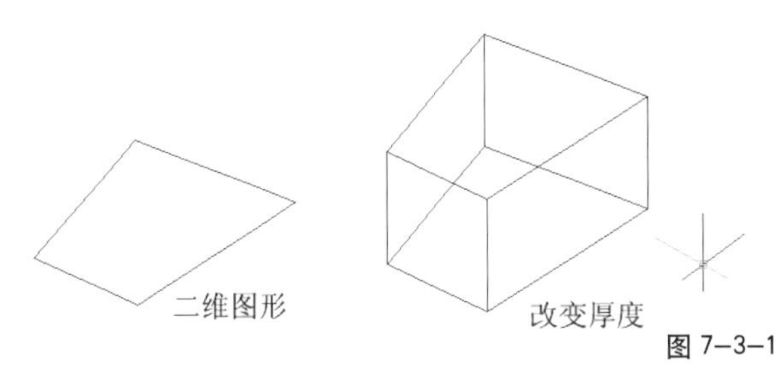

图 7-3-1

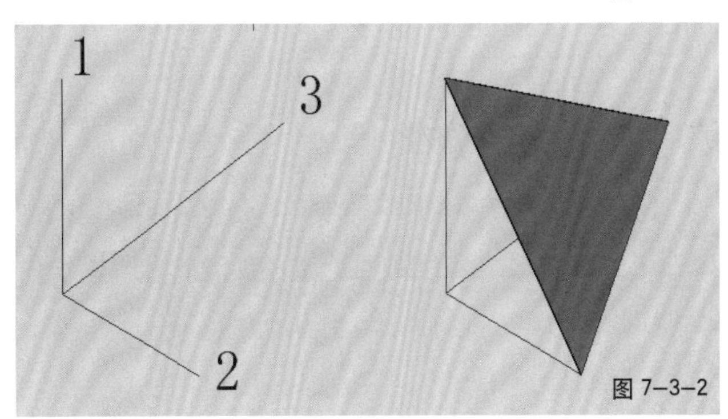

图 7-3-2

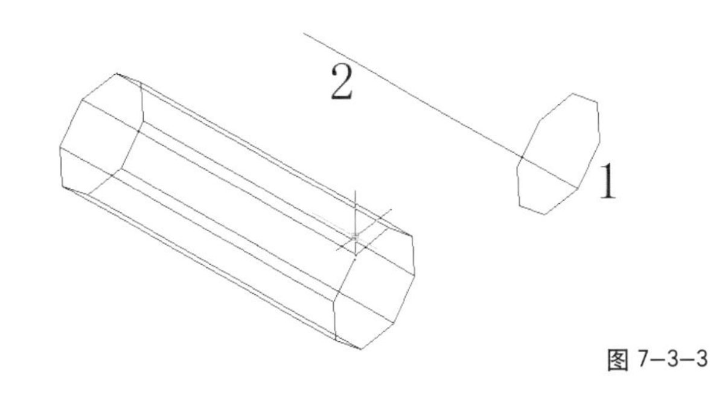

图 7-3-3

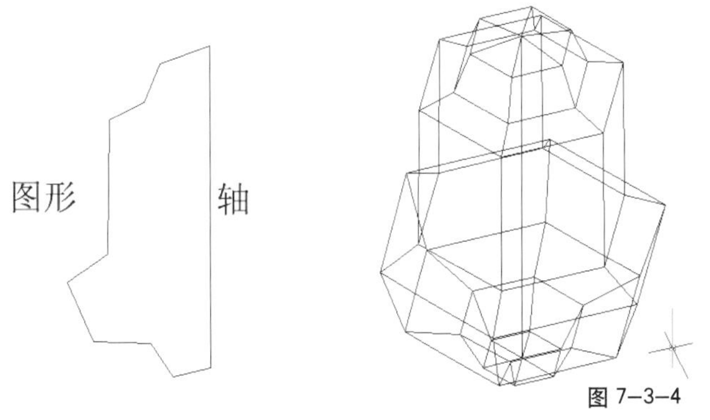

图 7-3-4

建筑三维曲面建模的一般步骤如下：

1. 先修正平面图，适合三维建模的需要。

2. 调整合适的视图和坐标。

3. 用PLINE线勾选或用边界命令点选要设置厚度的图形。

4. 用对象特性面板设置厚度。

5. 在规整的形体建模完成后，用其他命令建不规整的形体，比如，屋顶、圆窗、三维曲面，通过拉夹点使曲面闭合、无缝。

曲面建模的另一个特点是，只要坐标在适当的方向，在二维中使用的编辑命令，在三维中基本全部能使用。

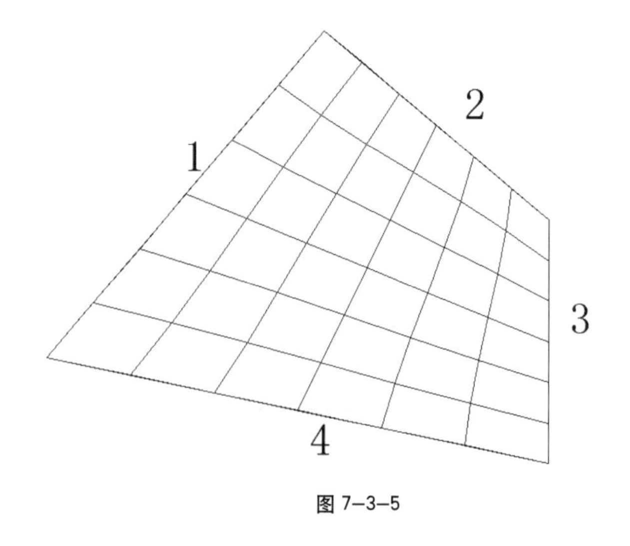

图 7-3-5

# 7.4 三维实体建模（SOLID）

同样是 AutoCAD 建模，但实体模型和曲面模型无论是建模的命令使用还是模型本身的属性都相差很大。实体模式的体块可以作任意的削减叠加，建模相对比较方便，功能也相对较大，实体模型的缺点是对夹点的拉伸功能非常有限，虽然 AutoCAD 2008 版在这方面有所改进，但和曲面模型相比还是相去甚远，实体模型的文件量也相对较大。

## 7.4.1 三维实体

这是 AutoCAD 预置的三维实体，虽然在实际建模过程中用处不是很大，但因为是软件预置的，所以使用起来比较方便。

**长方体命令**：BOX

**命令调用**：下拉菜单－绘图－建模－长方体；工具栏－建模－长方体 。

**命令详解**：长方体命令可以输入数据，也可以先在平面上点取长宽再点取高度，也可以直接点取三维的 2 个点，直接创建。分别对应的选项是：长度（L）立方体（C），如图 7-4-1 所示。

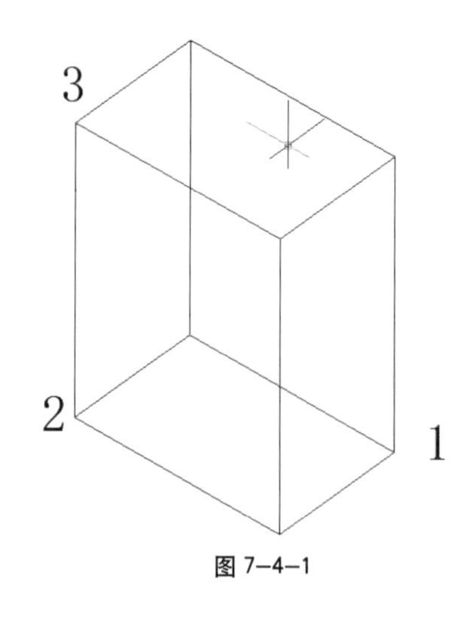

图 7-4-1

长方体命令在建筑建模中常用来创建墙体。

**楔体命令**：WEDGE

**命令调用**：下拉菜单－绘图－建模－楔体 ；工具栏－建模－楔体 。

**命令详解**：楔形的命令选项和长方体类似，楔形在建筑建模中常用来创建坡屋顶，如图 7-4-2 所示。

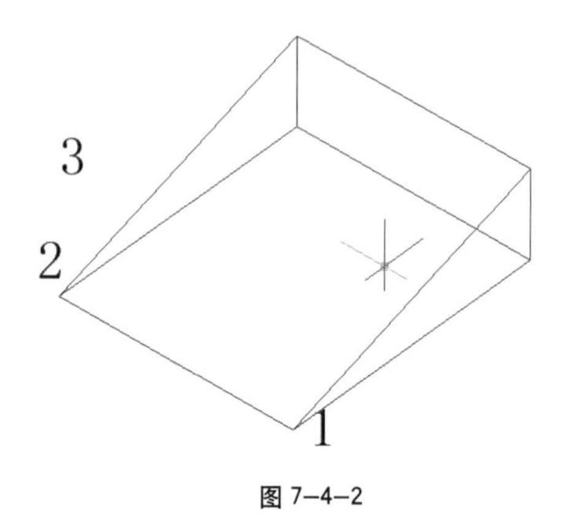

图 7-4-2

**圆锥体命令**：CONE

**命令调用**：下拉菜单－绘图－建模－圆锥体；工具栏－建模－圆锥体 。

**命令选项**：

**3 点（3P）**：输入 3 个点定义圆锥体。

**2 点（2P）**：输入 2 个点，再输入或点选高度定义圆锥体。

**相切、相切、半径（T）**：选择 2 个切点与输入半径定义圆锥体。

**椭圆（E）**：创建椭圆圆锥体，如图 7-4-3 所示。

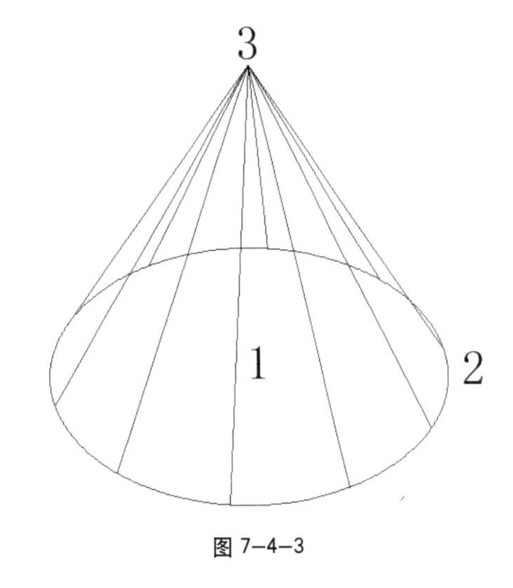

图 7—4—3

**球体命令**：SPHERE

**命令调用**：下拉菜单－绘图－建模－球体 ；工具栏－建模－球体 。

**命令选项**：

**3 点（3P）**：输入 3 个点定义球体。

**2 点（2P）**：输入 2 个点，再输入或点选高度定义球体。

**相切、相切、半径（T）**：选择 2 个切点再输入半径定义球体。

**直径（D）**：指定球体直径定义球体，如图 7-4-4 所示。

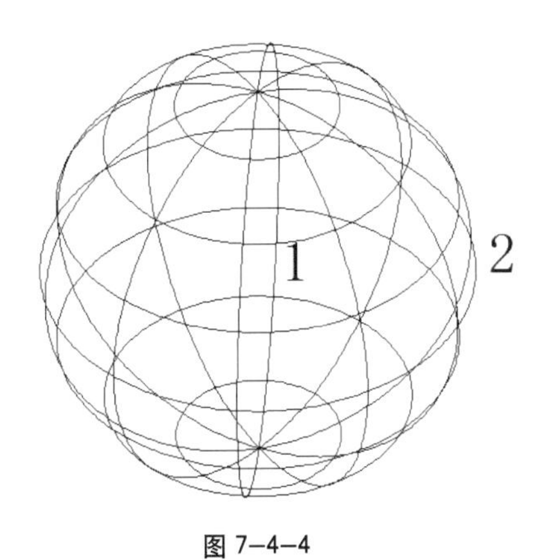

图 7—4—4

**圆柱体命令**：CYLINDER

**命令调用**：下拉菜单－绘图－建模－圆柱体；工具栏－建模－圆柱体 。

**命令选项**：

**3 点（3P）**：输入 3 个点定义圆柱体。

**2 点（2P）**：输入 2 个点，再输入或点选高度定义圆柱体。

**相切、相切、半径（T）**：选择两个切点与输入半径定义圆柱体。

**椭圆（E）**：创建椭圆圆柱体。

**直径(D)**：指定圆柱体直径定义圆柱体，如图 7-4-5 所示。

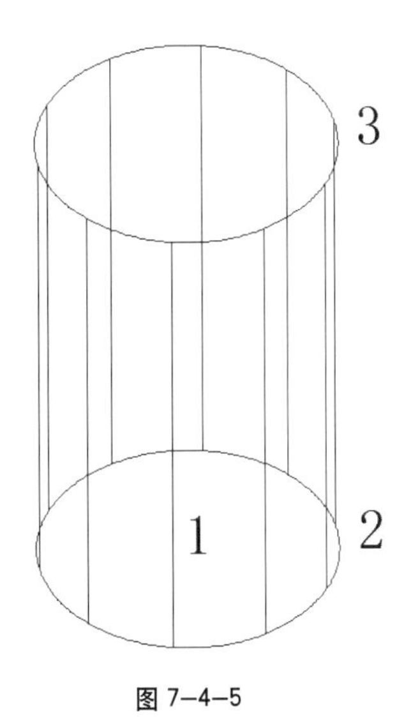

图 7—4—5

**圆环体命令**：TORUS

**命令调用**：下拉菜单 - 绘图 - 建模 - 圆环体，工具栏 - 建模 - 圆环体圆。

**命令选项**：

**3 点（3P）**：输入 3 个点定义圆环体。

**2 点（2P）**：输入 2 个点，再输入或点选高度定义圆环体。

**相切、相切、半径（T）**：选择两个切点再输入半径定义圆环体，如图 7-4-6 所示。

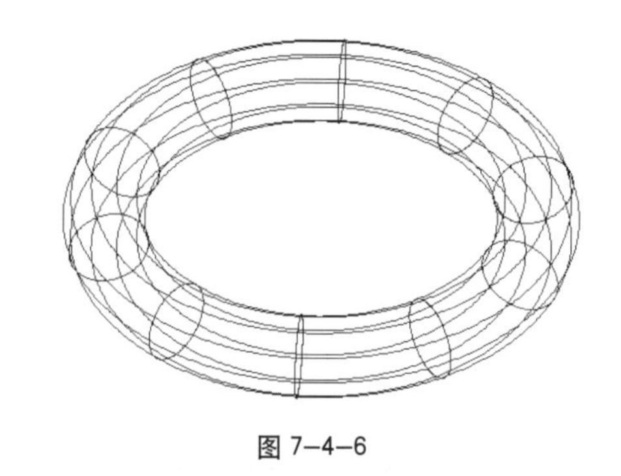

图 7-4-6

**螺旋命令**：HELIX

**工具板**：建模 - 螺旋。

**命令选项**：

**直径（D）**：指定螺旋线直径。

**圈数（T）**：指定螺旋线的旋转数。

**旋转高度（C）**：定义螺旋线的间距高度。

**扭曲（W）**：定义螺旋线的旋转方向，如图 7-4-7 所示。

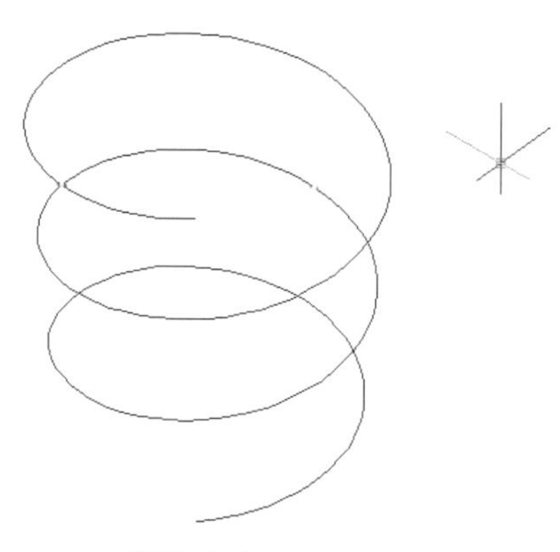

图 7-4-7

## 7.4.2 多段体

**多段体命令**：POLYSOLID

**命令详解**：指定多段线或线，使单线变成实体模型，多段体命令是实体建模中比较常用的命令，有点类似曲面模型中给 PLINE 线宽度，再给厚度。它们的不同点是多段体的捕捉点是在角点，而 PLINE 线是曲面模型的捕捉点在中间，所以多段体模型使用起来更方便，如图 7-4-8 所示。

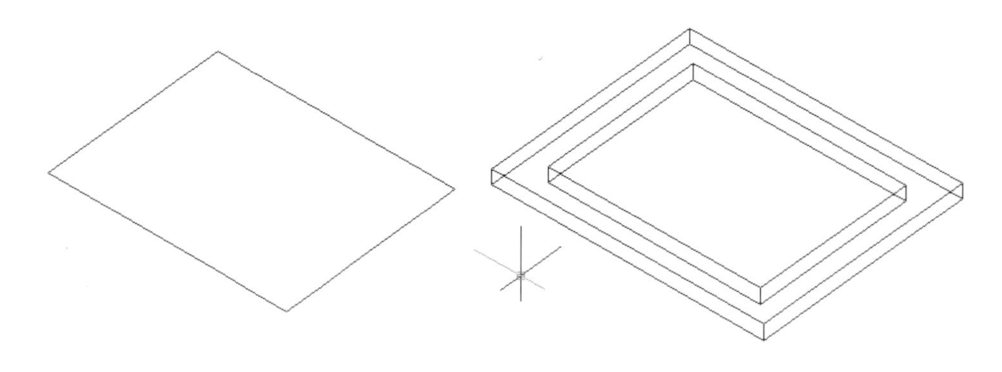

图 7-4-8

**对象（O）**：选择对象为参照创建多段体。

**高度（H）**：设置多段体的高度。

**宽度（W）**：设置多段体的宽度。

**对正（J）**：设置多段体的对正方式，居中、左对正、右对正。

## 7.4.3 拉伸

**拉伸命令**：EXTRUDE

**命令调用** ：下拉菜单 - 绘图 - 建模 - 拉伸；工具板 - 建模 - 拉伸，默认快捷键：EXT。

**命令详解**：拉伸命令是实体建模中最为常用的命令，命令的基本原理是先创建一个二维的截面。截面可以是封闭的，也可以是不封闭的。封闭的截面拉伸后创建的是实体，不封闭的截面创建的是曲面，但这个曲面的属性与曲面模型的属性有所不同，不能自由地移动夹点。拉伸命令可以直接将截面拉伸高度，这个高度是可以变截面的，也可以使截面沿着一根路径作为拉伸的参考（路径不能和截面在同一个平面），创建复杂的实体模型，如图 7-4-9 所示。

**路径（P）**：选择路径为拉伸参照。

**方向（D）**：按指定的方向拉伸。

**倾斜角（T）**：按拉伸的倾斜角度拉伸。

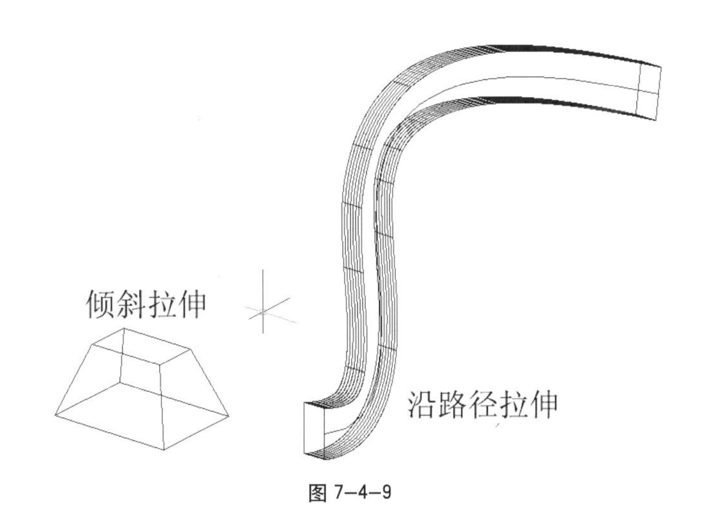

图 7–4–9

## 7.4.4 拖动

**拖动命令**：PRESSPULL

**功能快捷键**：同时按住 [Ctrl]+[Alt]

**命令详解**：这是一个 AutoCAD 2008 版的新命令，也是一个功能比较强大的命令，使用起来也很方便，命令的原理是：选取封闭的边界，拖动高度，也可以选取实体上的边界在实体上挖洞，如图 7-4-10 所示。如果用户熟悉 SKETCHUP 这个草图软件的话，那么你就会体会到这个命令和 SKETCHUP 里的最常用的“拉伸”命令非常相似。

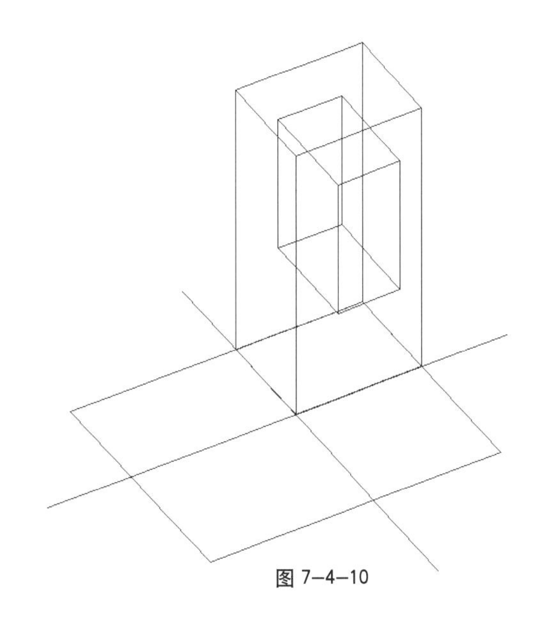
图 7–4–10

## 7.4.5 扫掠

**扫掠命令**：SWEEP

**命令详解**：选取二维对象，沿路径创建实体模型，这个命令和拉伸命令中沿路径建模有点接近，但扫掠命令可以选取二维对象和路径的对齐关系，拉伸则不能，如图 7-4-11 所示。

**对齐（A）**：设置扫掠对象与路径是否垂直对齐。

**基点（B）**：设置扫掠对象对齐于路径的点的位置。

**比例（S）**：设置扫掠对象终点的比例。

**扭曲（T）**：设置扫掠对象终点的扭曲角度，如图 7-4-11 所示。

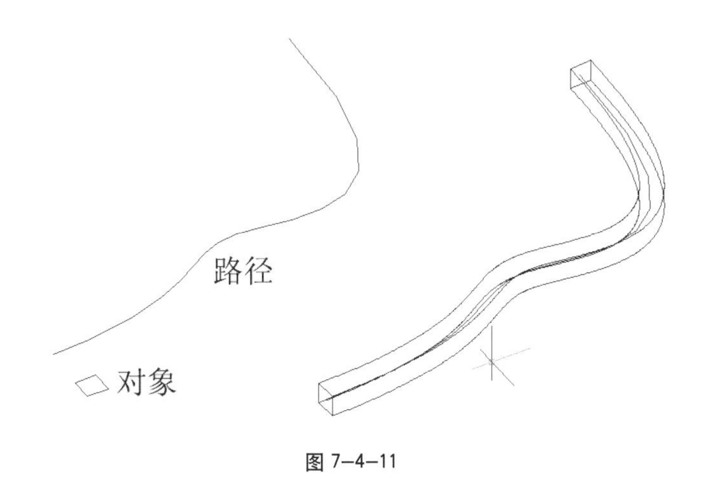

图 7–4–11

## 7.4.6 放样

**放样命令**：LOFT

**命令命令**：这也是这是一个 AutoCAD 2008 版的新命令，也是一个功能比较强大的命令，主要用于创建一些复杂的带有弧度的实体模型。命令的原理是选取不同高度的二维截面创建实体模型，或沿路径创建实体模型。

**导向（G）**：指定不同高度的二维曲线，创建实体模型。

**路径（P）**：指定路径，创建模型。

**仅横截面（C）**：调用对话框设置放样曲面，如图 7-4-12 所示。

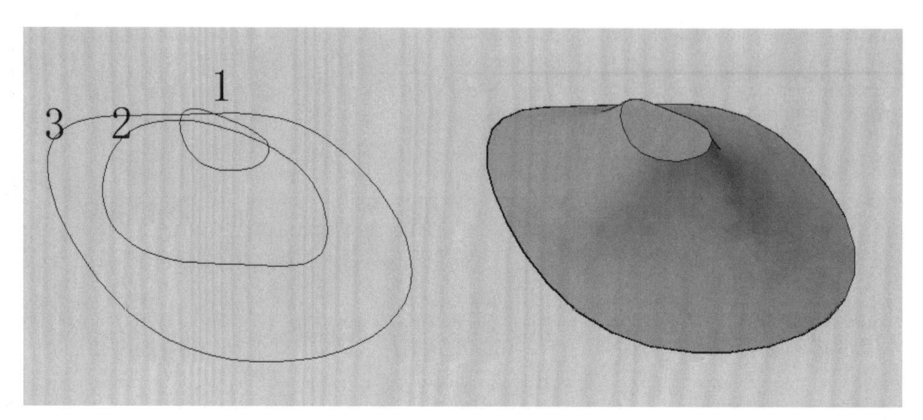


图 7—4—12

**特别提示：拉伸、扫掠、放样这三个命令有比较相似的功能，但又有各自的功能特点。一般在实际的建模过程中，拉伸主要用于垂直方向，扫掠主要用于路径方向，而放样主要用于不同高度的封闭曲线创建实体模型。**

## 7.4.7 三维旋转

**三维旋转命令**：REVOLVE

**命令调用** ：下拉菜单 - 绘图 - 建模 - 旋转；工具栏 - 建模 - 旋转。

**命令详解**：旋转命令是以一个二维的界面，参照一个轴，按角度旋转创建模型，这个命令和曲面建模里旋转曲面的用法是一样的，只是一个创建的是曲面，一个创建的是实体。旋转的参照轴可选一个参照对象（O），也可以直接按，XYZ 中的某一个轴旋转，如图 7-4-13 所示。

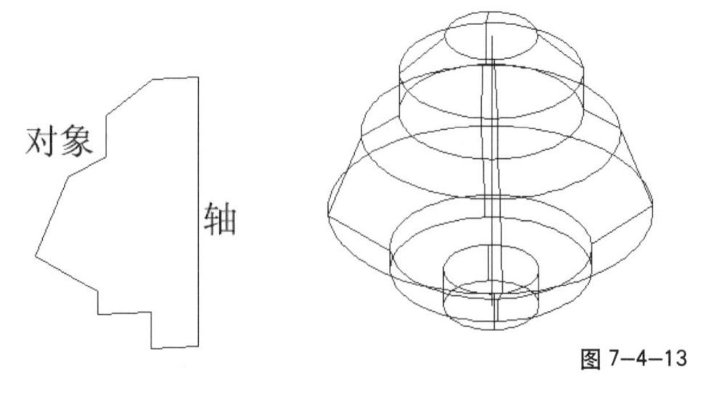


图 7—4—13

## 7.4.8 三维剖切

**三维剖切命令**：SECTION；默认快捷键：SEC。

**命令详解**：截面命令是指利用实体模型制造剖面，命令可以指定面（圆、椭圆、圆弧、二维样条曲线或二维多段线）创造截面，可以点取 3 个点成一个面创建截面，也可以指定坐标轴、视图创建截面。选取面或选三点创建截面只要把面或三点成的面移到要截取的位置按确认键即可创建截面，而选区坐标、视图创建截面则需要在所选的平面内点去选择才能创建截面。如图 7-4-14 所示。

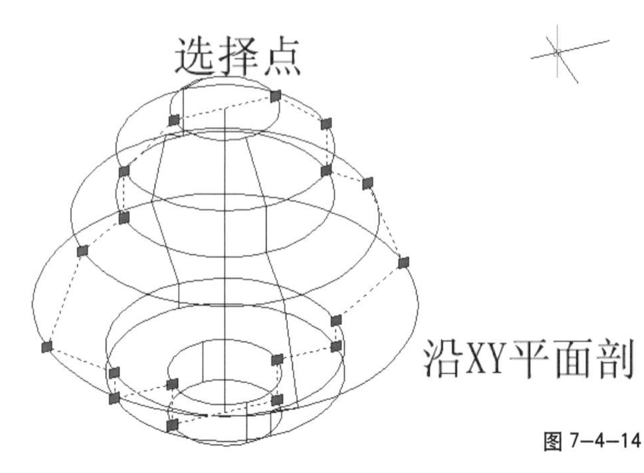


图 7—4—14

三维剖切命令主要用于创建剖面，但对于建筑剖面图来说，由于剖面的内容较复杂，将剖面的图的内容都建成模型，再取截面显然不是好方法。

## 7.4.9 三维切割

**三维切割命令**：SLICE

**命令详解**：三维切割命令的使用方法和选项与三维剖切命令一样，只是一个是取得一个单独的截面，对象维持原状，而切割命令则是沿截面将对象切成两块，按确认键后，命令提示栏出现一个选项，需要保留哪一块，就用左键单击要保留的体块，若两块都要保留，输入（B），如图 7-4-15 所示。

三维剖切和三维切割两个命令已在 AutoCAD 2008 中的工具栏和下拉菜单中取消，要调用这两个命令只能输入快捷键。

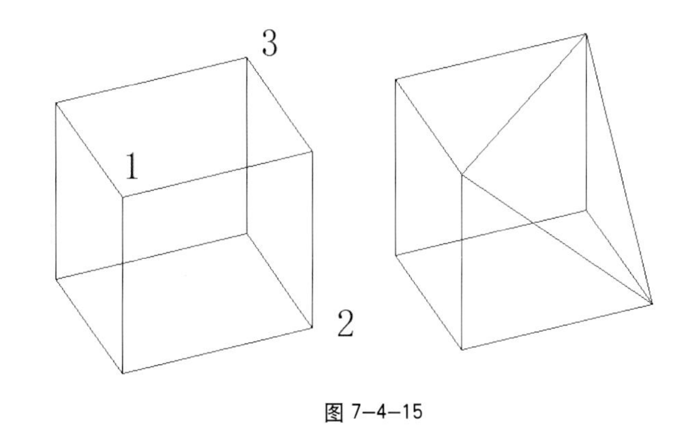

图 7-4-15

## 7.4.10 三维干涉

**三维干涉命令**：INTERFERE

**命令详解**：干涉命令用于寻找两个以上的实体之间的干涉关系，也即相交部分的实体关系，也可以创建相交部分的实体，类似交集，如图 7-4-16 所示。

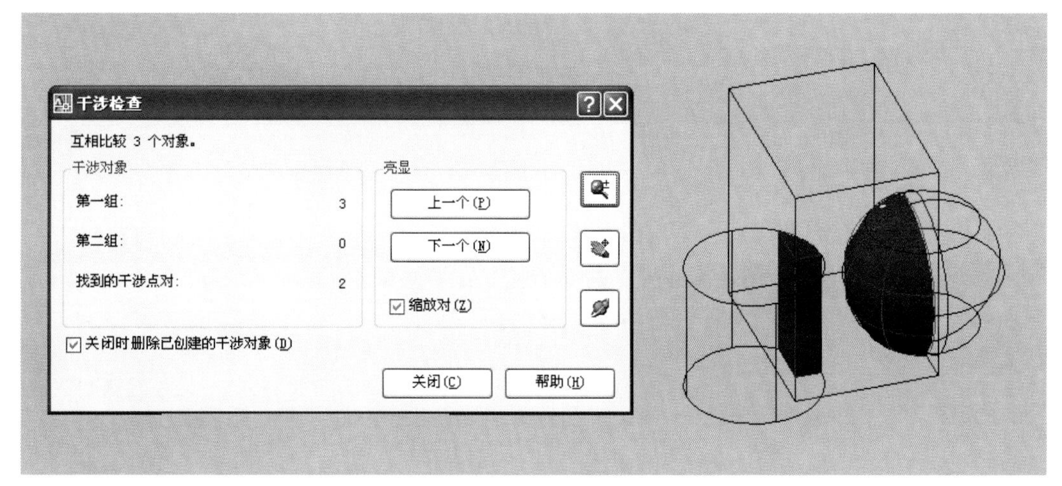

图 7-4-16

## 7.4.11 面域

**面域命令**：REGION

**命令调用**：下拉菜单－绘图－面域；默认快捷键：REG。

**命令详解**：面域命令比较简单，就是选择封面的二维图形，创建没后厚度的三维实体，二维图形可以是封闭的 PLINE 线、矩形、多边形、圆，也可以是一般的直线；面域也可以在边界命令中创建。

# 7.5 实体编辑

**实体编辑命令**：SOLIDEDIT

**命令调用**：下拉菜单－实体编辑；工具栏－实体编辑。

**命令详解**：实体编辑主要用于对已创建的实体进一步编辑，有面的编辑和体的编辑。

## 7.5.1 并集

**并集命令**：UNION

**命令调用**：下拉菜单－修改－实体并集－并集；工具栏－实体并集－并集。

**命令详解**：并集、差集、交集也称波尔运算，是多个实体对象加与减的操作；并集命令是指把多个实体对象合为一个对象，并集和图块或其他三维软件中的组件不同，合并后是一个对象，不能再分解后回到原有各自分离的对象，并集命令操作非常简单，只要选中要合并的对象，按确认键即可，如图 7-5-1 所示。

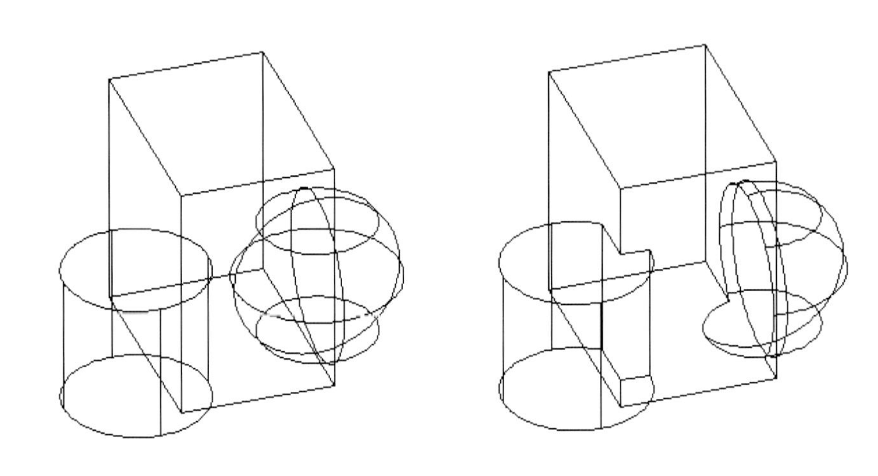

图 7-5-1

## 7.5.2 差集

**差集命令**：SUBTRACT

**命令调用**：下拉菜单－修改－实体并集－差集；工具栏－实体并集－差集 。

**命令详解**：差集也即对象和对象之间的减缺，比如在低版本时，在墙上要挖个窗洞，就可以使用这个命令。差集命令使用很简单，先输入命令，再选中被减的对象，按确认键，再选要去减的对象，按确认键，如图 7-5-2 所示。

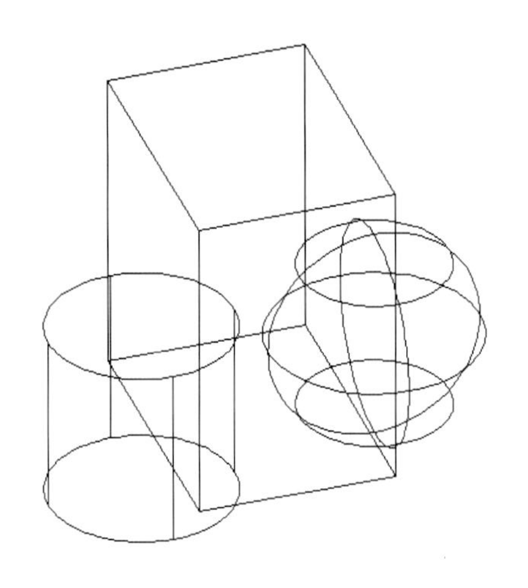

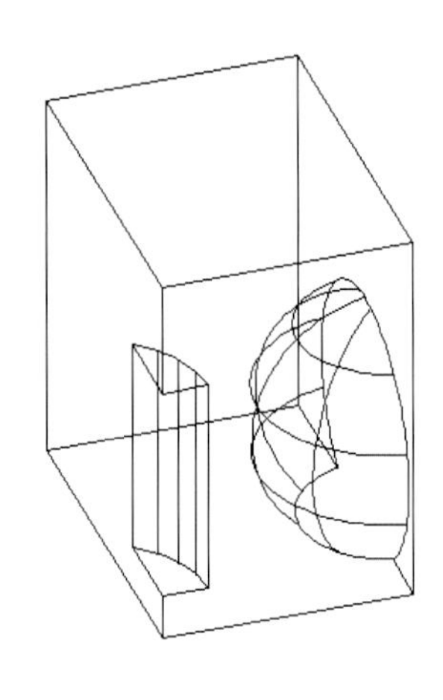

图 7-5-2

## 7.5.3 交集命令：INTERSECT

**命令调用：**下拉菜单 - 修改 - 实体并集 - 交集；工具栏 - 实体并集 - 交集 。

**命令详解：**交集命令和并集命令正好相反，命令执行后剩下的是两个对象的相交部分，这个命令在实际建模中运用得比较少，交集命令使用方法和并集命令一致，如图 7-5-3 所示。

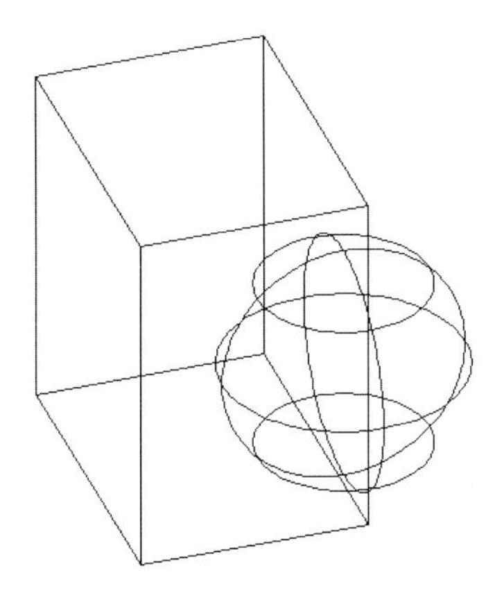

图 7-5-3

## 7.5.4 其他实体编辑命令

**拉伸面（F）** ：选择实体上的面拉伸，与拉伸命令类似，可以沿路径拉伸，只是一个是拉伸二维对象，一个是拉伸实体上的面，初学者很容易混淆这两个命令。

**移动面（M）** ：选择实体上的面移动，可以指定距离，但只能垂直于所选择的方向移动，面移动后，实体对象也同时改变。

**偏移面（O）** ：选择实体上的面偏移。

**删除面（D）** ：删除所选择的实体上的面。

**旋转面（R）** ：旋转实体上的面，绕指定的方向旋转，旋转后，实体也相应改变。

**倾斜面（T）** ：选择实体上的面，按角度倾斜，改变实体的形状。

**着色面（C）** ：改变面的颜色，便于实体编辑过程中观察对象。

**着色边（L）** ： 改变边的颜色，便于实体编辑过程中观察对象。

**复制边（C）** ：复制实体上的边，用于创建与之平行关系的新对象。

**压印（I）** ：将二维对象压印在三维实体上，被压印实体的这个面被压上去的二维对象分开。

**清除（L）** ：删除有相同曲面或曲线定义的共享边或顶点。删除后实体也相应改变。

**分割（P）** ：将散开的实体分割为独立实体对象。

**抽壳（S）** ：将实体中间抽空，创建壳体。

**检查（C）**：检查实体是否为有效的 ACI 实体。

实体编辑命令非常多，但实际建模过程中使用频率很低，特别是 AutoCAD 2008 在实体建模中新增了拖动挤压这个命令，所以很多实体编辑命令已不再使用。

## 练习七：创建建筑实体三维模型

用于单帧渲染建筑模型一般都用实体建模，因为相对曲面模型，AutoCAD 2008 实体建模的功能要大得多，下面我们就把平面练习的建筑建成实体的三维模型。在目前大多数的三维建模软件中，创建建筑模型一般先要导入建筑的平面图，用于准确的定位，如果建筑的外立面规整，无太大起伏的，比如办公楼，也可以导入建筑的立面，在此基础上创建建筑模型，当然像本练习类型的建筑，一般都从平面图上创建建筑模型。

**特别提示：AutoCAD 的模型常用来导入 3DS MAX 进行渲染，而 AutoCAD 图层可以对应 3DS MAX 的材质，所以和画平面图不一样，建模的图层应该和材质结合设置，也就是说，建筑上有几个材质就应该有几个图层。**

**步骤一**

打开建筑平面图（练习 6-1.dwg）对建筑平面进行整理，删除不需要的元素，合并图层，适合建模的需要，并依据建筑不同的材质，重新设置图层，如图练习 7-1 所示。

**步骤二**

用“受约束的动态观察”命令（Shift+ 中键）将视图调整到合适的位置。用“PRESSPULL”（Ctrl+Alt）命令创建一层的墙体，将墙体图层改为“墙体 A”（三维建模时一般都在 0 层上作图，然后再修改图层）；复制一层墙体到二层，用“PRESSPULL”命令或“移动面”命令修改二层墙体的高度，修改二层墙体的图层（可以用格式刷），墙体完成后，将坐标沿 X 向旋转 90°，将坐标 XY 平面对着墙面，用“矩形”命令创建玻璃，如果玻璃在一个平面内，不需要一个个画，可以连成一块，这样既可减少文件量也可以加快建模速度，再用“面域”命令将矩形改为实体。如图练习七 -2 所示，输入“UCS”按确认键两次，坐标回到“世界坐标”。

**步骤三**

在玻璃的边缘画一条直线，用“POLYSOLID”（多段体）命令创建窗框，设置 W 为 50，H 为 50。由于多段体命令只能用于 XY 平面内的线，所以要创建竖向的窗框，要用“拉伸”命令，先创建一个 50×50 的矩形，用“拉伸”拉伸窗框的高度。当然也可以将坐标沿 X 向旋转 90°，然后再创建直线，再作“多段体”，也可以将水平向的窗框旋转 90°，再修改高度。一个平面内的窗框可以连在一起画，没必要一个个分开。窗框创建完成，这一段墙面的模型也就结束了，为以后便于修改和视图观察方便，可以将这一段墙做成图块，图块的插入点为 0，0，0，如图练习七 -3 所示。新建一个图层“图块 1”，将图块的层改为“图块 1”便于以后隐藏。

**特别提示：在建模过程中，“视觉样式”可以是“二维线框”，也可以是“概念”或“真实”样式，二维线框便于捕捉，真实样式便于观察模型。**

**步骤四**

复制一个“图块 1”将其分解，冻结图层“图块 1”第一段墙体模型被隐藏。视图界面非常干净，用同样的步骤创建第二段墙面。关闭图层“窗框”、“玻璃”，将刚才分解的图块的墙面旋转 90°，关闭图层“窗框”、“玻璃”，先将墙体移动过来，由于窗洞、过梁的高度都是一致的，只要用“PRESSPULL”挤压，或移动面，在水平向修改宽度，就可以快速完成该段墙面的创建。同样的方法再创建窗框，将坐标 XY 面旋转到对准改墙面，创建玻璃。用面域的方法创建玻璃的好处是一个可以减少文件量，另外一个是对于捕捉比较方便，当然同样的效果也可以用线来拉伸。

建筑上有一个弧形对象，墙体同样可以用“PRESSPULL”创建，但玻璃用拉伸命令较为方便。弧形窗框同样可以用“多段体”创建。竖向第一根窗框创建后，其余窗框可以用“阵列”命令创建。

创建完成同样做成图块，并新增图层“图块 2”。如图练习七 -4 所示。

特别提示：一般的建筑模型其特点是，左右上下的墙体都是相似的，所以有了第一段墙体后，后面的墙体就不需要从头开始创建，只要将原来的复制，再用“PRESSPULL”或“实体编辑”命令修改即可。

**步骤五**

本练习我们只作一个视点方向，两个墙面的模型，背后看不到的墙面可以用简单的墙体封住，这是为了鸟瞰时模型不出现破绽。下面我们来创建屋顶，这是一个比较复杂的坡屋顶，在建模之前我们必须考虑好设计方案，或者仔细看清样图的空间结构关系。建筑的坡屋顶一般的建模秩序是“从大到小”，也即先建主体再创建次要的部分。冻结图层“图块 1”、“图块 2”。关闭除“建筑平面”外的所有图层。在“建筑平面”图上绘制屋顶的轮廓线，添加适当的辅助线，确定屋顶的高度及坡屋顶的截面，可以用“楔形”命令先创建半块最大的屋顶，再镜像、并集，也可以由截面“拉伸”。其余的屋顶都可以使用这两个命令，也可以使用“PRESSPULL”命令，如图练习七 -5、练习七 -6 所示。

当屋顶基本建完，再使用“切割命令”切去顶上三角。最后创建“老虎窗”，模型也就完成了，将屋顶部分做成图块，在竖向移到屋顶的位置（前面都是在平面图的高度做的），打开其他图层，解冻墙体图块，保存，本练习完成，如图练习七 -7 所示。

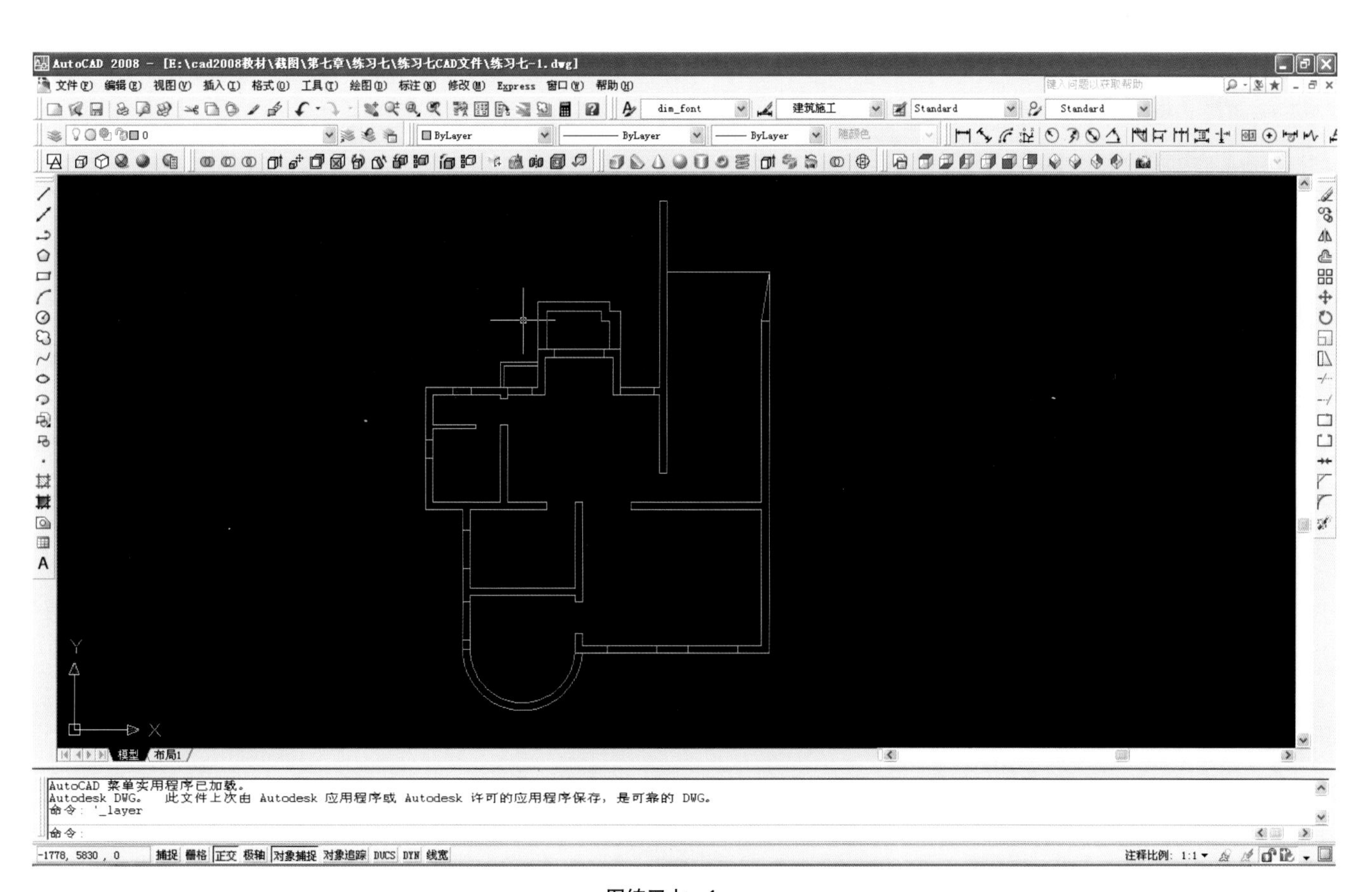


图练习七 -1

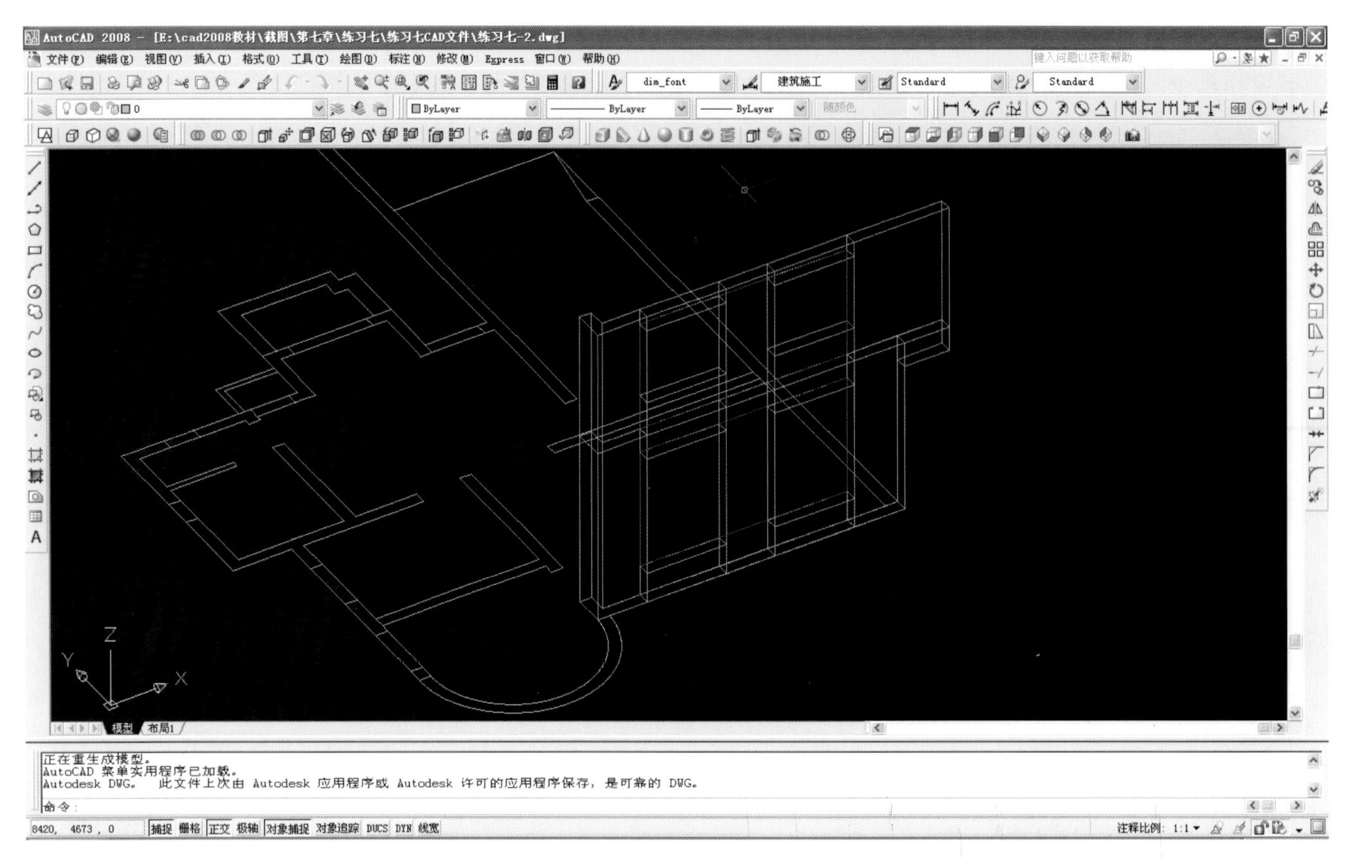
AutoCAD 2008 - [E:\cad2008教材\截图\第七章\练习七\练习七CAD文件\练习七-2.dwg]
正在重生成模型。
AutoCAD 菜单实用程序已加载。
Autodesk DWG。  此文件上次由 Autodesk 应用程序或 Autodesk 许可的应用程序保存，是可靠的 DWG。
命令：

图练习七 –2

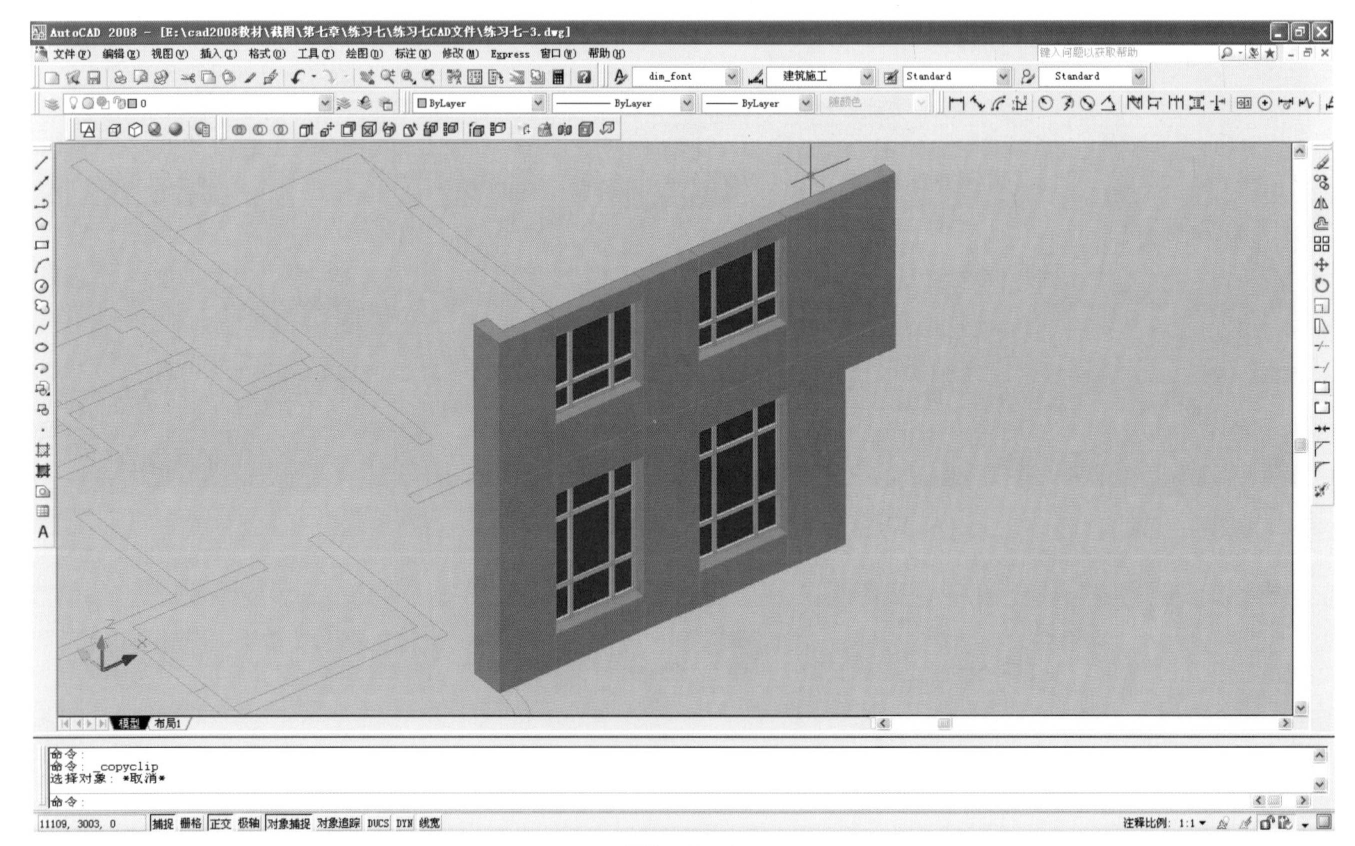
AutoCAD 2008 - [E:\cad2008教材\截图\第七章\练习七\练习七CAD文件\练习七-3.dwg]
命令：
命令： _copyclip
选择对象： *取消*
命令：

图练习七 –3

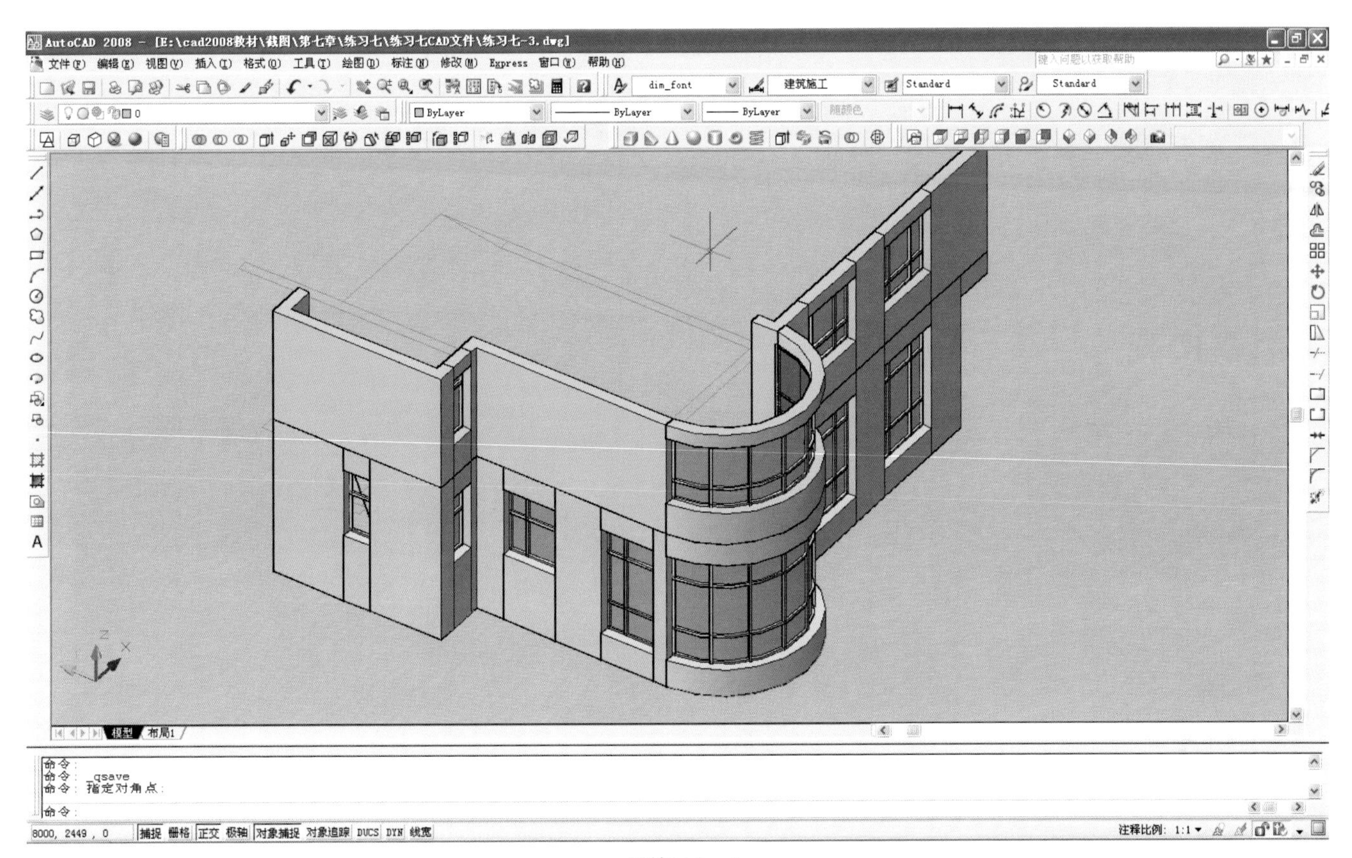

图练习七 –4

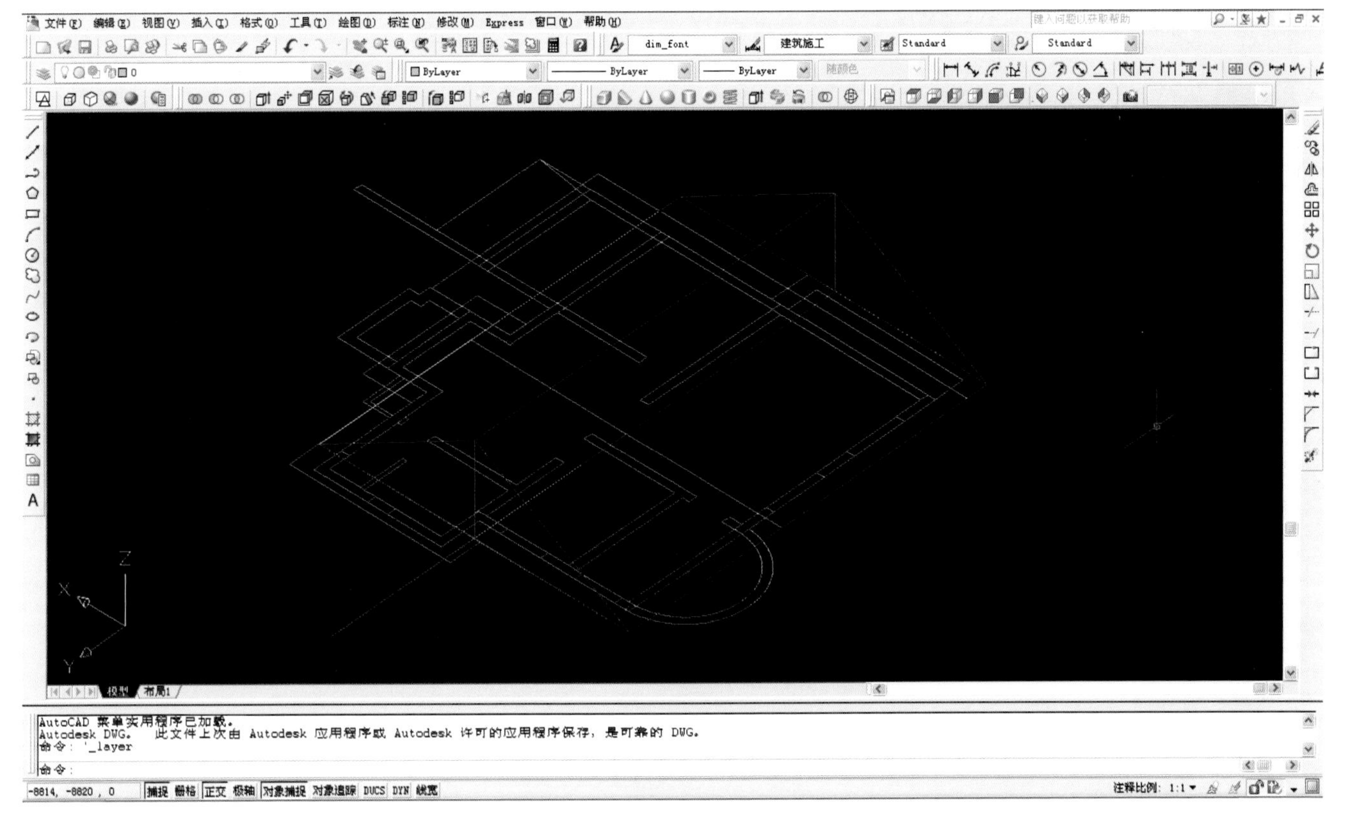

图练习七 –5

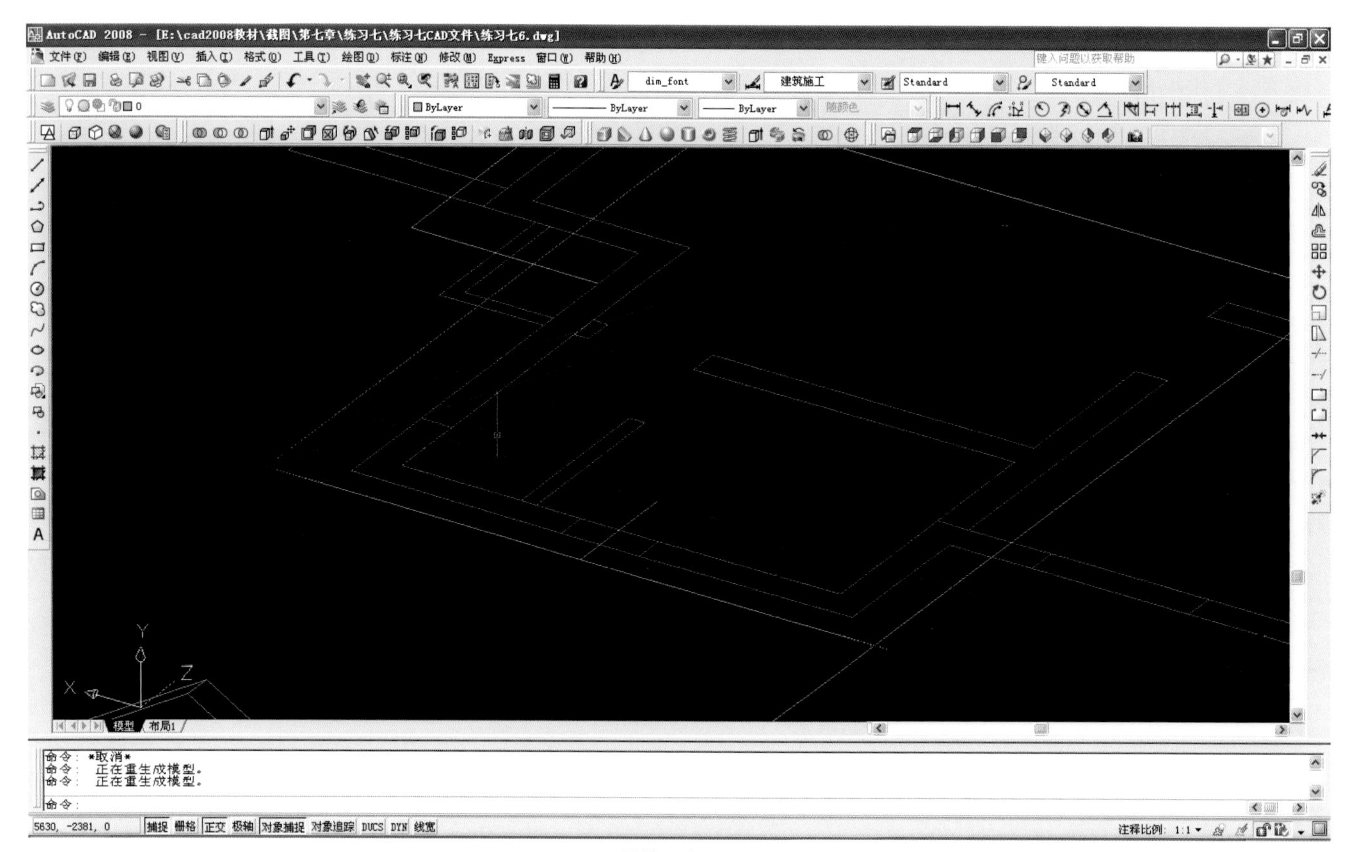
AutoCAD 2008 - [E:\cad2008教材\截图\第七章\练习七\练习七CAD文件\练习七6.dwg]
文件(F) 编辑(E) 视图(V) 插入(I) 格式(O) 工具(T) 绘图(D) 标注(N) 修改(M) Express 窗口(W) 帮助(H)
dim_font
建筑施工
Standard
Standard
ByLayer
ByLayer
ByLayer
模型
布局1
命令: *取消*
命令: 正在重生成模型。
命令: 正在重生成模型。
命令:
5630, -2381, 0
捕捉 栅格 正交 极轴 对象捕捉 对象追踪 DUCS DYN 线宽
注释比例: 1:1

图练习七 –6

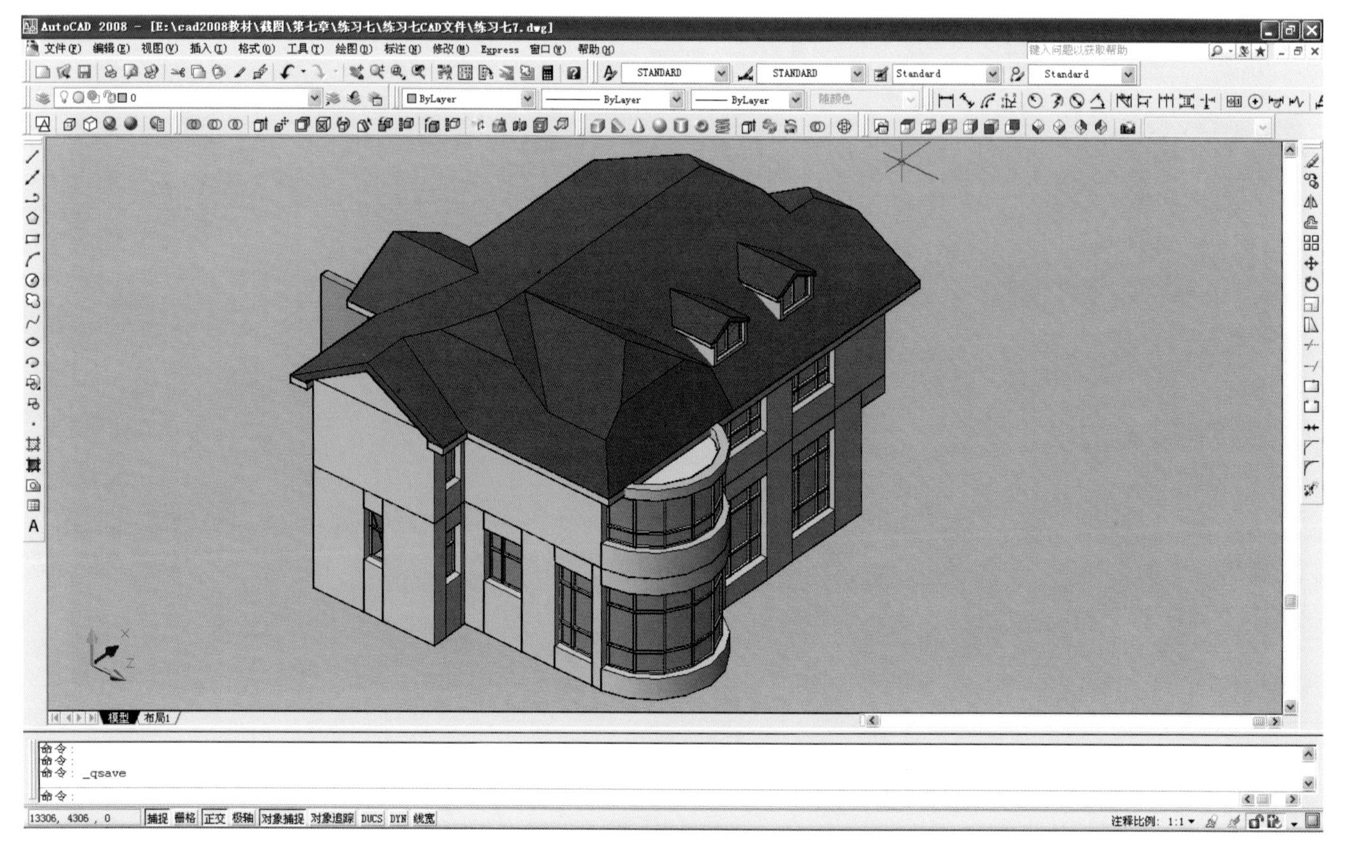
AutoCAD 2008 - [E:\cad2008教材\截图\第七章\练习七\练习七CAD文件\练习七7.dwg]
文件(F) 编辑(E) 视图(V) 插入(I) 格式(O) 工具(T) 绘图(D) 标注(N) 修改(M) Express 窗口(W) 帮助(H)
STANDARD
STANDARD
Standard
Standard
ByLayer
ByLayer
ByLayer
模型
布局1
命令:
命令:
命令: _qsave
命令:
13306, 4306 , 0
捕捉 栅格 正交 极轴 对象捕捉 对象追踪 DUCS DYN 线宽
注释比例: 1:1

图练习七 –7

# 第八章　计算机辅助建筑性能分析

随着信息技术的飞速发展，传统的建筑设计过程中引入了越来越多的计算机辅助手段。从常见的计算机辅助绘图到对设计方案的计算机模拟性能分析，新手段带给建筑师的是更高的设计效率与更科学的设计考量。继前几章对于计算机辅助绘图软件 AutoCAD 的介绍之后，本章对目前流行的计算机模拟建筑性能分析软件 Ecotect 进行介绍。希望通过本章的学习，使读者掌握如何运用建筑分析大师 Ecotect 软件，在设计过程中，对经常遇到的日照问题、光环境问题、可视度问题、热环境问题、声环境问题进行科学的分析，加深设计理解，提高设计质量。

## 8.1 建筑分析大师 Ecotect 简介

建筑分析大师 Ecotect 软件最初作为某些概念的例证出现在 Dr. Andrew Marsh 在西澳大利亚大学建筑与艺术学院的博士论文中。这篇论文主要论述建筑的各种特性是建筑师在概念构思阶段首要考虑的因素，它不是在整个设计过程的最后可能会考虑的装饰品。如果从开始就关注到这些因素，那么建筑师将会节约大量的时间与精力。

这个软件诞生至今已经经历了 12 年的发展：

1997 年的 2.5 版（第一个商业版本）

1998 年的 3.0 版

2000 年的 4.0 版

2002 年的 5.0 版

2003 年的 5.2 版

2005 年的 5.5 版

2008 年 7 月，Autodesk 公司收购了 Square One Research Ltd. 和 Dr. Andrew Marsh 手中与概念化建筑性能分析软件工具相关的所有资产。目前，所有该软件的相关信息可以从 http：// www.ecotect.com 网站找到。

### 8.1.1 功能简介

建筑分析大师 Ecotect（下简称 Ecotect）是一个功能全面的建筑性能分析辅助设计软件。它提供了一种交互式的分析方法，即只要提供一个简单的建筑方案设计模型，就可以提供可视化的性能分析。其结果随着设计的深入也可以相应地越来越详细。

Ecotect 可提供许多即时性分析，比如改变地面材质或其他属性，就可以比较房间里声音的反射、混响时间、室内照度和内部温度等的变化；增加一扇窗户，立刻就可以看到它所引起的室内热效应、室内光环境等的变化，甚至可以分析整栋建筑的投资。它的操作界面友好，与建筑师常用的辅助设计软件，诸如 3DMAX、AutoCAD 、SketchUp、ArchiCAD 等有很好的兼容性（3DS、DXF 格式的文件可以直接导入其中）。同时，软件自带了功能强大的建模工具，可以快速建立起直观、可视的三维模型。基于模型，只需根据建筑的特定情况，输入经纬度、海拔高度，选择时区，或者接导入气象数据；然后确定建筑材料的技术参数，即可在该软件中完成对模型的太阳辐射、热、光学、声学、建筑投资等综合的技术分析。它的计算、分析过程简单快捷，结果直观。模型最后还可以输出到渲染器 Radiance 中进行逼真的效果图渲染，还可以导出成为 VRML 动画，为人们提供一个三维动态的观赏途径。

Ecotect 采用权威的核心算法，与 Radiance、POV Ray、VRML、EnergyPlus 热分析软件均有导入导出接口。它对于设计师的方案设计理念是一个重要的提升，是建筑节能设计的一个很好的体现，尤其和 SketchUp 的配合使用，能够充分体现设计师作品向生态建筑的方向延伸。

因为 Ecotect 能处理建筑性能的很多不同方面，所以它需要很大范围的数据来描述建筑。为减轻设计师的负担，

Ecotect 使用了一种独特的累积数据输入系统。刚开始仅需要简单的几何细节信息。当设计模型被改进，变得更加精确，或者需要详细反馈时，用户就可以做出更多选择，输入更多显得重要的数据。

Ecotect 的另外一个主要方面是它新颖的 3D 界面的开发。三维建模的过程变得更加简单易得。传统的 CAD 模型含有过多细节，实际上并不适合早期的设计分析。针对此，Ecotect 开发了灵活、直觉和合理的 3D 建筑系统，它采用了出奇简单的建筑构件的内在关系，极大地简化了最复杂的几何体的创建过程，也极大地增加了它的可编辑性。

## 8.1.2 本章内容概述

首先，本章将介绍建筑师用 Ecotect 进行分析前所需要做的一些准备工作。为了让 Ecotect 能够读取建筑设计方案，建筑师必须用软件能够理解的信息组织方式来描述自己的建筑设计方案，即为各种后续分析做好准备工作。一般来讲，建筑设计方案的几何尺寸是由一个计算机三维模型来描述的。虽然 Ecotect 有内建的三维建模功能，但由于建筑师往往习惯在 AutoCAD 等通用绘图软件中建立三维模型，所以这里介绍如何把一个现成的 AutoCAD 三维模型导入到 Ecotect。当然，仅仅有建筑设计方案的几何尺寸信息是不足以完成各种建筑性能分析的。在通常的准备过程中，建筑师还需要对三维模型各部分的材质进行设置，以及对其热传导的空间基本单元进行区域设置。

随后，本章将介绍建筑师在日常方案设计过程中经常会用到的几个主要功能：日照分析、光环境分析、可视度分析、热环境分析、声环境分析，如图 8-1-1 所示。介绍以前几章中所建立的小住宅模型作为分析案例。这里将详细分步骤介绍如何使用 Ecotect v5.5 完成既有模型文件的导入、设置，上述五种常见性能分析（相应的过程文件可以在光盘中找到）。

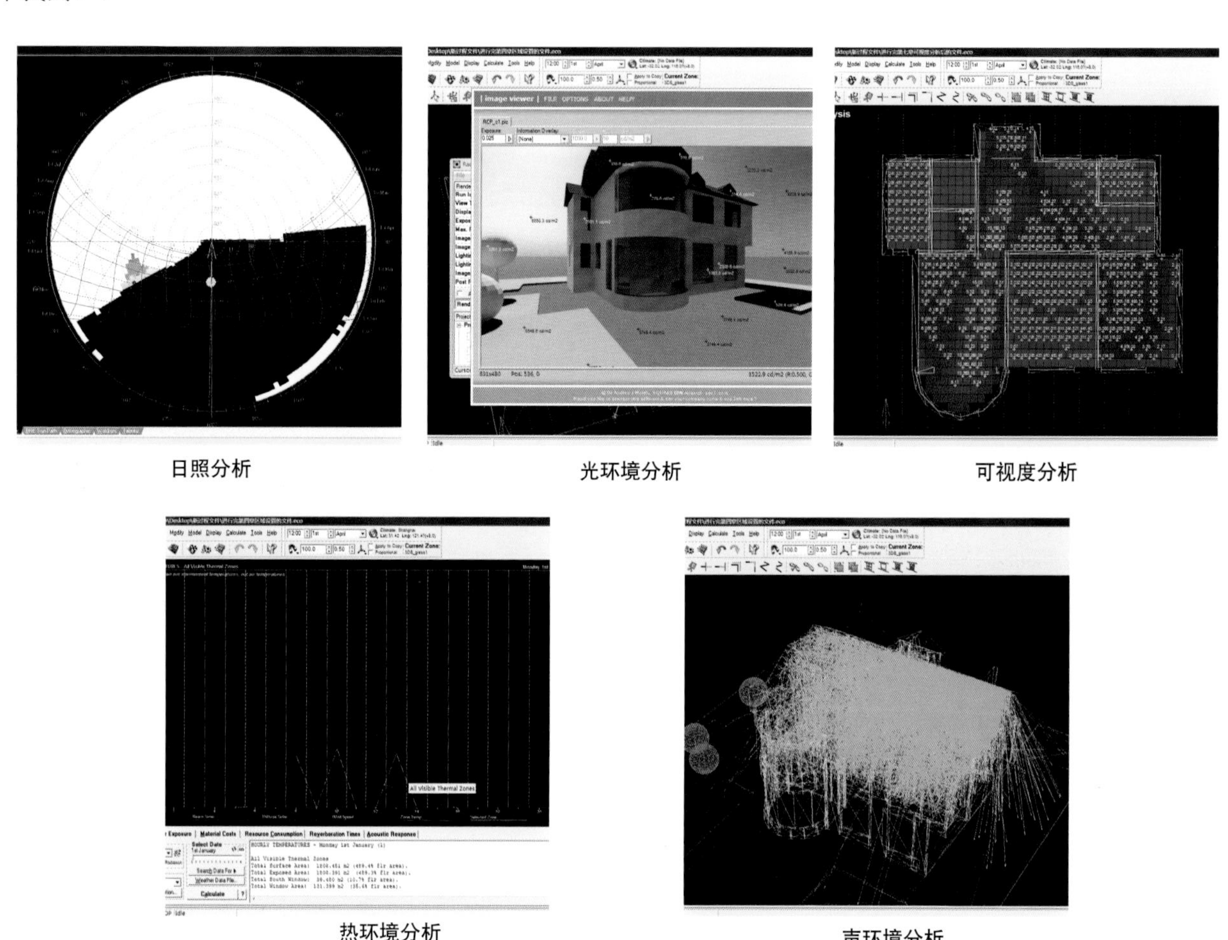


图 8-1-1 Ecotect 中的五种常用分析功能

# 8.2 已有模型的导入

**第 1 步**：在 AutoCAD 2004 软件中打开前一章中建立的三维小住宅设计模型，模型文件可见光盘中的 model.dwg，见图 8-2-1 所示。

**第 2 步**：现在需要进行模型的三维导出工作，以使它满足 Ecotect 软件的要求。点击键盘上 Ctrl+A 全选模型，之后在命令栏输入“3dsout”命令并按回车或空格，如图 8-2-2 所示。

**第 3 步**：屏幕会出现图示存储对话框，在对话框内输入想要存储的文件名和文件所在地，并点击“保存”按钮进行保存，见图 8-2-3 所示。案例中文件存在桌面的 Tasks 文件夹下（见光盘文件 model.3ds）。

**第 4 步**：打开 Ecotect 软件，软件大致界面可见图 8-2-4 所示，依次选取 File – Import – 3D CAD Geometry，准备导入刚才制作好的模型。

**第 5 步**：完成以上步骤后会出现如图 8-2-5 所示的两个重叠的对话框。在上面一个对话框中找到刚才处理成“.3ds”格式的“model.3ds”文件，点击“打开”按钮。

**第 6 步**：如图 8-2-6 所示，模型的简图以及各图层情况已经显示在下面的对话框里了。导入前请确保下面需要勾选的选项都已被勾选，然后点击 Import Geometry 即可导入。

**第 7 步**：导入之后在 Ecotect 中可以看到小住宅的线框模型，如图 8-2-7 所示。各个图层的物体在这里被以区域的形式显示为不同的颜色。

**第 8 步**：为了更清晰地观察模型，可以单击 Ecotect 左边工具栏中的“Visualize”，即可以色块渲染模式显示各实体块面，同时不同区域也反映了出来，如图 8-2-8 所示。

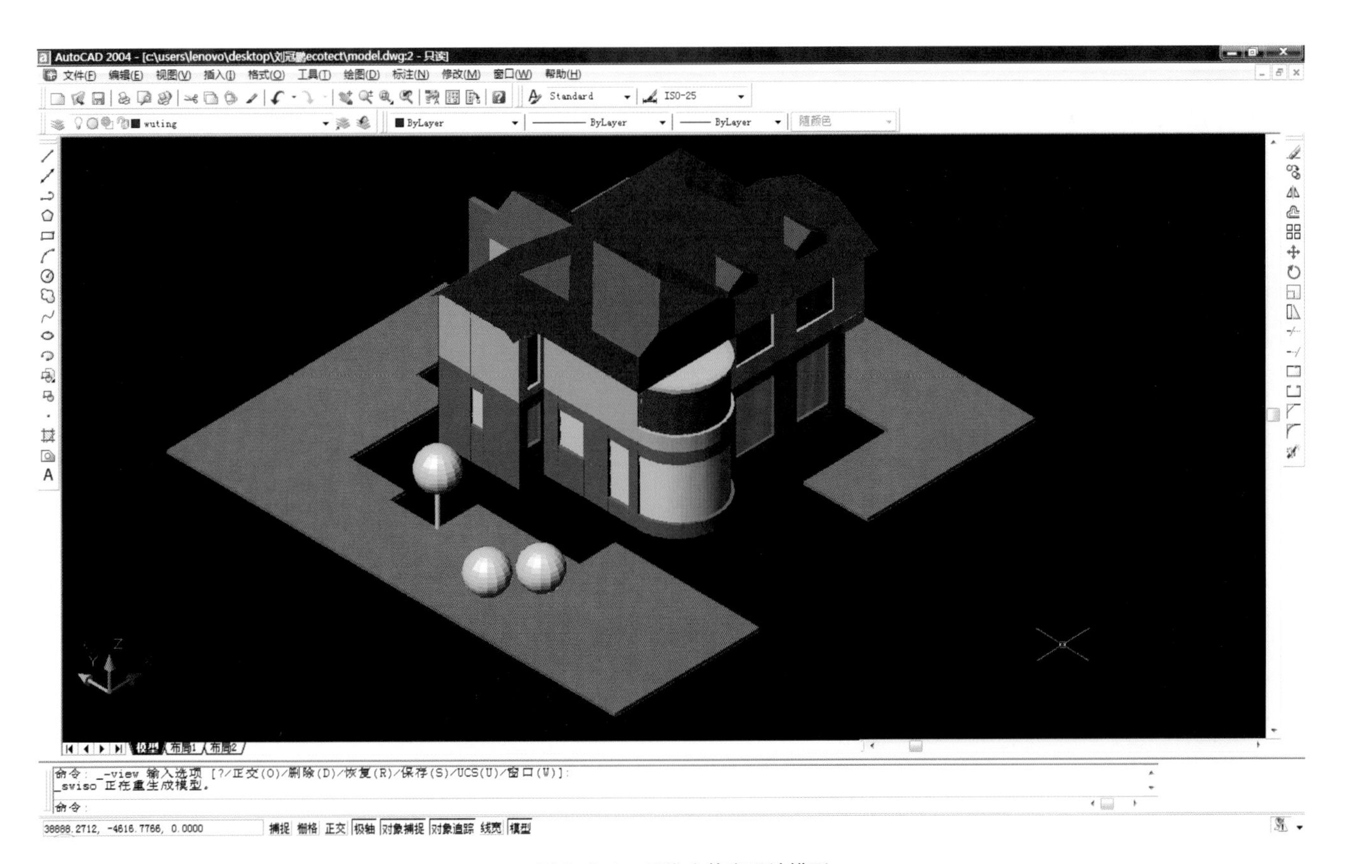


图 8–2–1　三维小住宅设计模型

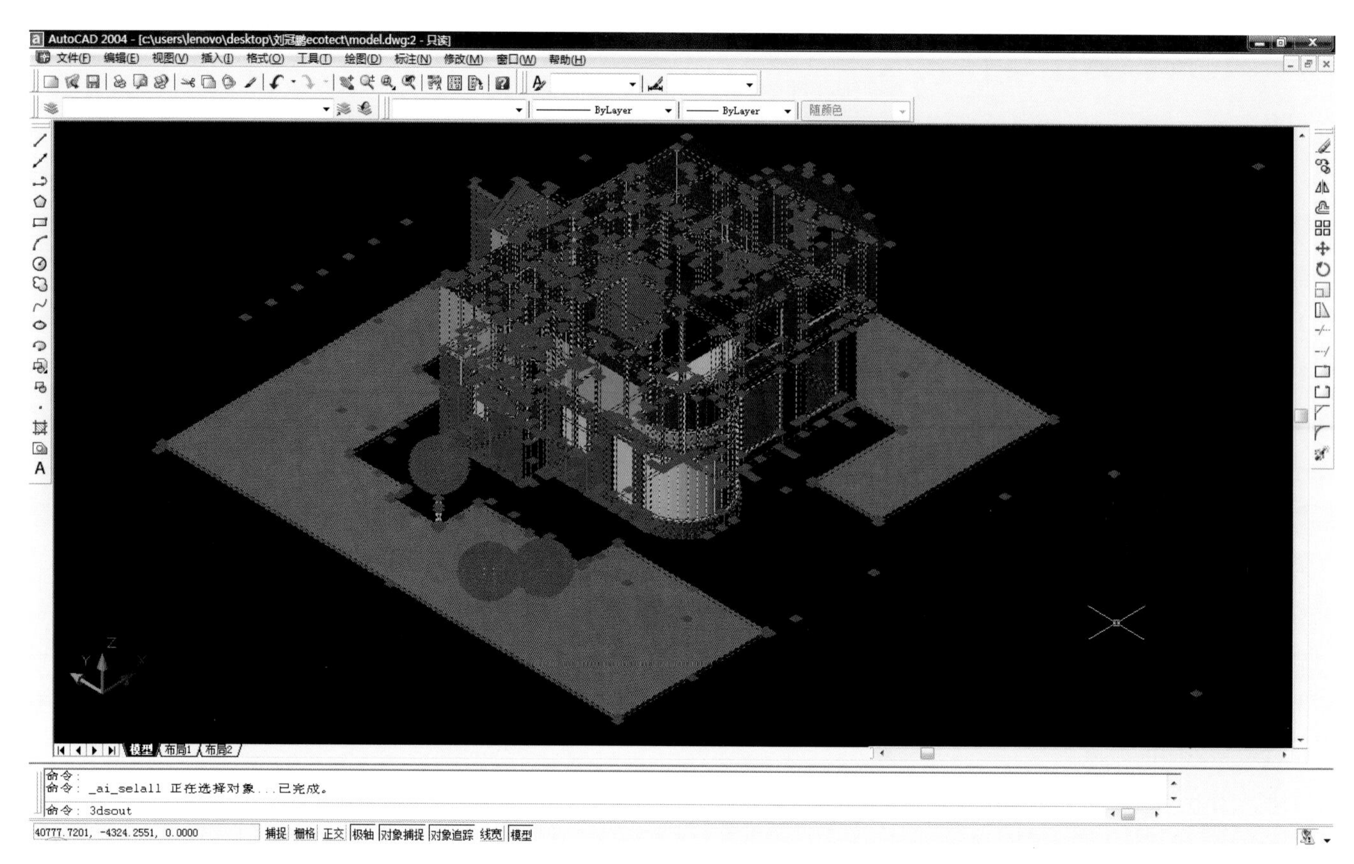


图 8-2-2　全选小住宅模型并输入指令

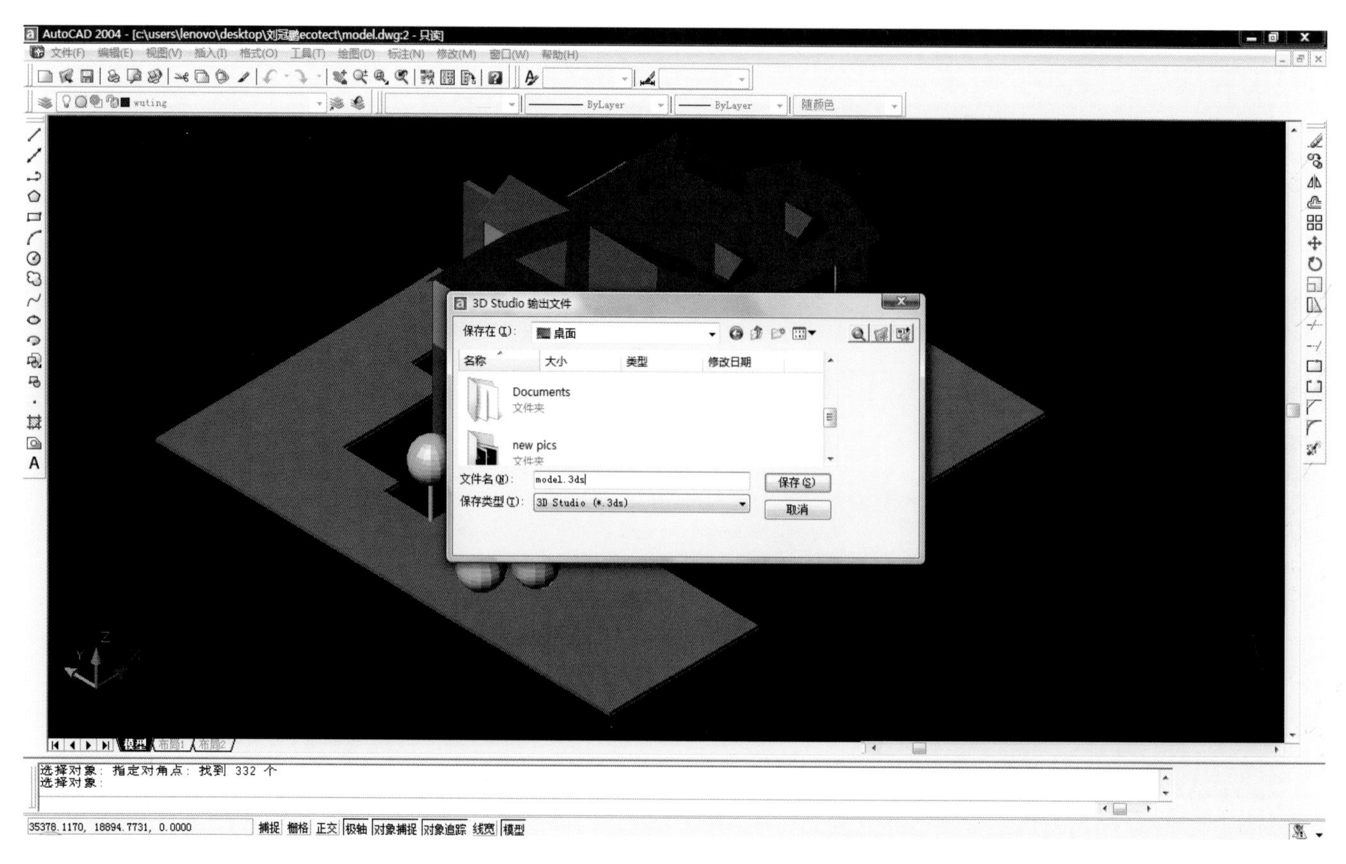


图 8-2-3　导出保存为 model.3ds 文件

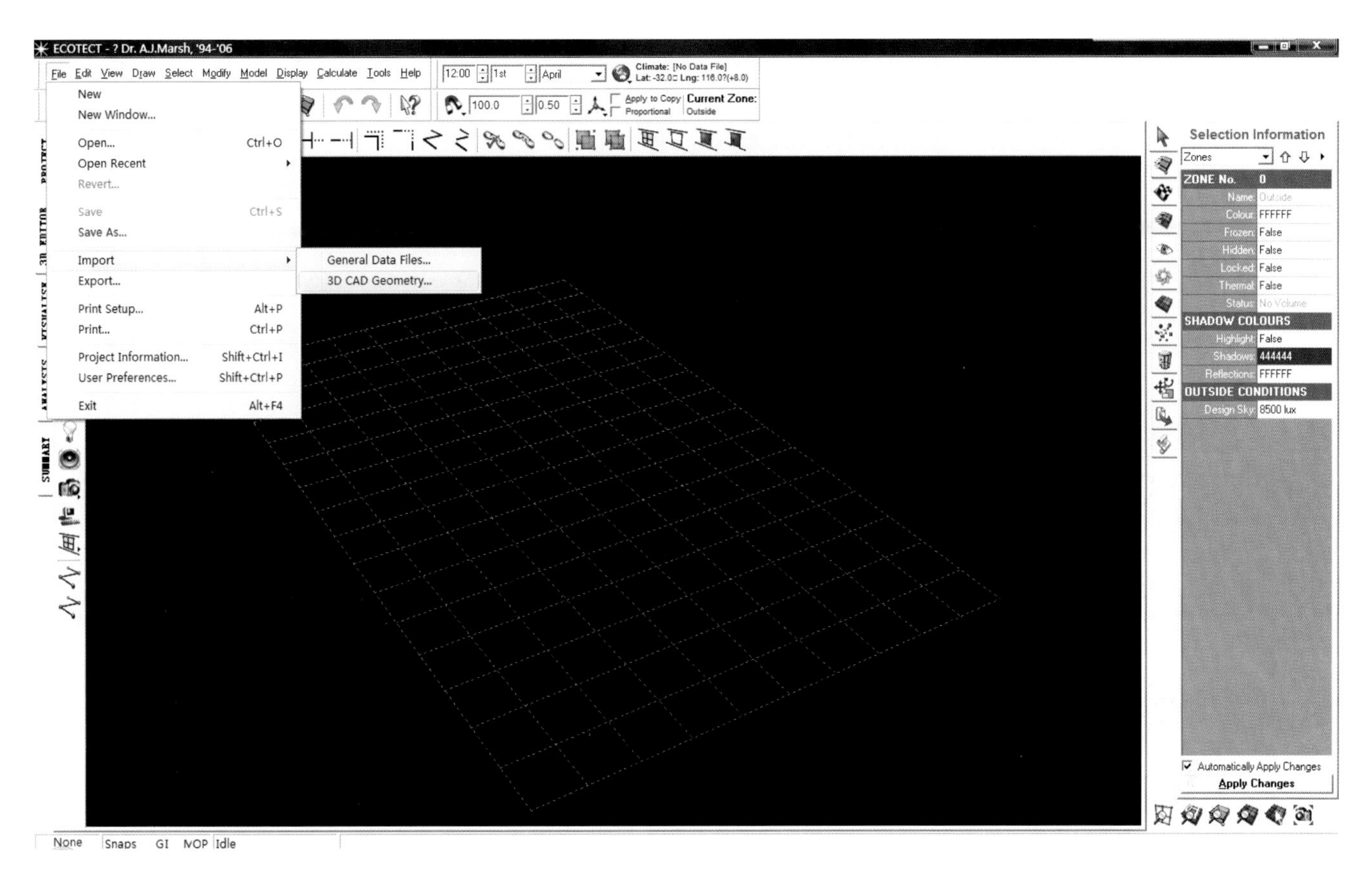


图 8–2–4 Ecotect 模型导入界面

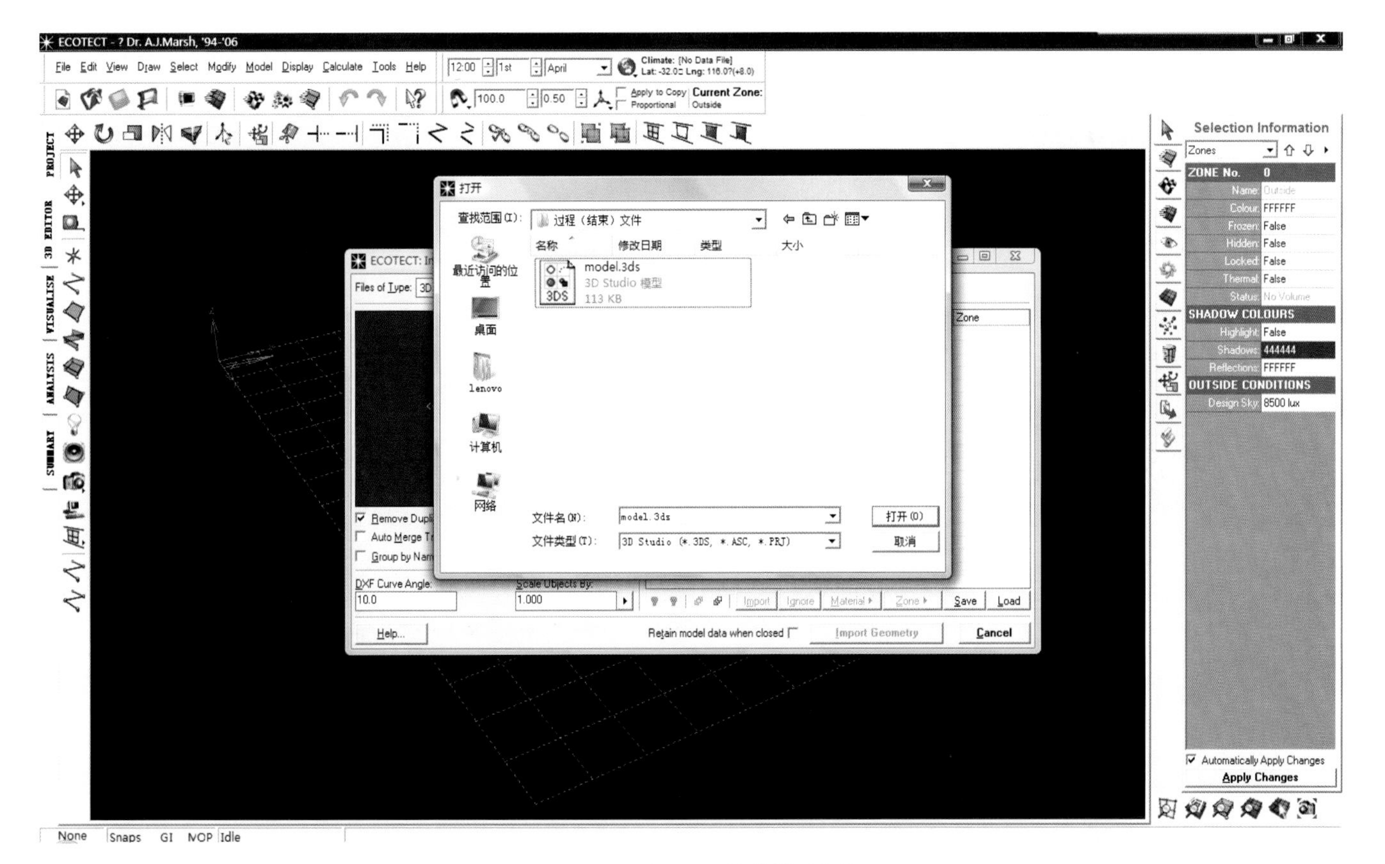


图 8–2–5 打开要导入的模型文件

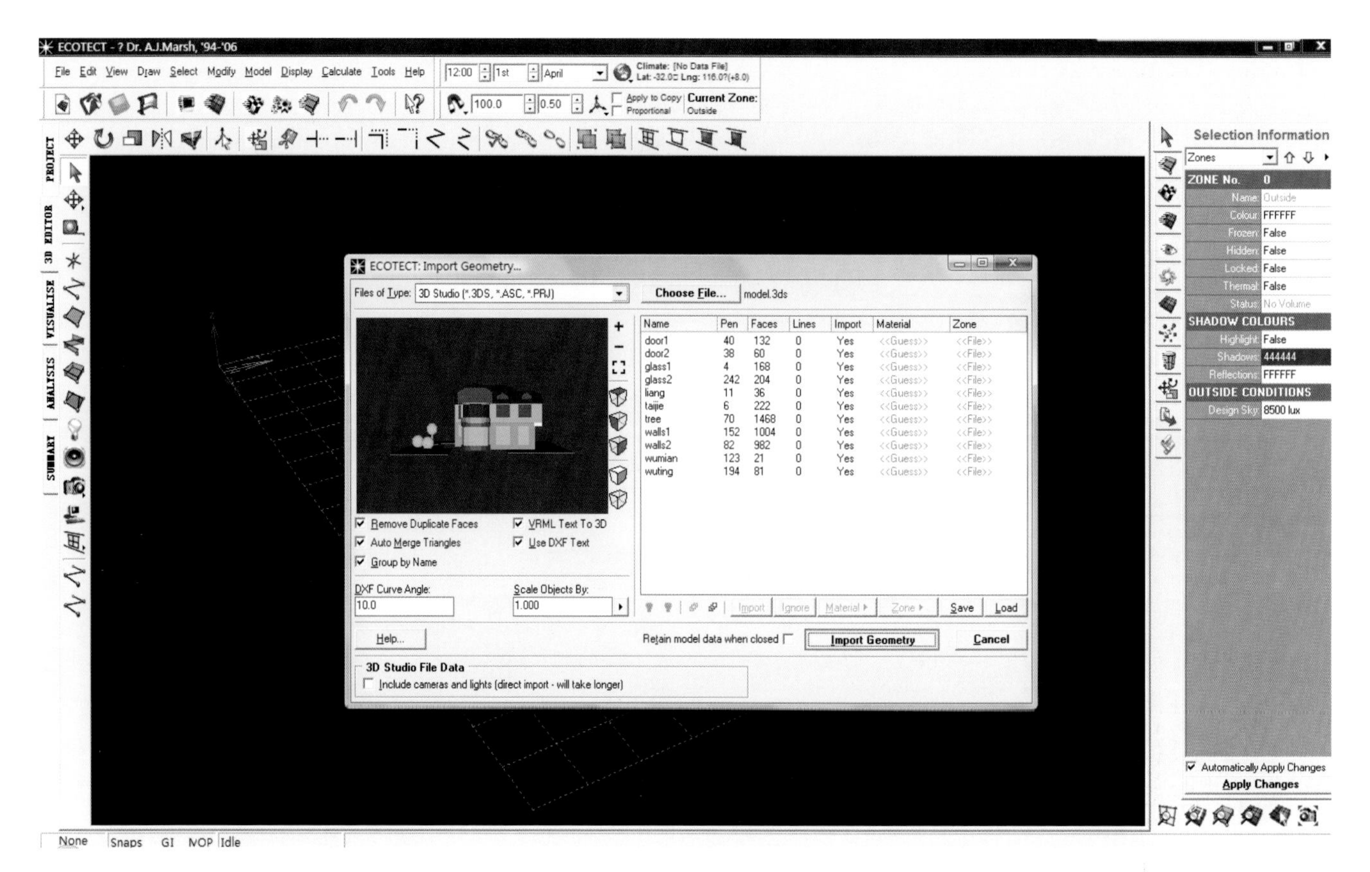


图 8-2-6　导入模型的图层设置

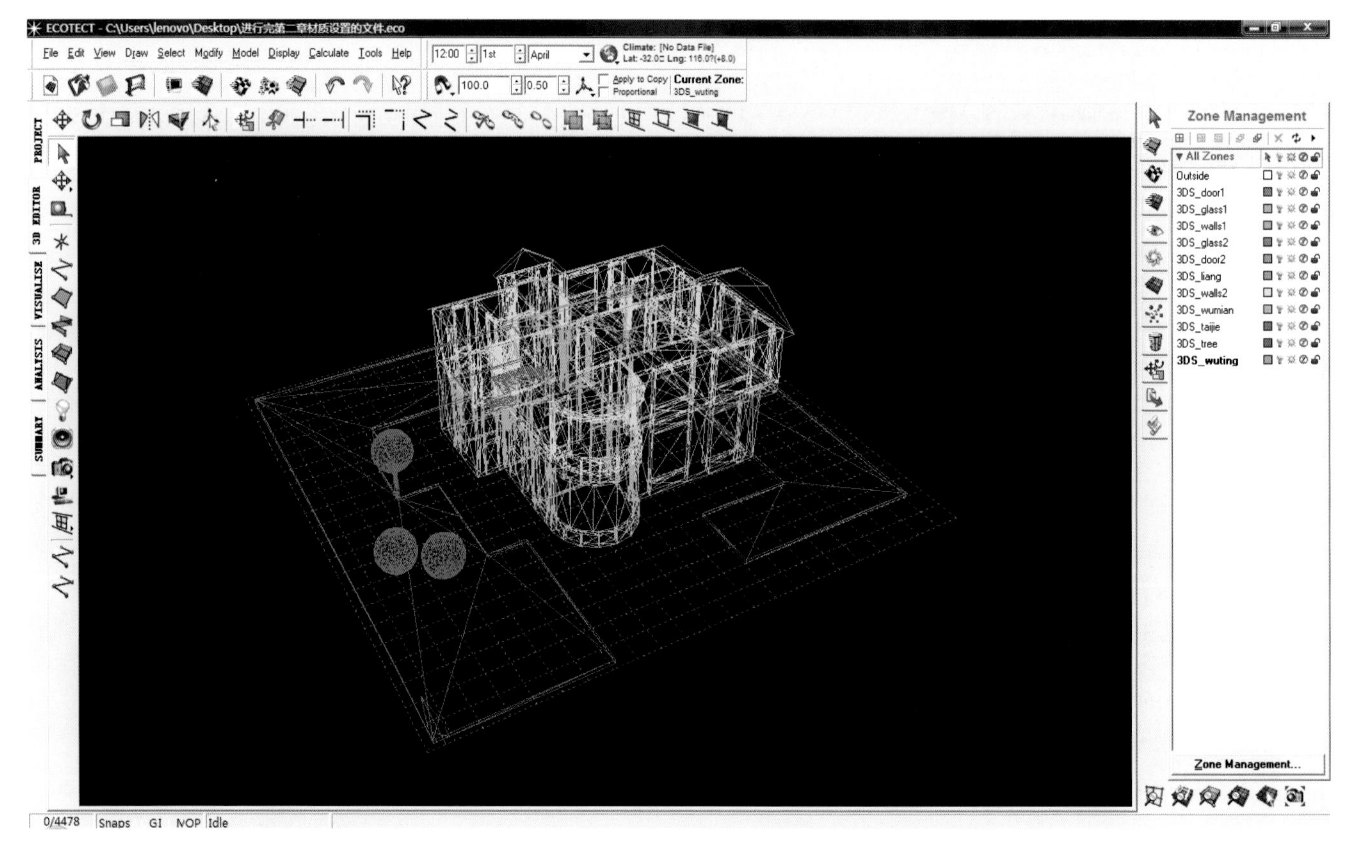


图 8-2-7　完成导入的线框模型

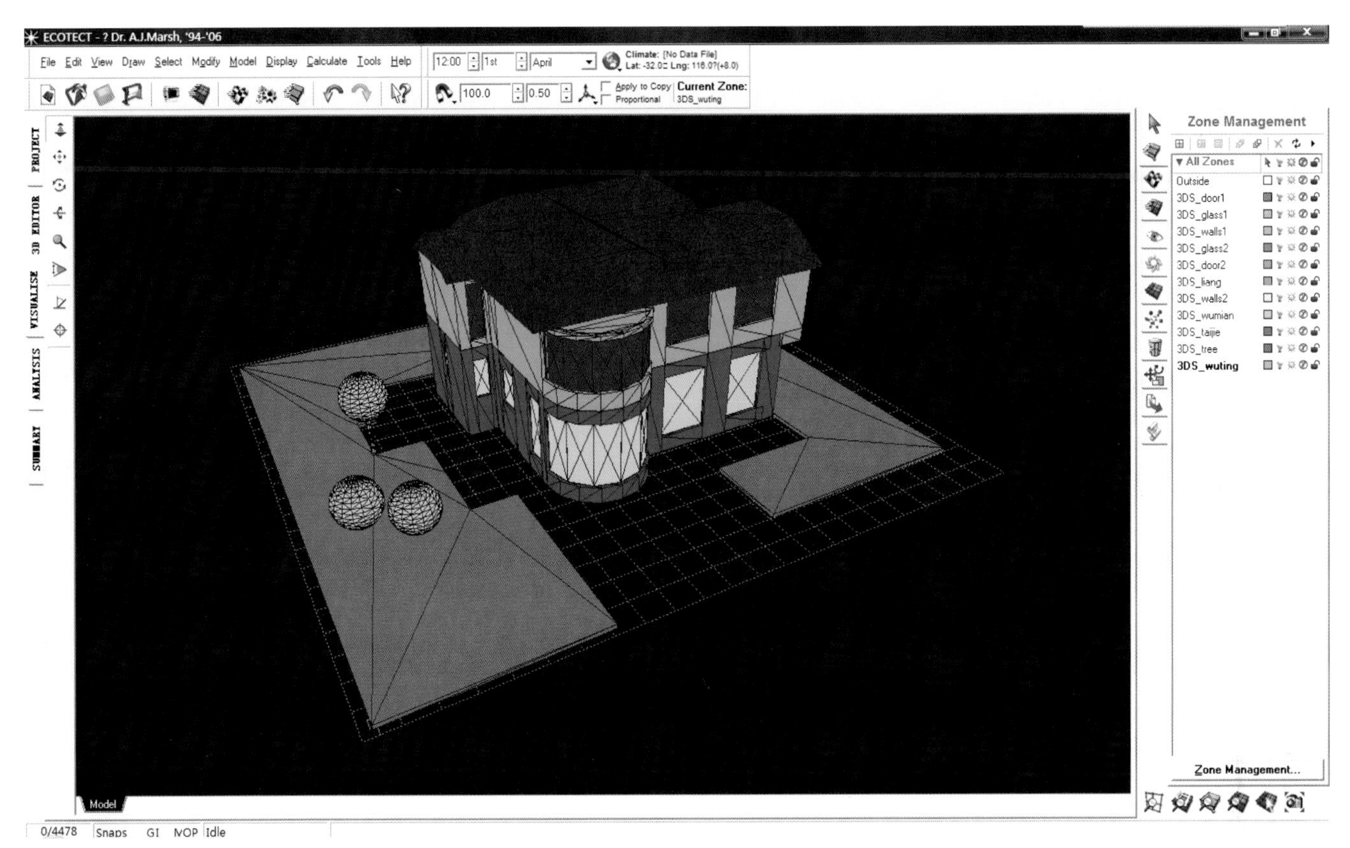


图 8-2-8　完成导入的色彩渲染模型

## 思考题 8.2

1. 案例中所采用的是 3ds 格式作为中介文件类型，读者可自行尝试其他 3D 格式文件类型作为中介文件的可行性。

2. 导入模型时的几个勾选选项表示导入过程的不同设置，有兴趣的读者可以自行查看每个不同勾选项的勾选对导入的模型带来的影响。

# 8.3 建筑材质的设置

**第 1 步：**为了后期对模型的各方面分析能够顺利地进行，必须在分析前对模型材质进行一系列的设置。单击工具栏上所示的材质管理器按钮，可以查看系统中材质的属性。如图 8-3-1 为对墙体材质 BrickTimberFrame 的各项参数的设置。

**第 2 步：**单击屏幕右边按钮激活区域管理器，关闭除墙之外的其他所有区域，用框选的方式选中一、二层的所有墙体，如图 8-3-2 所示。需要说明的是，该模型被由原始的 dwg 文件经 3ds 格式转换到 Ecotect 中，原先图层的设置被以区域的形式保留了下来，因此省去了重新进行区域设置的麻烦。该处详见第三章所述。

**第 3 步：**框选之后，单击屏幕右边的按钮，激活材质管理器，选择墙体材质，在这个案例中选取 BrickTimberFrame 材质，如图 8-3-3 所示。

**特别提示：此处为方便某区域材质的整体设置，不宜先进行拆分分组操作。**

**第 4 步：**使用同以上操作相同的步骤设置地板材质。只打开地板的图层，选择地板的 Primary 和 Alternate 材质均为 ConcSlab_OnGround，如图 8-3-4 所示。

**第 5 步**：使用同以上操作相同的步骤设置窗户材质。只打开一、二层窗户的图层，选择窗户的 Primary 和 Alternate 材质均为 SingleGlazed_TimberFrame，如图 8-3-5 所示。

**第 6 步**：使用同以上操作相同的步骤设置屋顶材质。只打开屋顶的图层，选择屋顶的 Primary 和 Alternate 材质均为 ClayTiledRoof，如图 8-3-6 所示。

**第 7 步**：使用同以上操作相同的步骤设置门的材质。只打开门的图层，选择门的 Primary 和 Alternate 材质均为 SolidCore_PineTimber，如图 8-3-7 所示。

**第 8 步**：使用同以上操作相同的步骤设置阳台材质。只打开阳台的图层，选择它的 Primary 和 Alternate 材质均为 ConcBlockRender，如图 8-3-8 所示。

**第 9 步**：使用同以上操作相同的步骤设置其他室外区域的材质。只打开这些区域的图层，选择它们的 Primary 和 Alternate 材质均为 ExposedGround，如图 8-3-9 所示。

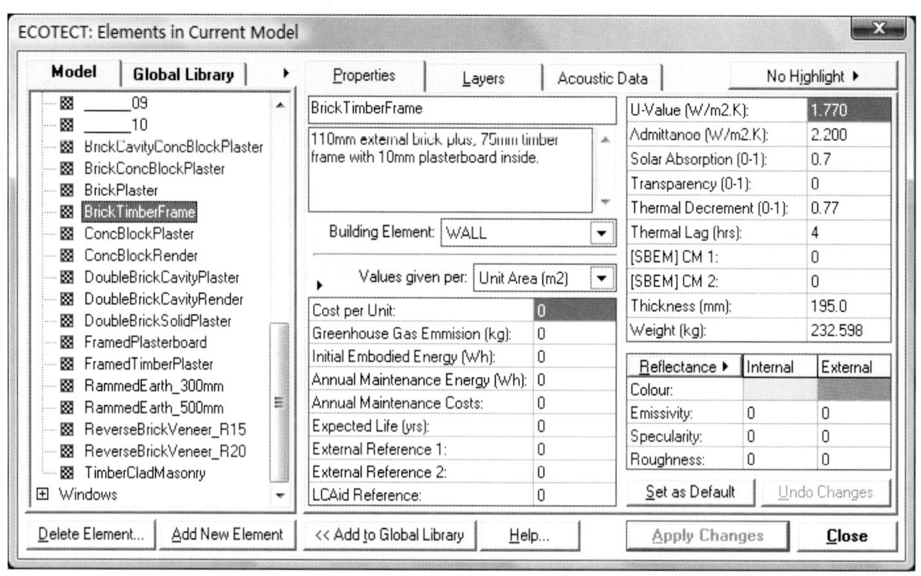


图 8-3-1　设置墙体材质 BrickTimberFrame 的各项参数

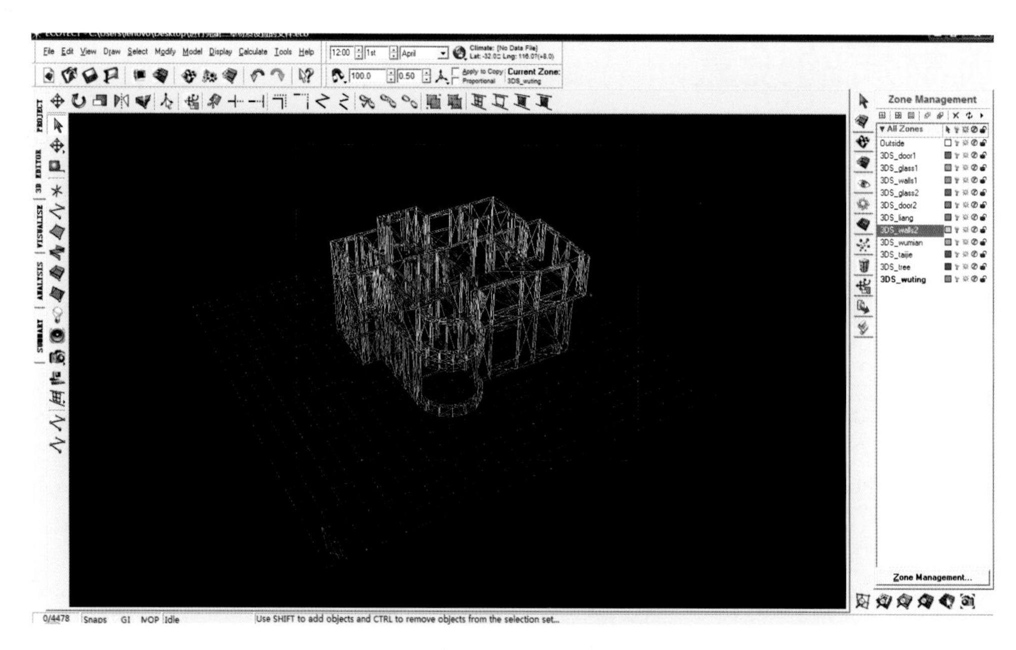


图 8-3-2　选择一、二层所有墙体

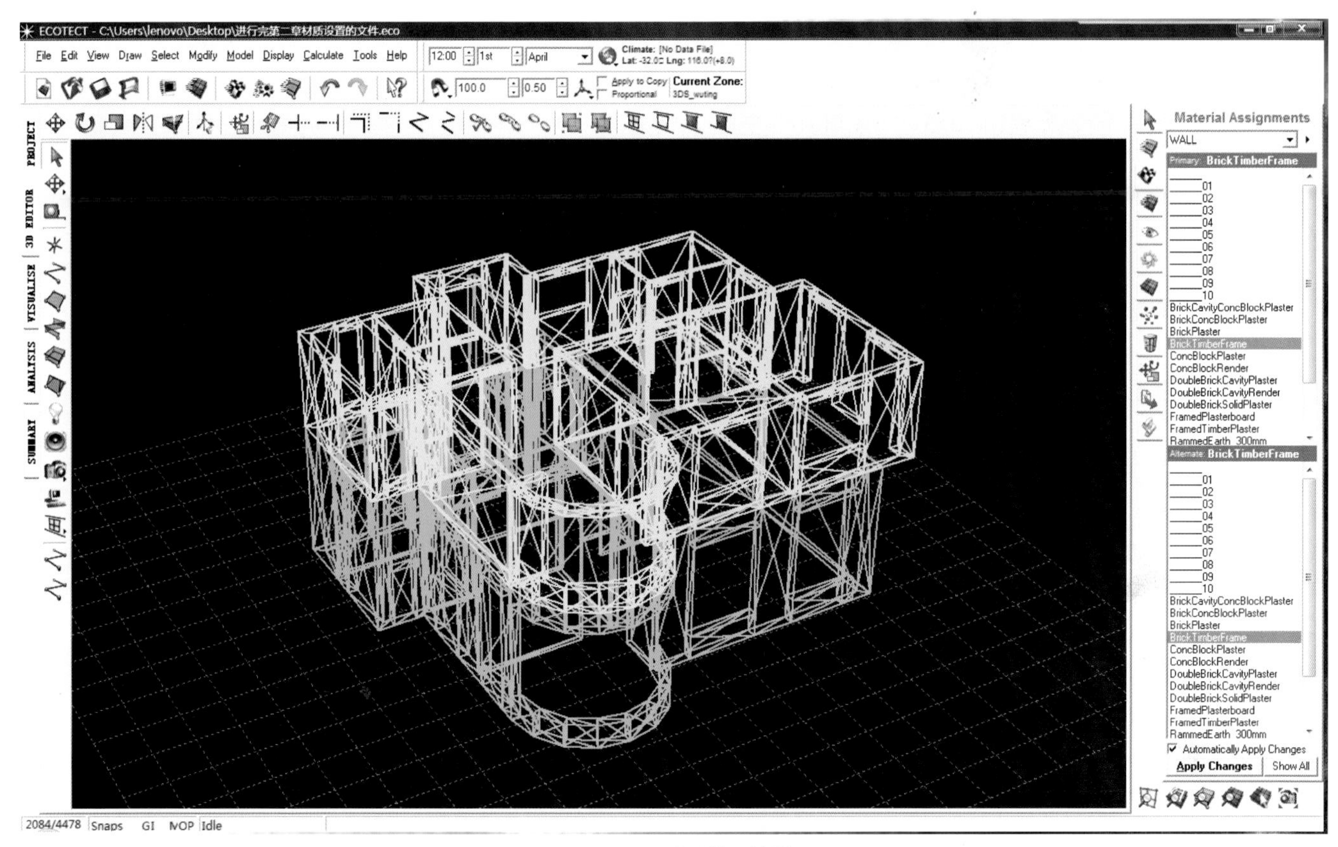


图 8–3–3　设置墙面材质

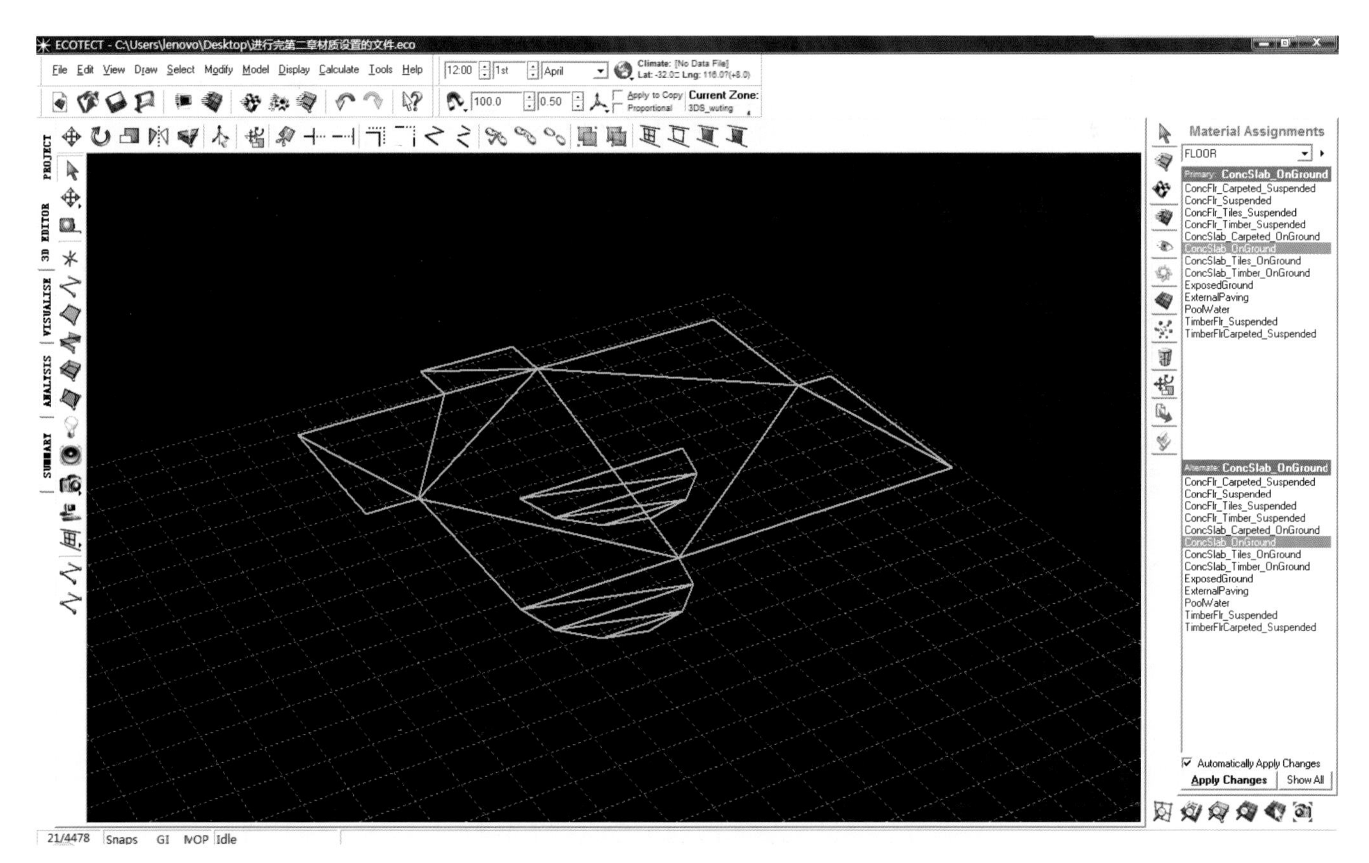


图 8–3–4　设置地面材质

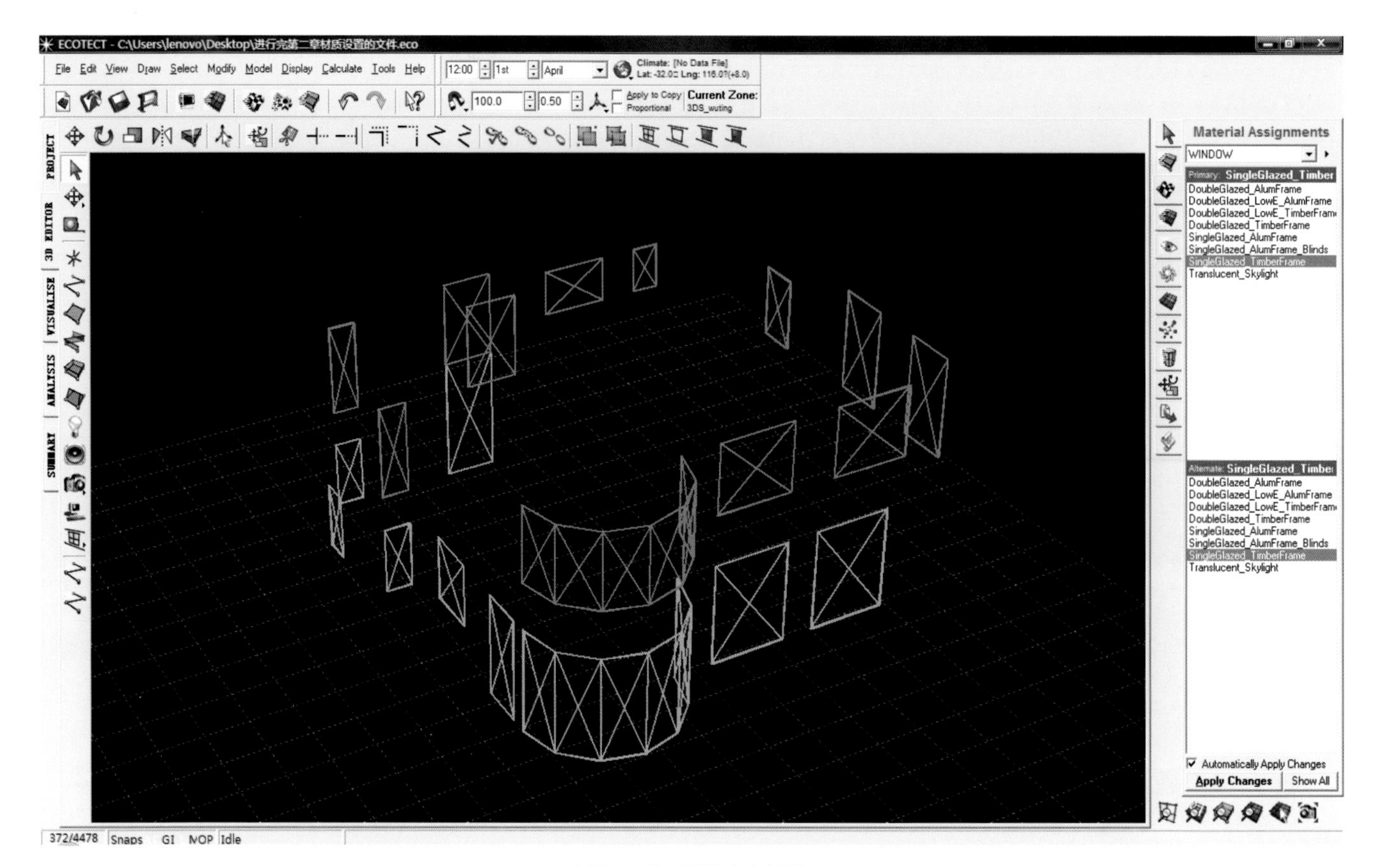


图 8–3–5　设置窗户材质

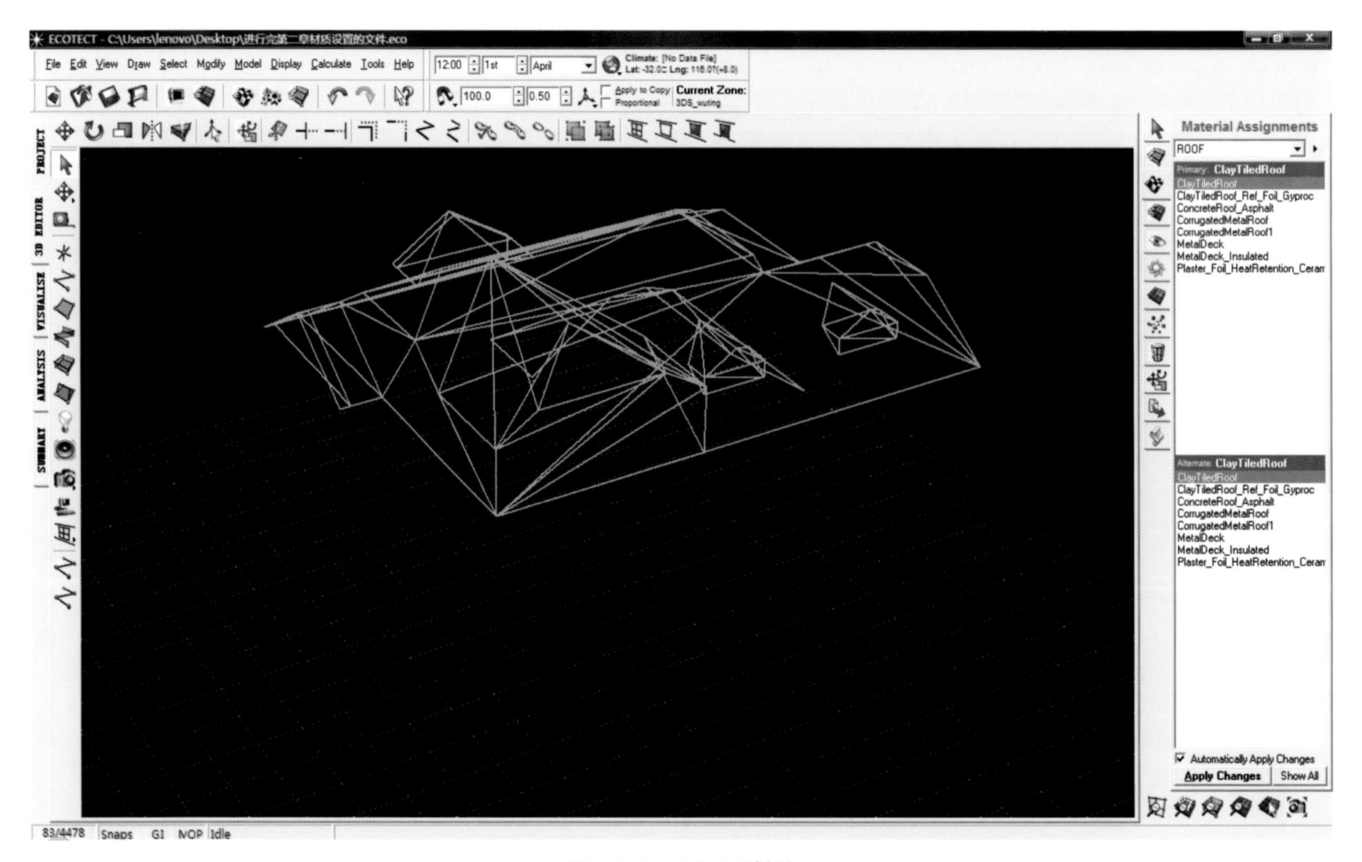


图 8–3–6　设置屋顶材质

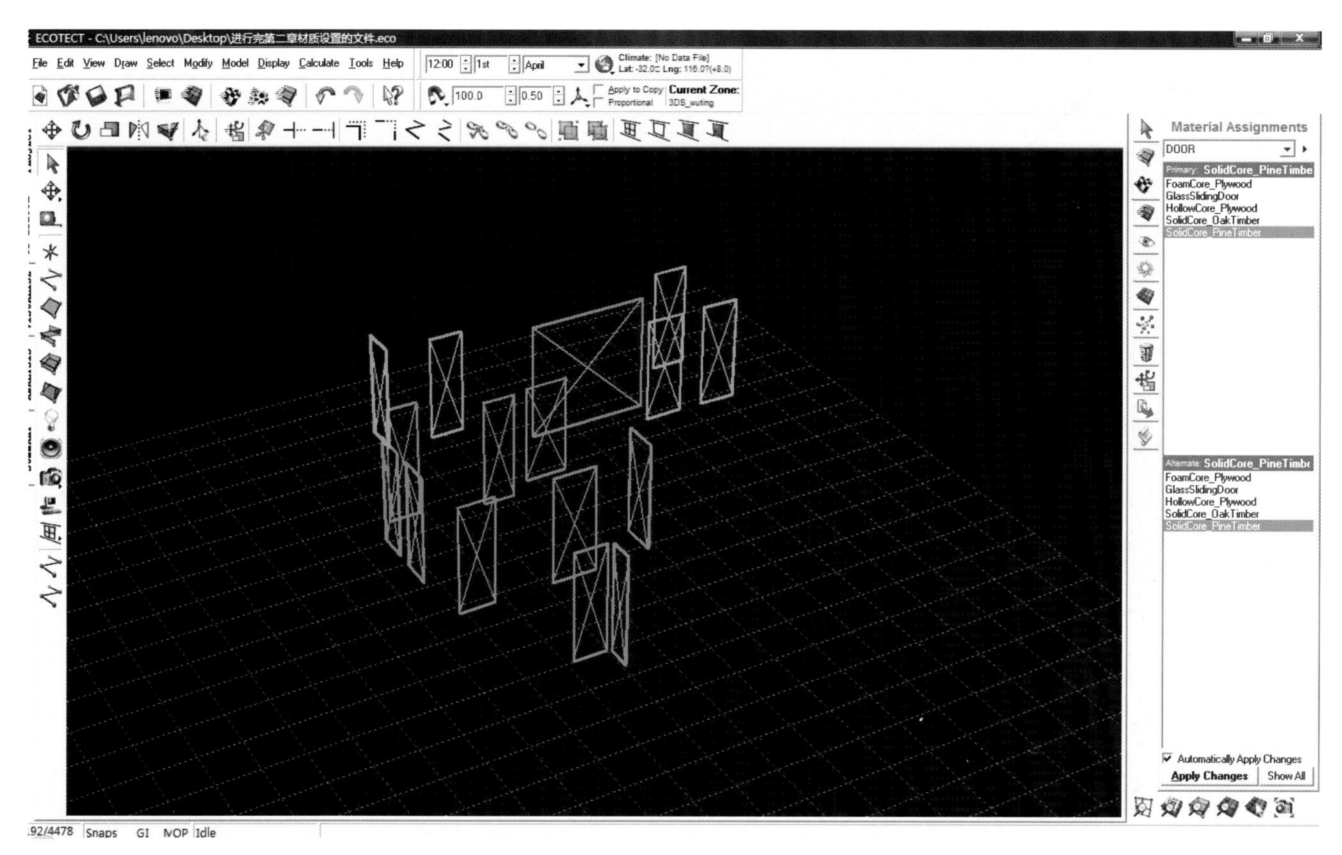


图 8–3–7 设置门的材质

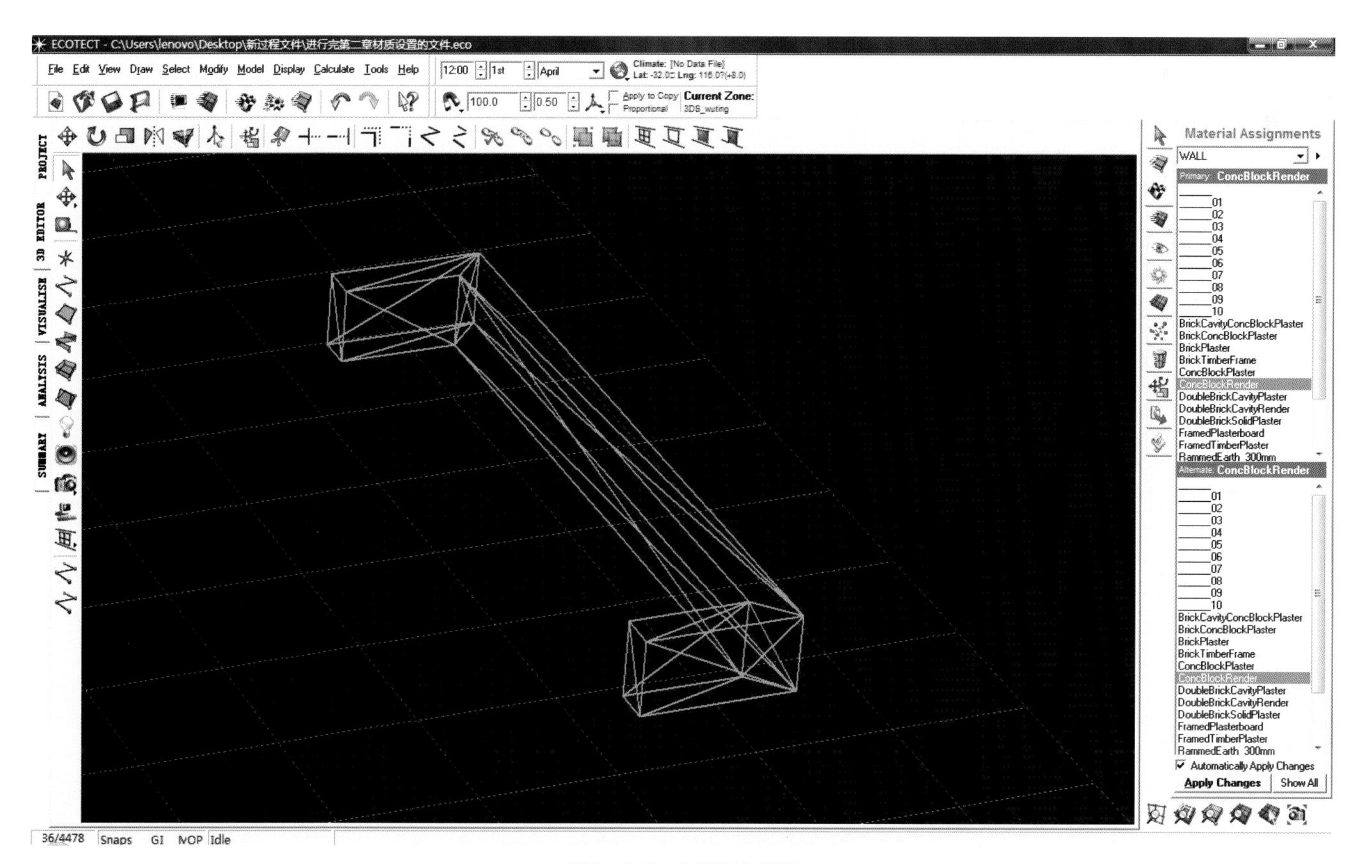


图 8–3–8 设置阳台材质

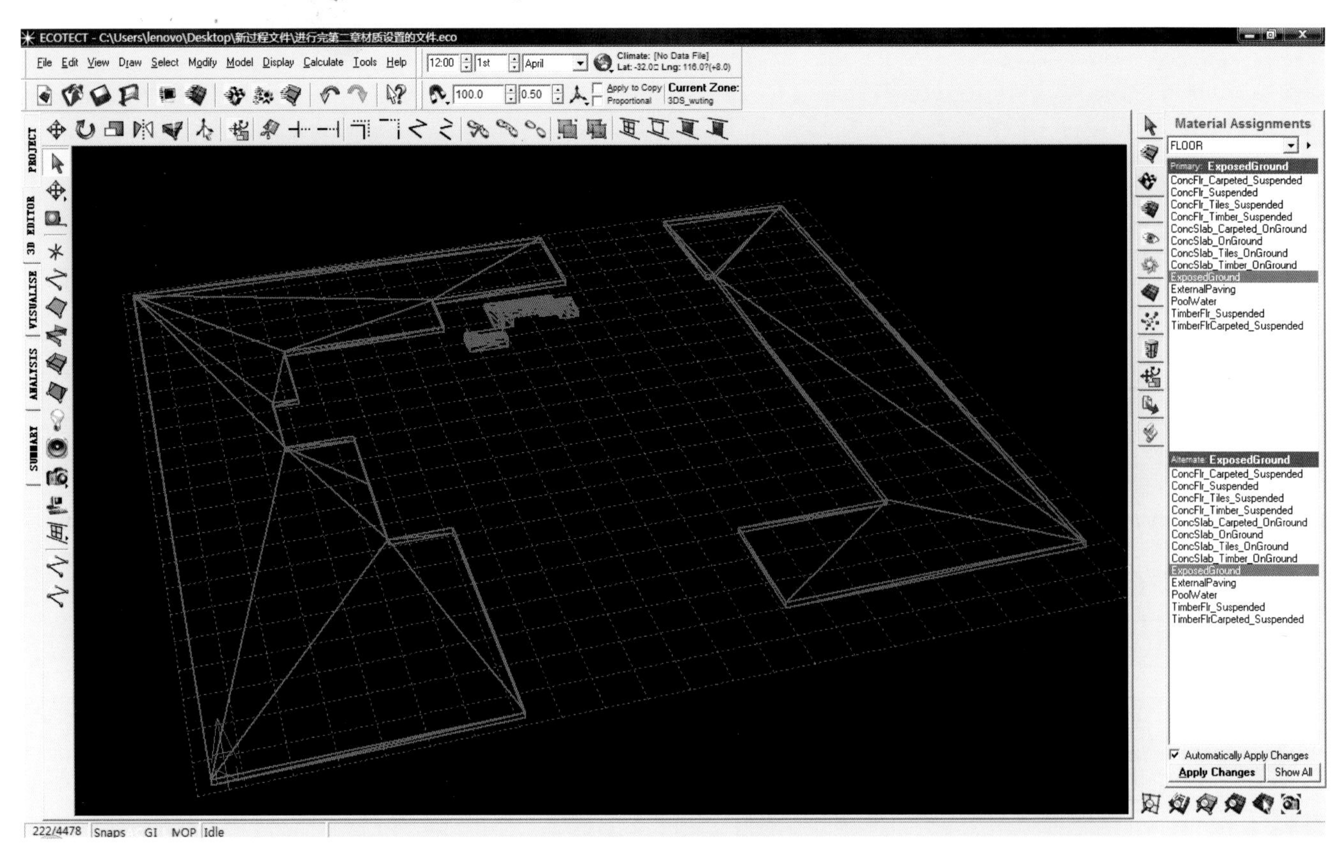


图 8–3–9　设置户外材质

## 思考题 8.3

1. 不同的材质具有不同的属性，在材质管理器中都可以看到并进行修改，尝试进行不同材质的设置，优化选用最佳的材质组合。

2. 读者可自行对现有材质进行设置，或尝试创建软件中所没有的新材质，并完善其属性。

# 8.4 空间区域的设置

**第 1 步：**为了后期对模型的各方面分析能够顺利地进行，必须在分析前对模型中的各个空间单元区域进行一系列的设置，下图为整个模型的线框图。点击右边 按钮可以看到模型中所有区域，如图 8-4-1。在这里需要说明的是，该模型被由原始的 dwg 文件经 3ds 格式转换到 Ecotect 中，原先图层的设置被以区域的形式保留了下来，因此省去了重新进行区域定义的麻烦。

**第 2 步：**单击工具栏上 所示的区域管理器按钮，接下来可以对区域进行设置。首先对房间空间进行 General Settings 的设置，主要是空调时间设置为 17：00-8：00，其他保持默认即可，如图 8-4-2 所示。

**第 3 步：**接下来切换到 Thermal Properties 选项卡进行设置。Types of System 一栏选项选择 Full Air Conditioning，Comfort Band 则选取 18 和 26 的默认值，如图 8-4-3 所示。

**第 4 步：**接下来进行 Thermal Properties 中后三项的设置。点击右边 按钮，弹出 Schedule Editor 的对话框。点选 Schedule Name 后黑色的小三角，选择 Import Schedule 一项，如图 8-4-4 所示。

**第 5 步**：完成以上步骤后会出现如图 8-4-5 所示的对话框，选取名为 diningroom.sch 的 Schedule 文件，该文件可以在光盘文件中找到（Sschedule 文件可以自行去网上下载），之后选择打开加载，如图 8-4-5 所示。

**第 6 步**：按照提示选取“Yes”，即可成功导入 Schedule 文件，如图 8-4-6 所示。但是利用这种方法导入的只能是一个 Schedule 文件，想要导入多个，可以采用以下方法。

**第 7 步**：在左边栏点击鼠标右键，在弹出的菜单里选取“Load Schedule Library”一项，如图 8-4-7 所示。

**第 8 步**：在弹出的对话框中，选取名为 diningroom.sch.slf 的 Schedule Library 文件，依照提示步骤操作，即可成功导入名为“卧室”和“休闲”的两个 Schedule 文件，如图 8-4-8 所示。

**第 9 步**：对两个 wall 区域进行 Thermal Properties 中后三项的设置。选取三项下拉菜单均显示为“卧室”，然后将 Occupancy 中的 No. of People 设定为 2 人；Sensible Gain 和 Latent Gain 分别设定为 10 和 5，其他选项延续默认值，如图 8-4-9 所示。

**第 10 步**：对外部的 outside 区域进行设置。选取 Internal Gains 中的下拉菜单显示为“卧室”， Sensible Gain 和 Latent Gain 分别为 5 和 7，其他选项延续默认值，如图 8-4-10 所示。

**第 11 步**：对其余部分的区域进行整体设置。在左边框内将它们全部选中，选取 Internal Gains 中的下拉菜单显示为“卧室”， Sensible Gain 和 Latent Gain 分别为 5 和 7，其他选项延续默认值，如图 8-4-11 所示。

**第 12 步**：对区域中的编组进行拆分的操作。由于从 dwg 格式文件转至 Ecotect 图层被识别为区域的过程中，区域中的曲面等元素被以编组的形式导入进来，所以需要对其进行拆分。点击键盘上的 Ctrl+A 键全选，在模型上单机鼠标右键，在弹出的菜单中选取 Edit - Ungroup 进行拆分编组，如图 8-4-12 所示。

**第 13 步**：进行分组拆分之后的模型可如图 8-4-13 所示，每个分组都被拆分成单一曲面的模式，但可以从右边栏看到，其区域的区分没有改变。此操作是为了方便今后分析的选取工作。

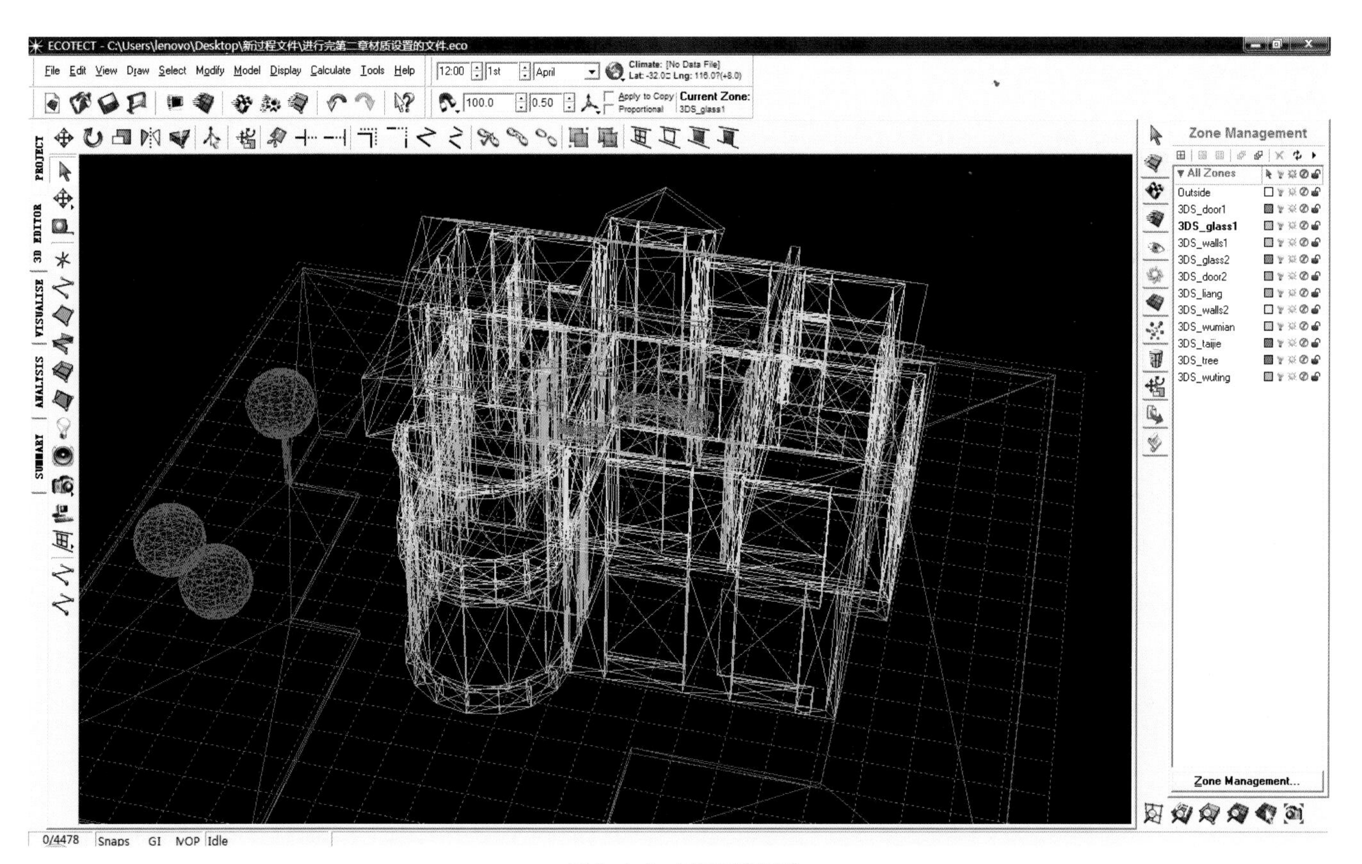


图 8-4-1 显示已有区域

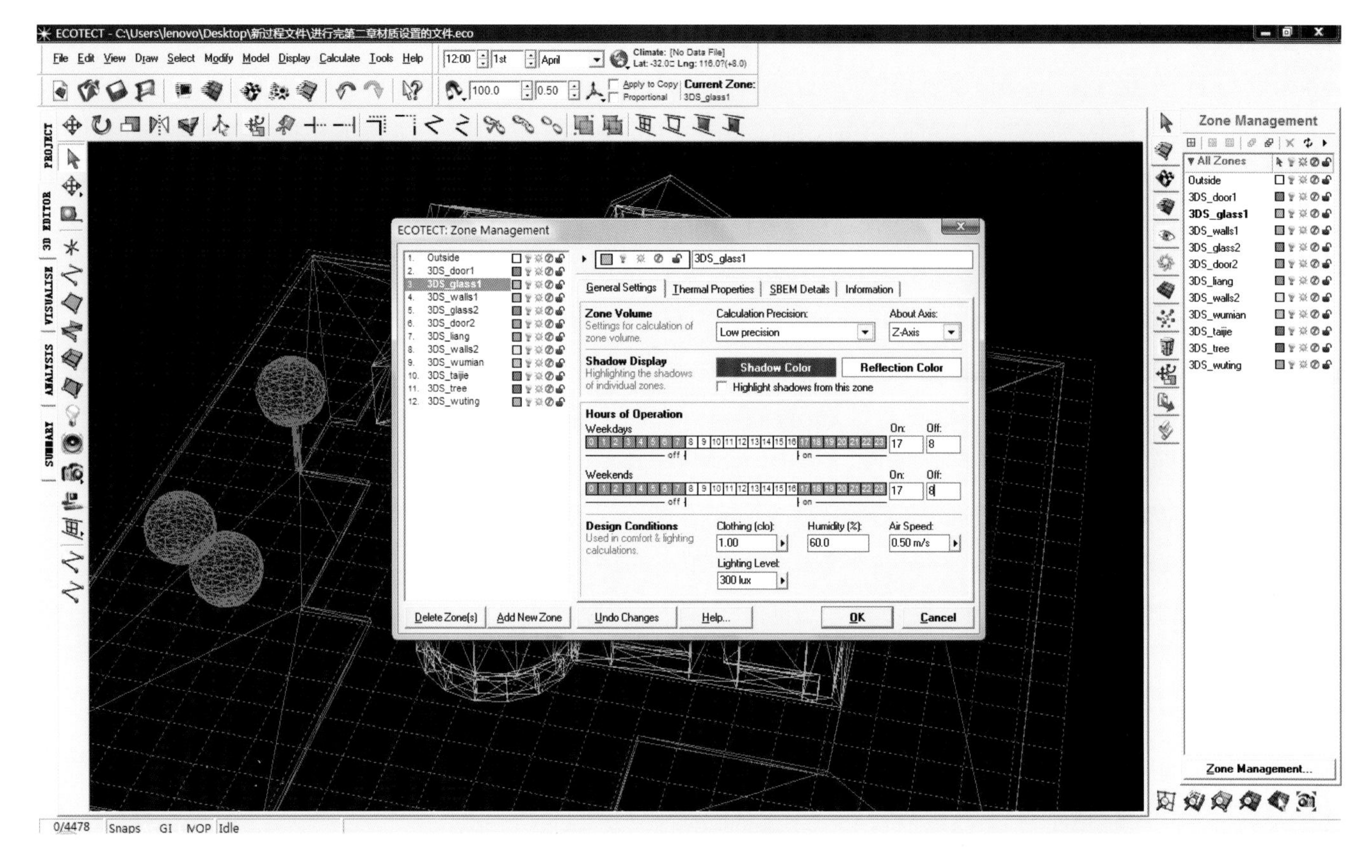


图 8-4-2　房间总体设置

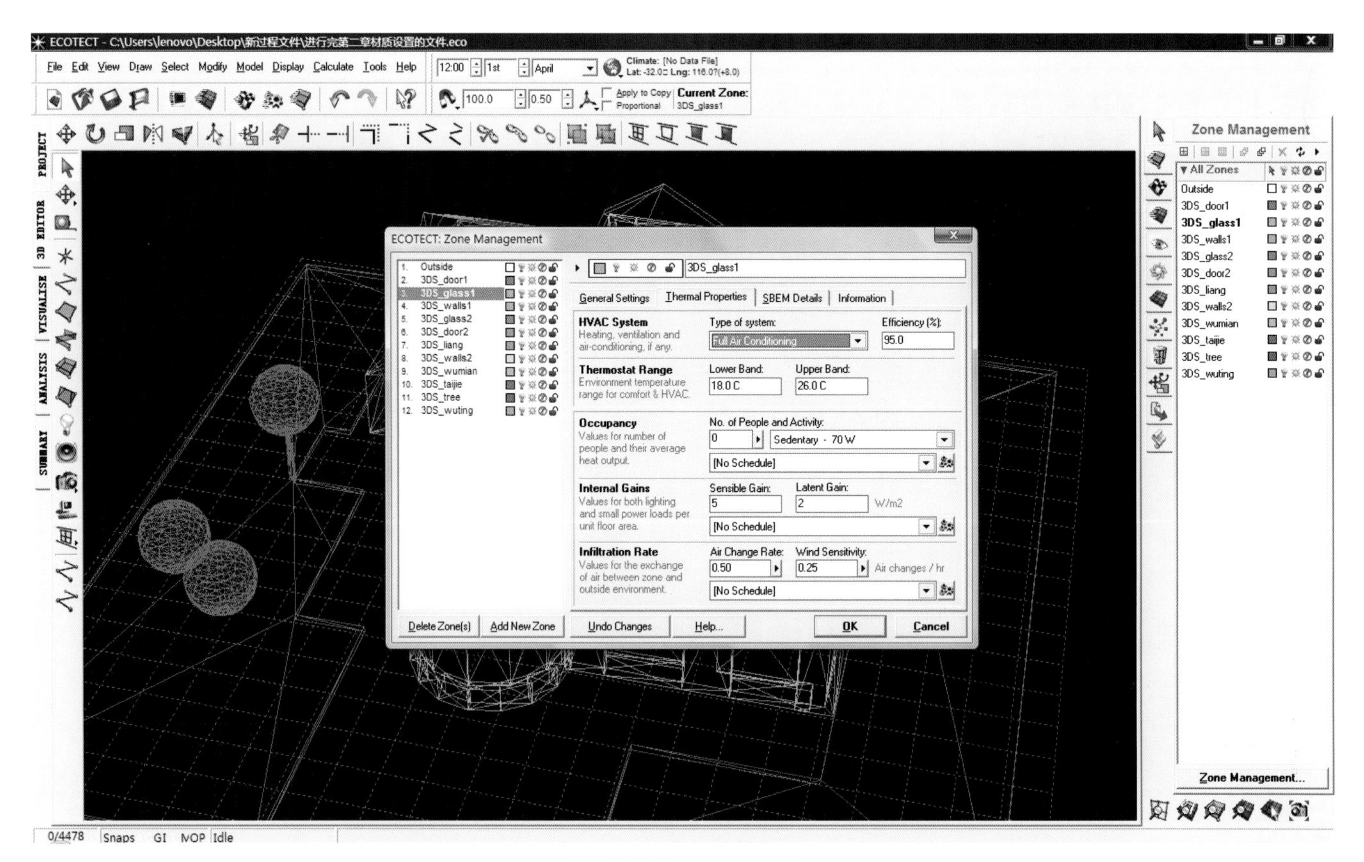


图 8-4-3　房间温度设置

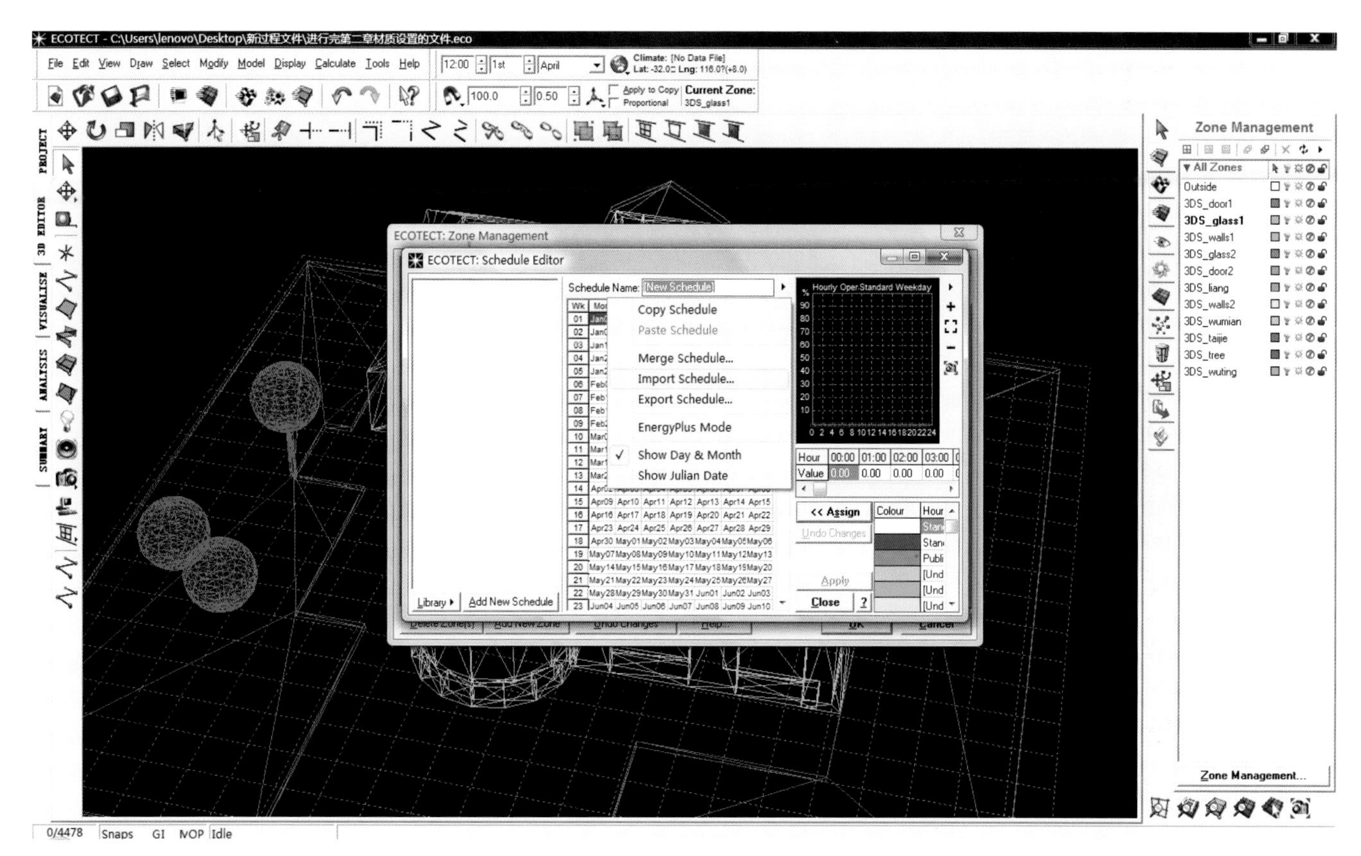


图 8–4–4　准备导入温度分布

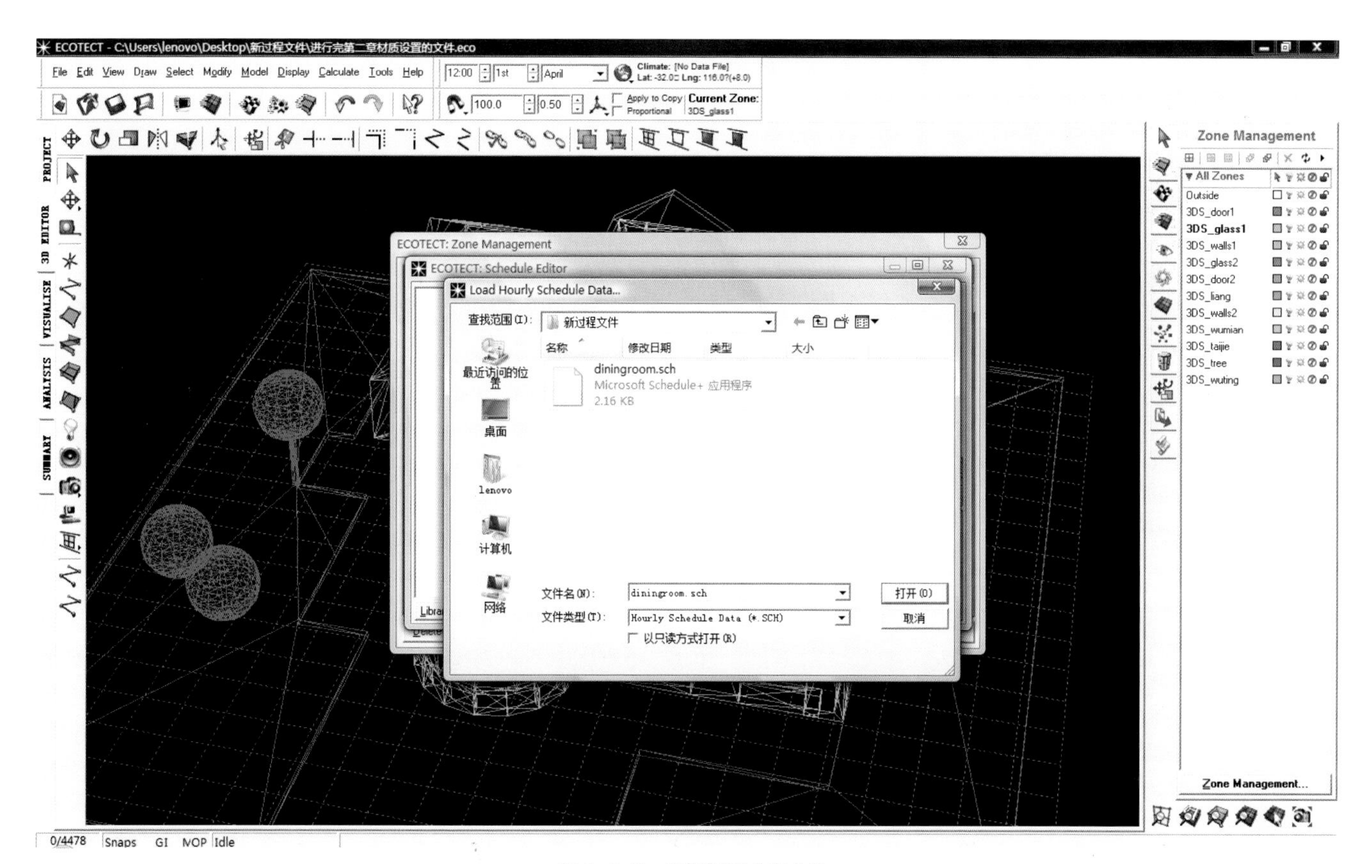


图 8–4–5　选择温度分布文件

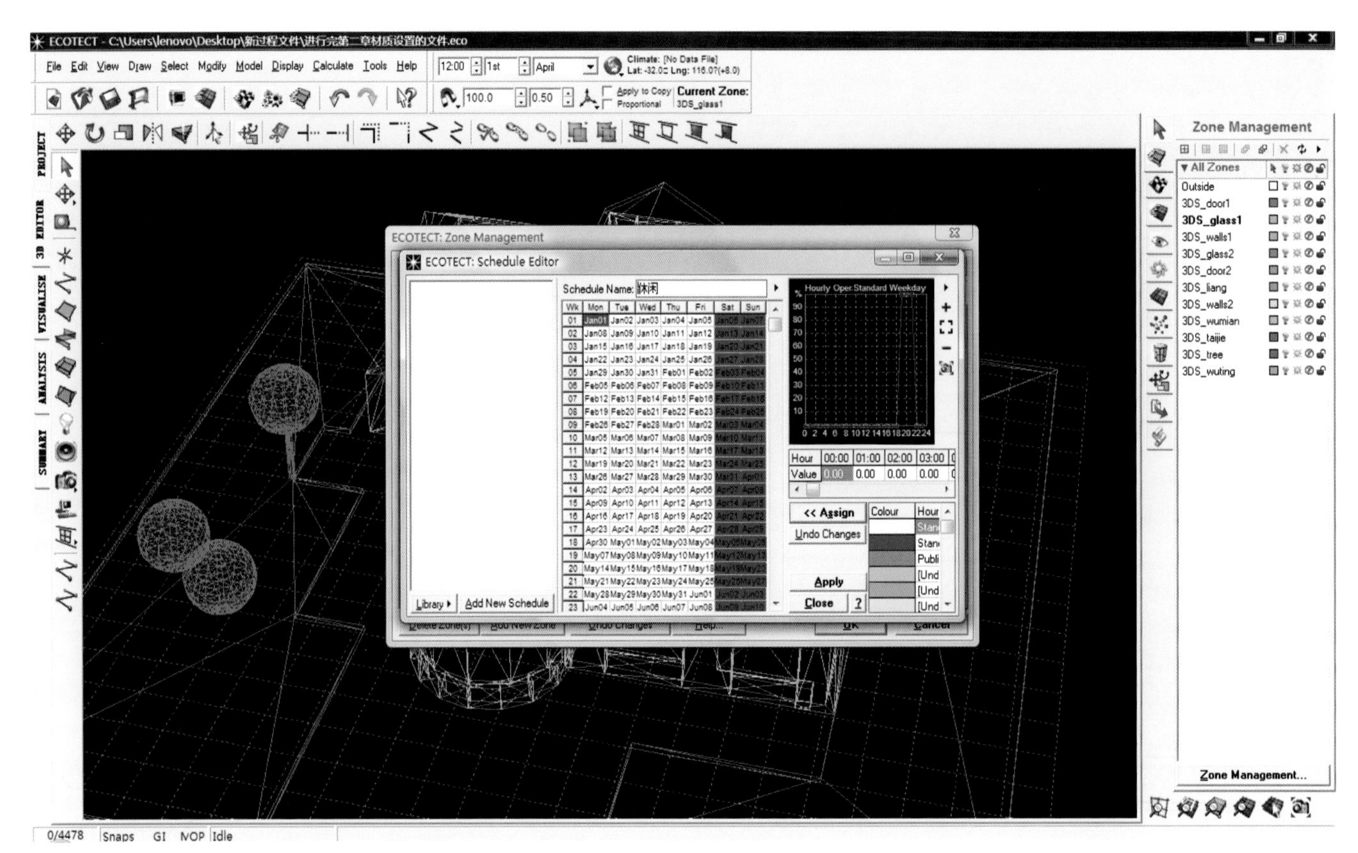


图 8-4-6 导入单个 Schedule 文件

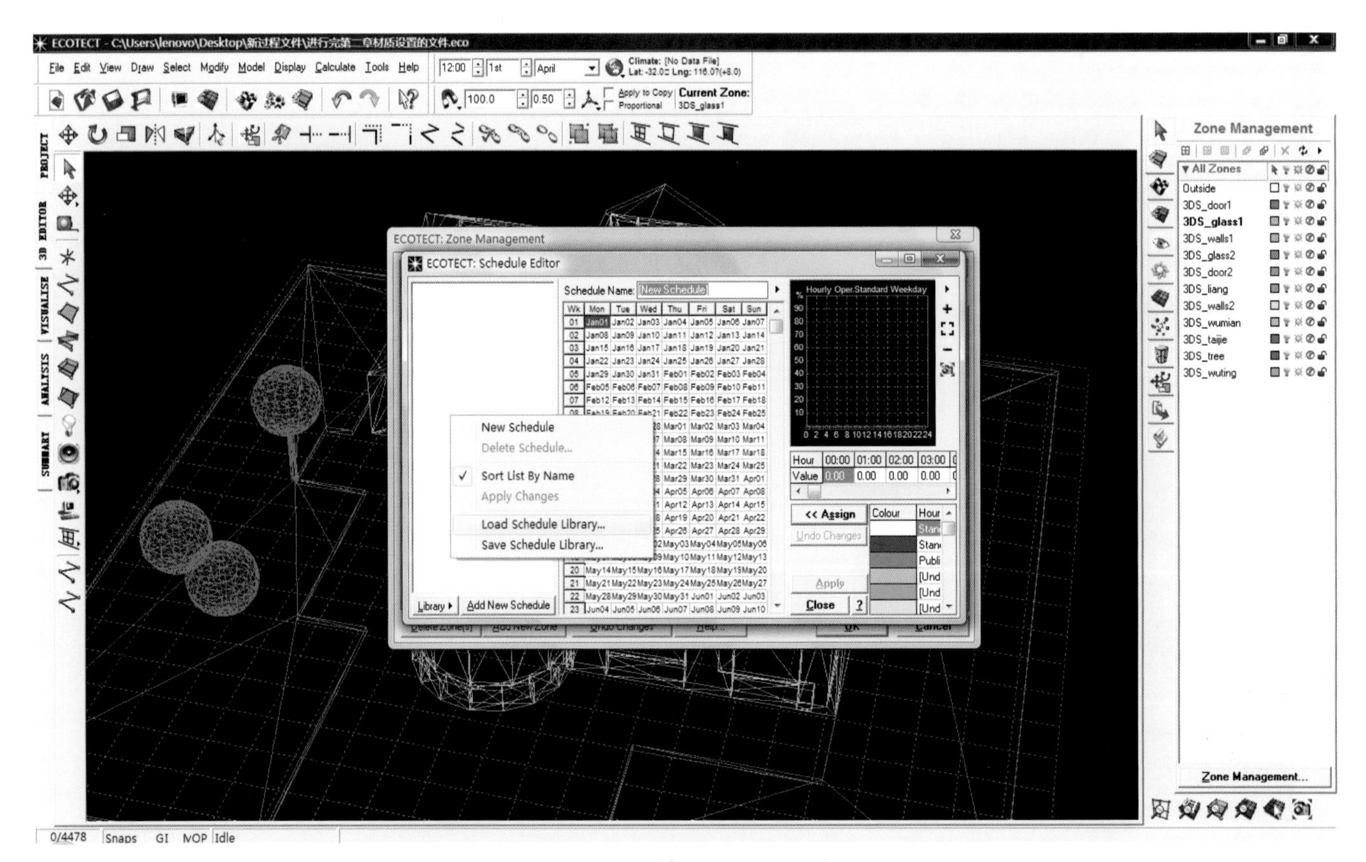


图 8-4-7 选择导入 Schedule 库

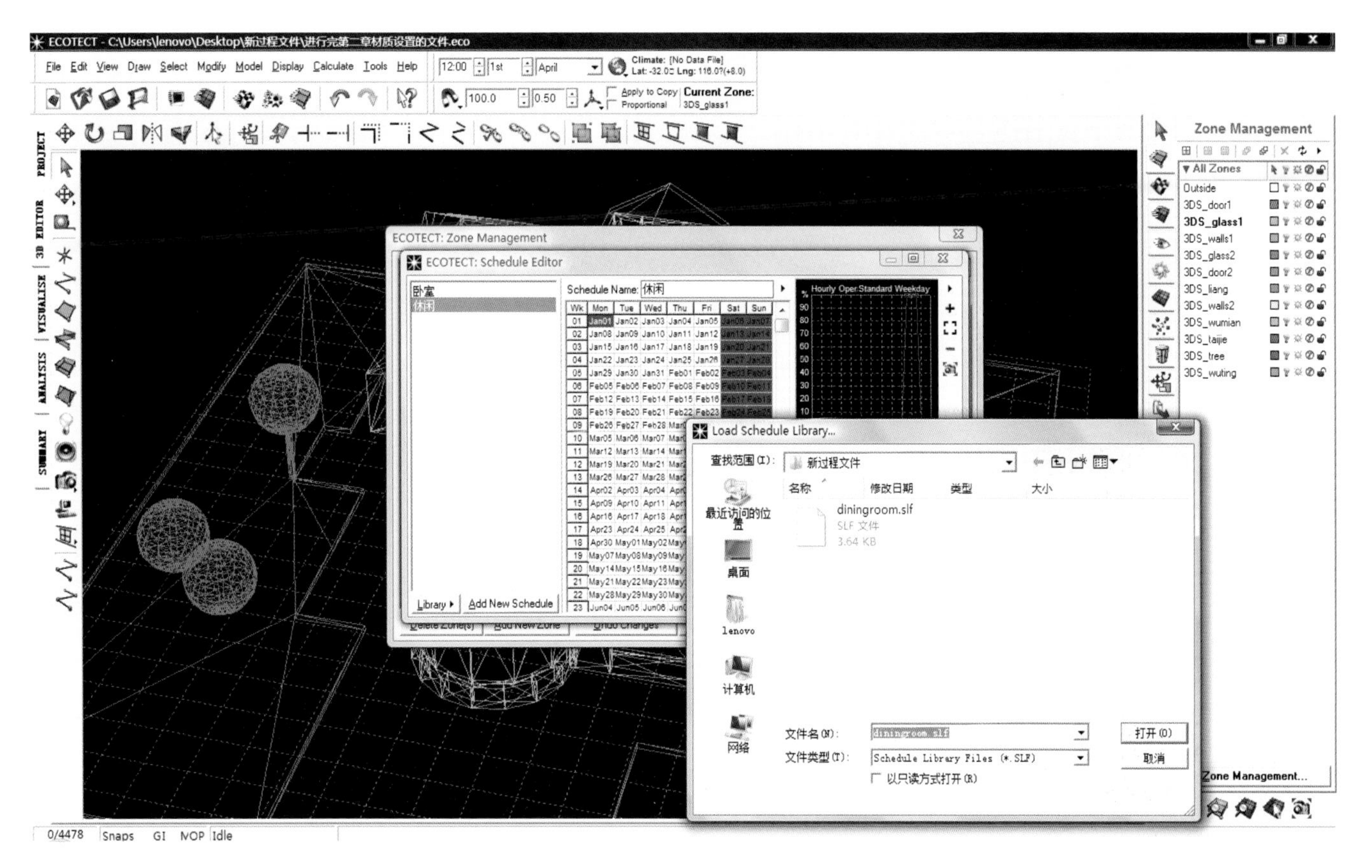


图 8-4-8　多个 Schedule 导入

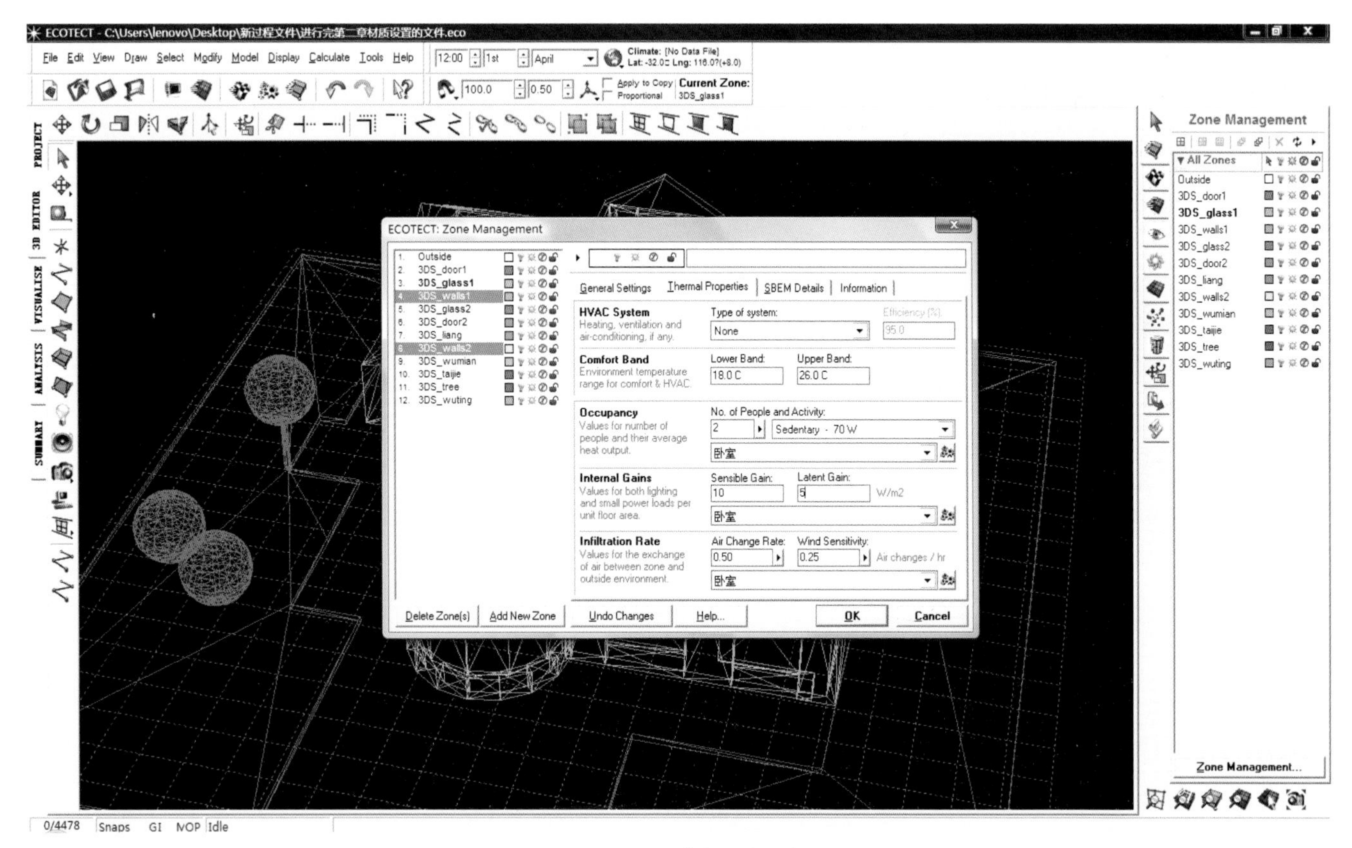


图 8-4-9　内部区域设定

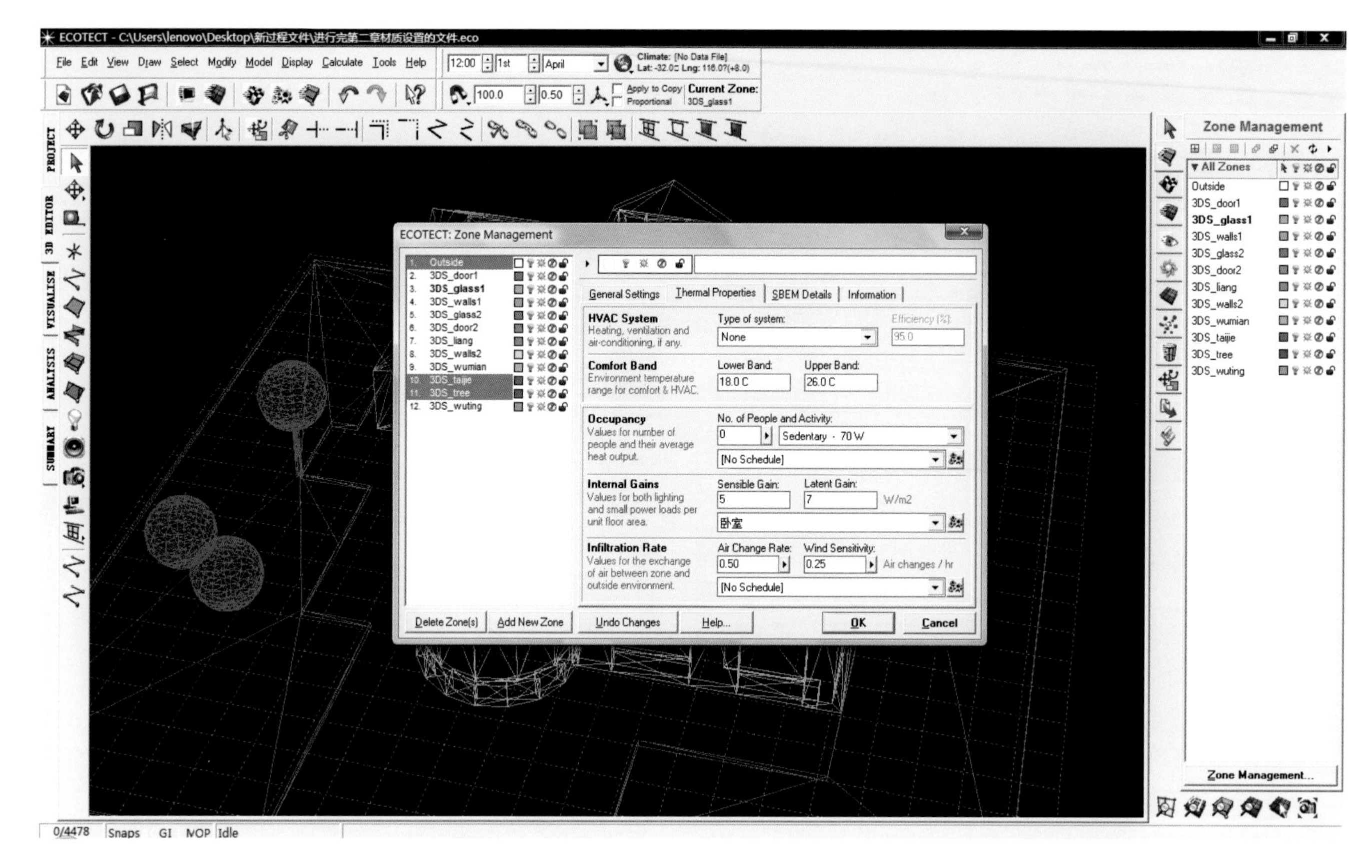


图 8-4-10　外部区域设定

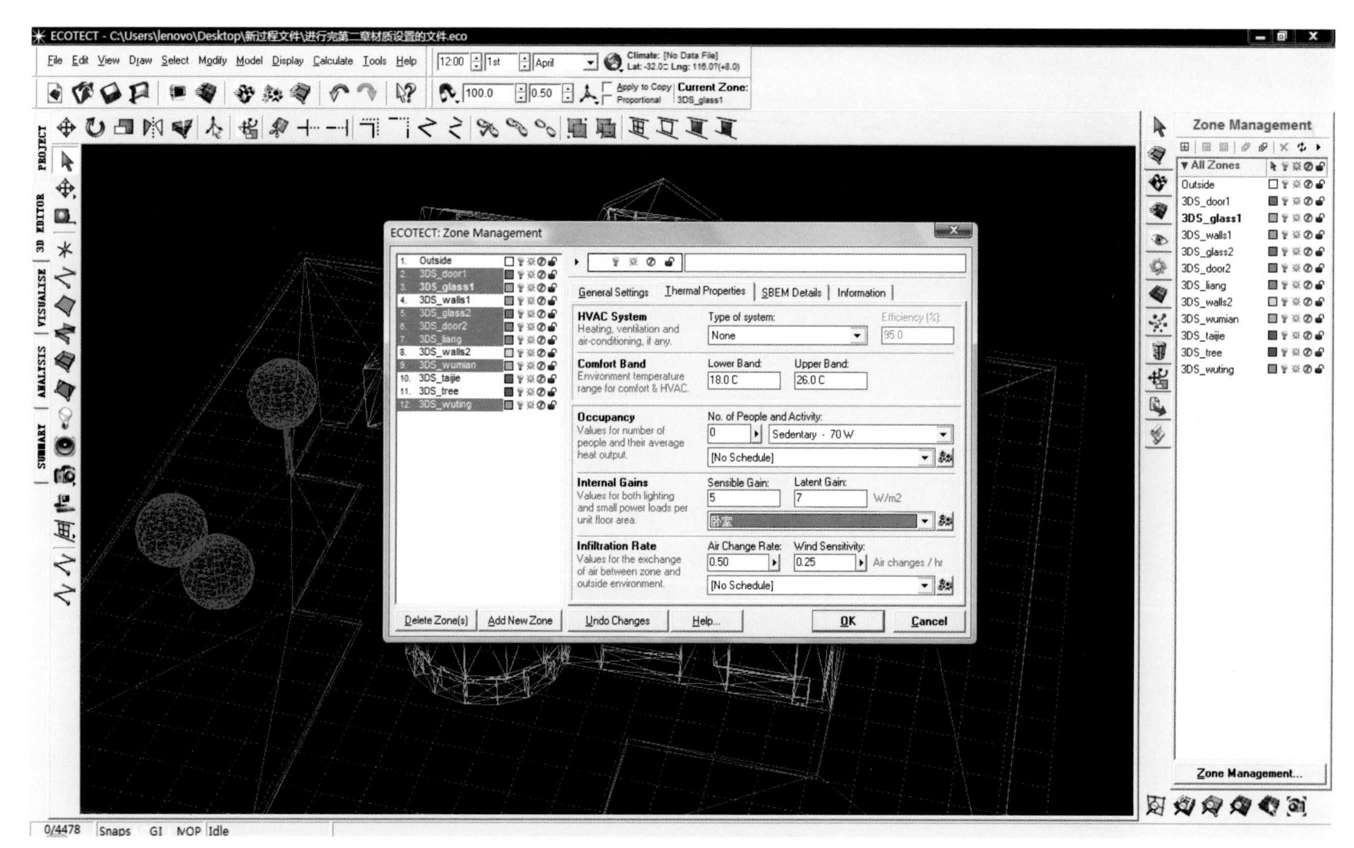


图 8-4-11　其余部分设定

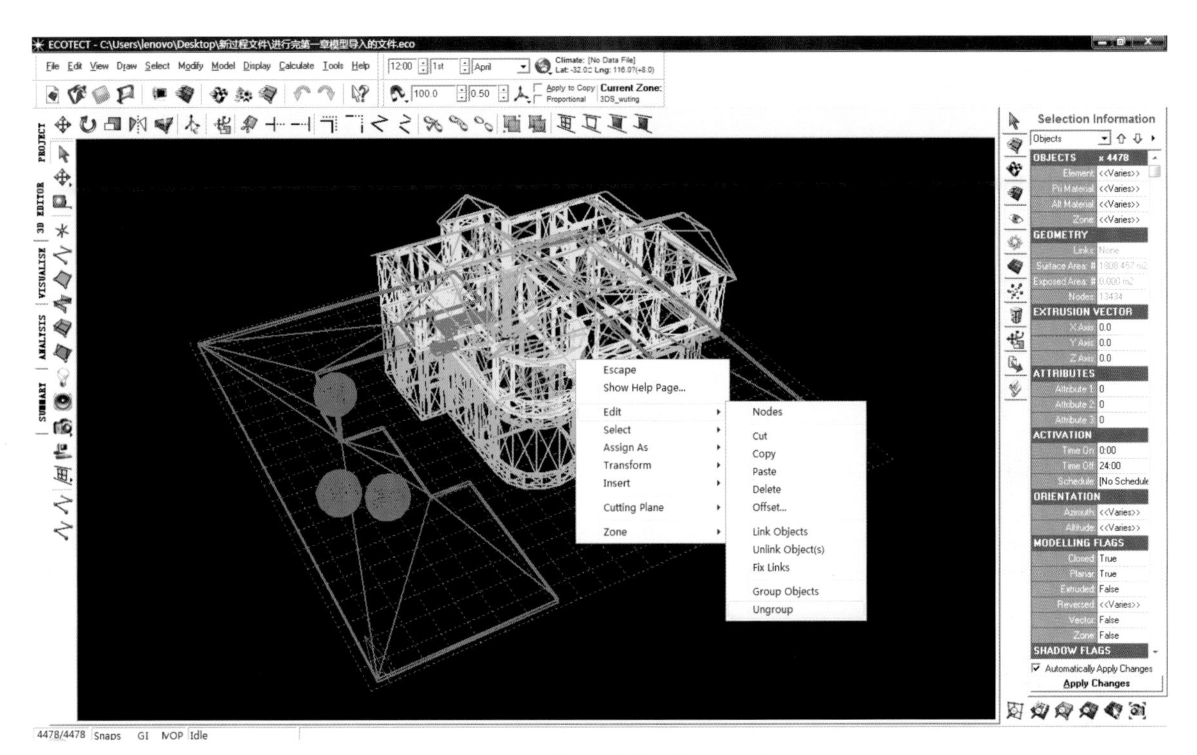


图 8–4–12　进行原有编组的拆分操作

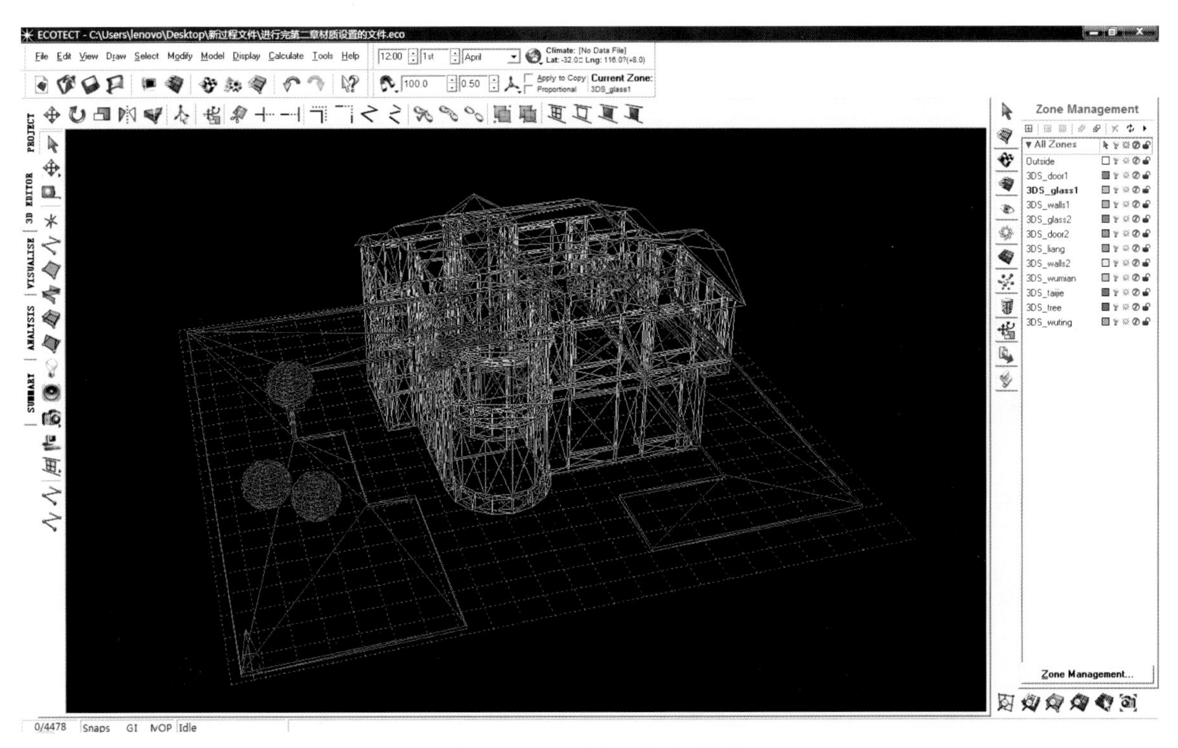


图 8–4–13　进行拆分后的模型

## 思考题 8.4

1. 案例中是使用导入 Schedule 文件的方式进行区域设置的，读者可以尝试采用手动设置的方式进行，在拥有现有数据的基础上，根据每一项进行设置，完成过程并不繁琐。

2. 除去拆分模型的另一相对复杂的方式是自行使用平面工具将模型中所有曲面进行重新绘制，这样可以方便后面进行的一些分析工作更快进行，结果可能也会同现在略有不同，读者可自行进行尝试。

# 8.5 日照分析

## 8.5.1 阴影范围计算阶段

**第 1 步**：首先点击屏幕右边 按钮进入日照分析的 Shadow Settings 面板，再点击屏幕左侧“VISUALIZE”标签进入 OpenGL 视图，如图 8-5-1 所示。

**第 2 步**：点击“Display Shadows”开启阴影。勾选工具栏里的“Daily Sun Path”选项，即可见日运行轨迹和阴影，如图 8-5-2 所示。同时可以拖动移动太阳位置改变阴影。

**第 3 步**：点击勾选“Annual Sun Path”选项，即可显示太阳的年运行轨迹，如图 8-5-3 所示。同时，可以拖动鼠标移动查看阴影的位置，也可以在时间设置格中设置精确的时间，查看当时精确的阴影位置。另外，点击“View From Sun Pos”按钮可以从太阳方向查看模型。

**第 4 步**：点击 F5 键或依次点击 view － plan 调整到模型的顶视图，此时打开阴影，可以更加直观地查看到投射到地面上的阴影的样子，如图 8-5-4 所示。

**第 5 步**：点击“Show Shadow Range”按钮，可以查看阴影变化的范围，具体的变化时间可以设置。案例中为 9 ： 00 到 14 ： 00 间隔 30min 的阴影变化，如图 8-5-5 所示。

**第 6 步**：点击屏幕左面的“3D EDITOR”标签调整到线框模型模式，勾选右边栏的“Show Floors in Plan”选项，即可以看到如果没有地面物体阴影的投射情况，如图 8-5-6 所示。

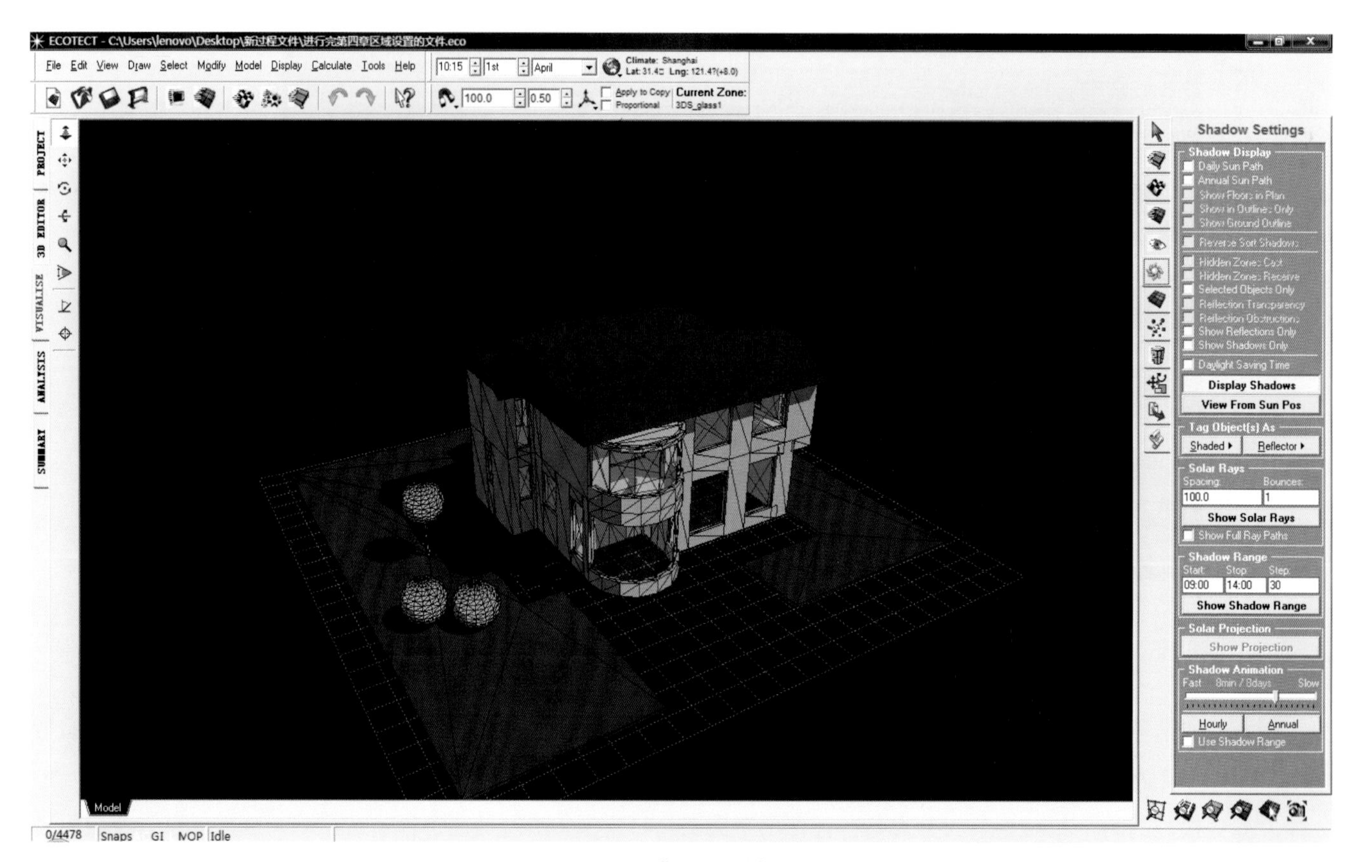


图 8-5-1 进入日照分析界面

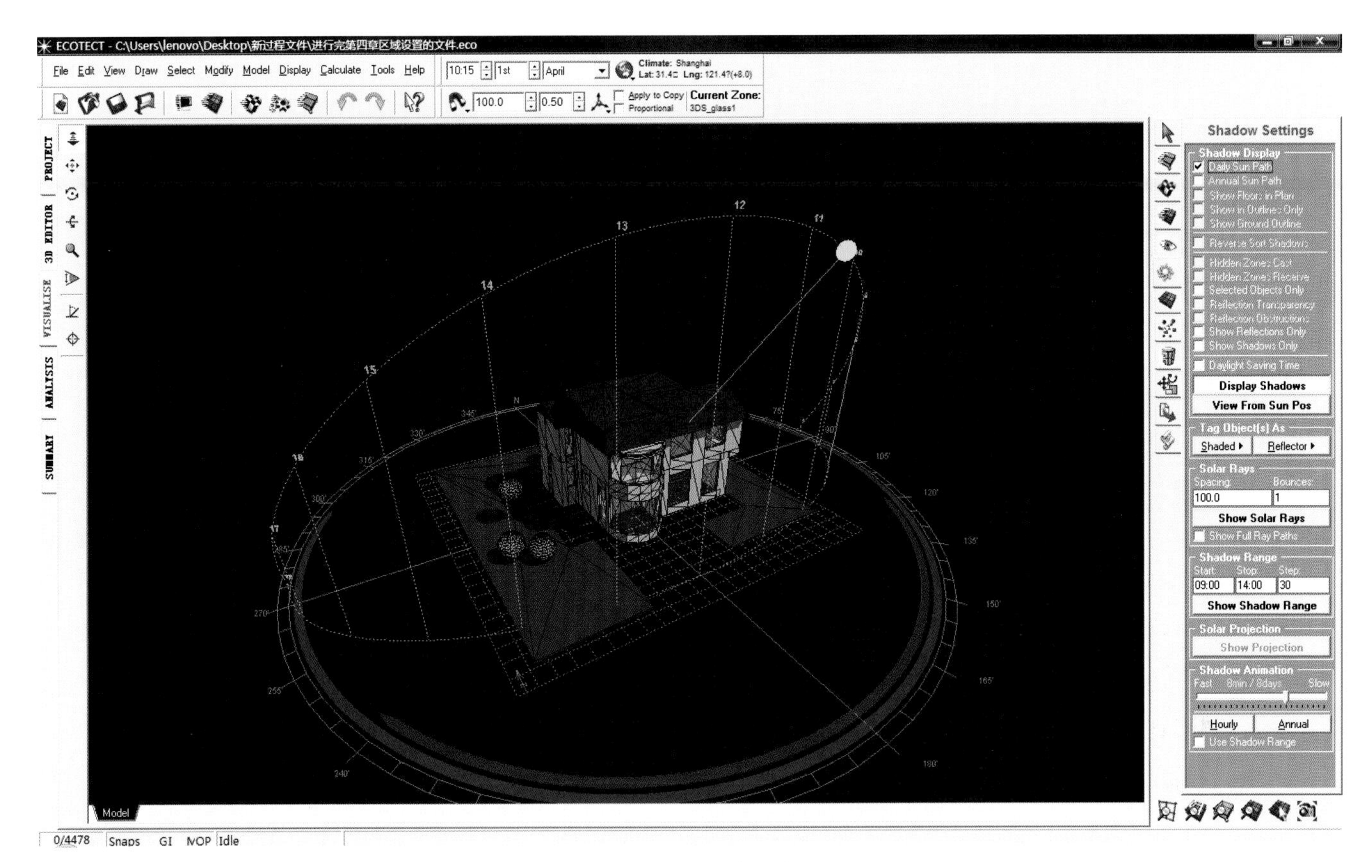


图 8–5–2　显示太阳位置

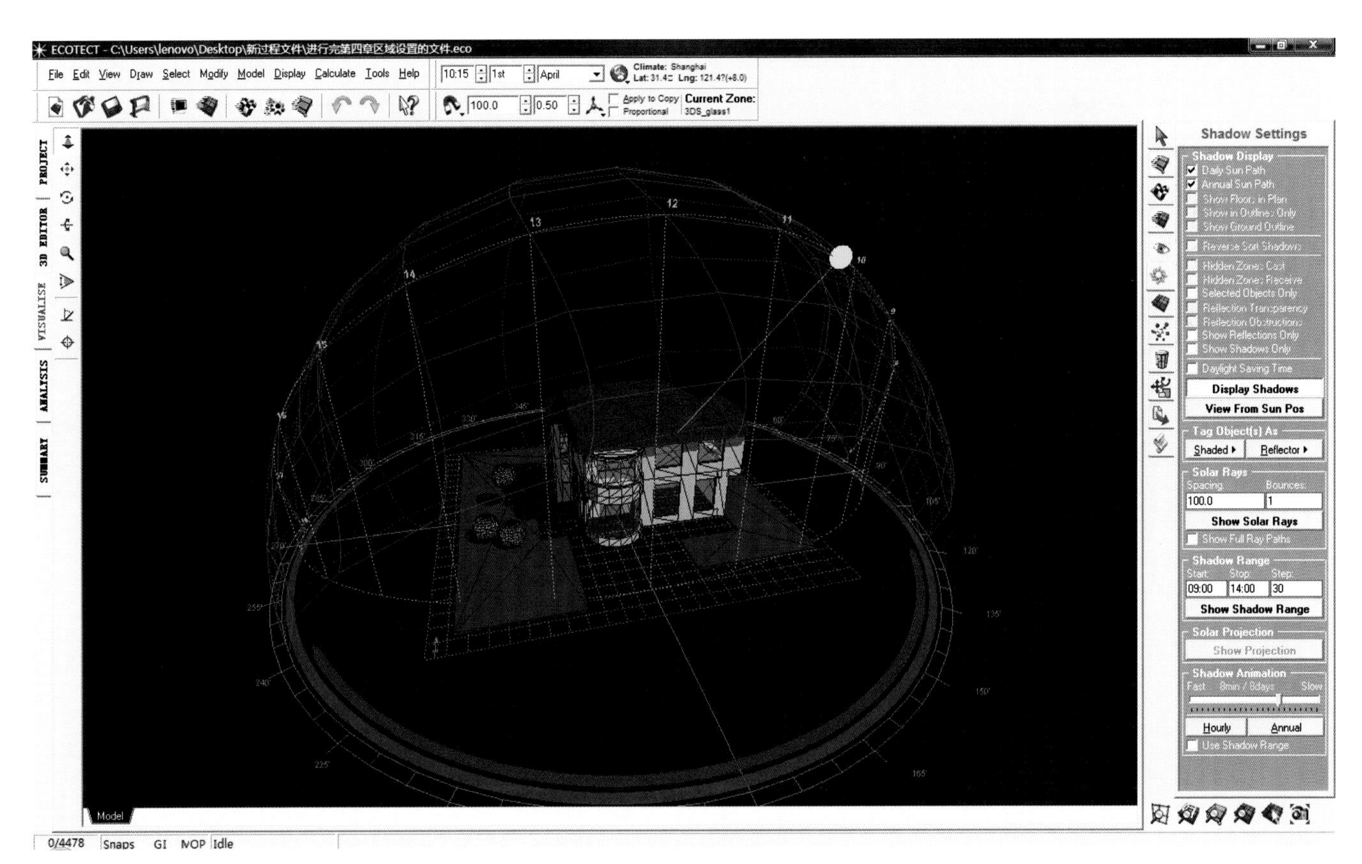


图 8–5–3　显示年度太阳轨迹

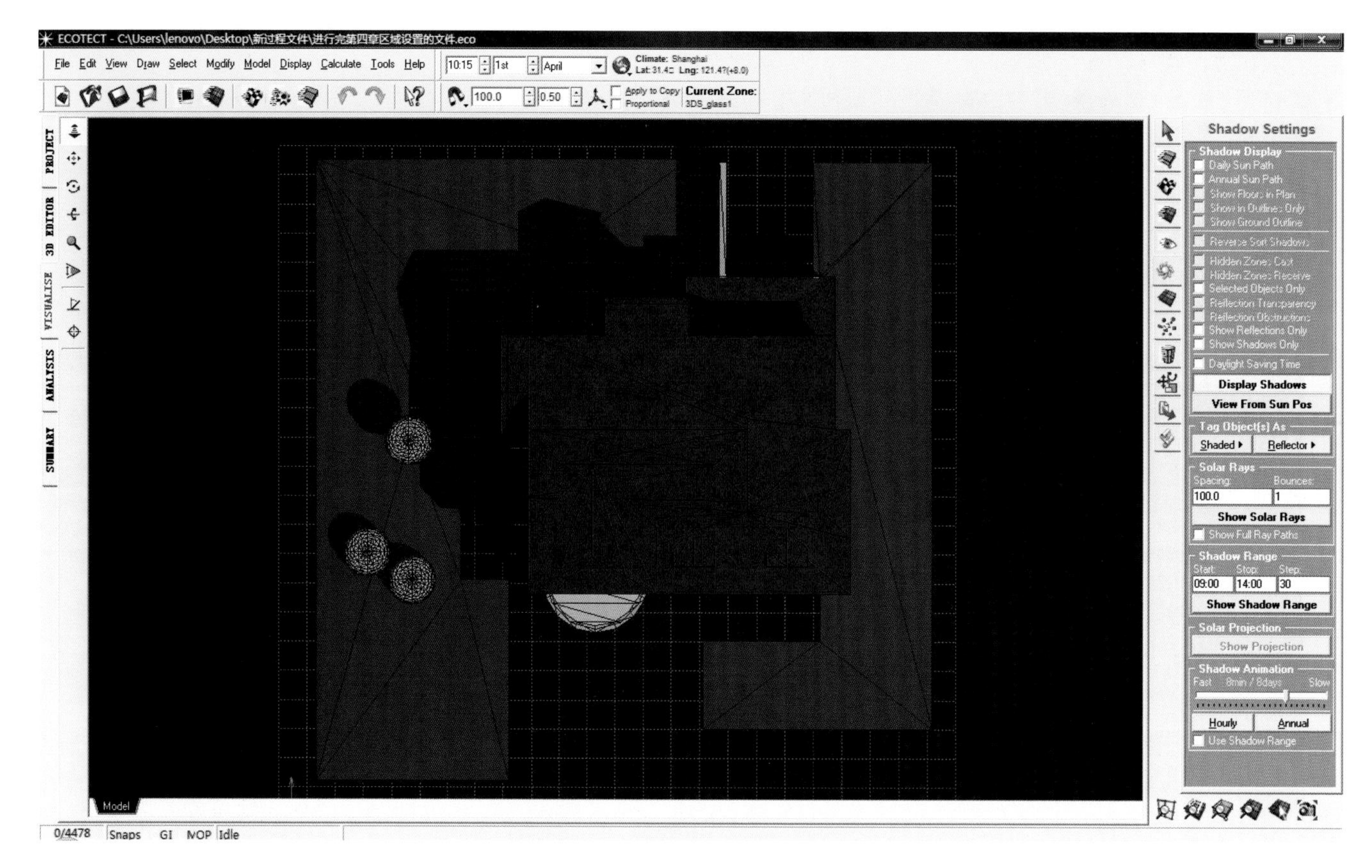


图 8-5-4　观看特定时间的太阳阴影

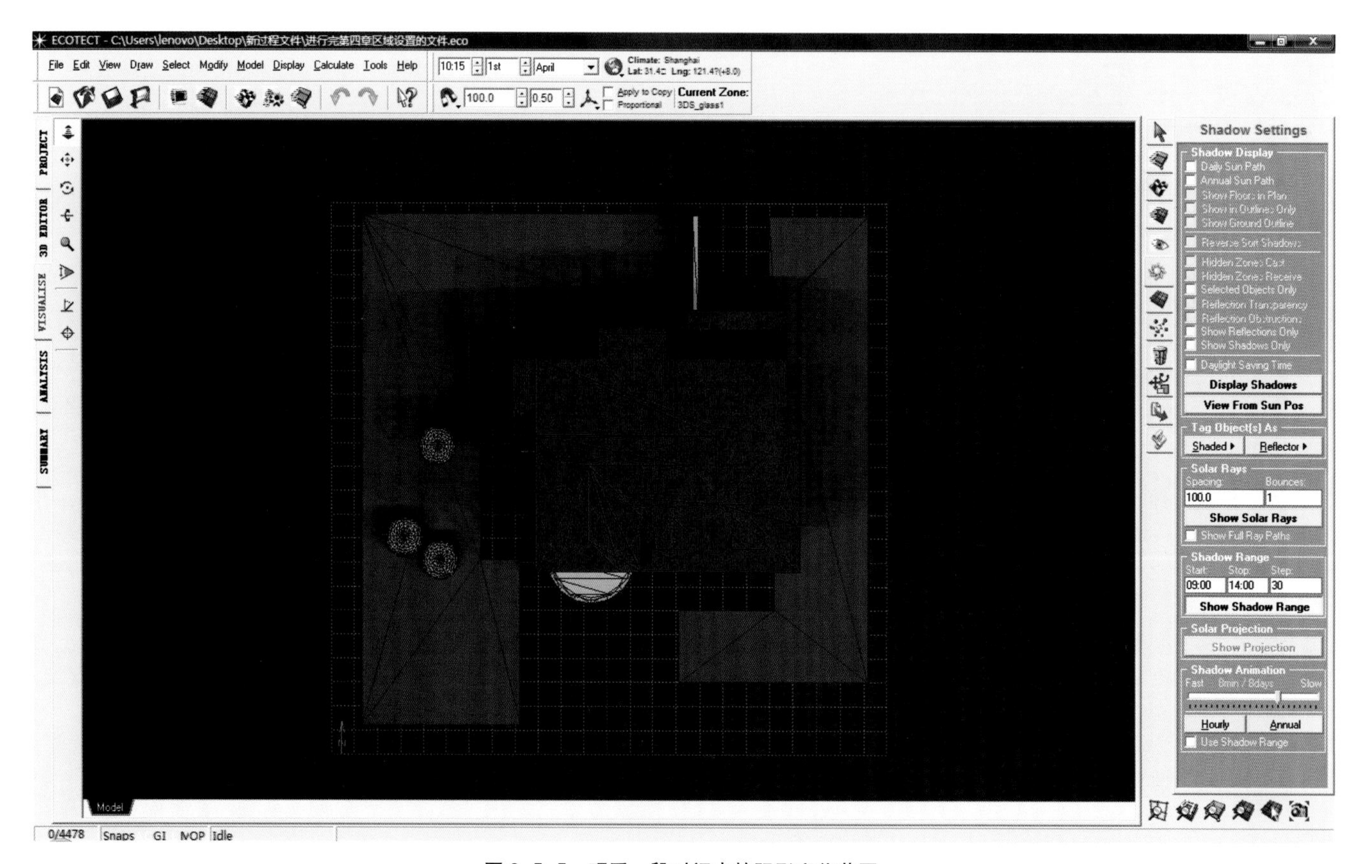


图 8-5-5　观看一段时间内的阴影变化范围

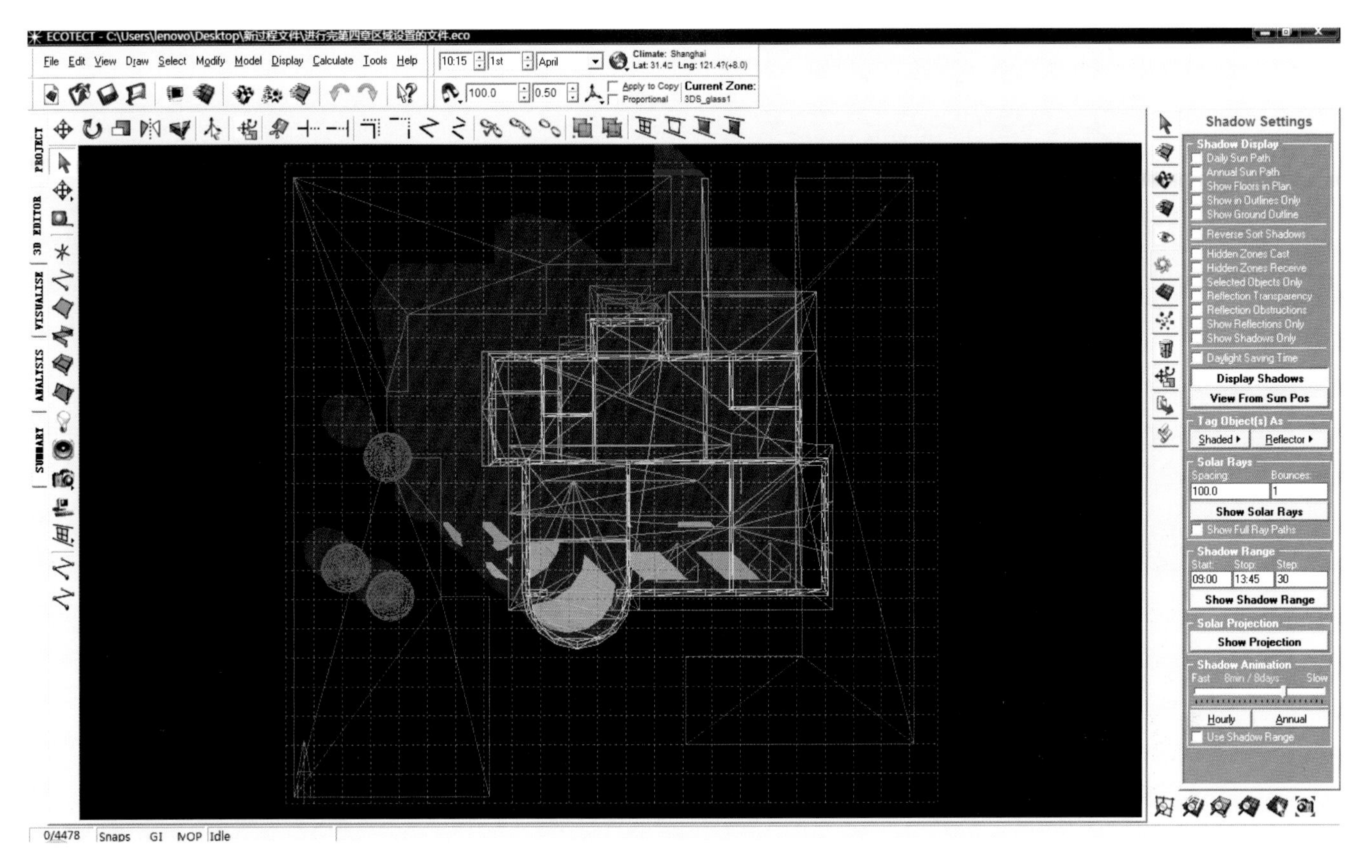


图 8-5-6　绝对平面的阴影投射

## 8.5.2 日照时数计算阶段

**第 7 步**：之后进行光照度分析，拟分析地面遮挡和光照情况。点击　按钮，在地面选定网格四角添加矩形平面，为之后匹配分析网格，如图 8-5-7 所示。

**第 8 步**：选择铺设并调整网格符合刚刚建好的矩形平面，调整 X、Y 方向的 cell 数均为 50，Z 方向调整为 0，之后可见分析网格，如图 8-5-8 所示。完成后点击 Calculation － Solar Access Analysis 进行日照分析。

**第 9 步**：跳过向导后出现图示对话框，如图 8-5-9 所示，“Calculation Type”项选择“Shading,Overshadowing and Sunlight Hours”，调整依照我国法规时间到 8 ：00 到 16 ：00，“Calculate Over”设置为“Analysis Grid”，其他均依照默认设置。点击“OK”进行计算。

**第 10 步**：经历约 45 分钟的计算后，网格上显示分析结果，如图 8-5-10 所示。

**第 11 步**：点击 F5 调整到顶视图之后，可以看到日照状况可以非常清晰直观地看出。色彩所示为日照时间，该数值可以在右边栏“Grid Data & Scale”中设置，如图 8-5-11。

**第 12 步**：点击某空间位置，可以显示具体数值，如图 8-5-12 所示。

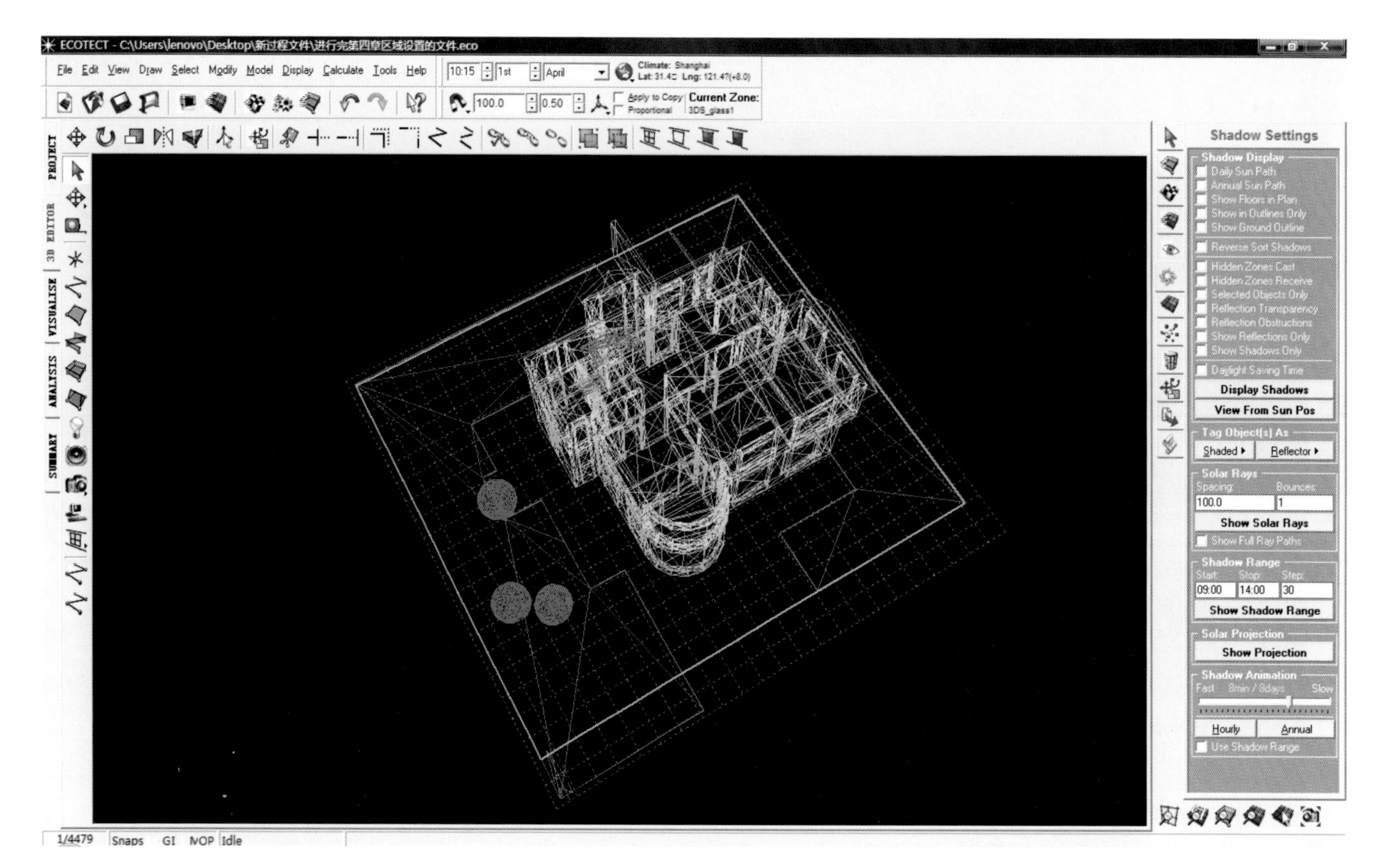


图 8–5–7　添加矩形基准面

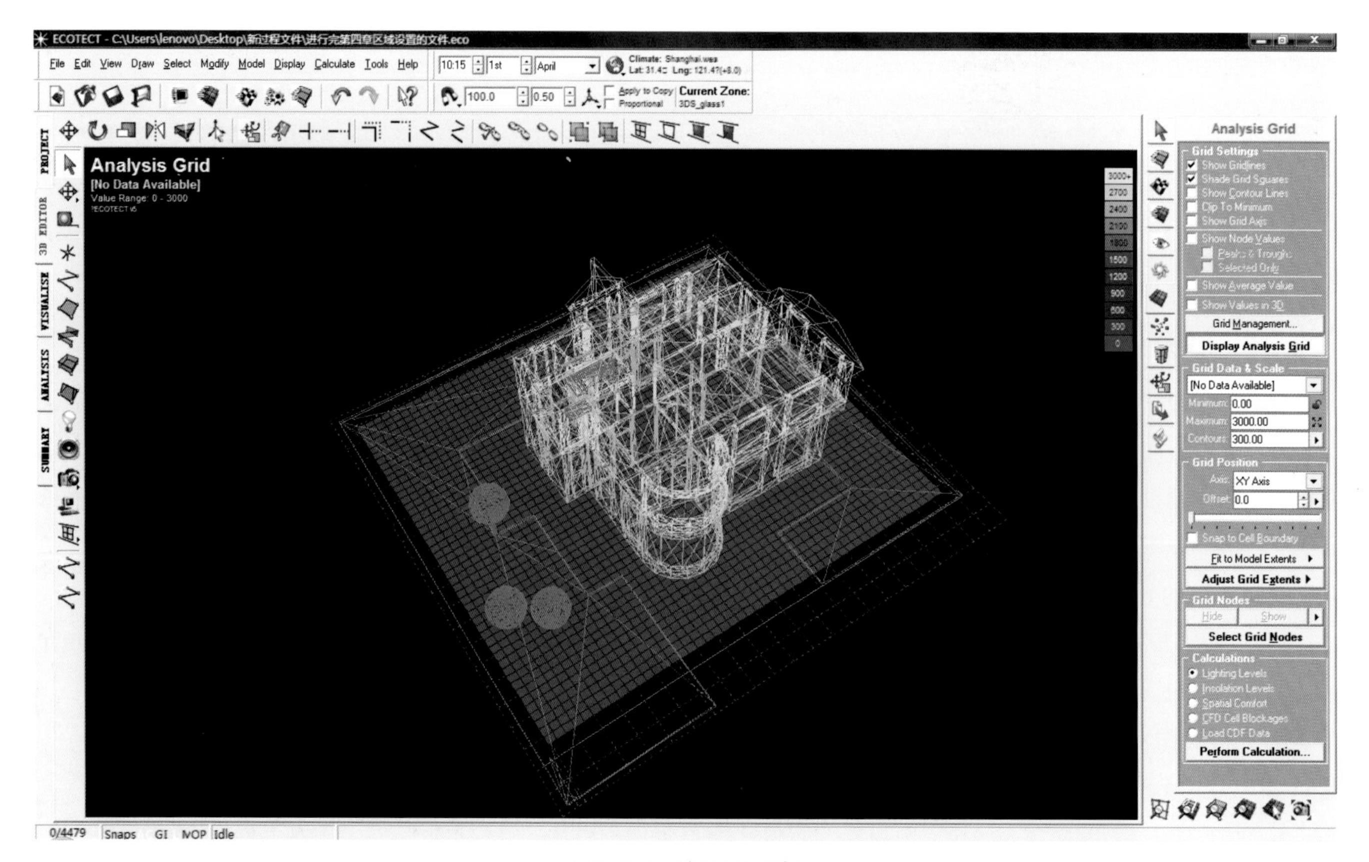


图 8–5–8　铺设分析网格

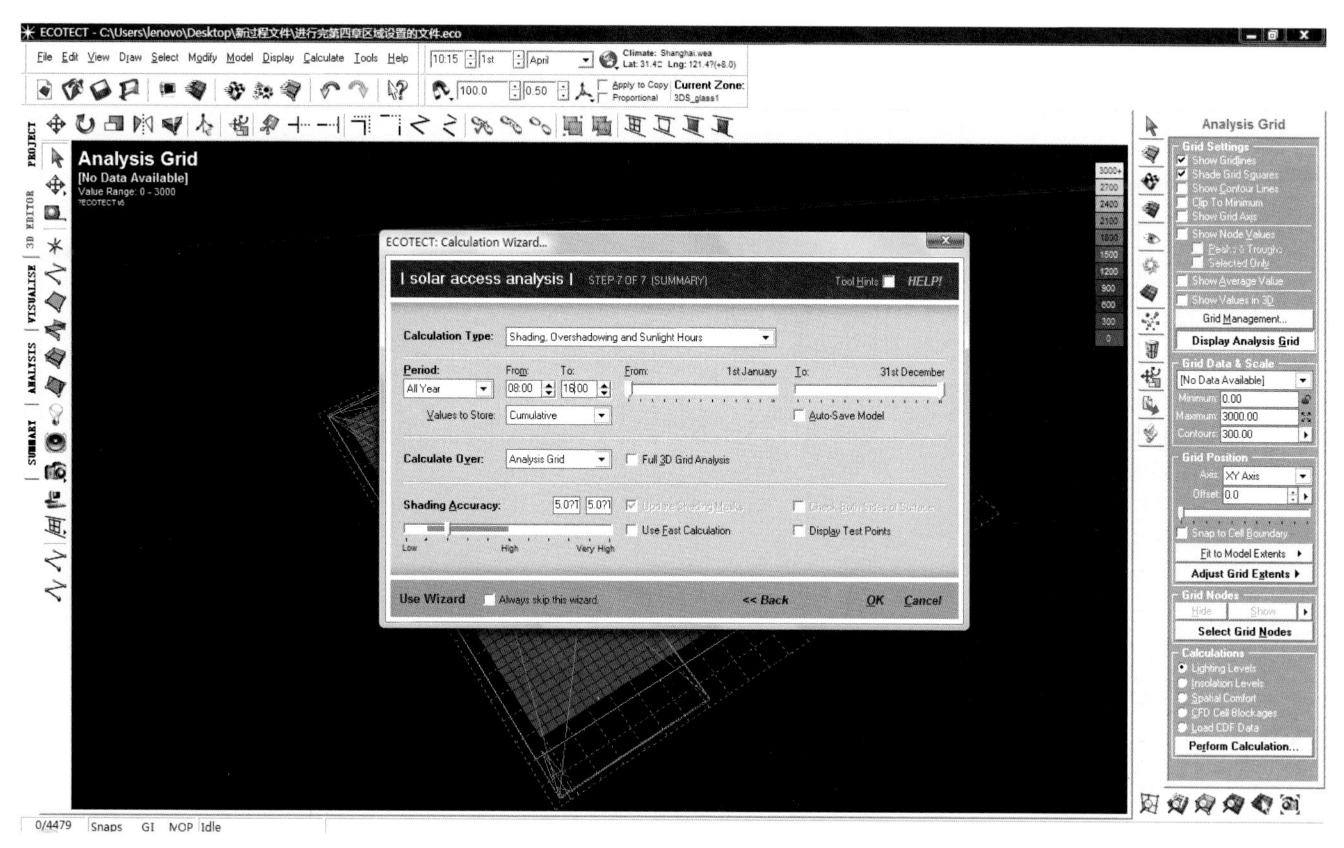


图 8–5–9　日照计算设定界面

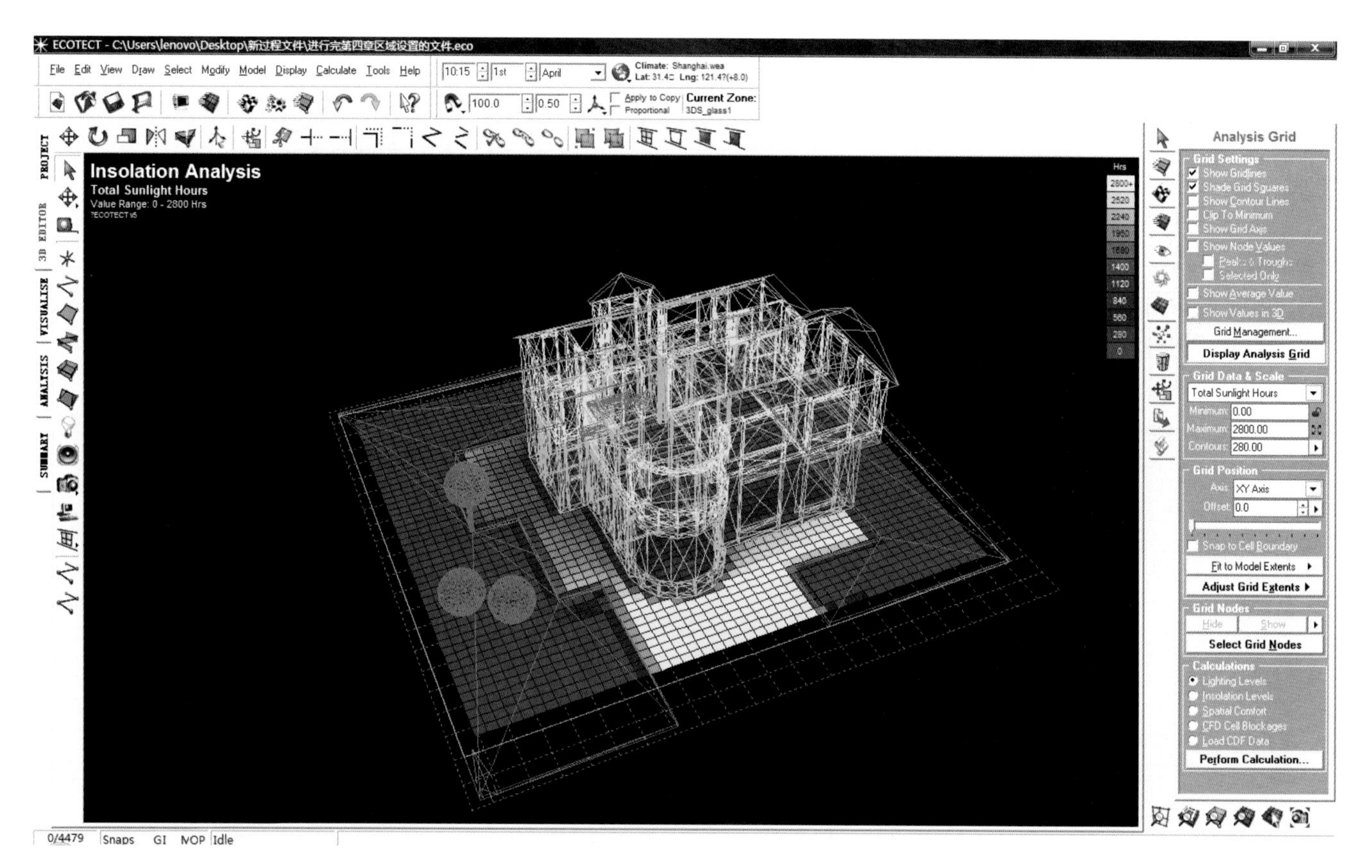


图 8–5–10　日照分析结果

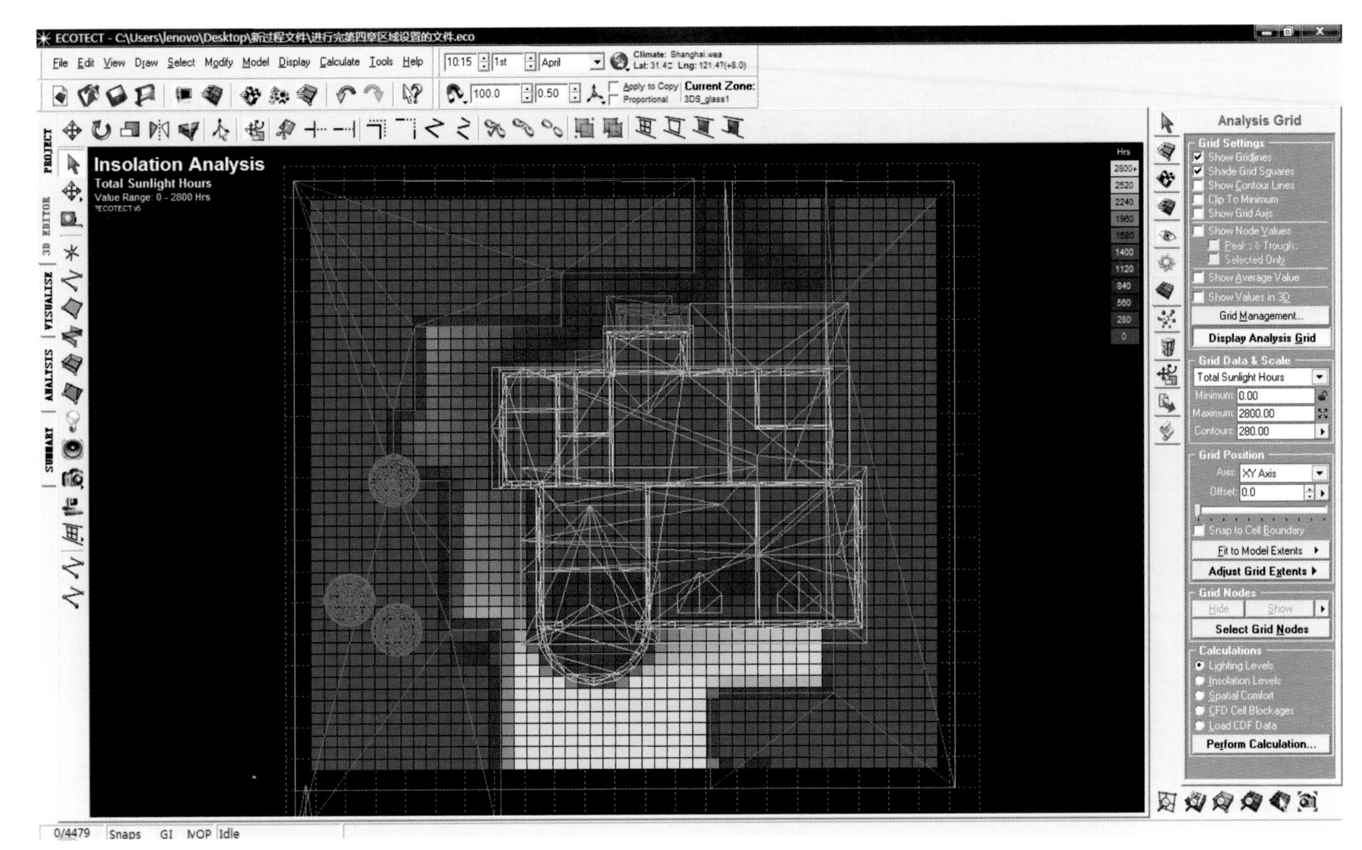

图 8-5-11　日照分析顶视图

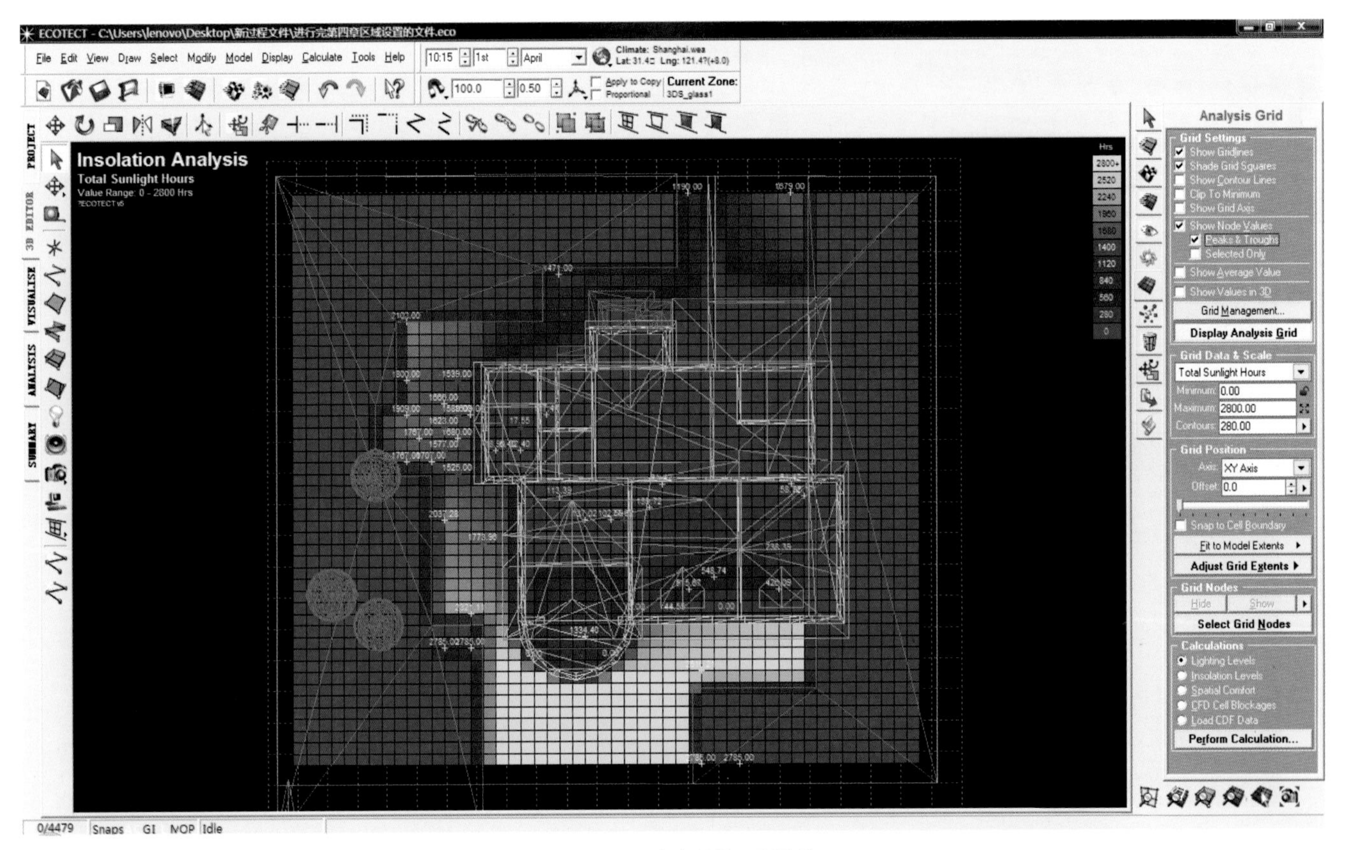

图 8-5-12　查询具体日照数值

## 8.5.3 空间点遮挡计算阶段

**第 13 步**：接下来进行日轨图的遮挡分析，点击 在小住宅的墙脚插入一个点，位置任意，下面要分析该点受到遮挡的状况，如图 8-5-13 所示。

**第 14 步**：选择 Calculation – Sun-Path Diagram，进入日轨图的分析对话框。选择展开右边栏“SHADINGMASK”的下拉菜单，再点击“Calculate Shading”按钮，弹出如图 8-5-14 所示的对话框。把“Sky Subdivision”中的两个数字都改成 2，点击“OK”进行计算。

**第 15 步**：经过计算，刚才插入点的遮挡情况显示如图 8-5-15 所示。

## 8.5.4 扇形面遮挡计算阶段

**第 16 步**：随后进行空间点的扇形面遮挡分析。点击 Calculate – Shading and Shadows – Shading Design Wizard，进入遮阳设计向导。在弹出的向导中选择“Extrude Objects for Solar Envelope”，点击“Next”进入下一步，如图 8-5-16 所示。

**第 17 步**：选择“As a Fan-Shaped Hourly Solar Envelope”进行扇形遮挡区域的建立，点击“OK”开始进行绘制，如图 8-5-17 所示。

**第 18 步**：绘制完毕可如图 8-5-18 所示中的绿色区域。该分析可用于周边建筑对该别墅遮挡的分析。

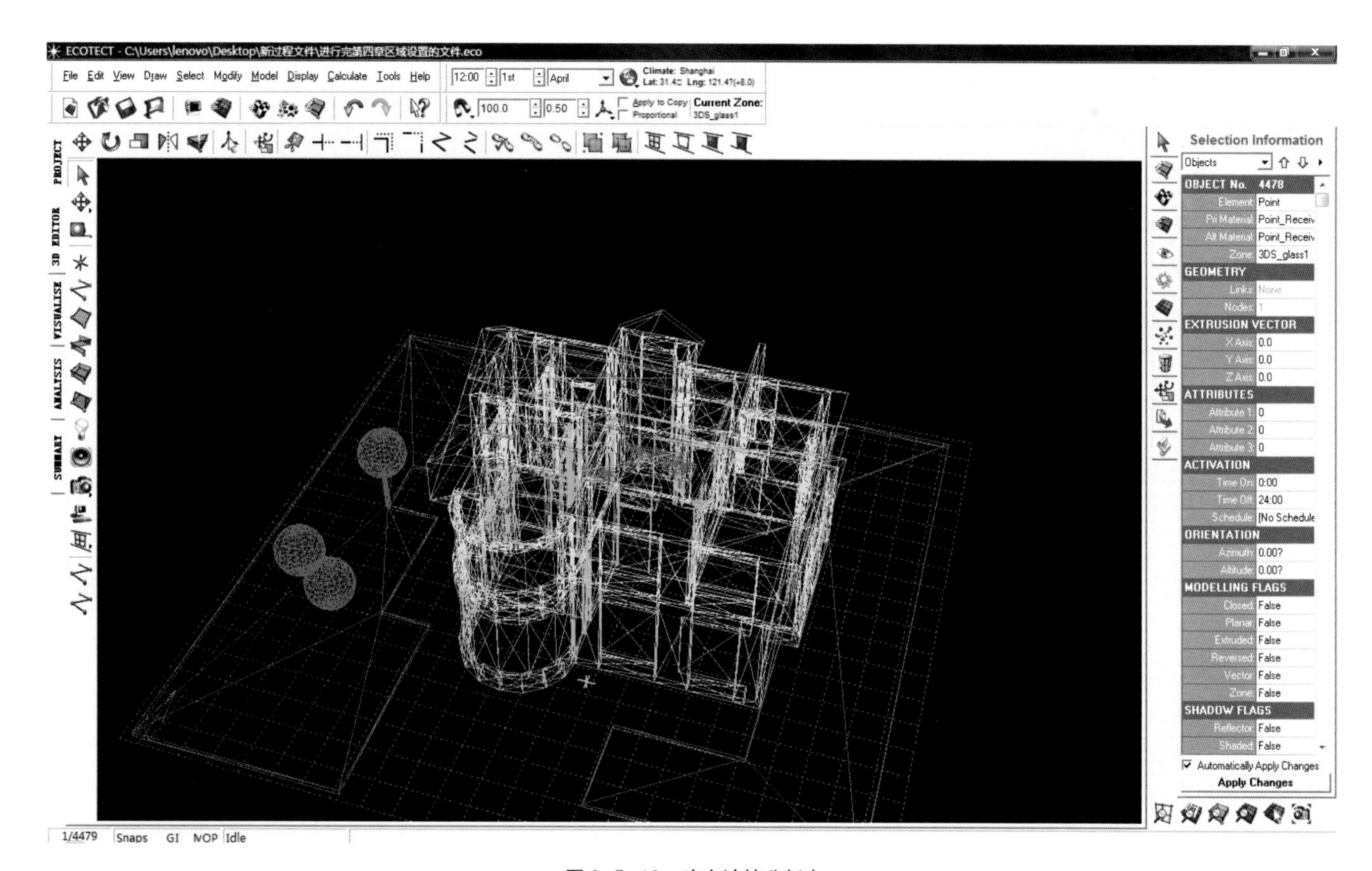


图 8-5-13 确定遮挡分析点

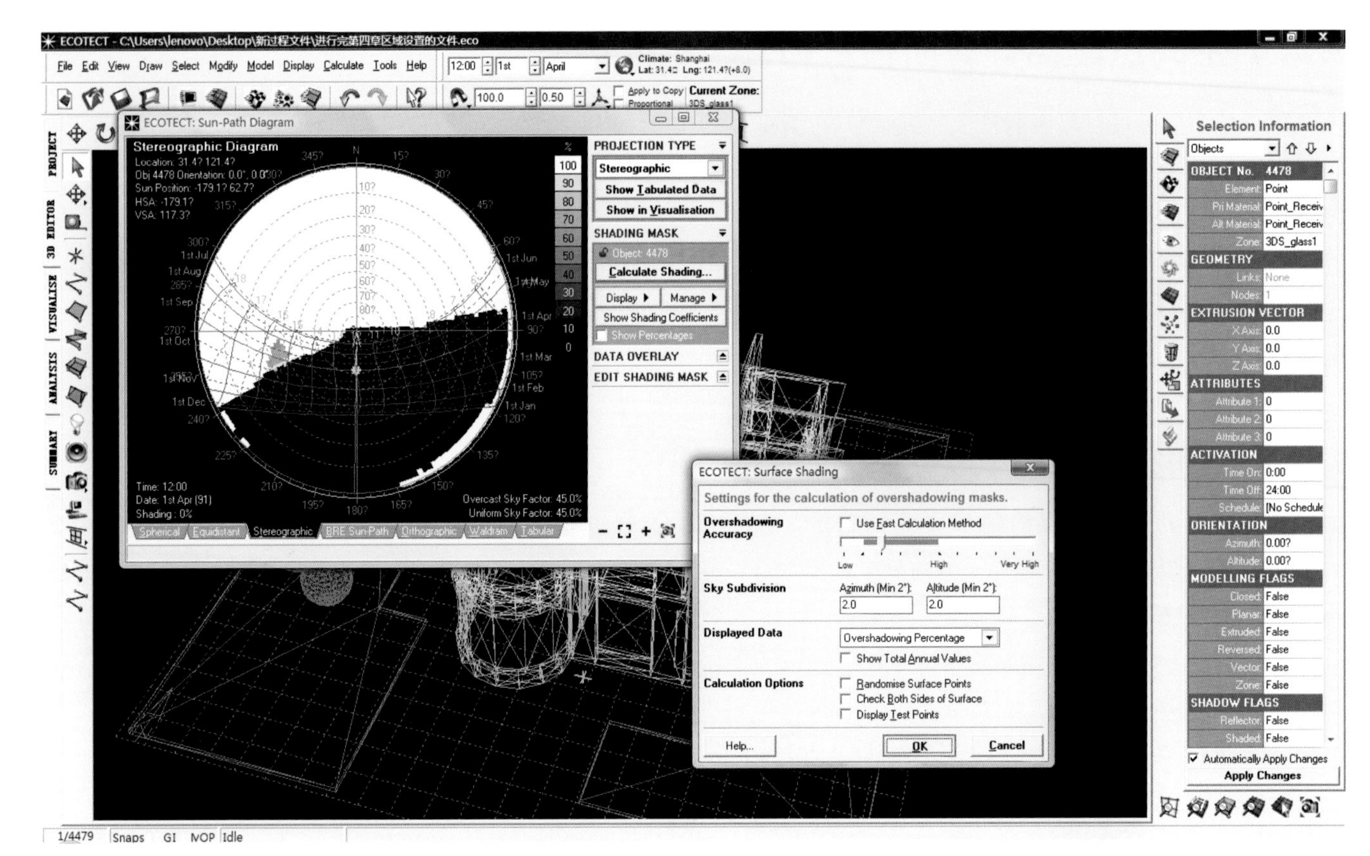


图 8-5-14　设定天空细分参数

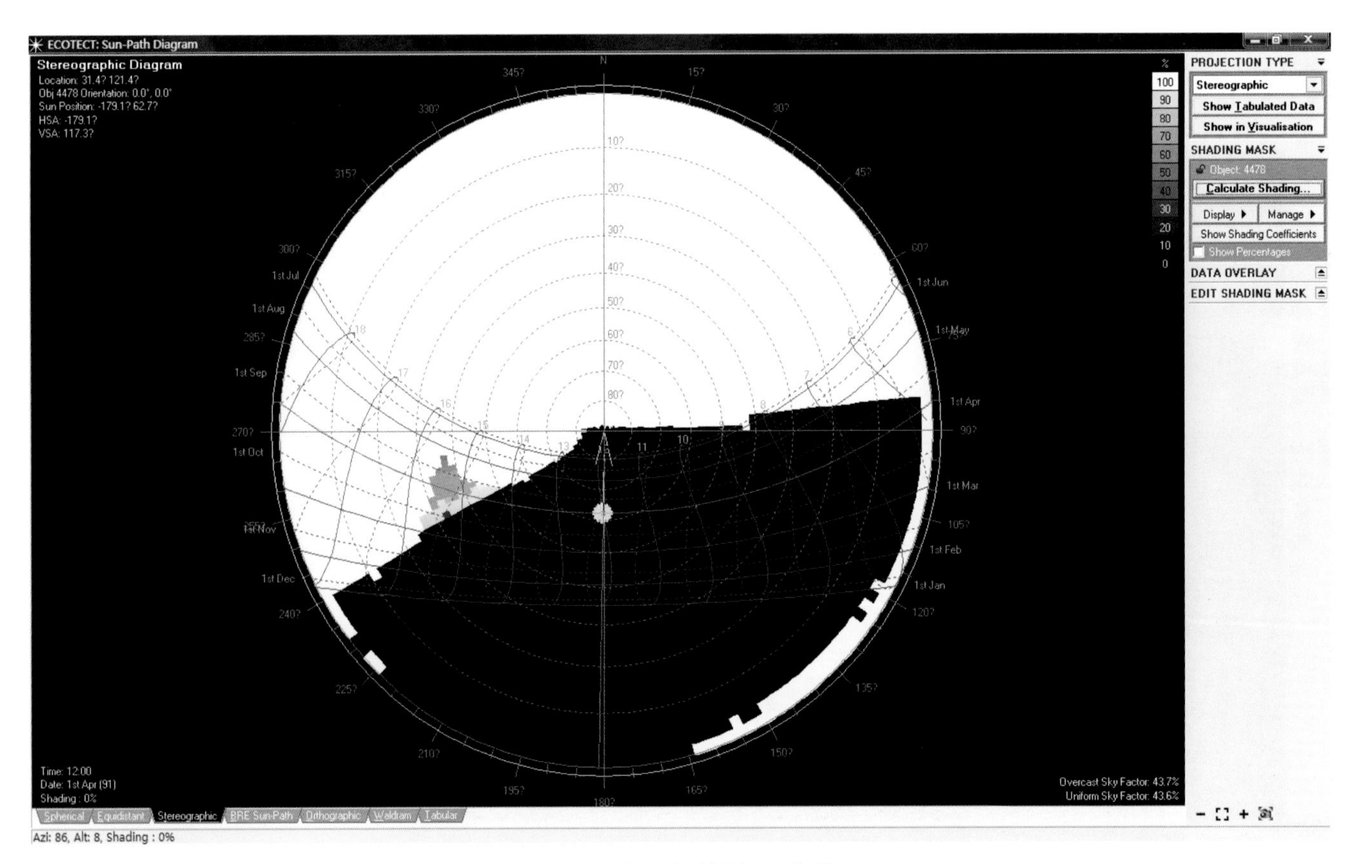


图 8-5-15　插入点遮挡情况分析结果

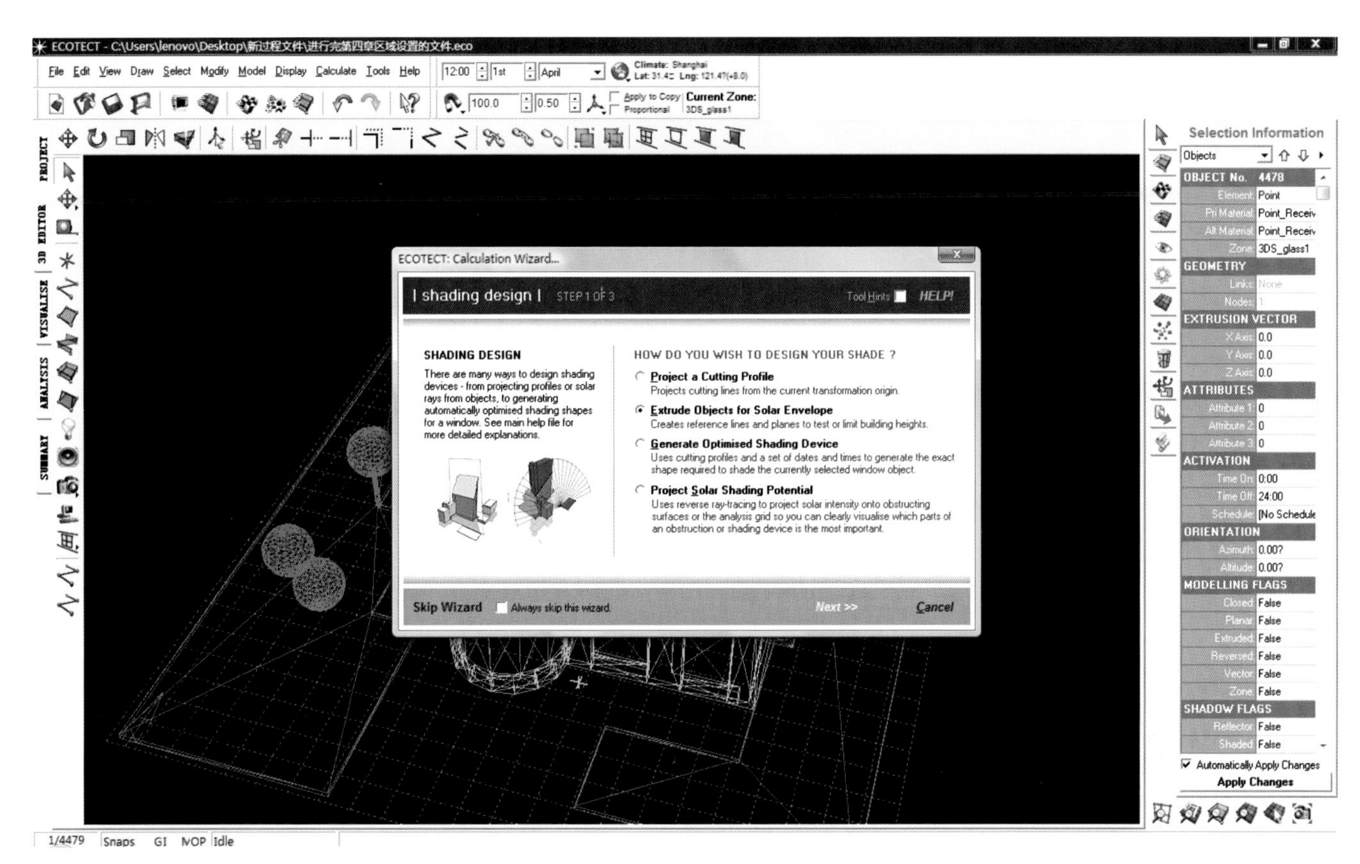


图 8–5–16　窗户遮阳向导

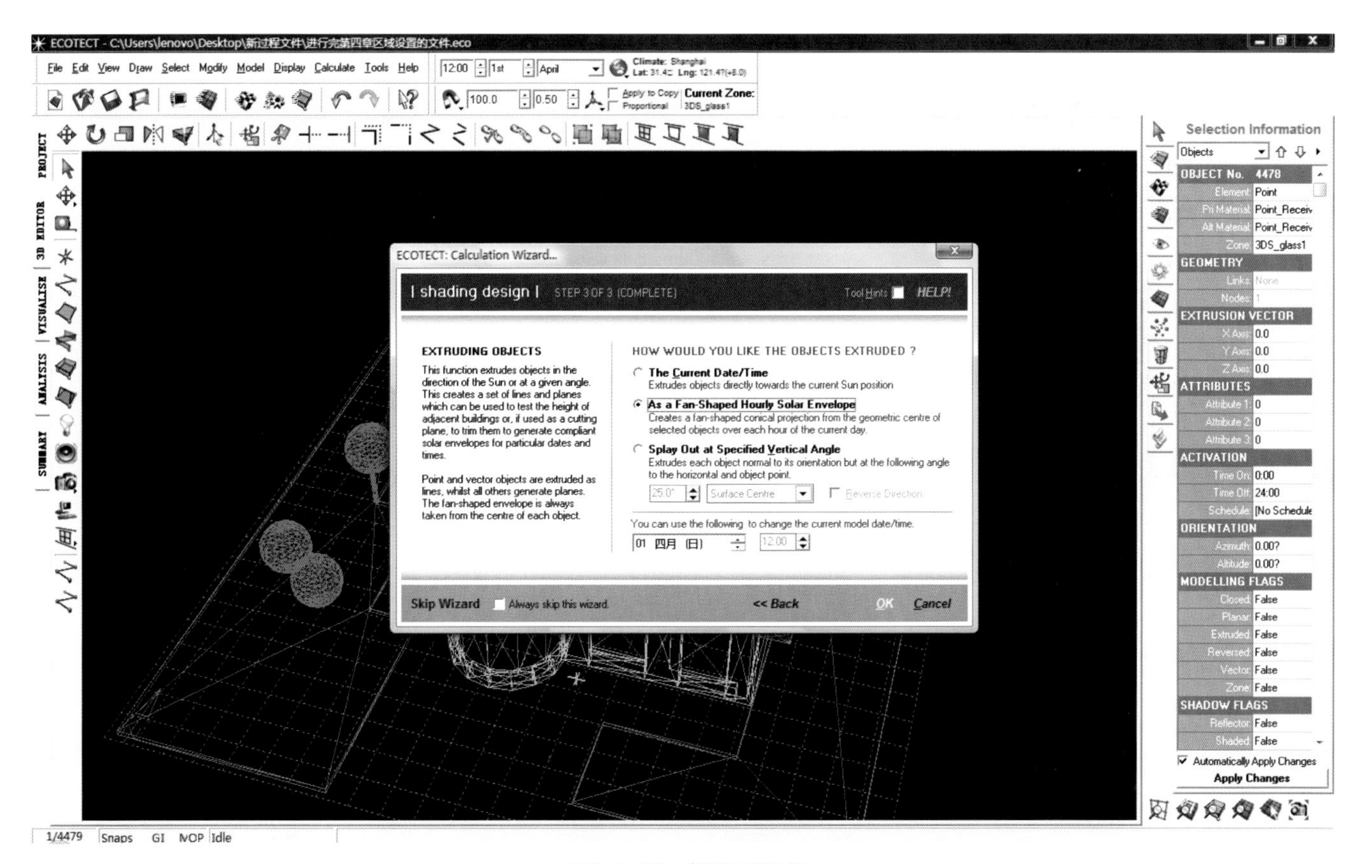


图 8–5–17　扇形日照设置

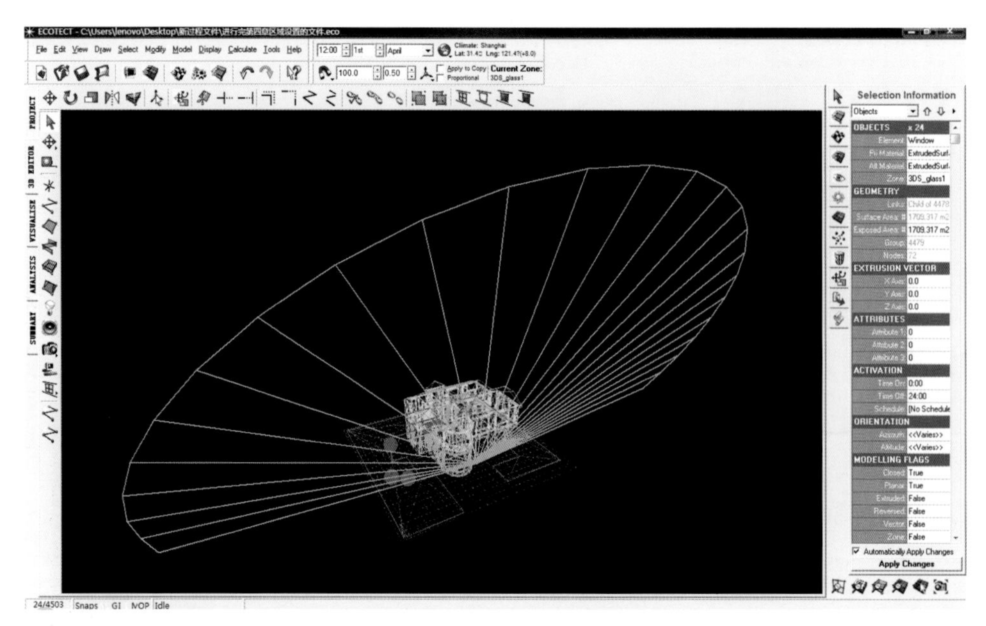


图 8-5-18　扇形区域范围生成

## 8.5.5 遮阳板优化计算阶段

**第 19 步**：接下来选取“Generate Optimized Shading Device”进行遮阳设计的分析的工作。该板块的其他留给读者自己去尝试使用，在这里不作赘述，如图 8-5-19 所示。

**第 20 步**：遮阳设计窗户的绘制和选择，如图 8-5-20 所示。由于没有可供选取的窗户，在这里使用平面工具绘制一个可供选择的窗体，拟对其进行遮阳板的设计。

**第 21 步**：在六种遮阳板方式中选取需要的方式，如图 8-5-21 所示，点击“Next”进入下一步。

**第 22 步**：设置“Projection Details”为“3.Optimized Shade(Until)”，时间依照我国法规更改为 9：00 到 17：00，如图 8-5-22 所示，点击“OK”计算后即可得到符合刚才选择标准的遮阳板的设计。

**第 23 步**：优化结果现实。分析得到的优化结果，如图 8-5-23 所示。

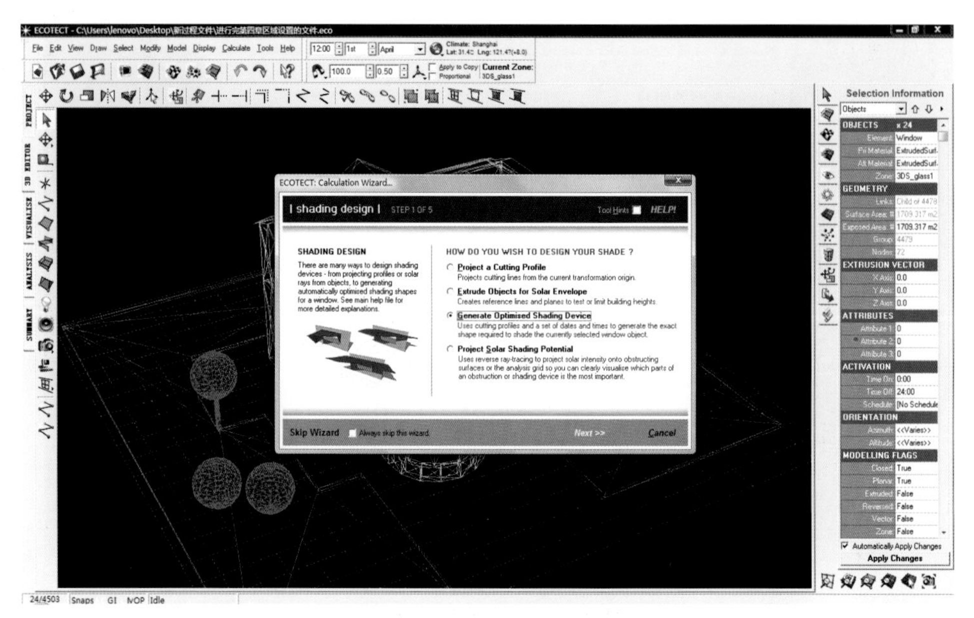


图 8-5-19　遮阳板优化生成向导

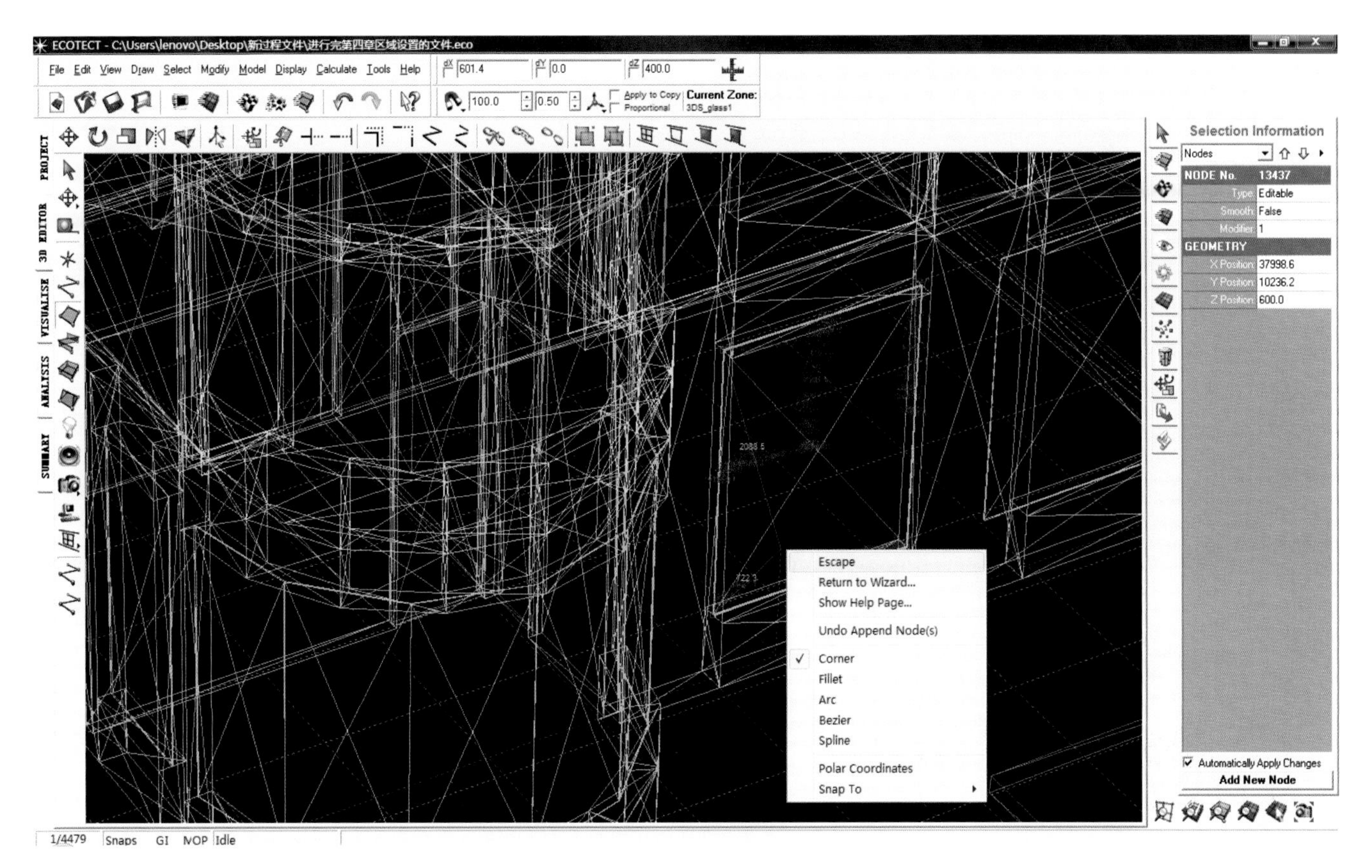


图 8-5-20　遮阳设计对象窗户的绘制和选择

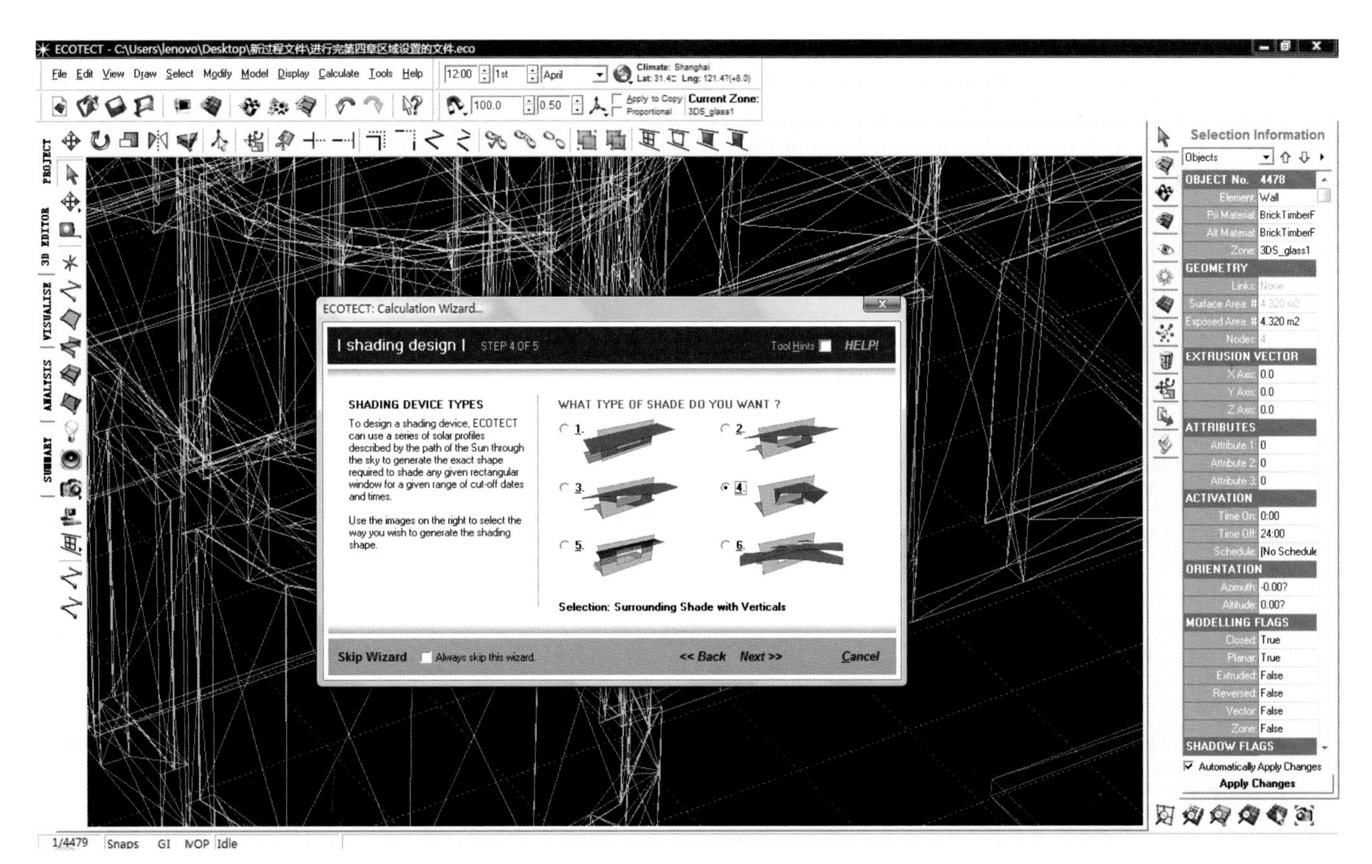


图 8-5-21　六种遮阳板选项

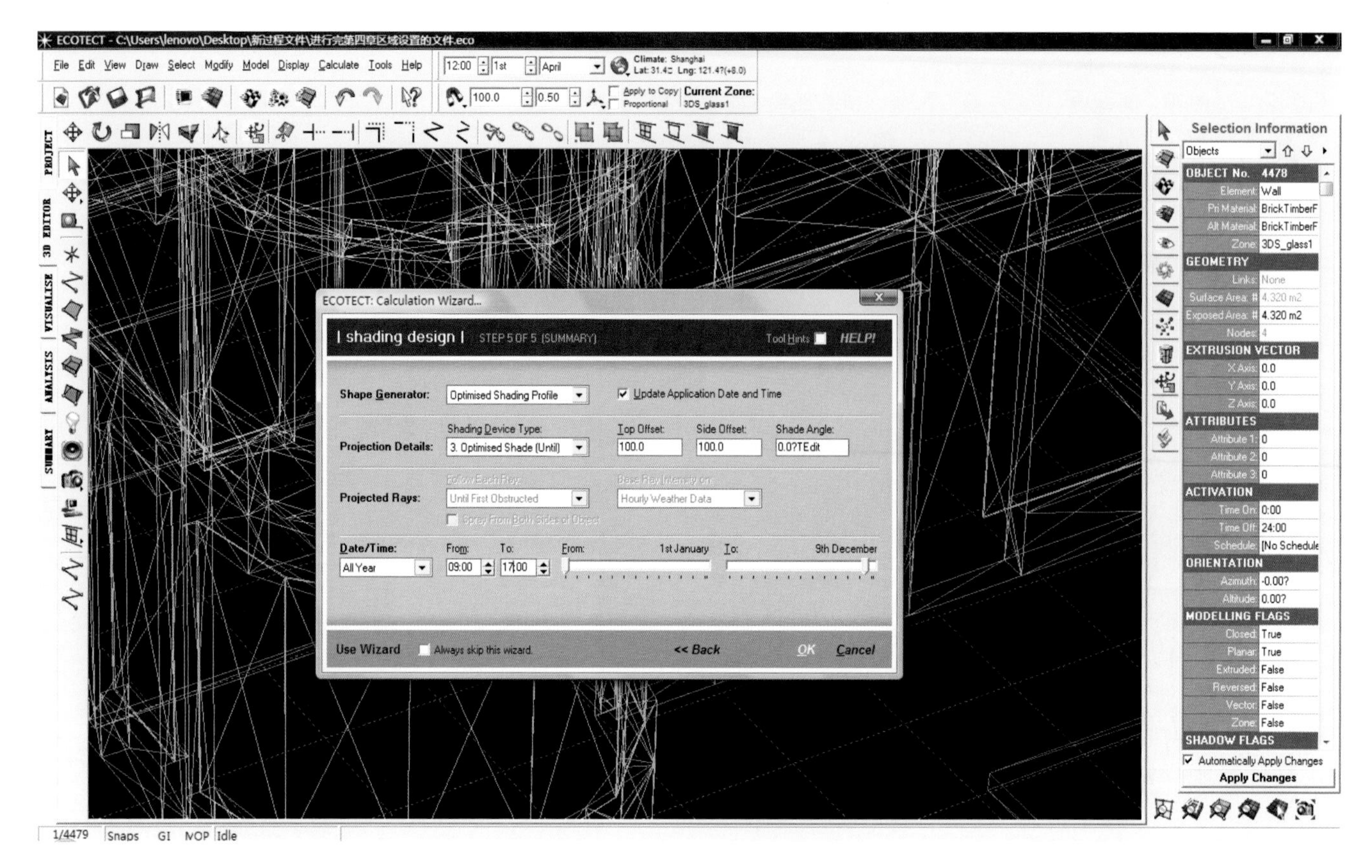


图 8–5–22　设定遮阳板优化参数

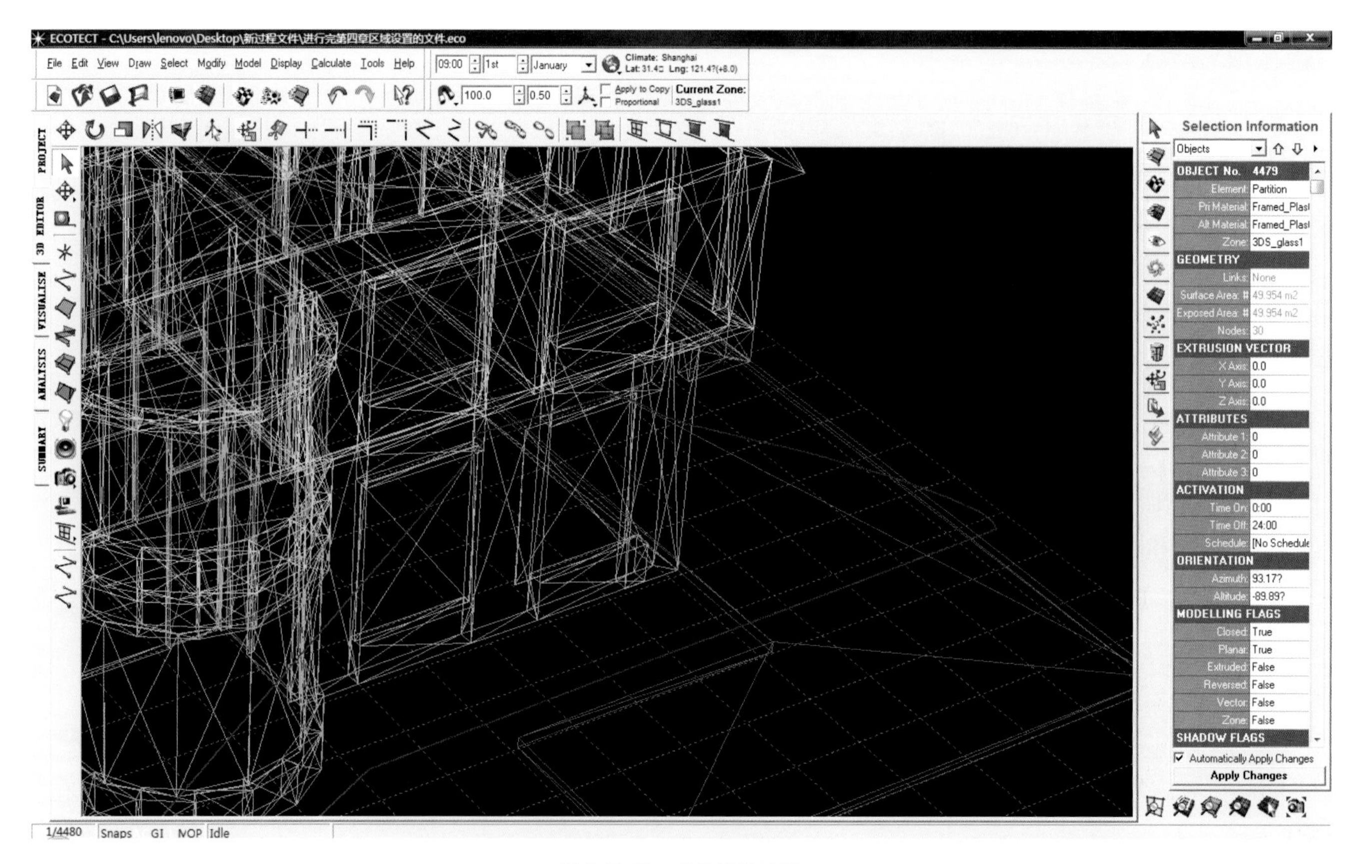


图 8–5–23　优化结果显示

## 思考题 8.5

1. 日照阴影的工具栏内有很多勾选项，有些是在渲染模式下使用的，而有些是在线框模式下使用的，它们具有很多显示的不同功能，读者可自行尝试。

2. 尝试使用动画阴影的动画分析功能。

3. 选取住宅南边某扇窗铺设分析网格，计算其上的日照时数。

4. 尝试除扇形面遮挡之外其他形式的遮挡分析。

5. 对同一窗户进行其他五种遮阳板优化设计的计算，并最终得出对于该案例中分析最实用的遮挡设计是哪一种。

# 8.6 光环境分析

## 8.6.1 内建照度计算

**第 1 步**：在本节中，主要演示如何对小住宅，如图 8-6-1 所示的二层空间进行采光分析。

**第 2 步**：首先进行铺设网格的前期准备。关闭除屋面外的所有图层，之后选择所有屋面，如图 8-6-2 所示。

**第 3 步**：选择屋面之后，点击屏幕右边栏中的 f 按钮，进入网格管理和计算面板，进行网格的铺设。选择“Fit to Model Extents”按钮里的“Fit Grid in Current Axis（2D）”选项，进行 2D 网格的铺设，如图 8-6-3 所示。

**第 4 步**：执行完命令之后，一个初具规模的网格就被铺设在水平面上了，如图 8-6-4 所示。现在需要进行的工作就是将这个网格提高到我们所需的高度。

**第 5 步**：选择“Grid Position”中“Offset”后向右的箭头，之后选择“Goto Maximum Extent”，进行网格大小的匹配，如图 8-6-5 所示。

**第 6 步**：之后可以看到网格已经被成功铺设到二楼的楼板上了，切换视角，可以更加清楚地看到网格的匹配程度，如图 8-6-6 所示。

**第 7 步**：由于网格数量不甚理想，所以进行修改设置。选择“Grid Manager”按钮，在弹出的对话框中把 X、Y、Z 三个方向上的 cell 数分别改为 40、32、0，如图 8-6-7 所示。

**第 8 步**：修改完成后，可以看到网格的密集程度明显增加了，如图 8-6-8 所示。这样虽然可能会大大增加计算时间，但计算的精度随之上升。

**第 9 步**：开启所有图层后，可以清晰看到网格被铺设得恰到好处，如图 8-6-9 所示。

**第 10 步**：在网格工具栏的最下方有计算选项，选取“Lighting Levels”之后点击“Perform Calculation”按钮，之后弹出对话框，如图 8-6-10 所示。

**第 11 步**：点击“Skip Wizard”之后出现对话框，如图 8-6-11 所示。在“Calculation Type”一栏选取“Overall Light Levels-Daylight and Electric”；在“Sky Conditions”一栏选取“CIE Overcast Sky”和“Calculate from Model Latitude”，之后系统会 f 自动计算出 8500lux；在“General Settings”一栏选择“Medium Precision”和“Clean Windows”；在“Calculate Over”一栏选取“Analysis Grid”，之后点击“OK”开始计算。

**第 12 步**：经计算后，结果已经清晰地显示在网格上了，如图 8-6-12 所示。

**第 13 步**：关闭覆盖图层之后，可以把计算结果看得更加清楚，如图 8-6-13 所示。

**第 14 步**：选取 View － Plan 或者直接点击键盘上 F5 即可切换到顶视图，如图 8-6-14 所示。

**第 15 步**：在网格管理面板里勾选“Show Values in 3D”，即可看到计算结果被以 3D 形式显示在屏幕上，结果如图 8-6-15 所示。

**第 16 步**：勾选“Show Node Values”之后可以看到每个网格的数值，但是由于数值太多显示起来可能不是很方便，于是，若勾选“Peaks & Troughs”即可看到部分关键数据，如图 8-6-16 所示。

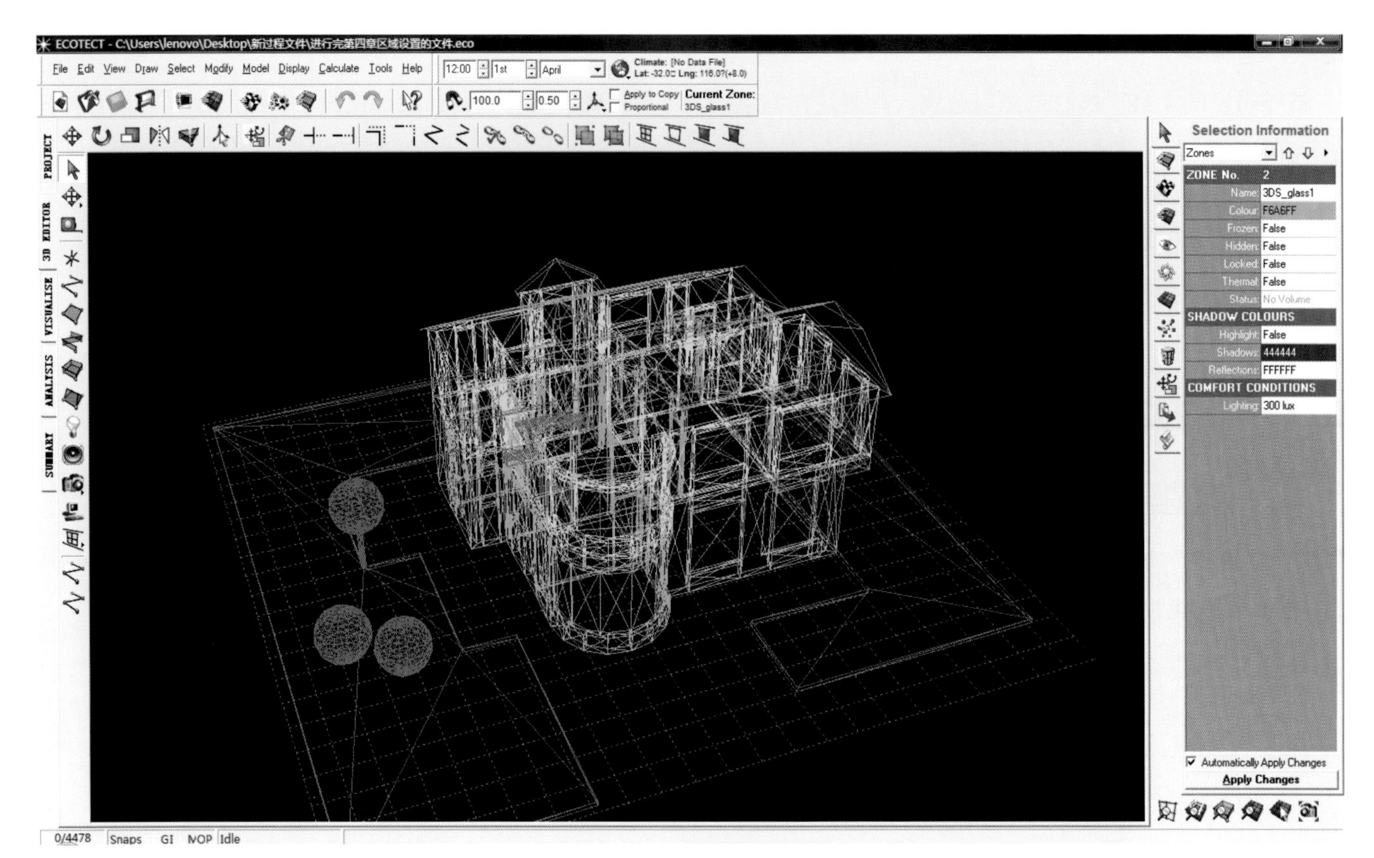


图 8-6-1 小住宅线框轴侧图

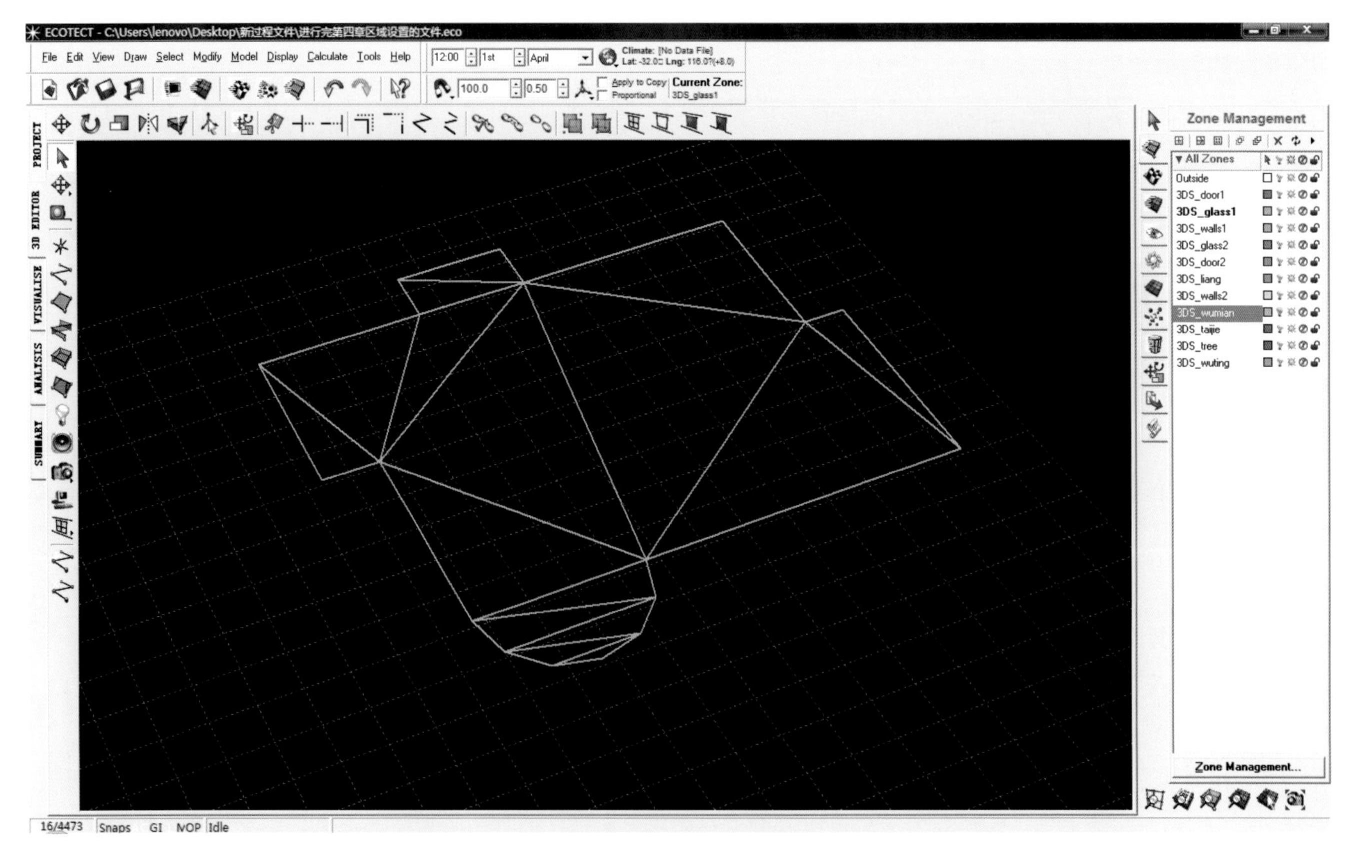


图 8-6-2 选择所有的屋面

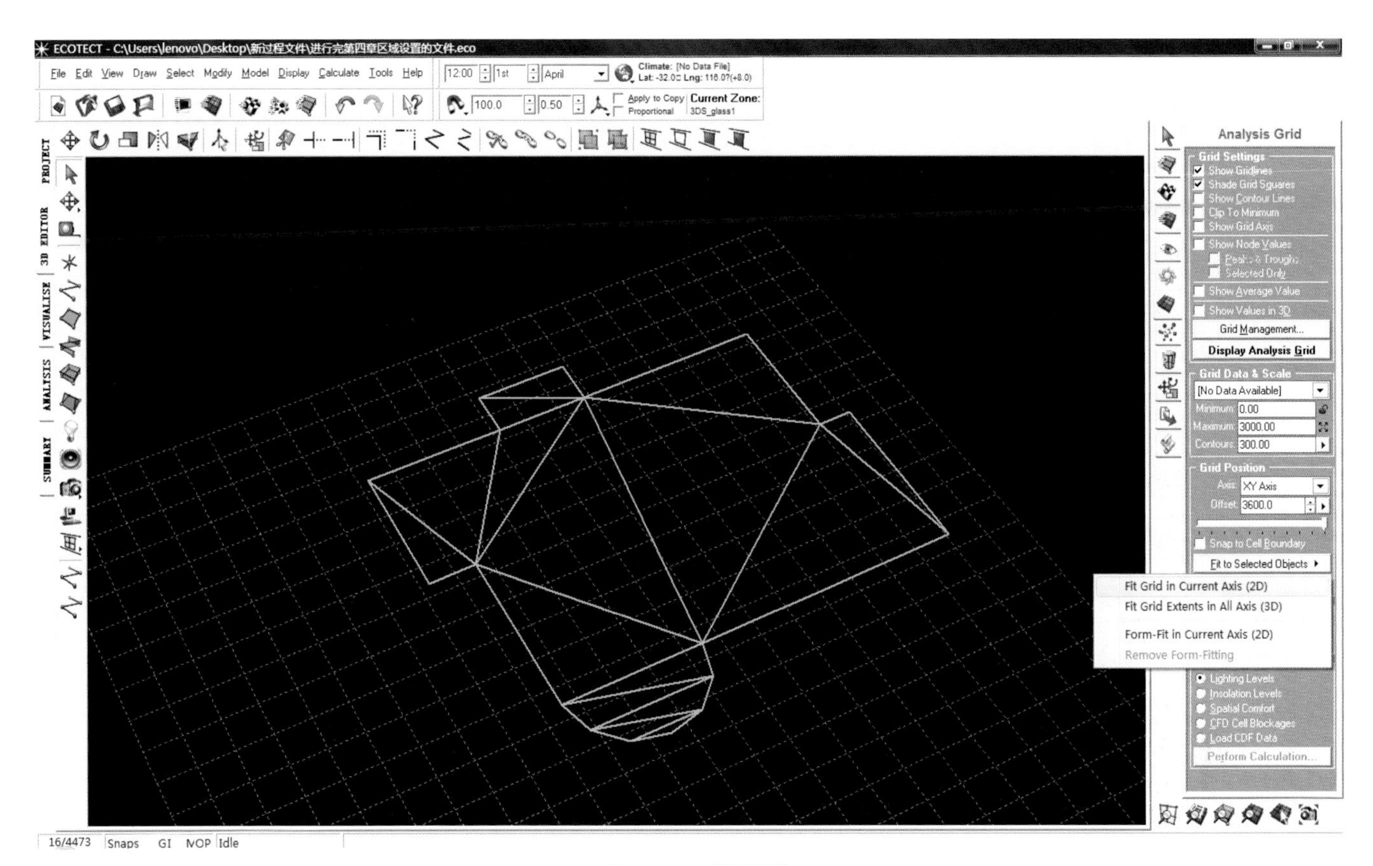


图 8–6–3　铺设网格

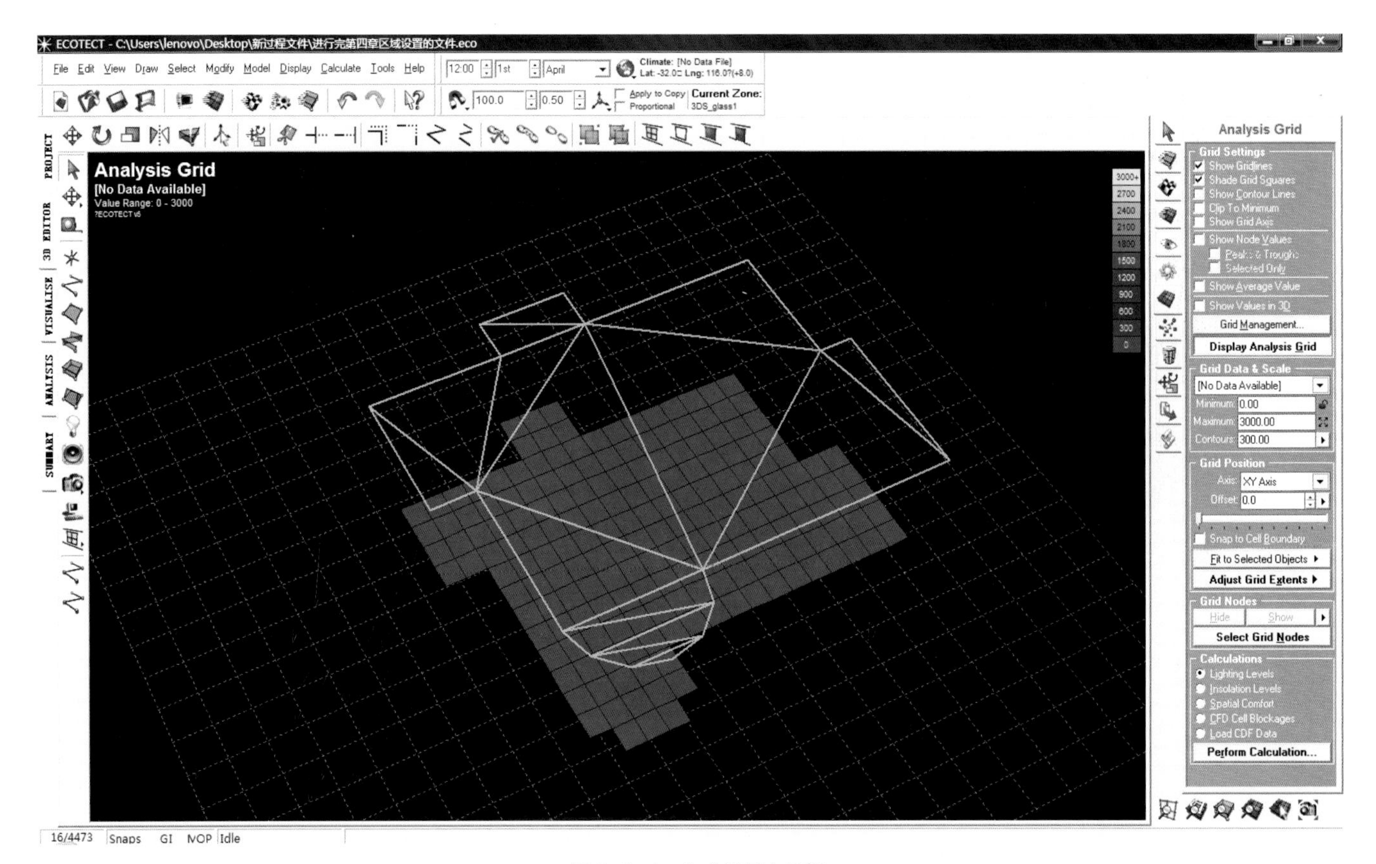


图 8–6–4　生成的基本网格

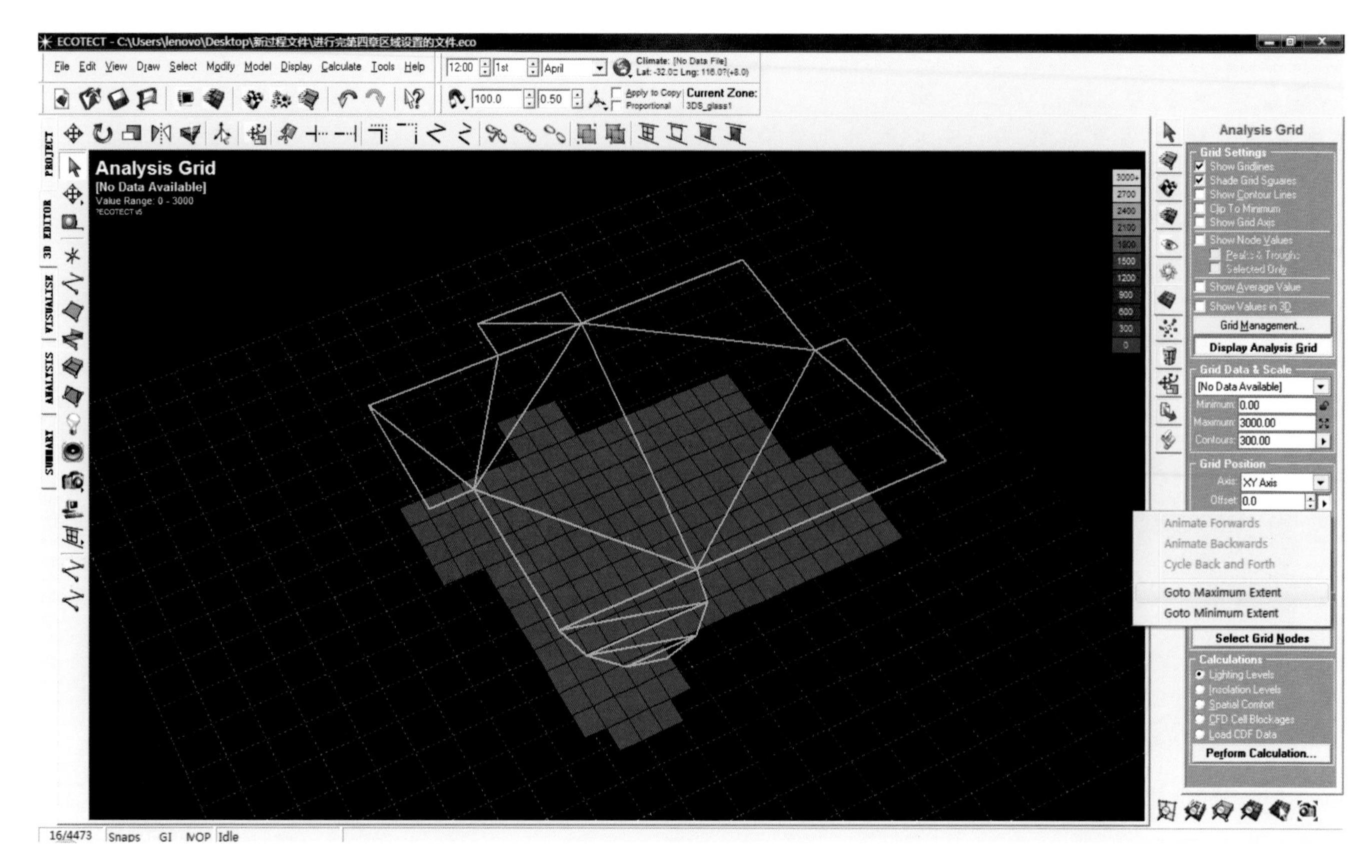


图 8–6–5　匹配网格大小

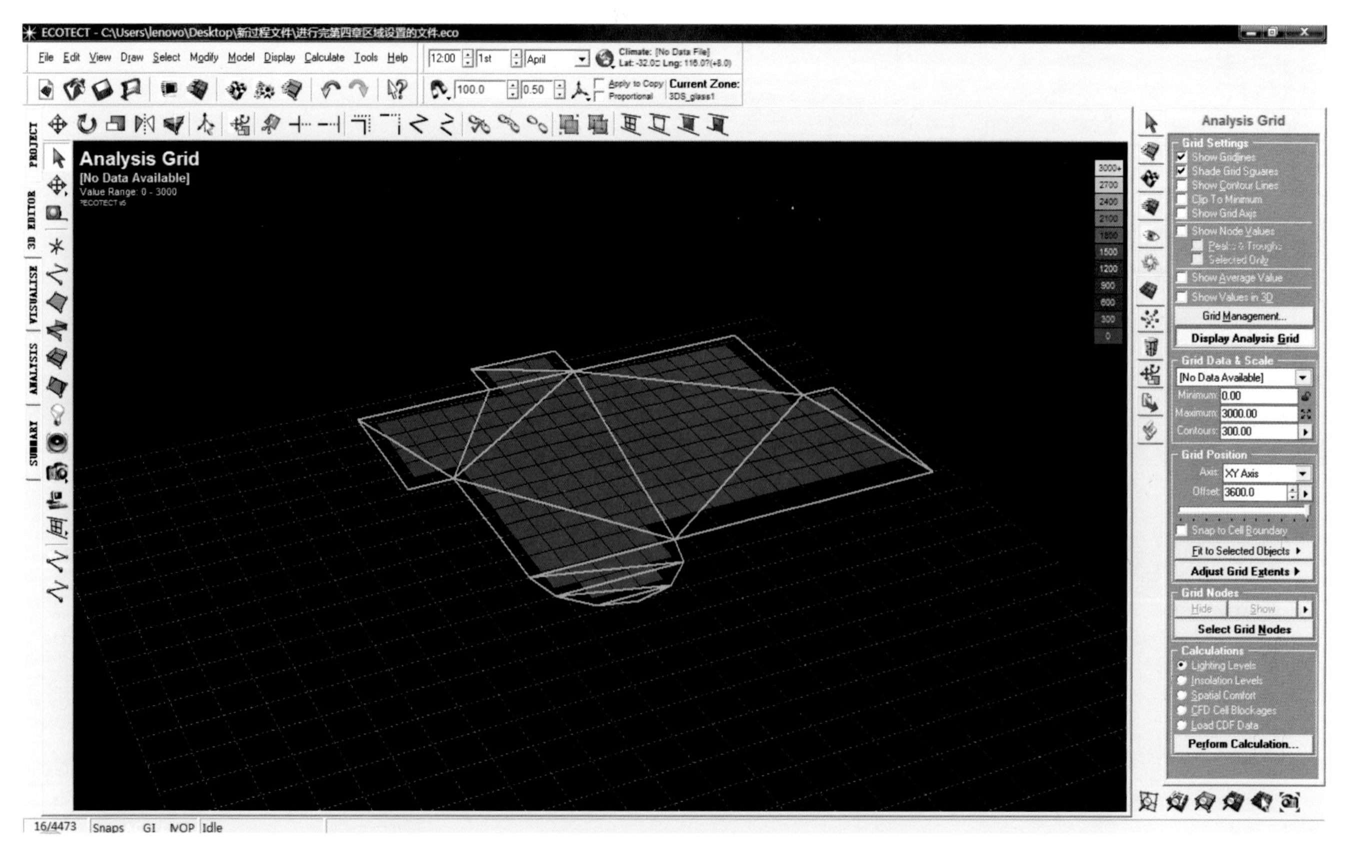


图 8–6–6　匹配完成的网格

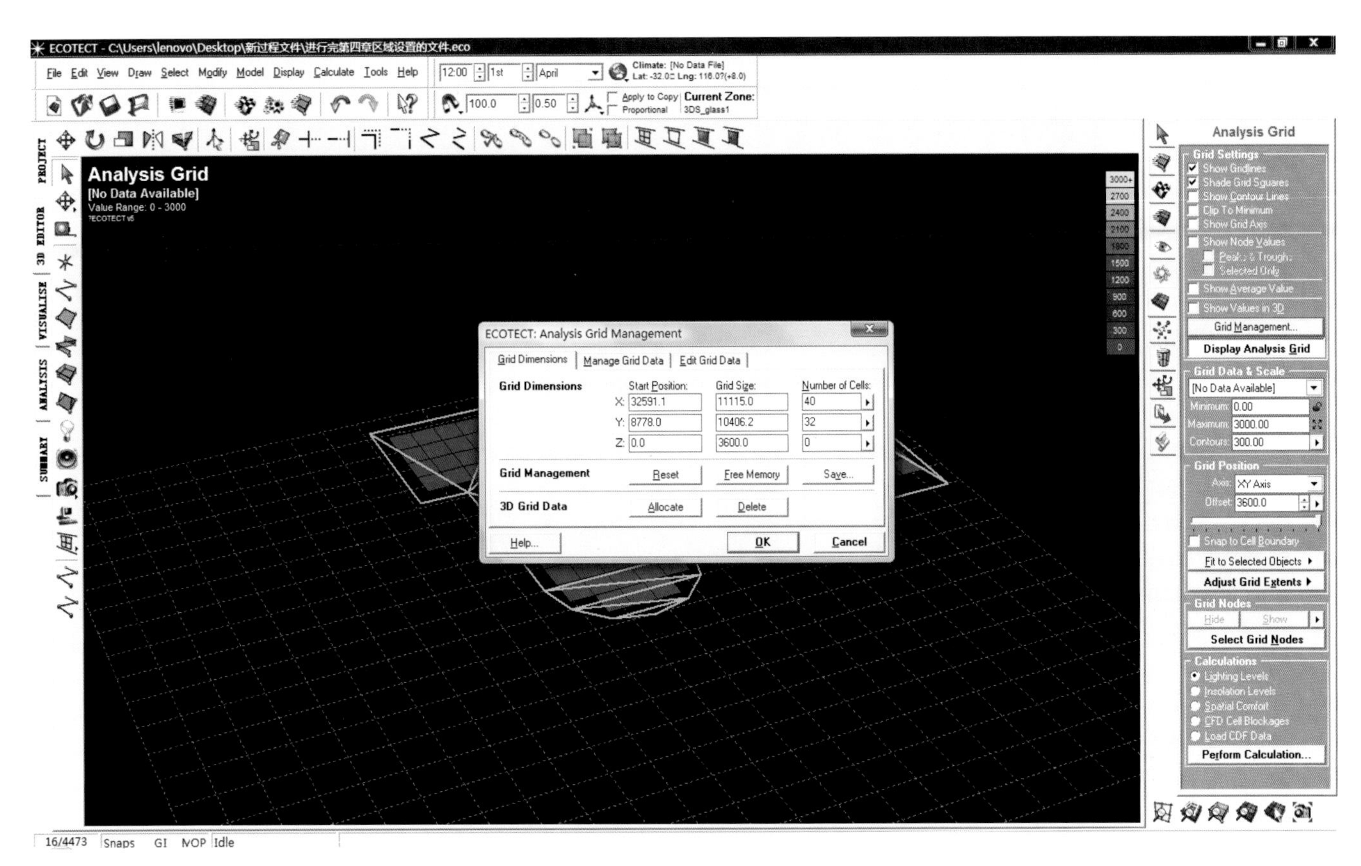


图 8–6–7　调整网格属性

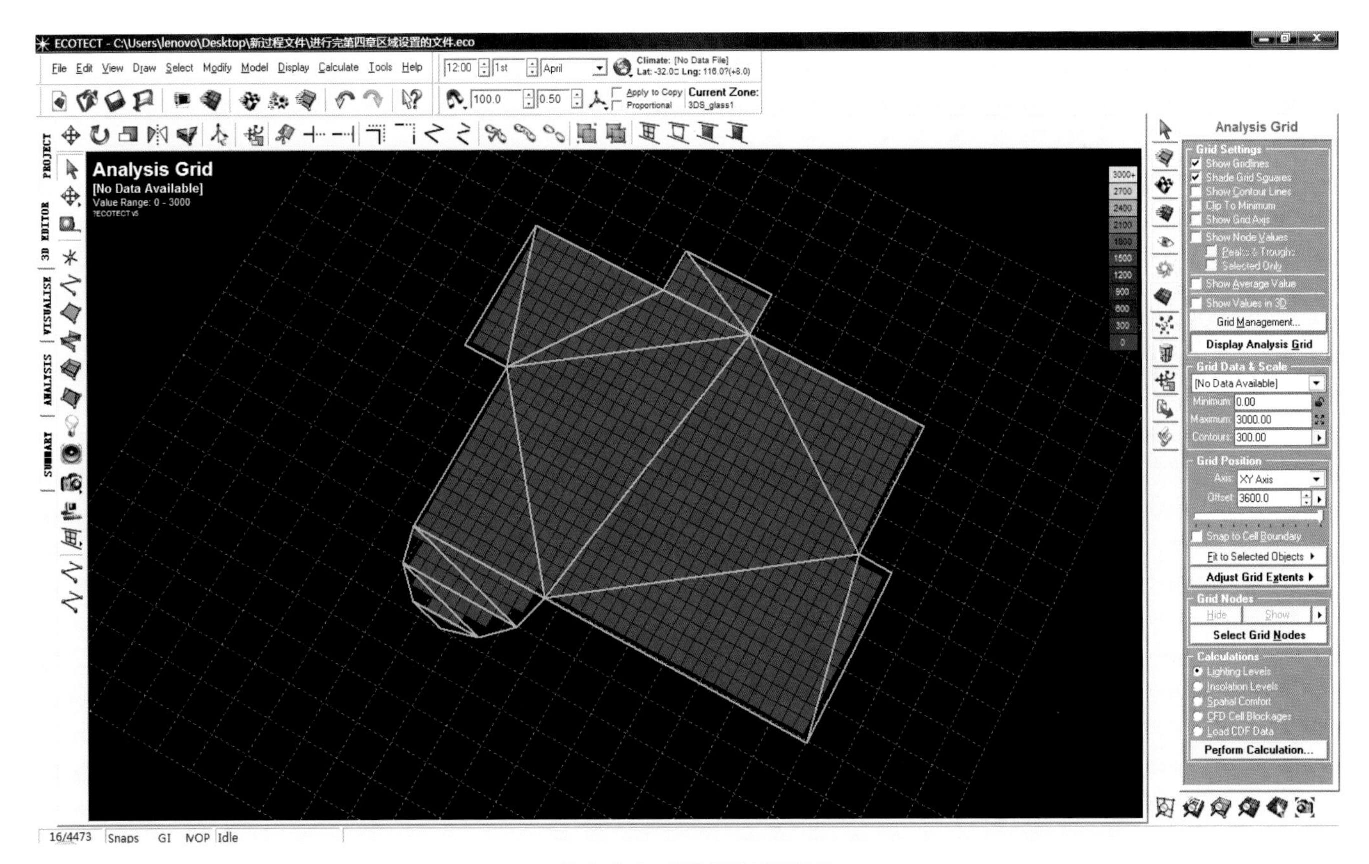


图 8–6–8　调整好的网格密度

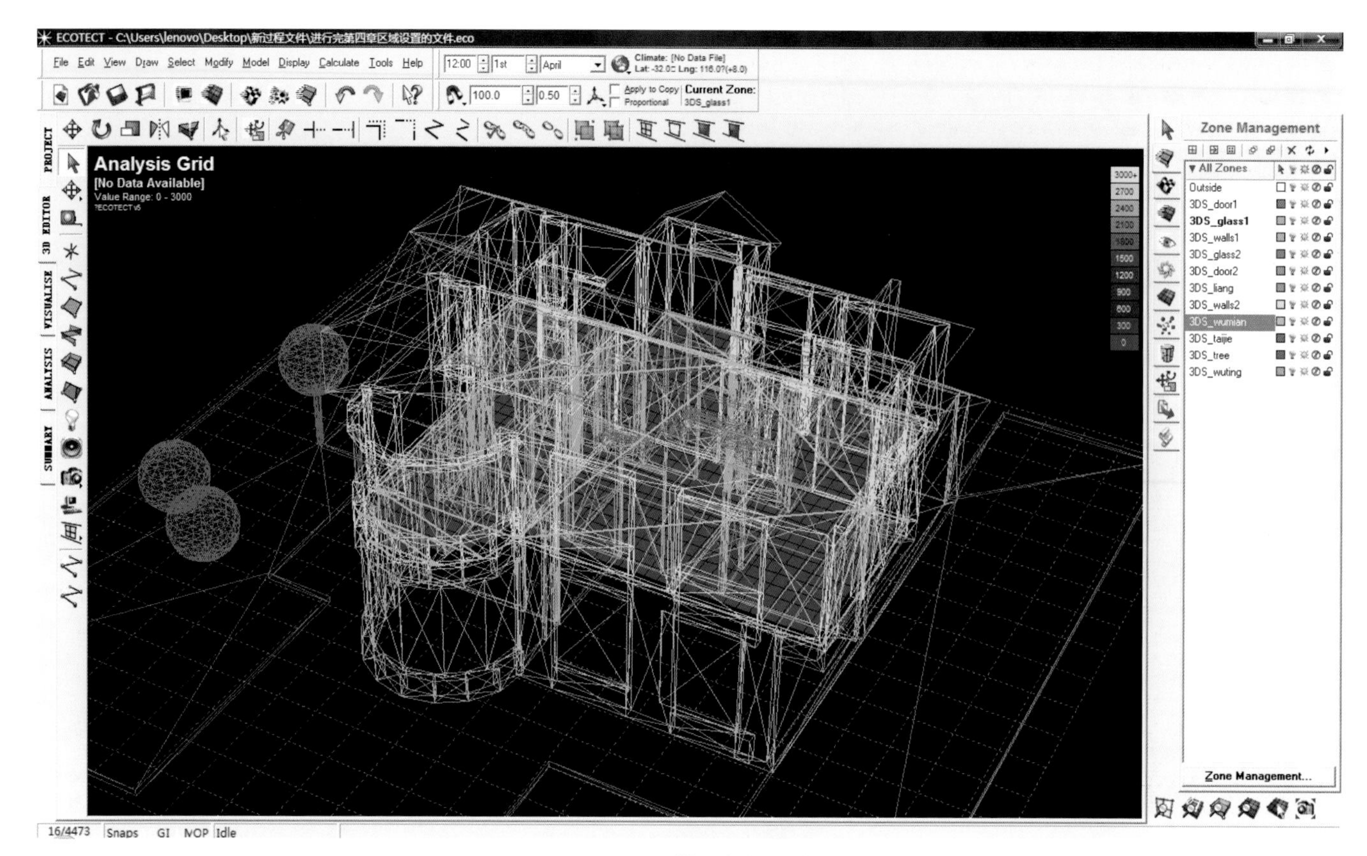


图 8–6–9　在模型中检查网格

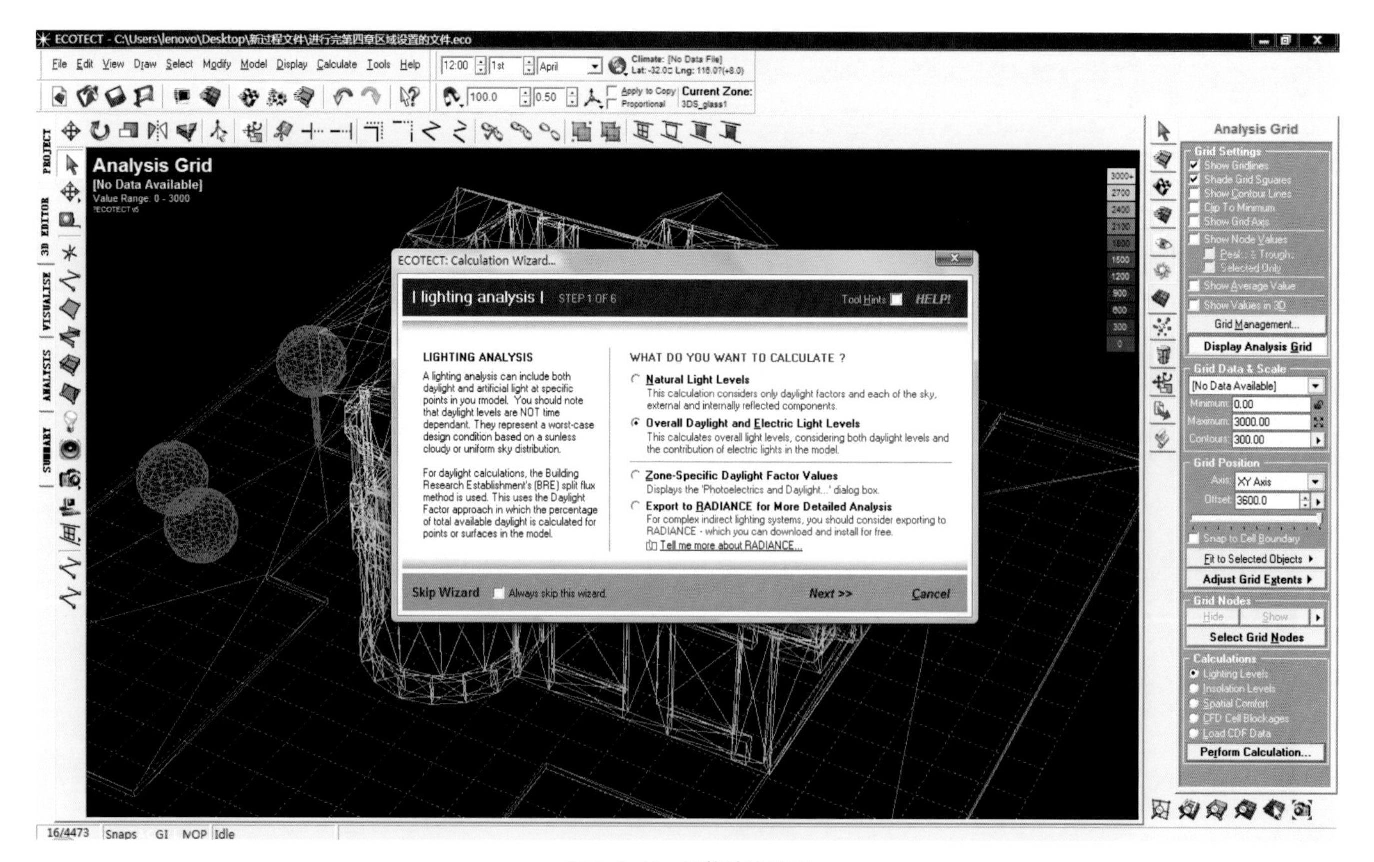


图 8–6–10　网格计算界面

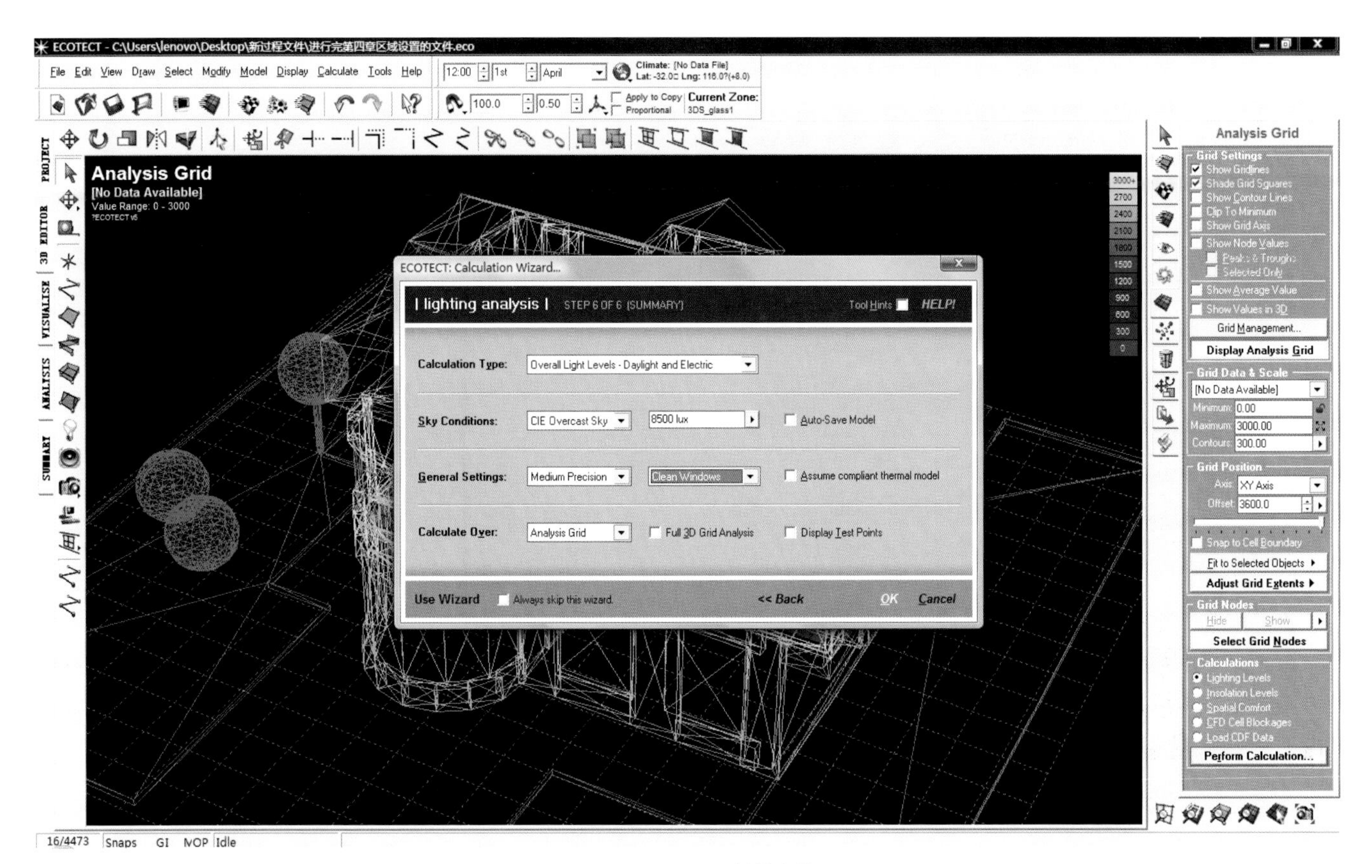


图 8–6–11　设置计算参数

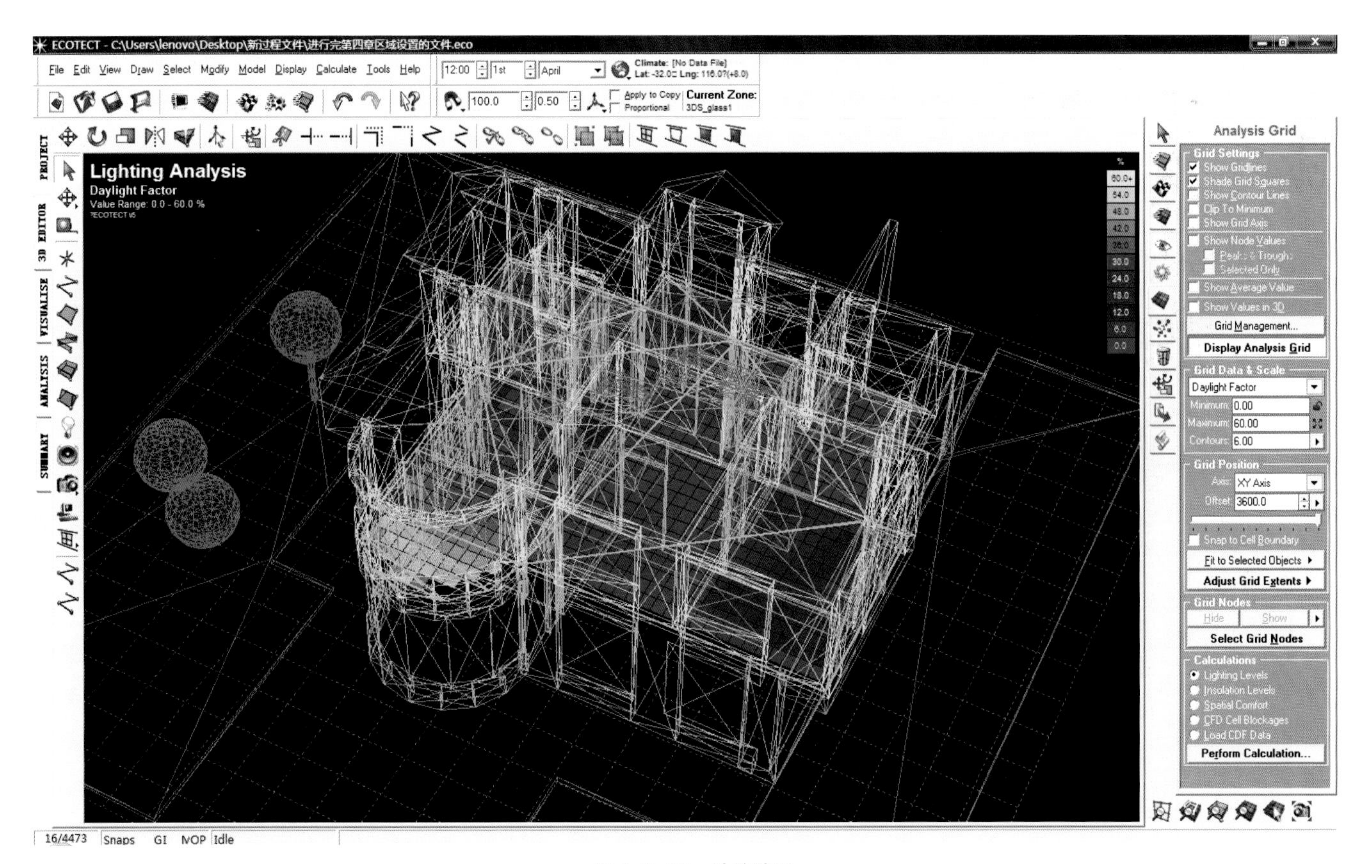


图 8–6–12　计算结果

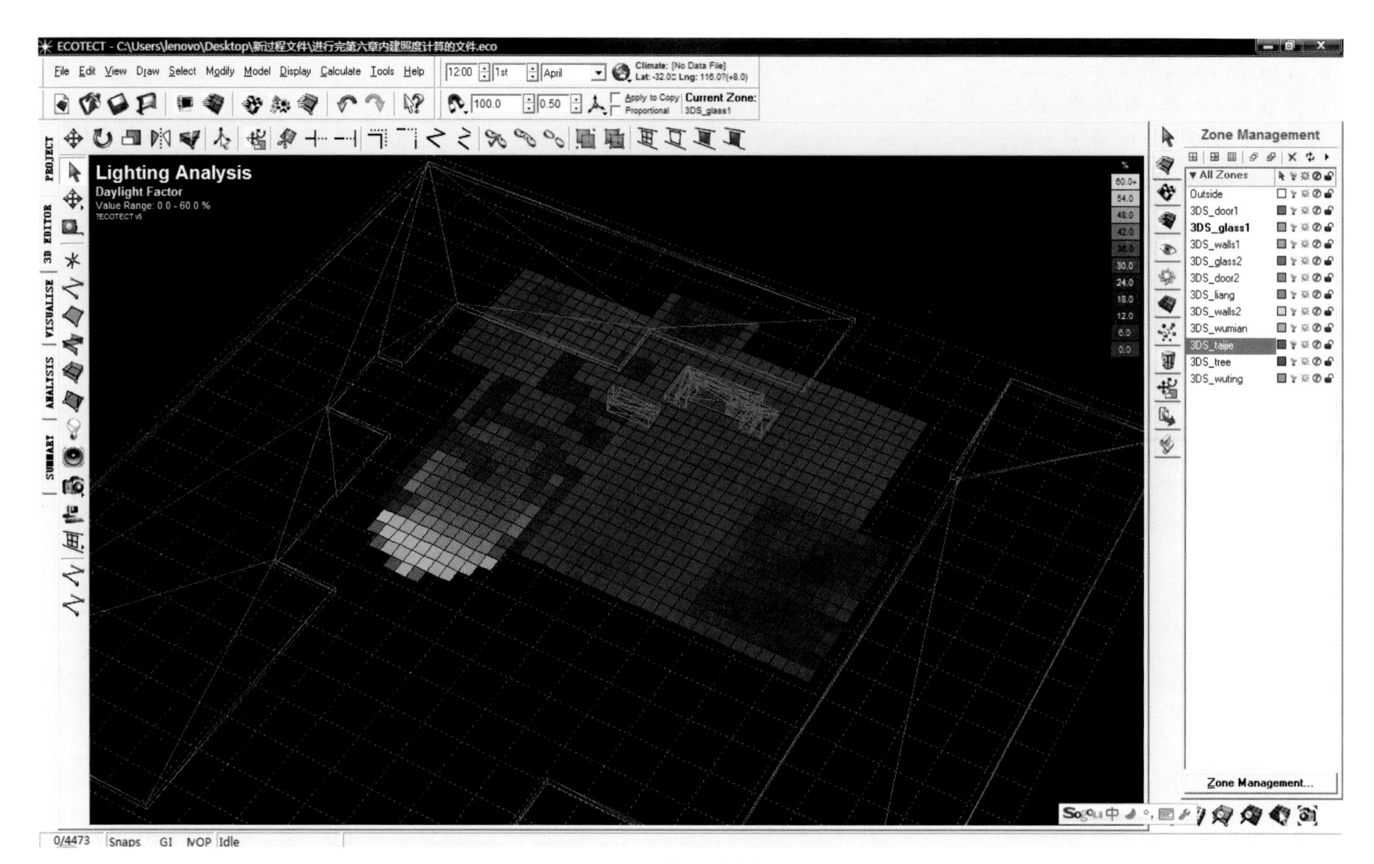


图 8–6–13　优化后的结果显示

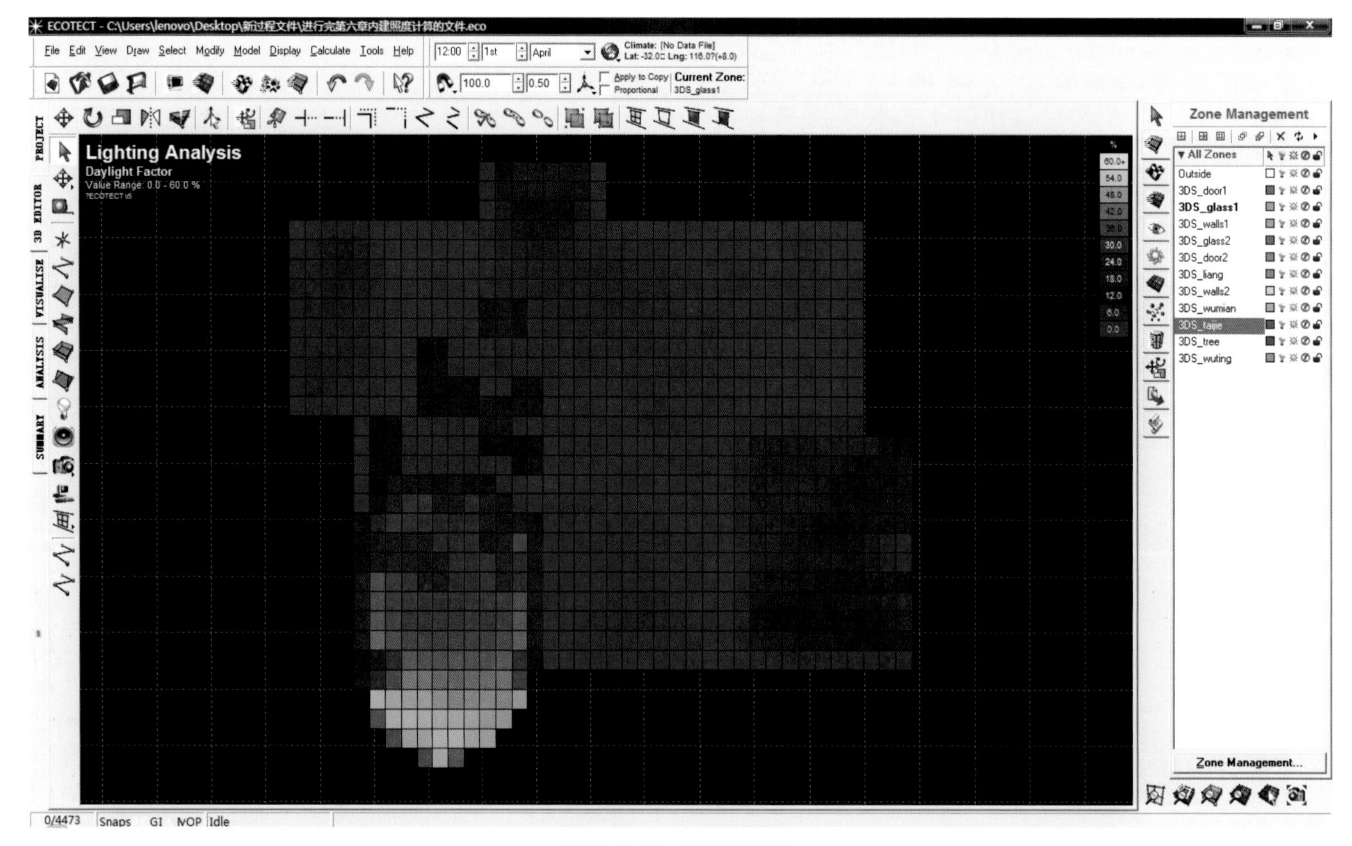


图 8–6–14　结果顶视图

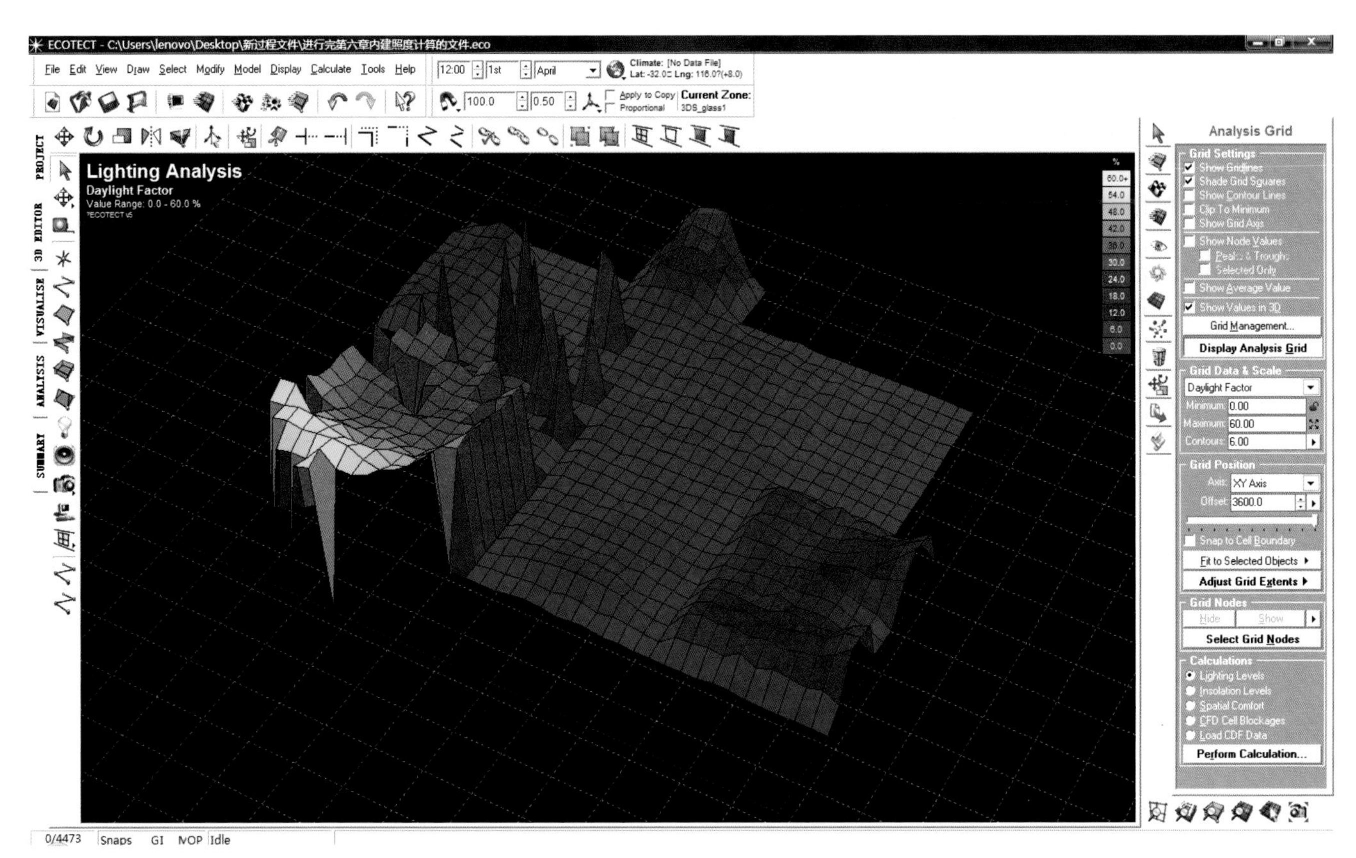


图 8–6–15　以三维方式显示的计算结果数值

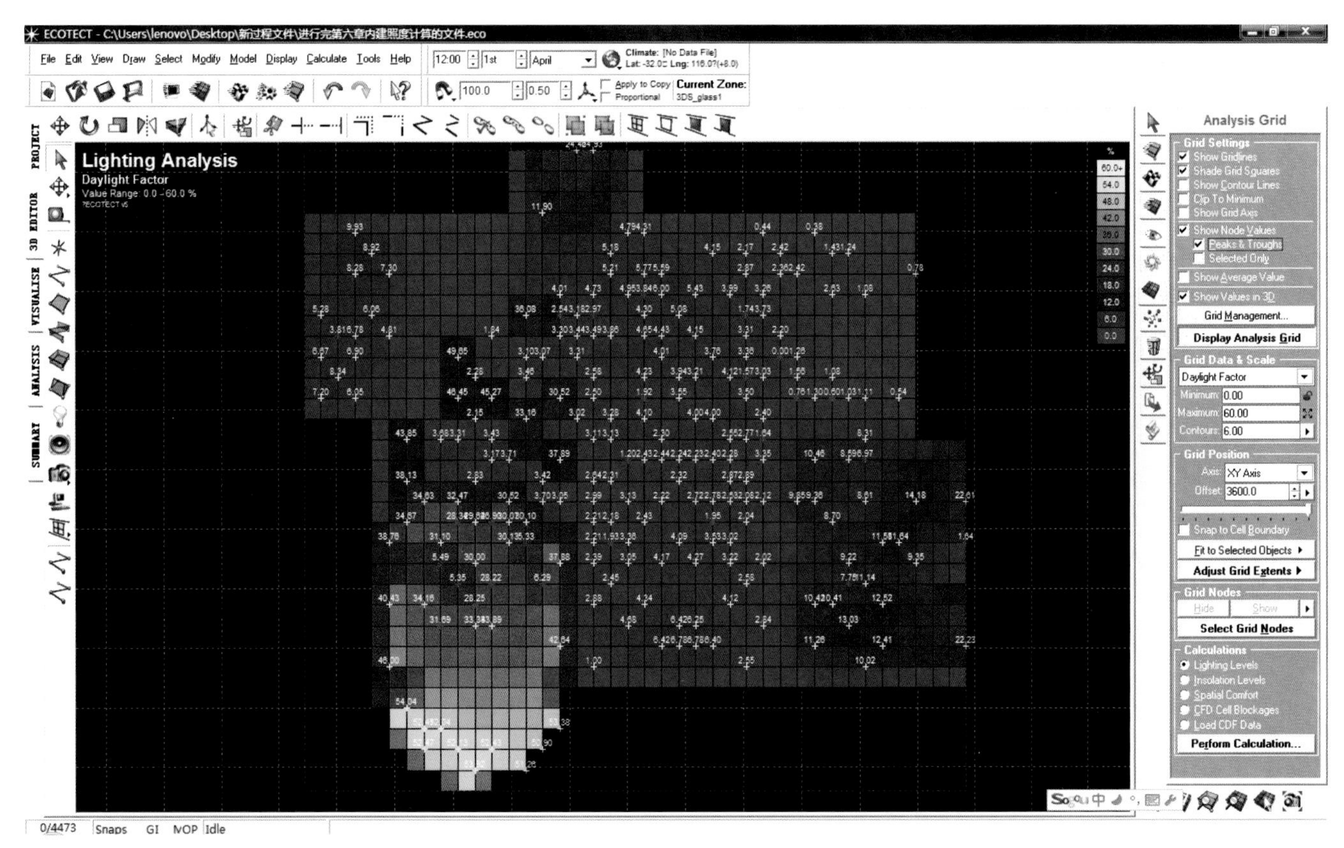


图 8–6–16　显示关键区域的计算结果的实际数值

## 8.6.2 Radiance 插件计算

**第 17 步**：Radiance 的安装。进行 Radiance 插件的安装必须在已经安装 AutoCAD R14 的基础上进行，两者的安装程序在光盘内均可见，顺序为先安装 AutoCAD R14 后安装 Radiance。然后，需要将光盘里名为 1.pic 的文件复制到 Radiance 安装目录下的 lib 文件夹下才可以使程序正常运行。见图 8-6-17 所示为安装过程。

**第 18 步**：接下来通过 Radiance 插件渲染进行光环境的分析。点击左边工具栏的 按钮，在屏幕图示位置插入一个相机。如图 8-6-18 所示。

**第 19 步**：点击右边 按钮，并选择 Radiance -> Export Model Data，选择保存路径之后，会弹出如图 8-6-19 所示对话框。全部按照默认值设置，之后点击“OK”进行输出。

**第 20 步**：输出后可见如图 8-6-20 所示的 Radiance 对话框，不必作什么额外的设置，然后选择左下角的“Render”按钮进行渲染。

**第 21 步**：渲染的过程可能比较长，尤其是第一次进行渲染，Radiance 进行渲染的结果可以被 Ecotect 进行识别和分析，所以非常有用，如图 8-6-21 所示。

**第 22 步**：渲染结果如图 8-6-22 所示。另外，用鼠标左键单击渲染结果图上的任意部分，即可见该处的光照度数值，以此可以作很多设计上的比较。

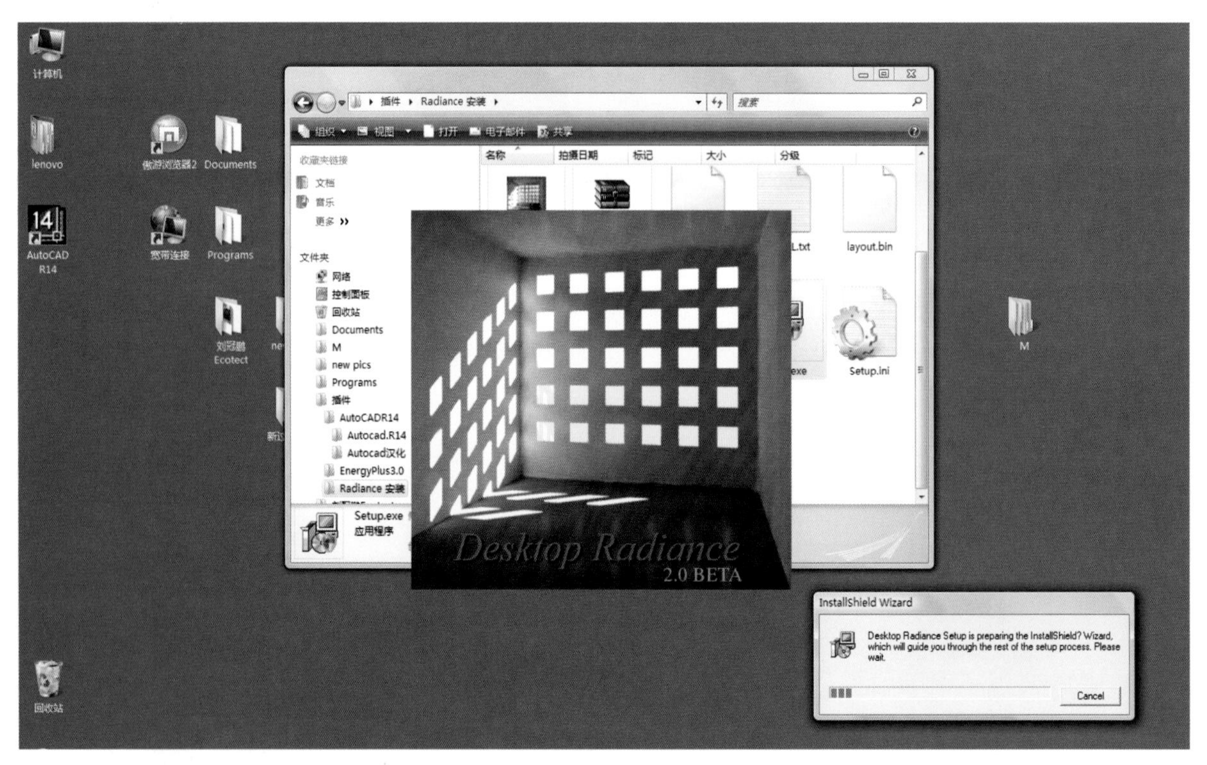


图 8-6-17 Radiance 安装过程

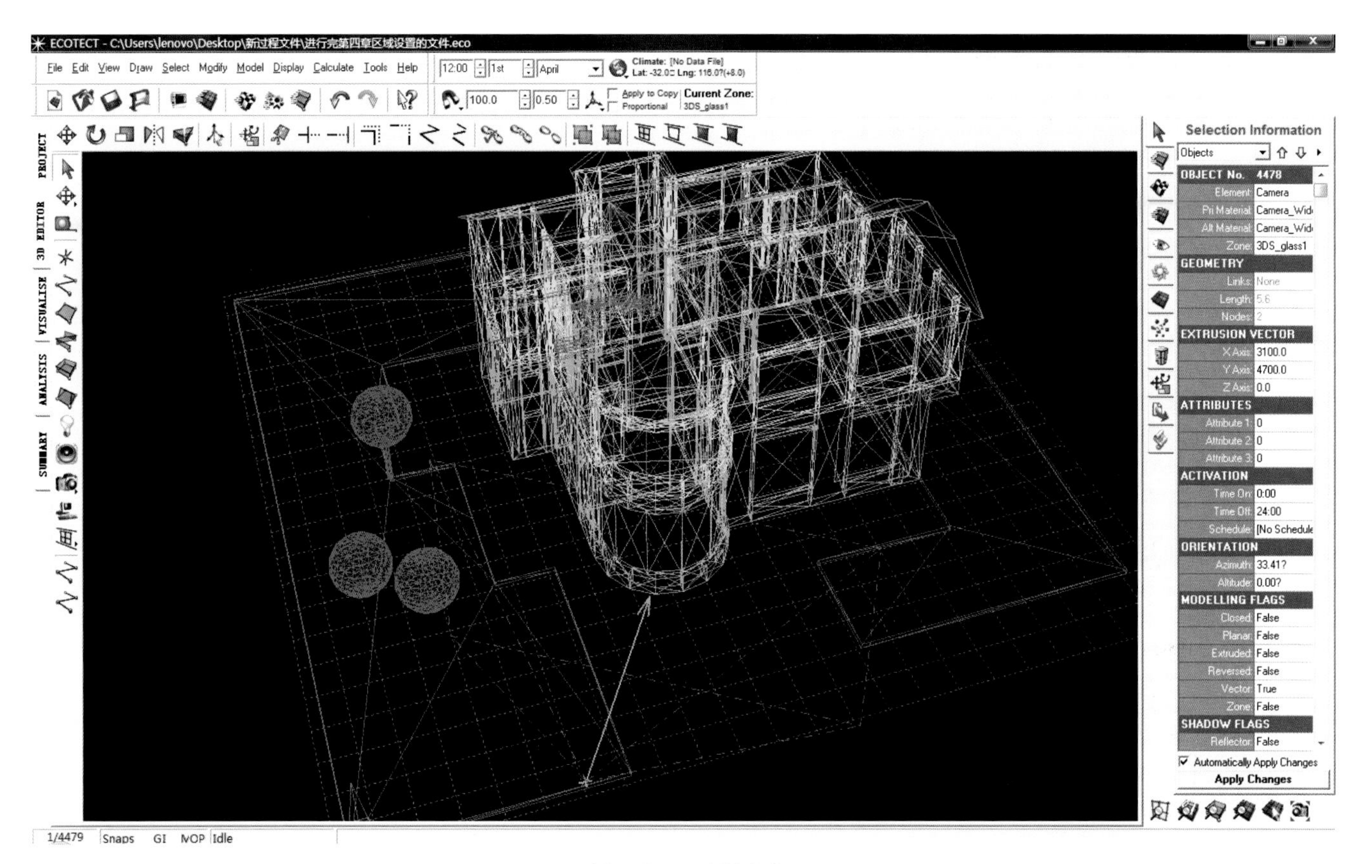


图 8-6-18　插入相机

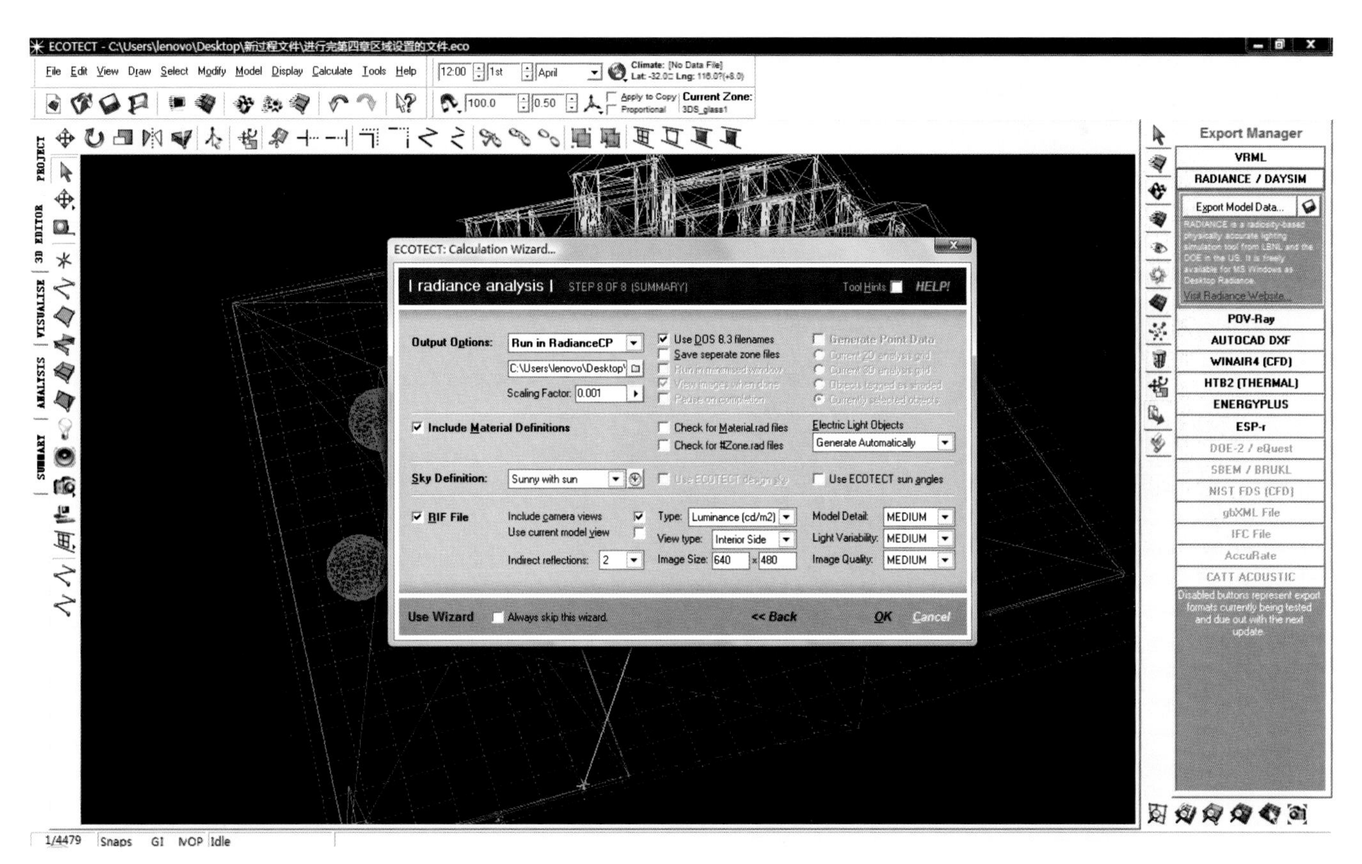


图 8-6-19　导出模型数据

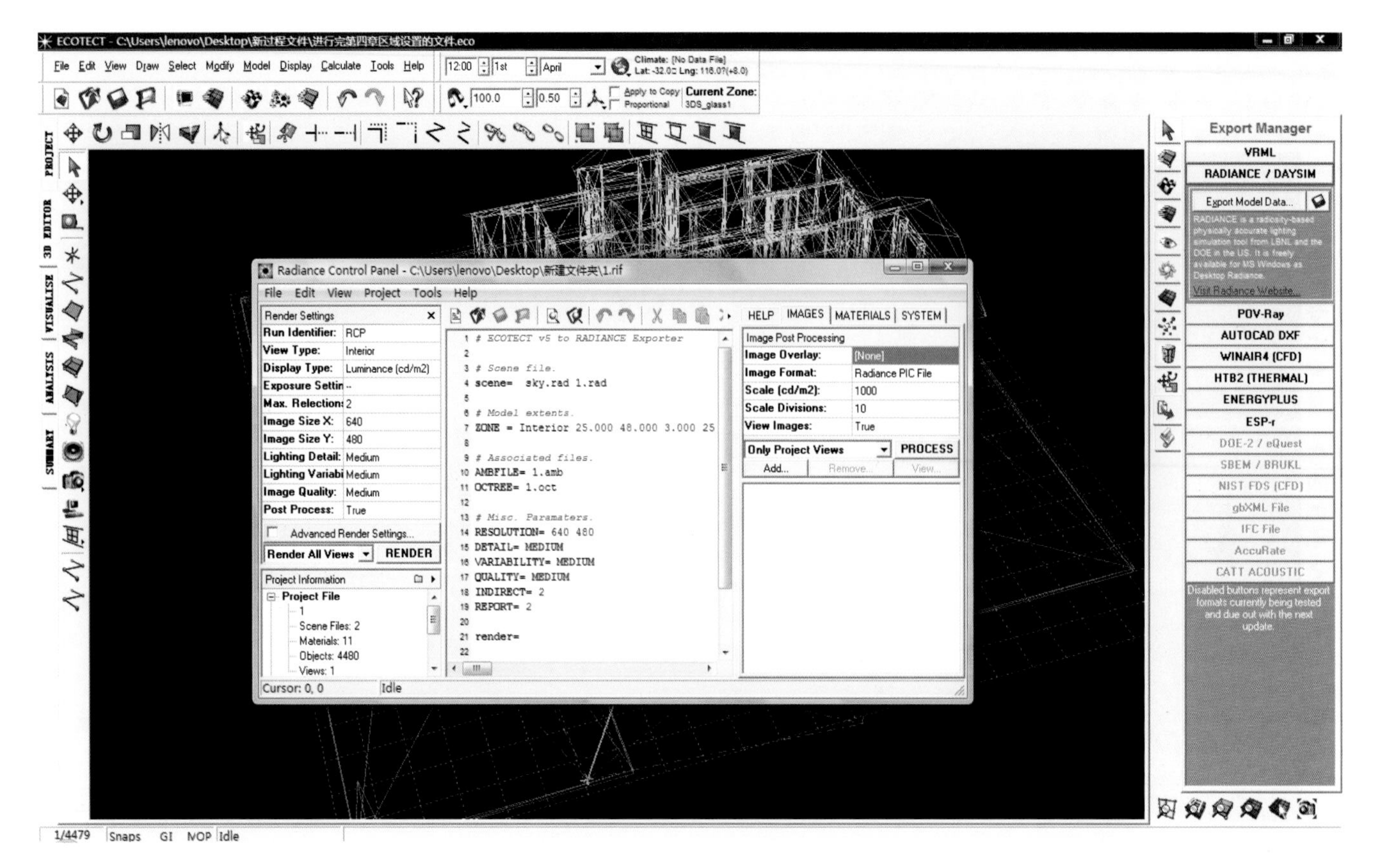

图 8-6-20　执行渲染

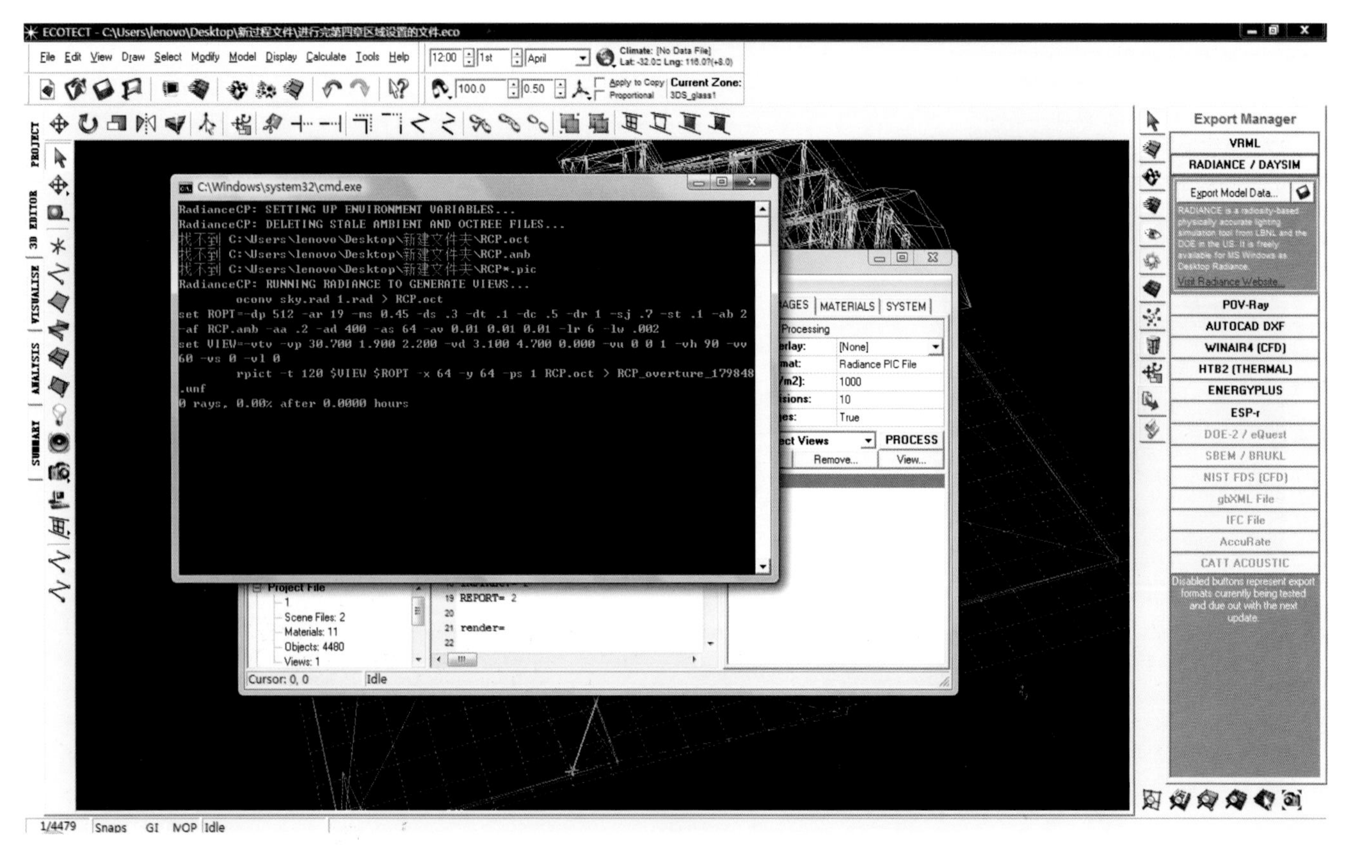

图 8-6-21　利用 Radiance 进行渲染

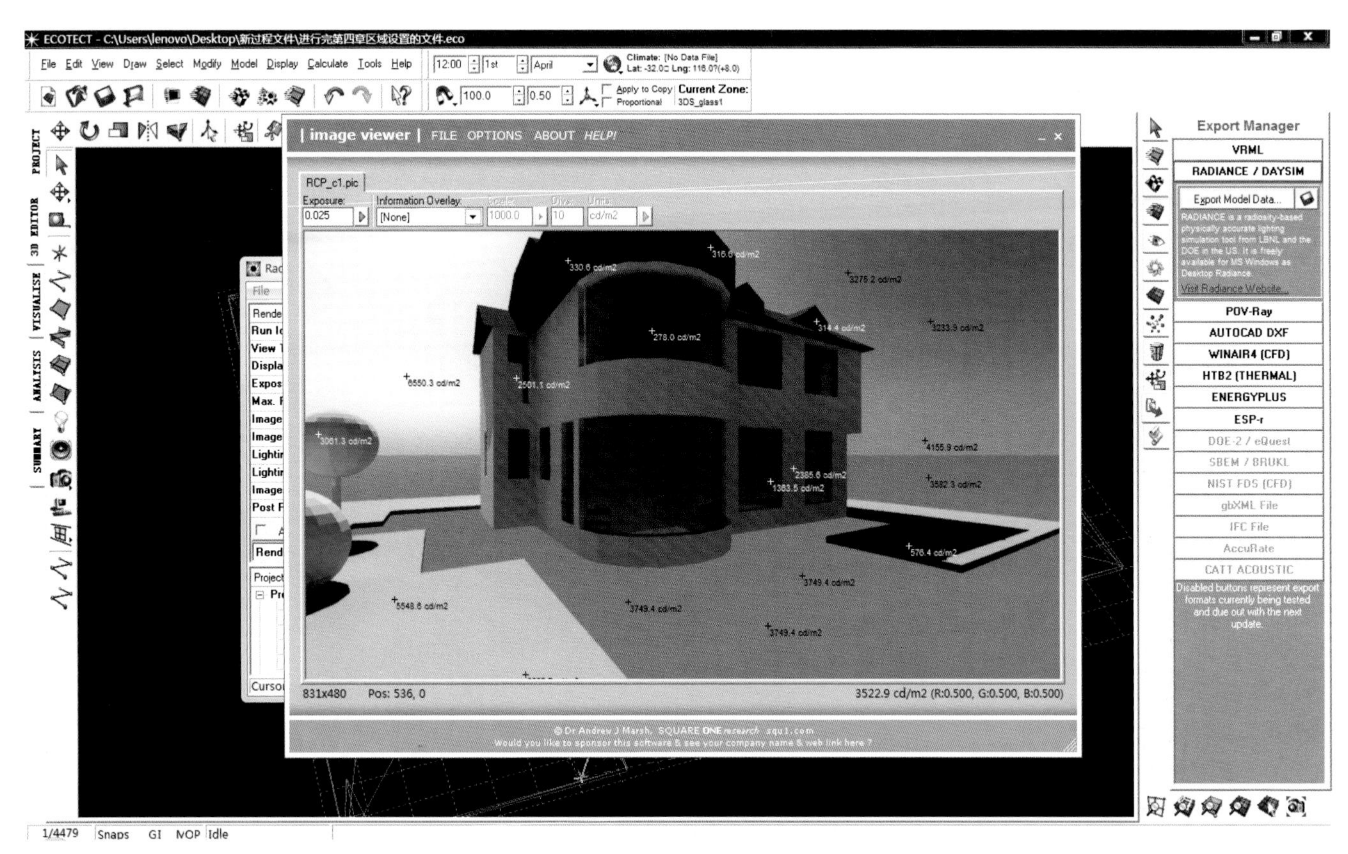


图 8–6–22 反映照度的渲染分析结果

## 思考题 8.6

1. Ecotect 可以在室内插入灯光，在二层天花板上插入一盏电灯，并对室内照度重新计算，看结果同只有日光的时候有何不同。

2. 总结内建照度和外间照度分析功能上的差异。

3. 导入不同的气象文件分别进行计算，查看结果的区别。

4. 在二层室内创建相机并用 Radiance 进行渲染，渲染后查看窗户与墙体明度的差异，从而分析二层的采光。

# 8.7 可视度分析

**第 1 步：**本节针对小住宅二层的窗户进行房间内部的可视度分析。该功能是 5.5 版本的 Ecotect 所特有的。首先关闭除去二层墙壁和窗户以外的所有图层，点击 F5 键至顶视图，如图 8-7-1 所示。

**第 2 步：**点击网格管理工具栏中的“Display Analysis Grid”打开分析网格，如图 8-7-2 所示。

**第 3 步：**点击 F8 或选取 view - perspective 切换到透视视图，以方便之后选取分析组件。按顺序选择 Calculate - Spatial Visibility Analysis，进入分析向导。选项位置如图 8-7-3 所示。

**第 4 步：**在向导对话框中，选取第二项“Access to Views Through Selected Window(s)”，点击“next”进入下一步，如图 8-7-4 所示。

**第 5 步：**这里需要选取分析的窗户，点击下面的按钮，进入模型界面，选取所有窗户后点击 F2，如图 8-7-5 所示。

**第 6 步：**点击 F2 后回到该对话框，此时对话框提示选取工作已经完成，接下来点击“next”进入下一步，如图 8-7-6 所示。

**第 7 步：**保持默认设置，如图 8-7-7 所示，数据依照系统提供的 250.0 即可，点击“OK”开始计算。

**第 8 步**：计算完毕，结果显示在网格上，如图 8-7-8 所示。

**第 9 步**：点击 F5 或选择 view -> plan 进入顶视图，如图 8-7-9 所示。

**第 10 步**：勾选“Show Node Values”之后可以看到每个网格的数值，但是由于数值太多显示起来可能不是很方便，于是勾选“Peaks & Troughs”即可看到部分关键数据，如图 8-7-10 所示。

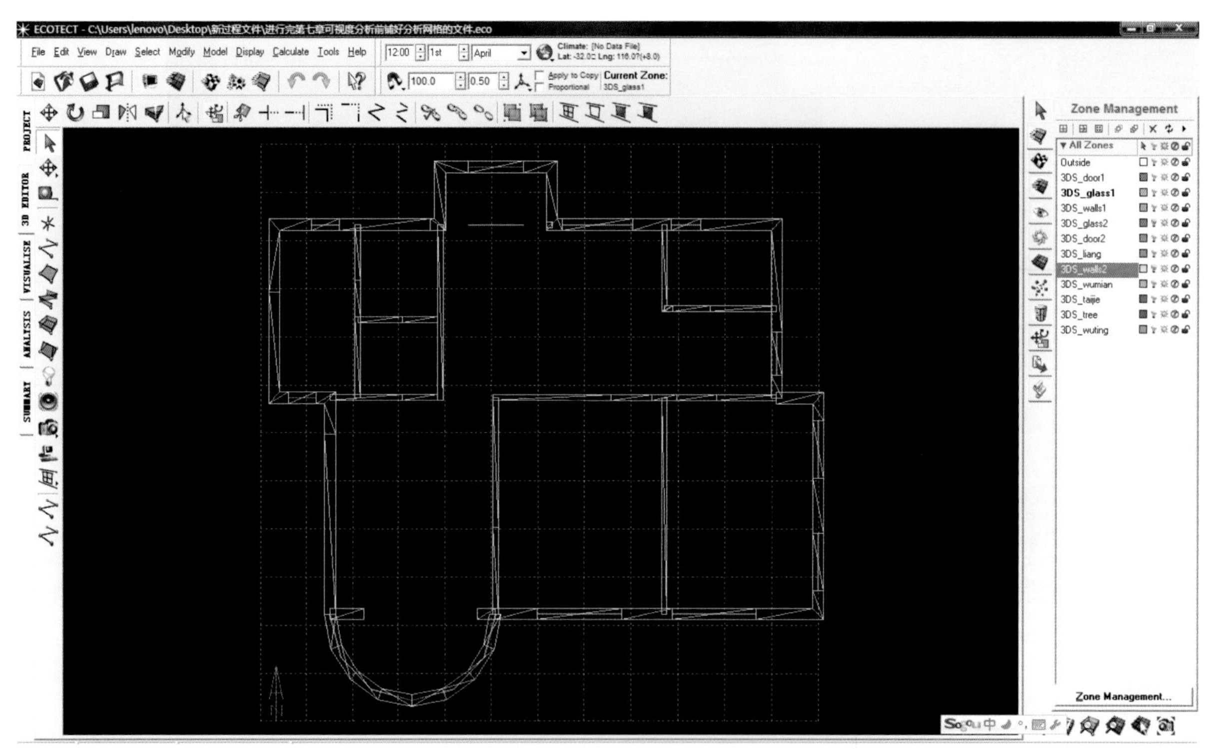


图 8-7-1　控制图层

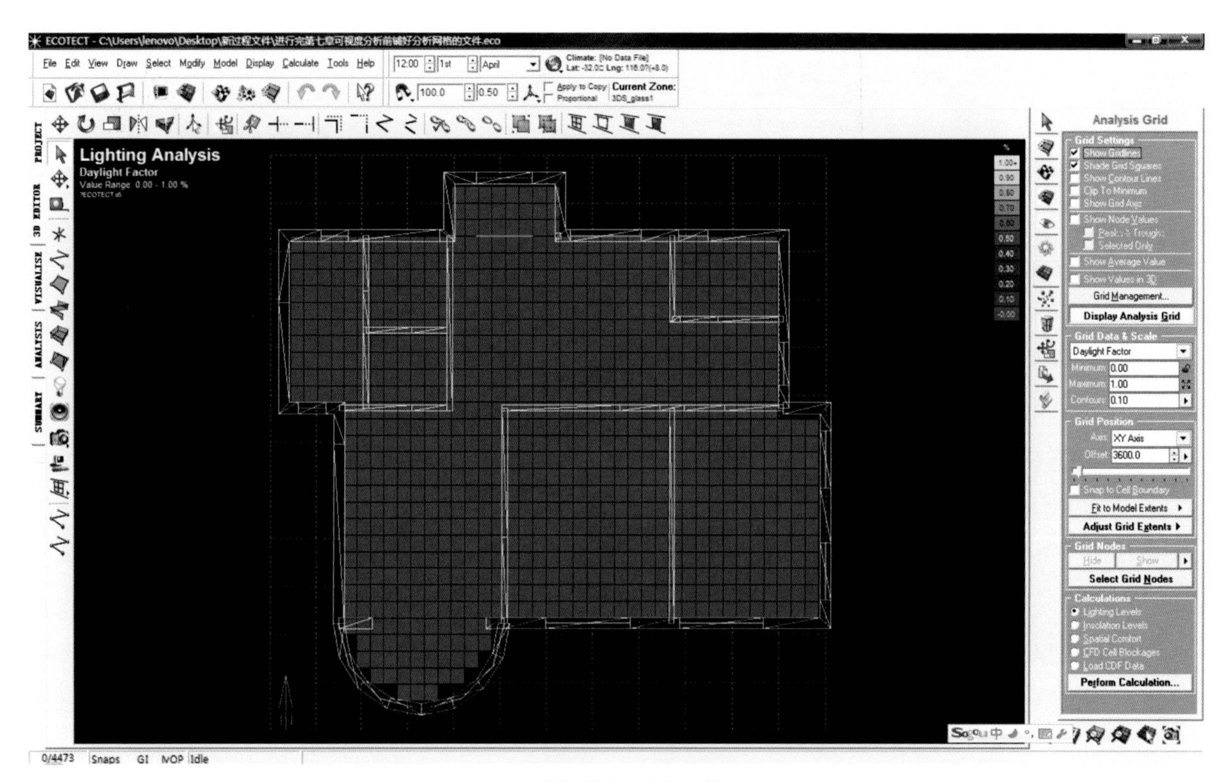


图 8-7-2　分析网格

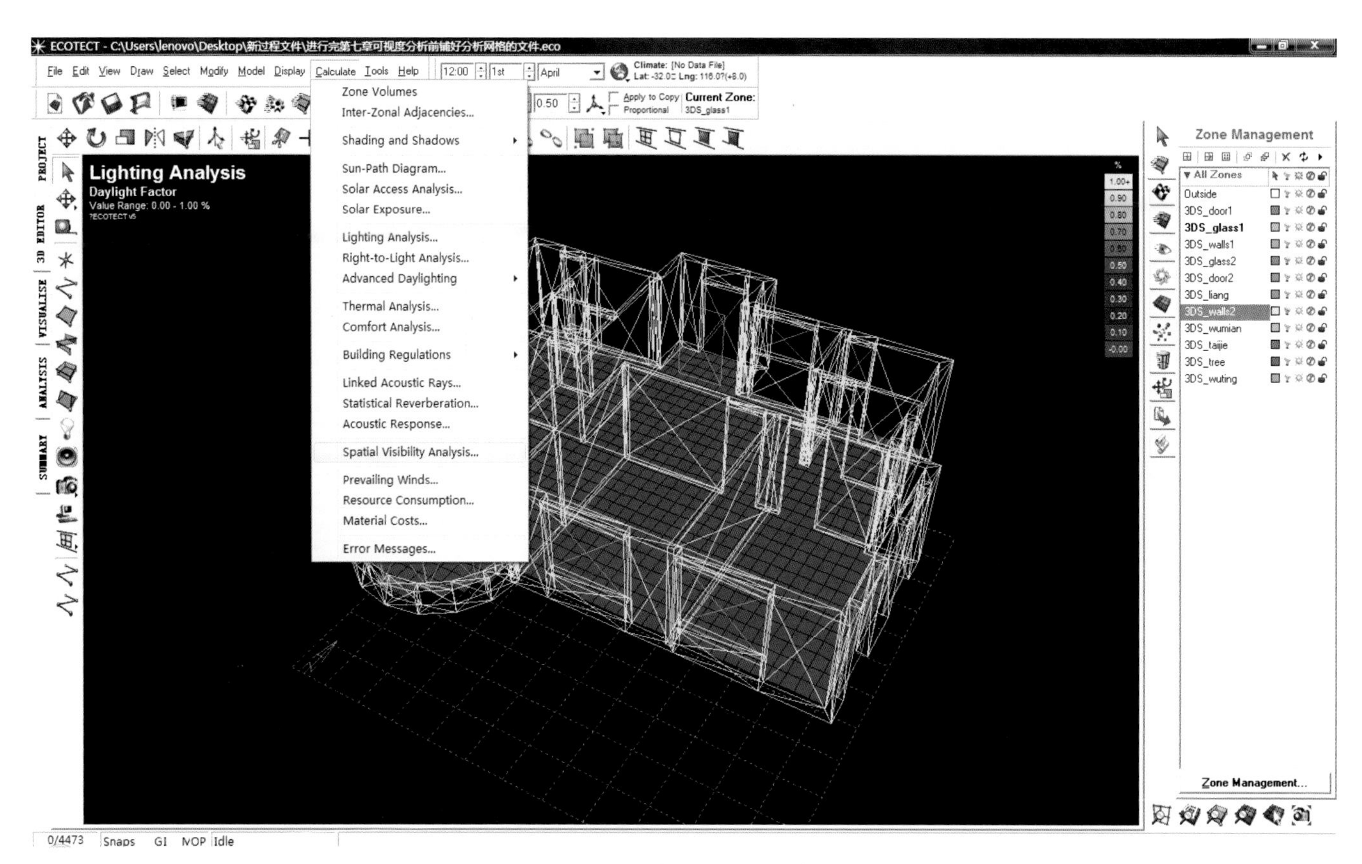


图 8–7–3　进入可视度分析向导

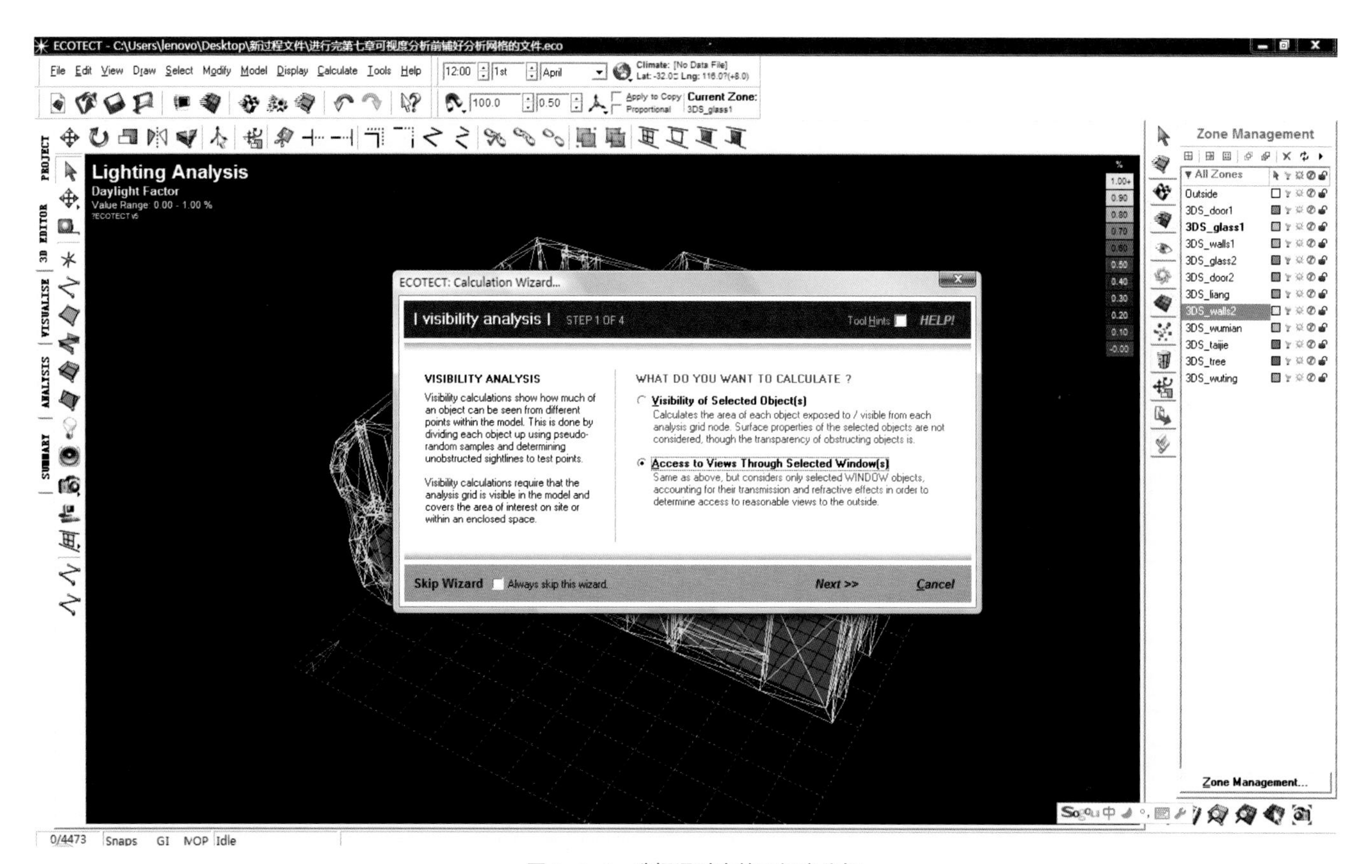


图 8–7–4　选择通过窗的可视度分析

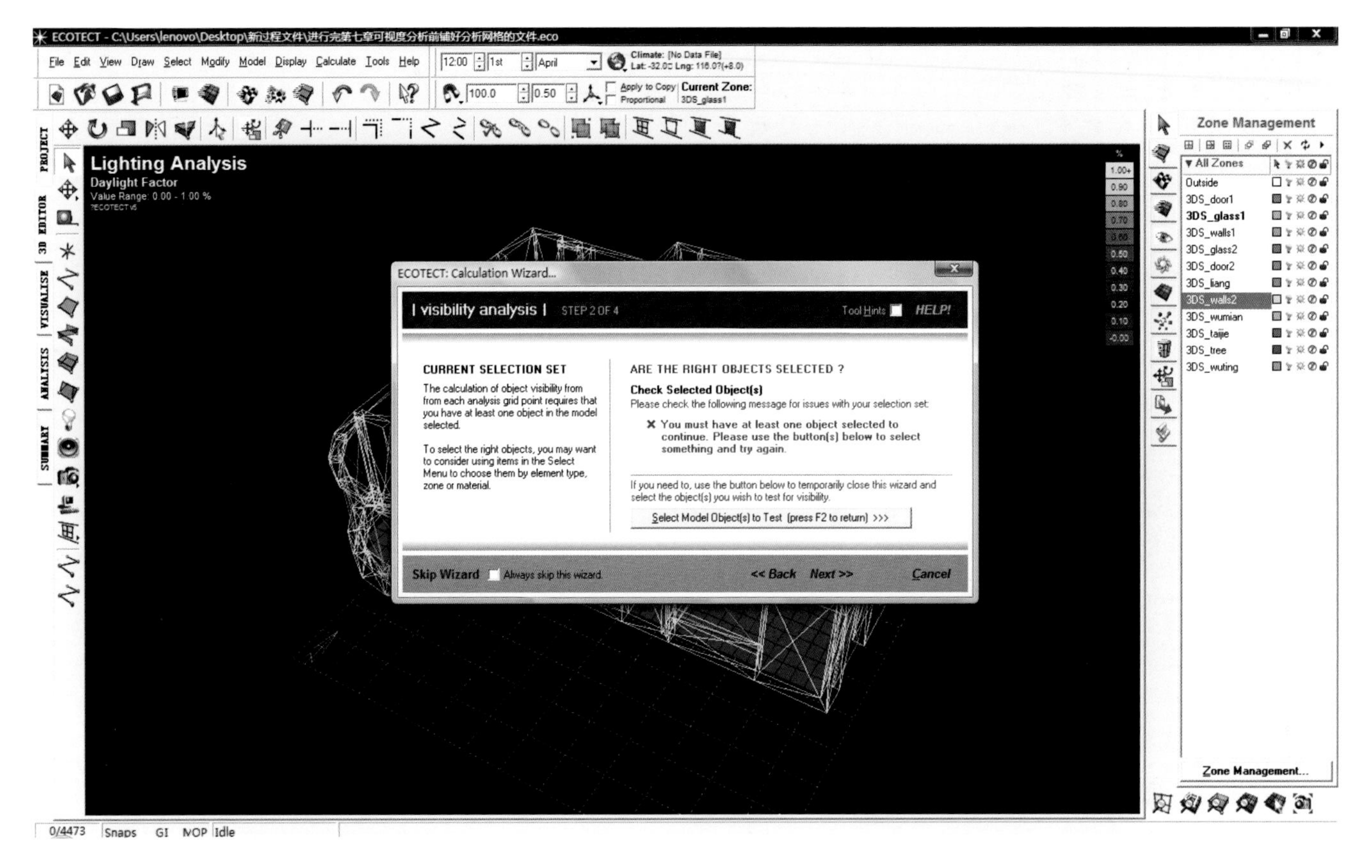


图 8-7-5　选取所有窗户

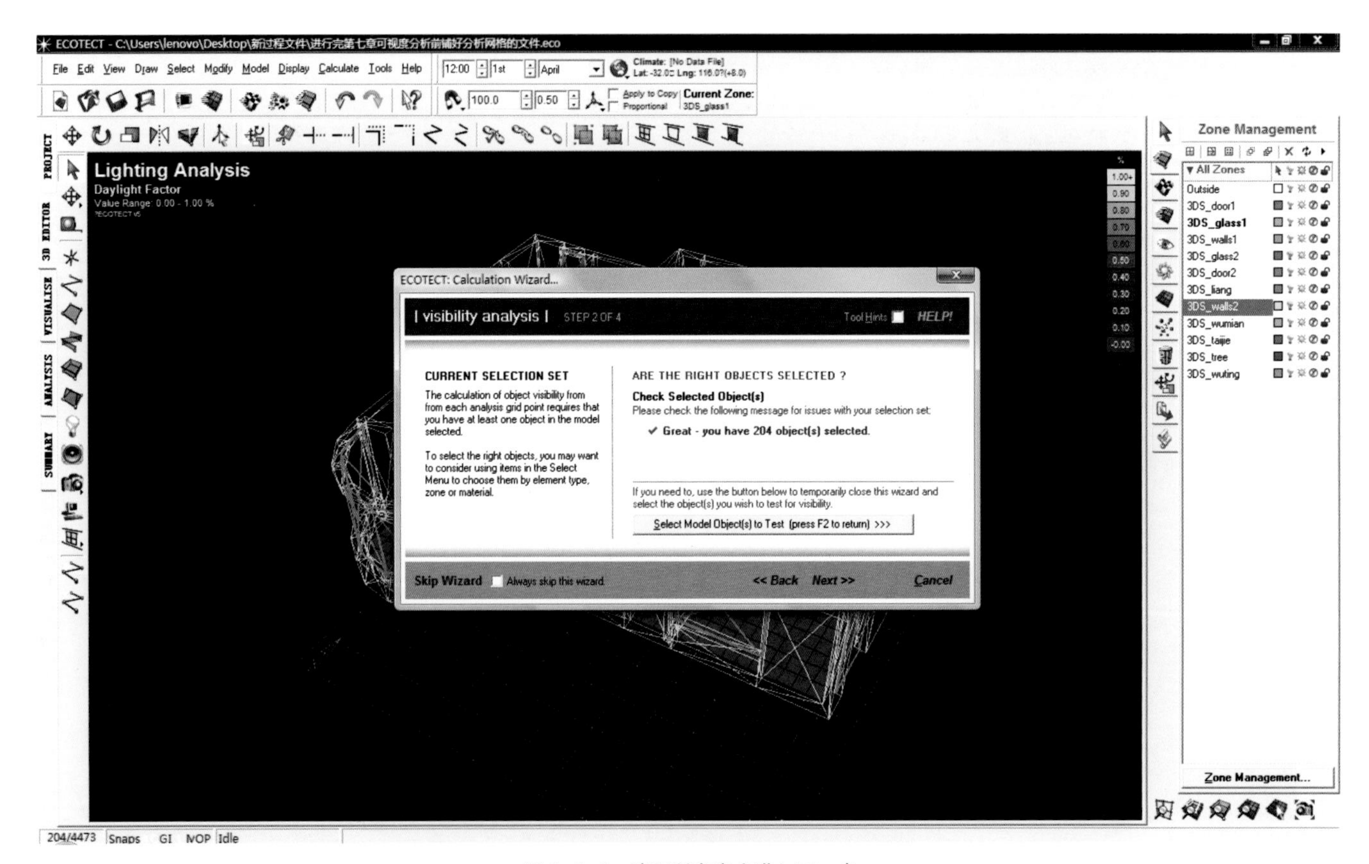


图 8-7-6　选取所有窗户进入下一步

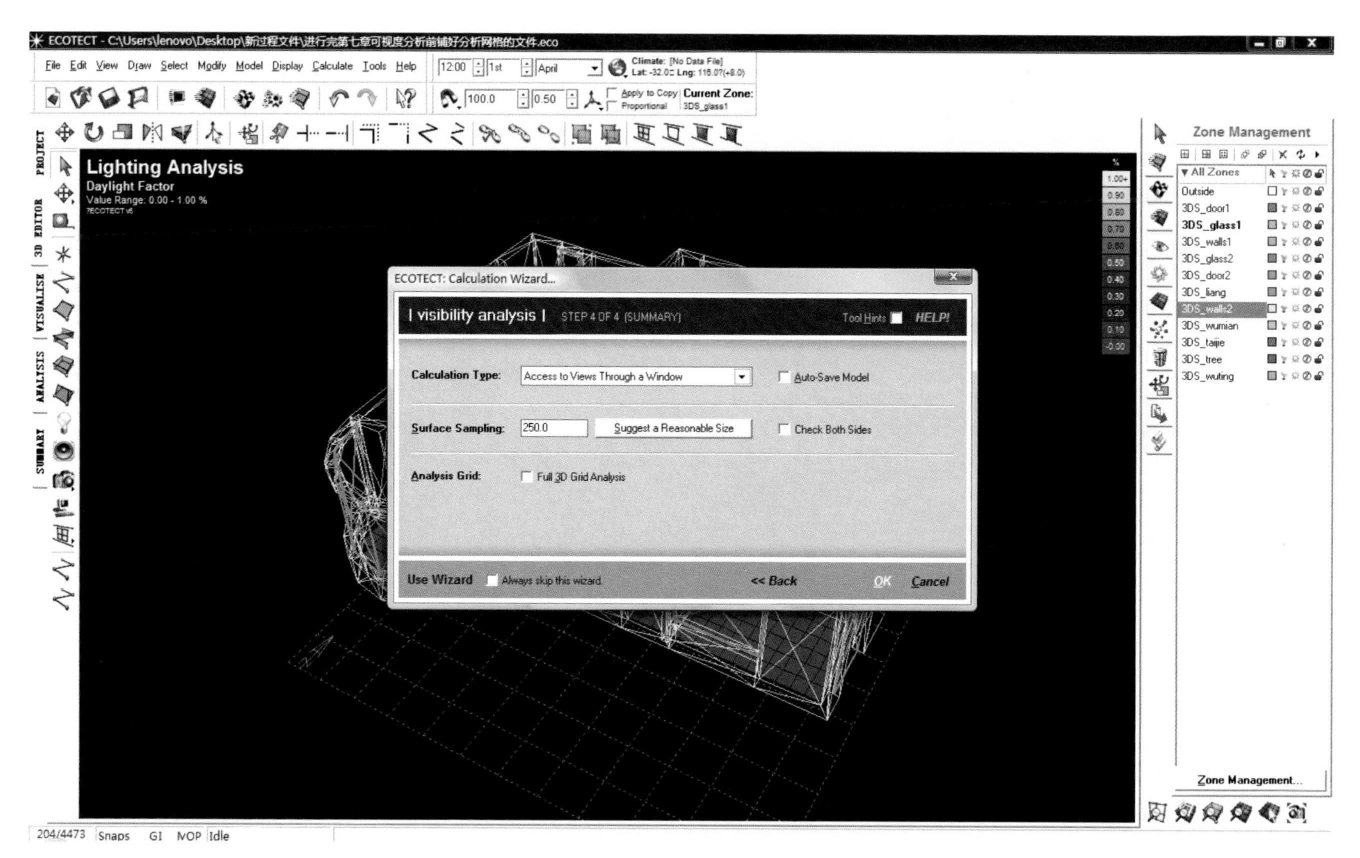

图 8-7-7　可视度参数设置

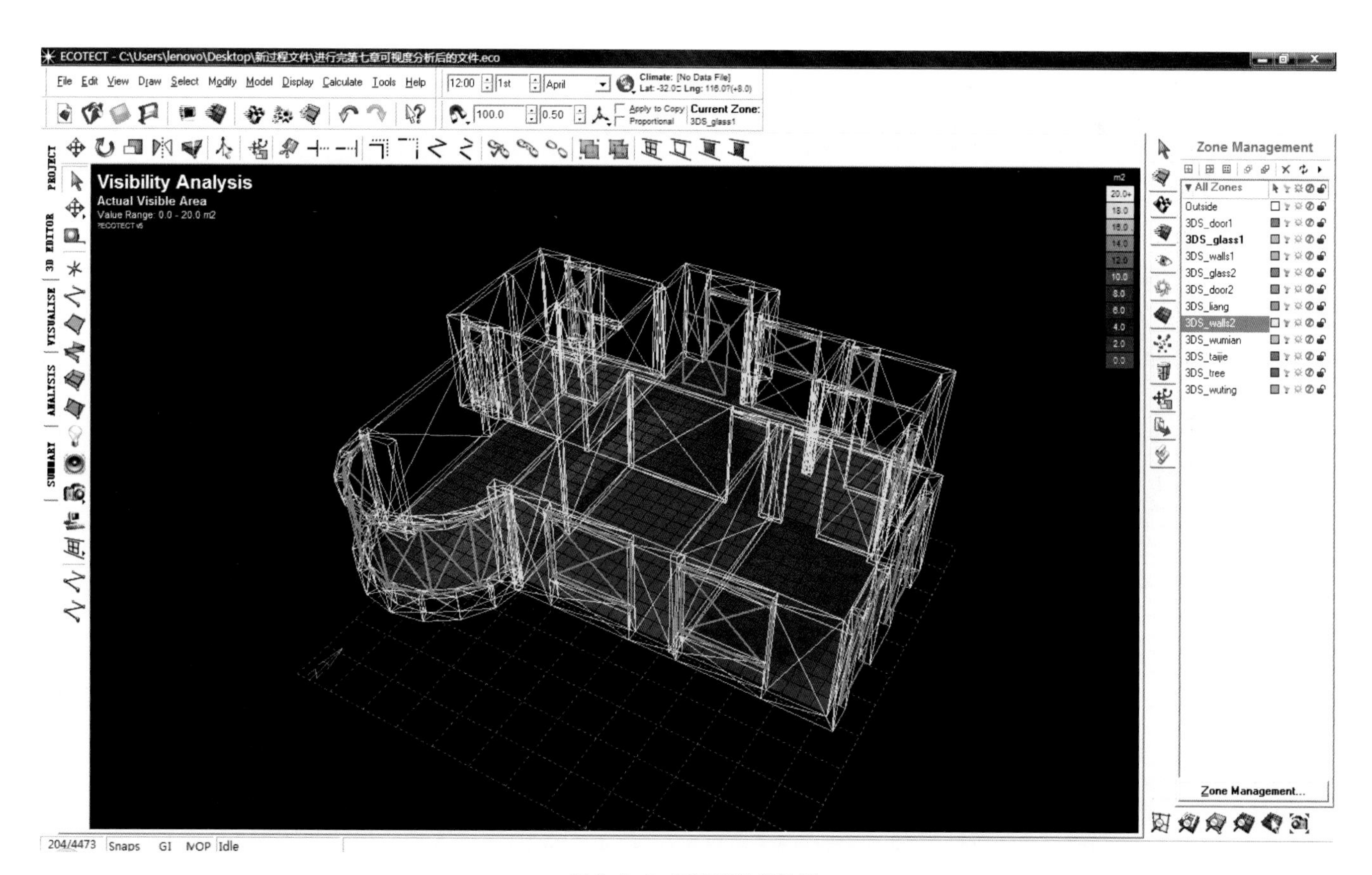

图 8-7-8　可视度计算结果

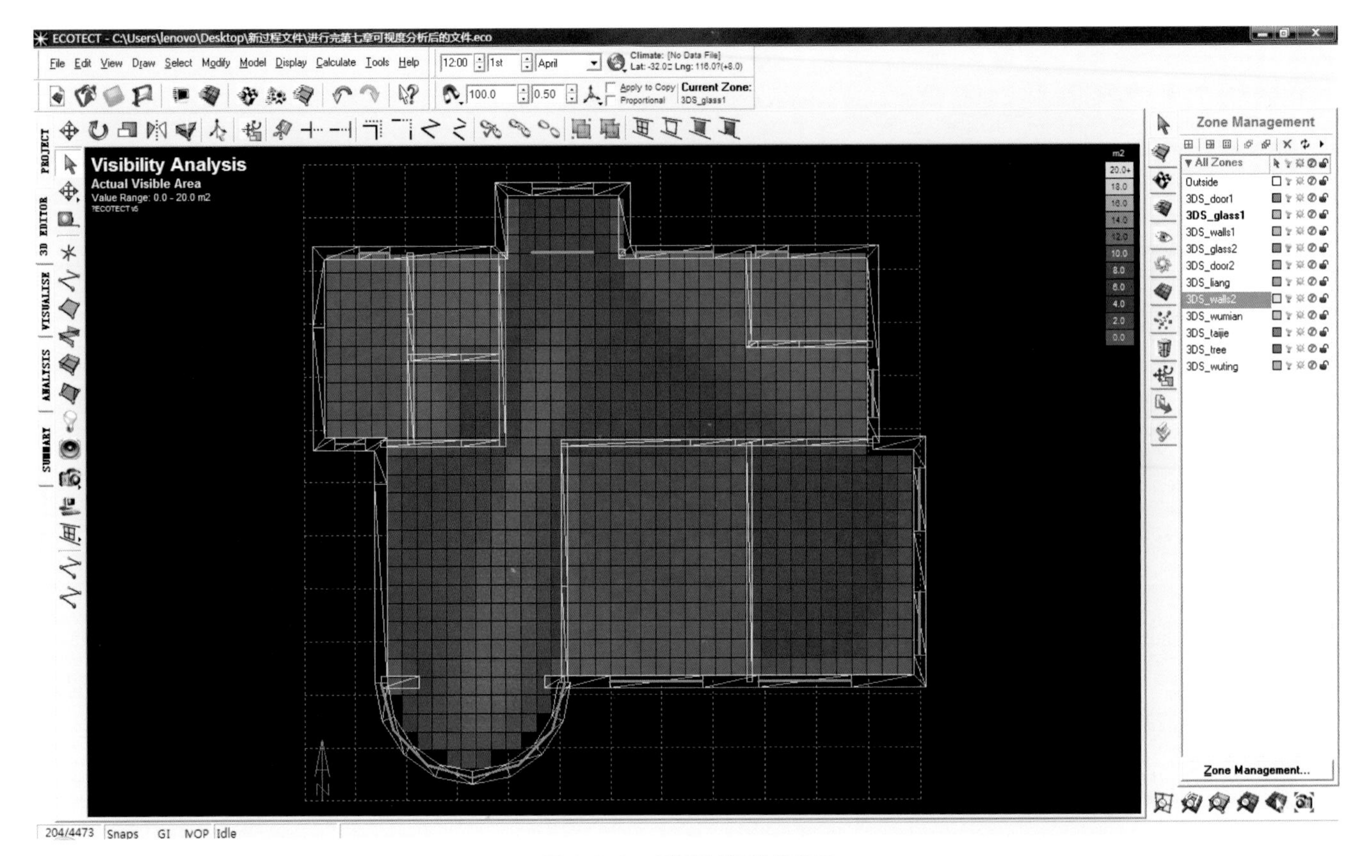


图 8–7–9　顶视图观看计算结果

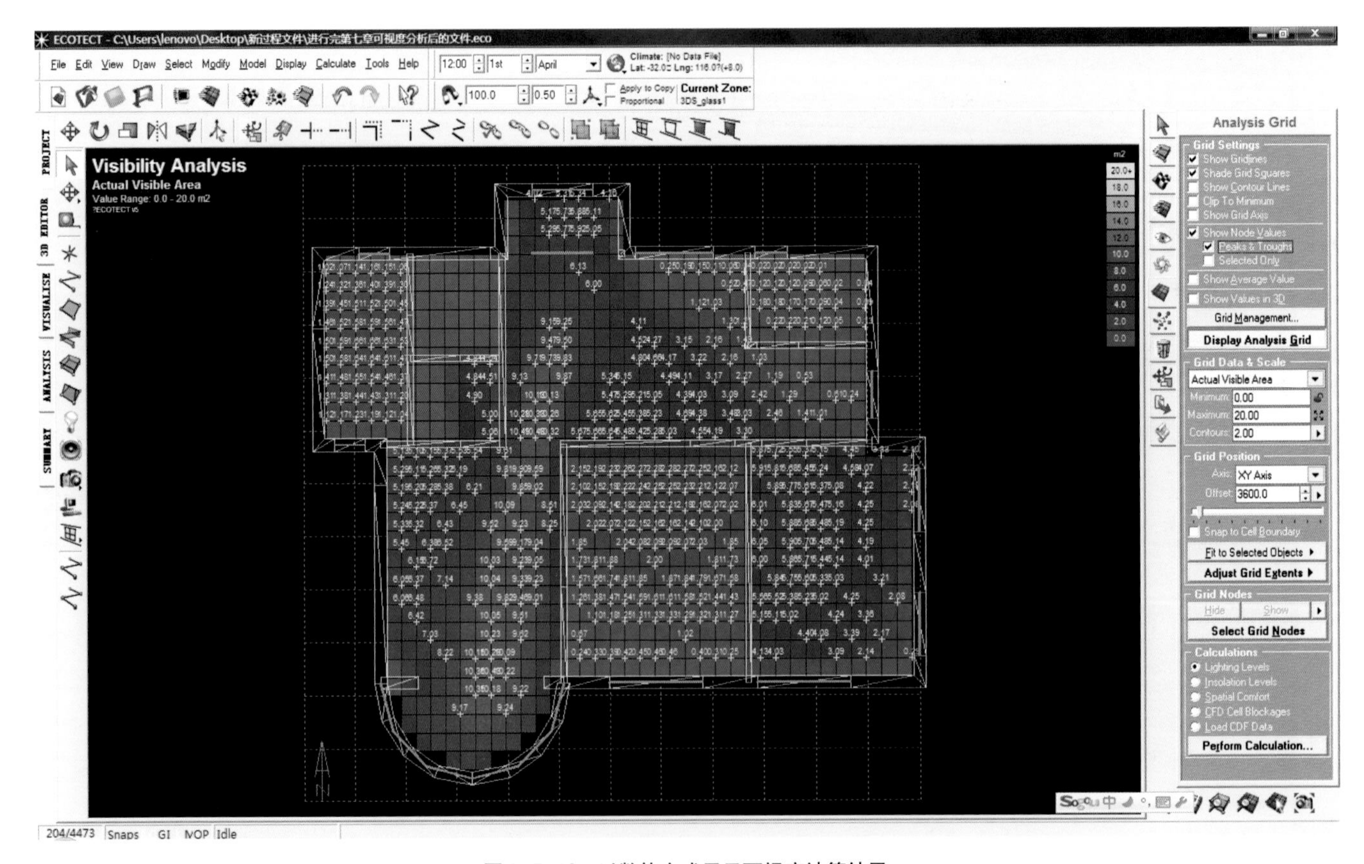


图 8–7–10　以数值方式显示可视度计算结果

## 思考题 8.7

1. 更改二层室内或窗体结构，即删除室内遮挡物或删除窗户重新进行分析，查看分析的不同结果。以此方式寻求二层最佳视线安排方式。

2. 可视度分析的另一功能是“规划可视度分析”，读者可自行寻找创建模型进行此功能的分析。建议在某一建筑群内的某地块上建立标志性建筑，并在水平面建立网格进行分析。

# 8.8 热环境分析

## 8.8.1 内建热环境计算

**第 1 步：**本节对模型进行热环境分析。首先进行相邻区域体积和内部区域相邻计算。计算区域体积，点击 Calculate - Zone Volume 进行。随后，进行相邻区域的计算，单击 Calculate - Inter-Zonal Adjacencies，会弹出如图 8-8-1 所示对话框。

**第 2 步：**点击 Skip Wizard（跳过向导）后可以看到以下对话框，如图 8-8-2 所示。勾选“Use Fast Calculation Method”以使计算在精度允许的范围内尽可能提高速度，其他选项按默认。在这里为了节省时间，我们只需要对二层进行热环境分析即可。点击区域管理器中“3ds_wall2”区域右边的“⊘”按钮使其变成“T”，即将其计入热量计算范围，然后再点击“OK”进行计算。

**第 3 步：**上述计算完毕后，需要读入气象数据（气象数据是进行分析计算所必需的）。点击工具栏上 图标，之后点击“Load Weather Data”。弹出对话框。如图 8-8-3 所示，找到所需的气象数据，选择并打开进行导入。案例中导入的是上海的气象数据，文件名为“shanghai.wea”，这些气象数据文件可以在光盘中找到。如需更多数据可以去网上进行下载。

**第 4 步：**导入气象数据后，可以看到模型的状况如图 8-8-4 所示。在 右边的气象信息已经变成了上海的气象数据。

**第 5 步：**设置完成后开始进行计算。单击屏幕左边的“ANALYSIS”进入计算选项卡，进行默认计算，即模型的 Hourly Temperature Profile（逐时得热）计算，如图 8-8-5 所示。

**第 6 步：**下边栏可以进行一系列计算的设置，比如“Select Date”就可以设置计算的日期。将日期从 Jan 1st 改至 Jun 25th，然后点击 Calculate，之后的计算结果如图 8-8-6 所示，明显与之前的计算结果与如图 8-8-5 所示不同。

**第 7 步：**下栏确保选定的是 Thermal Calculation 之后，可以在其下拉菜单中单击下拉三角符号，选择多种计算模式，如图 8-8-7 所示。丰富的计算功能可以满足各种分析需要，在这里就不一一赘述了。

**第 8 步：**另外，材质的区别也可以影响计算结果。在模型中对屋顶的材质进行修改，将 ClayTiledRoof 改为 ClayTiledRoof_Ref_Foil_Gyproc，之后重新进行 Hourly Temperature Profile 在 Jan 1st 的计算。可以发现如图 8-8-9 所示结果与如图 8-8-5 所示结果区别很大。

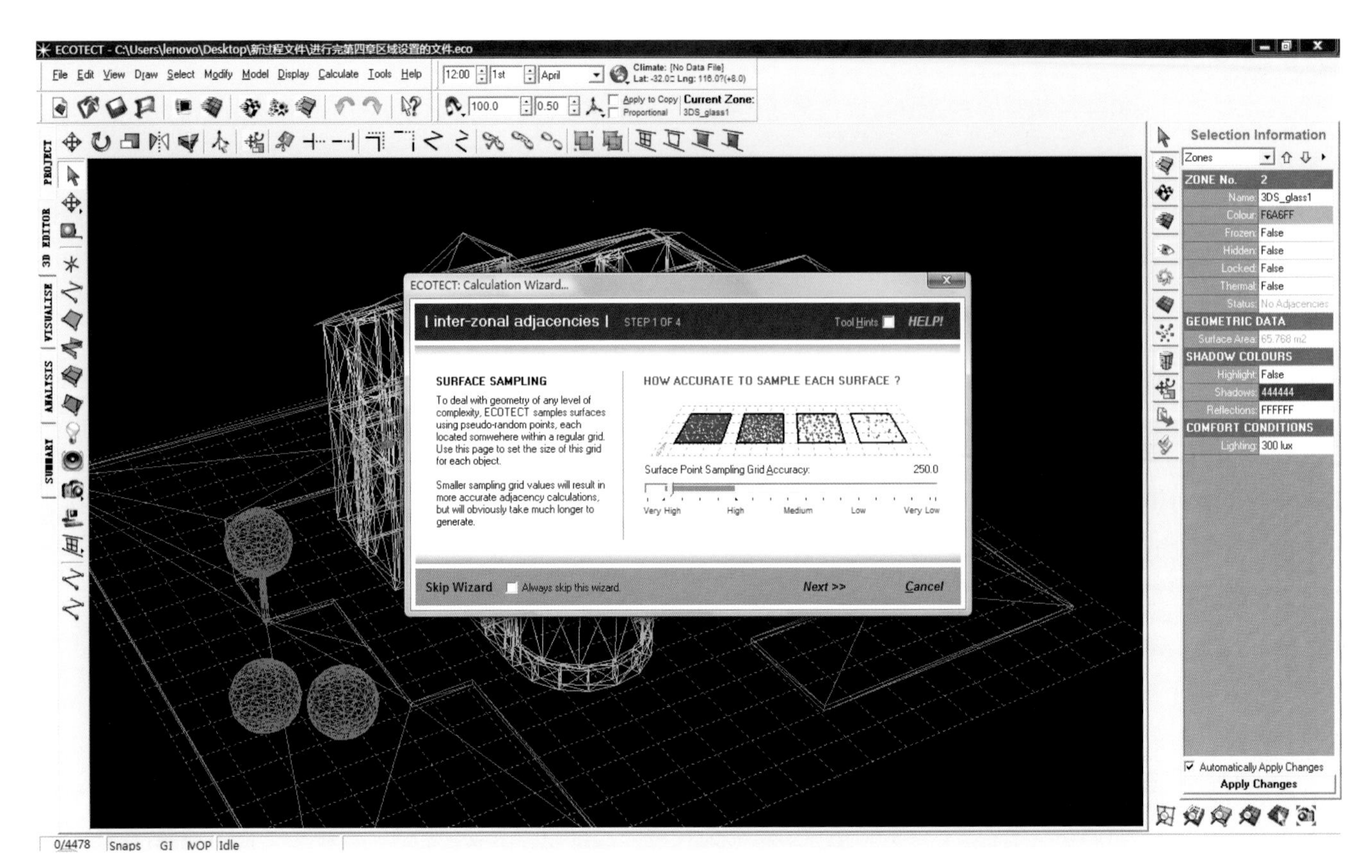


图 8-8-1　计算相邻区域向导界面

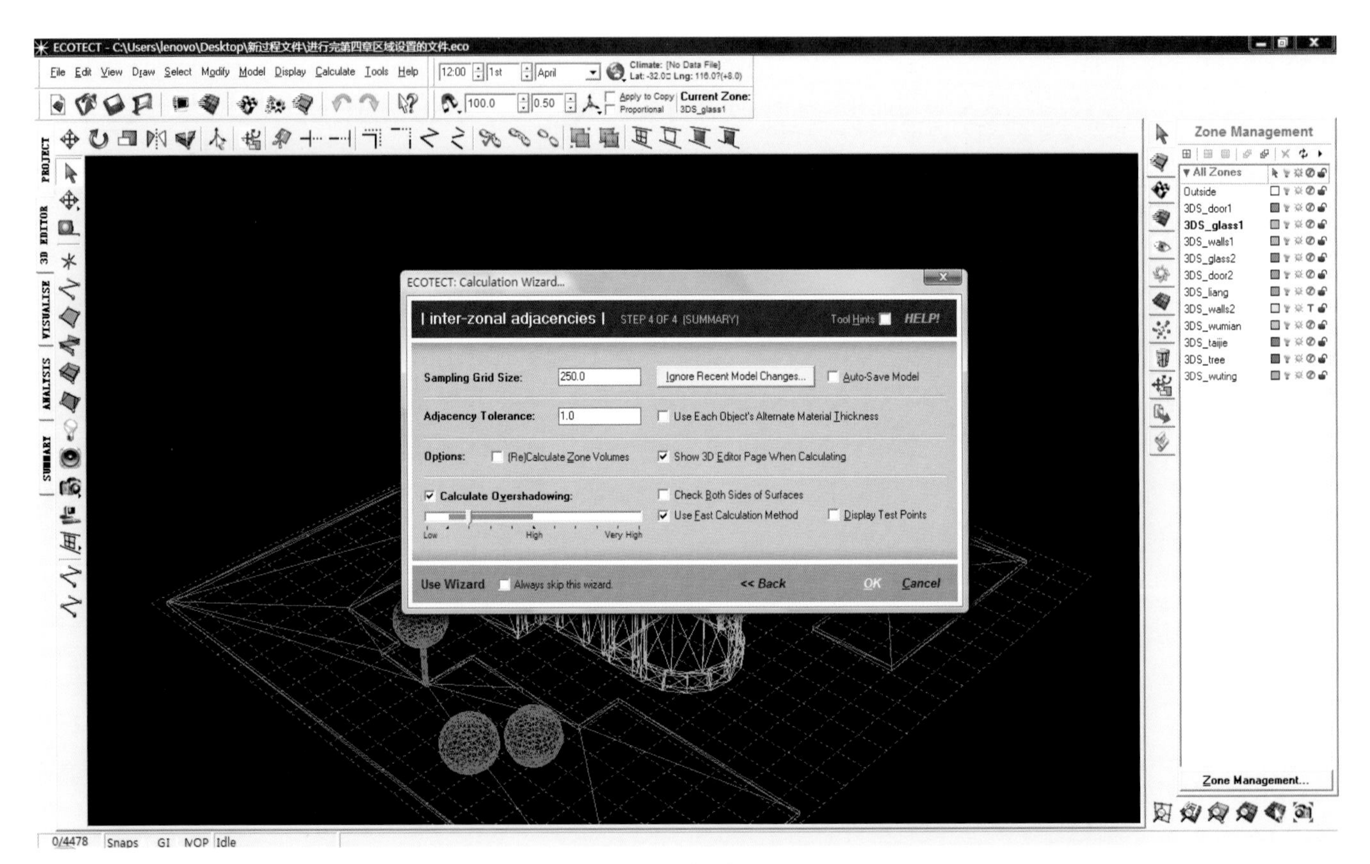


图 8-8-2　计算参数设置

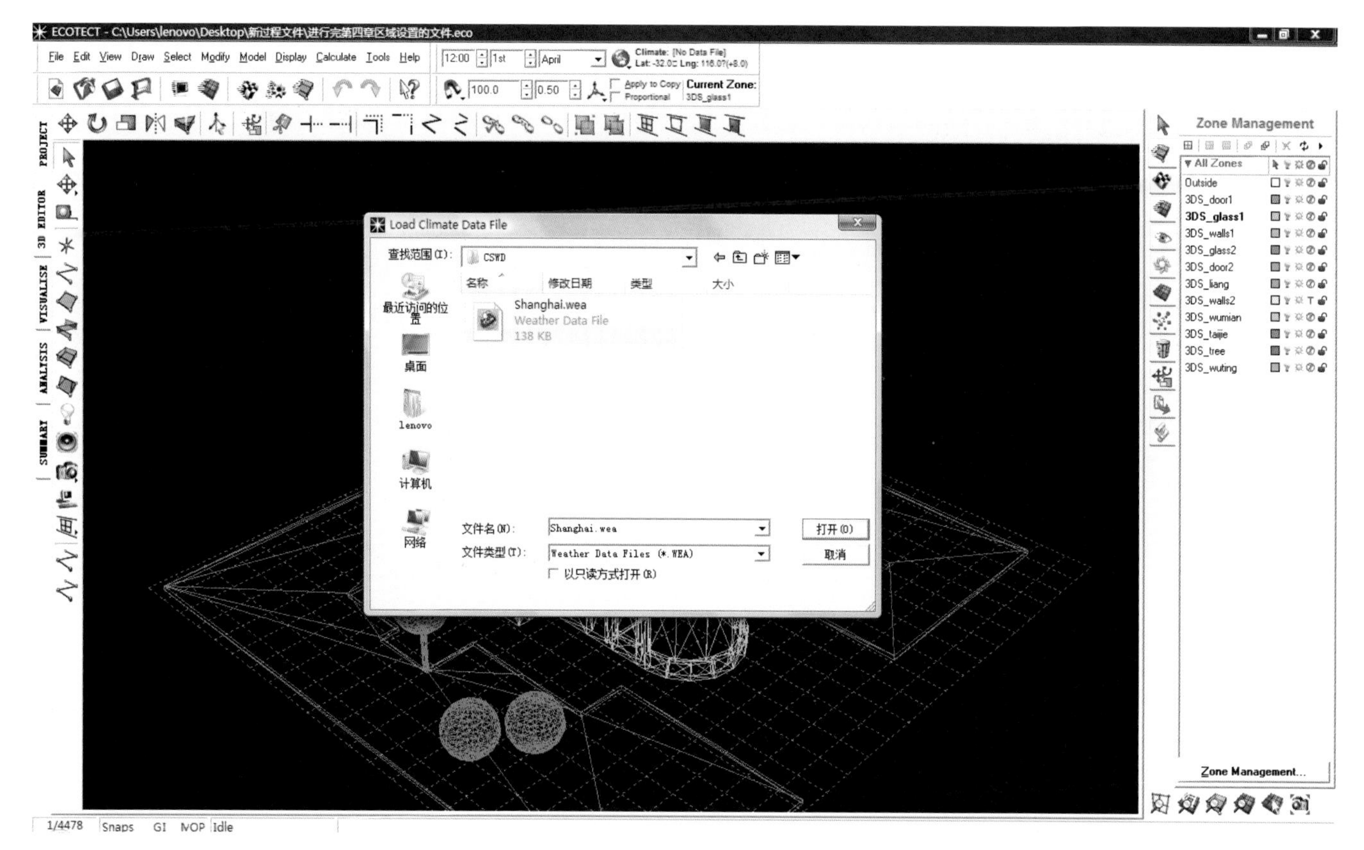


图 8-8-3　导入上海气象数据

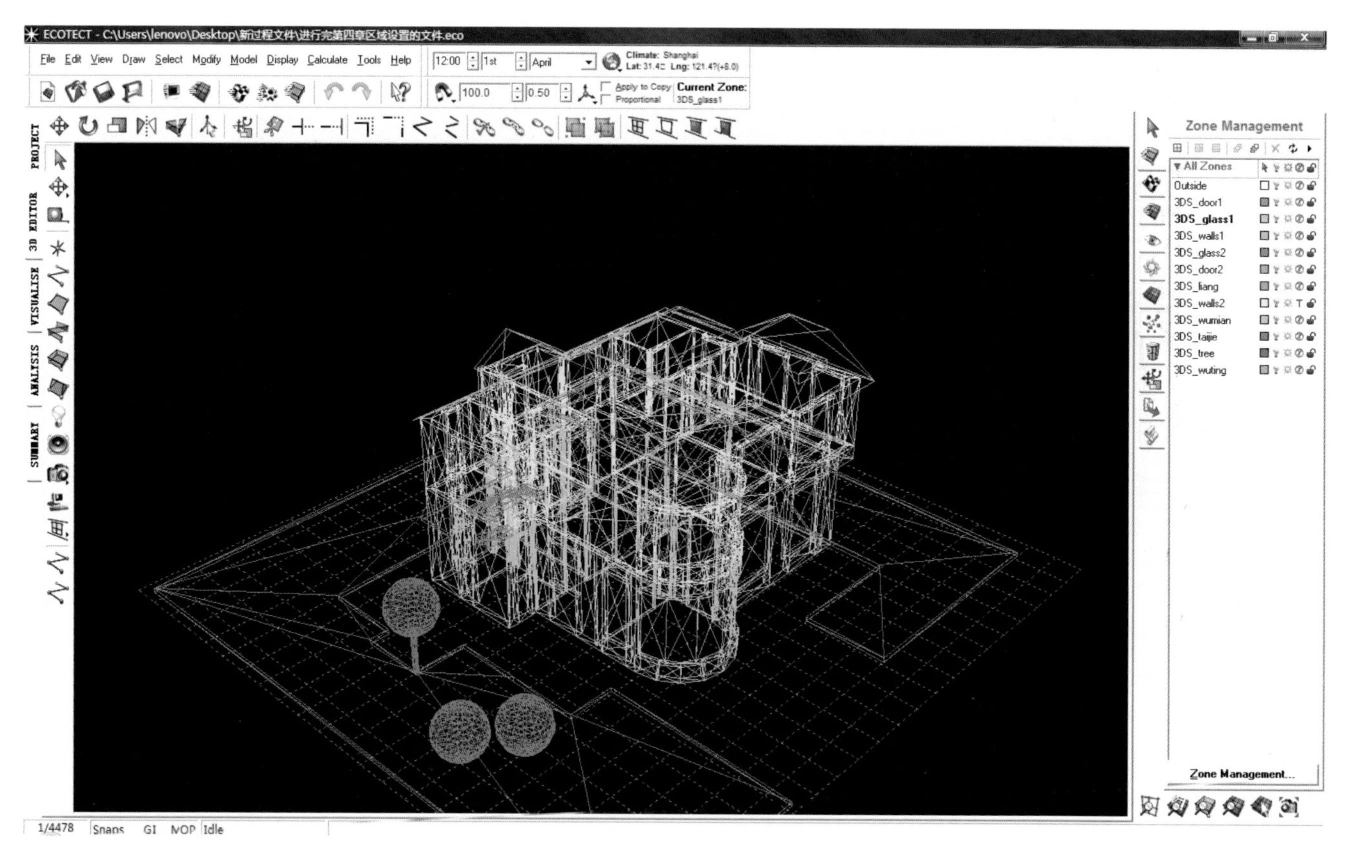


图 8-8-4　完成气象数据设定

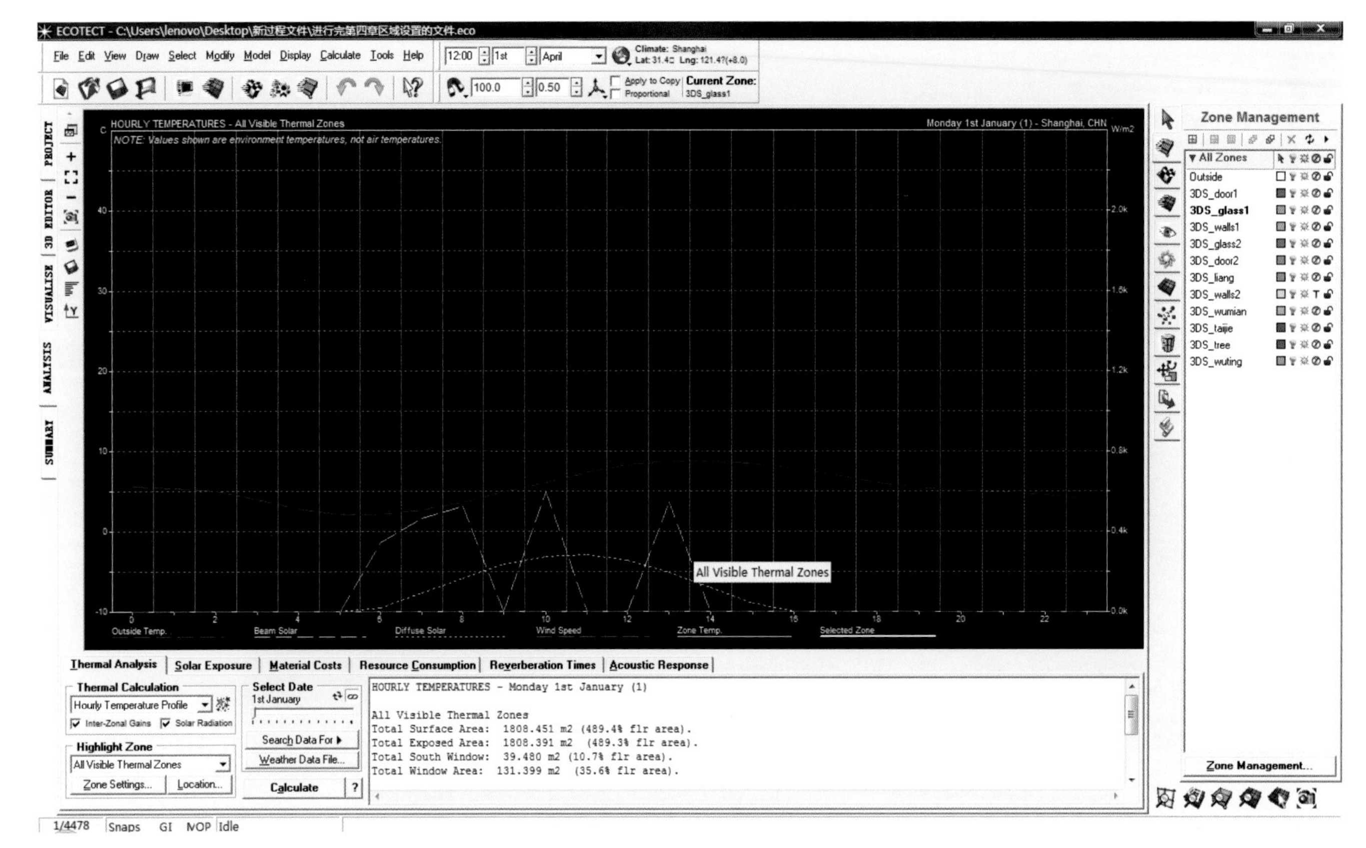


图 8–8–5　逐时得热计算

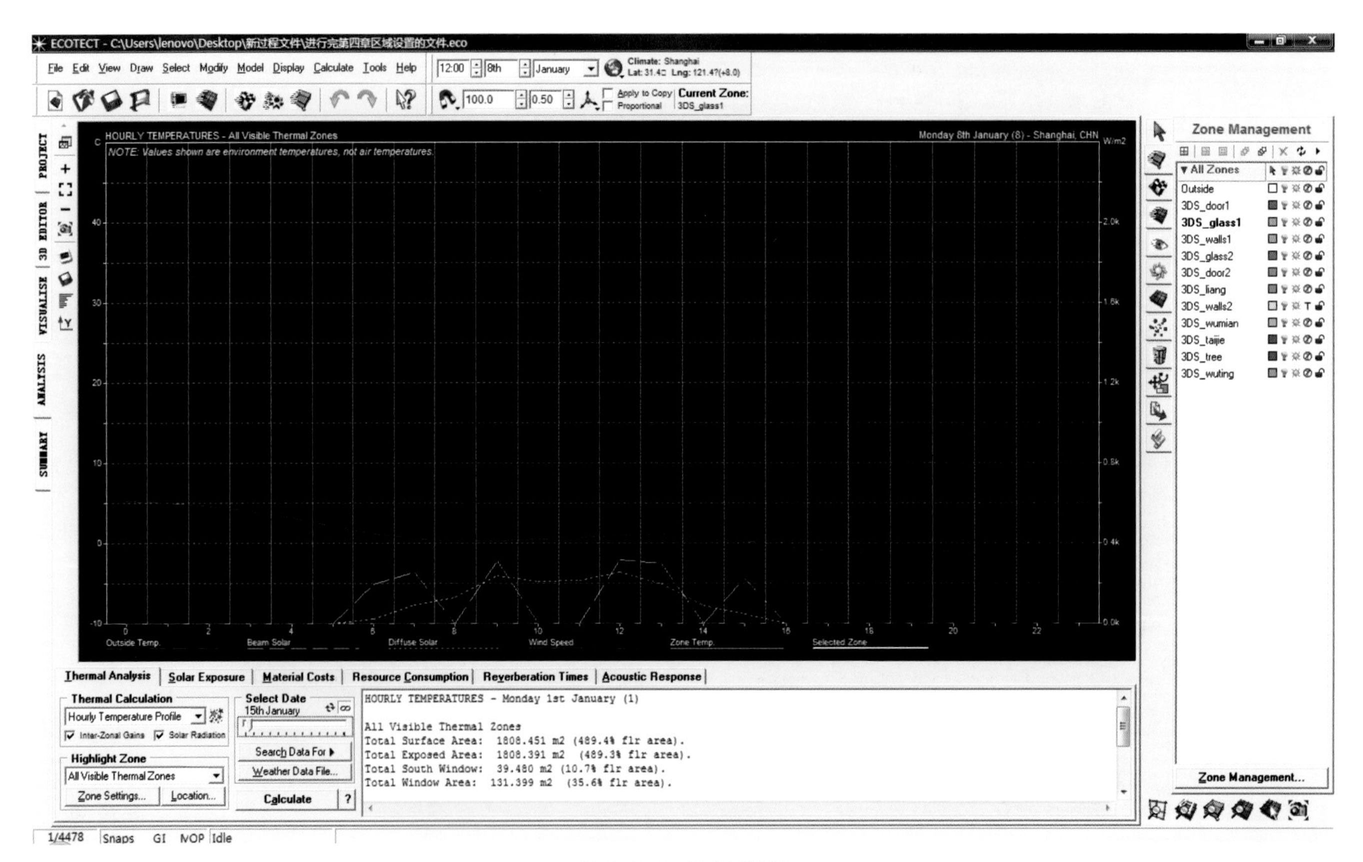


图 8–8–6　特定日计算

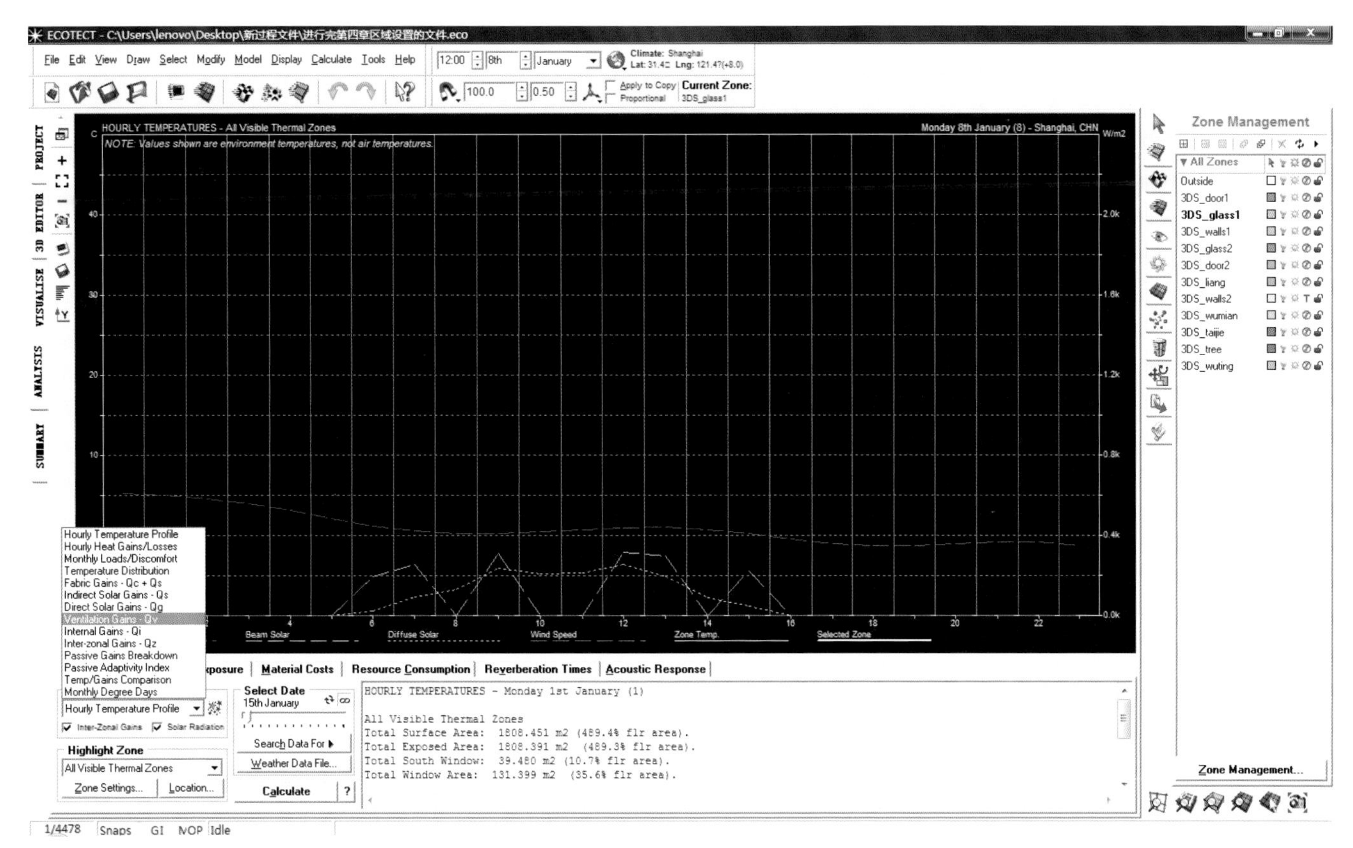


图 8–8–7　其他热分析功能

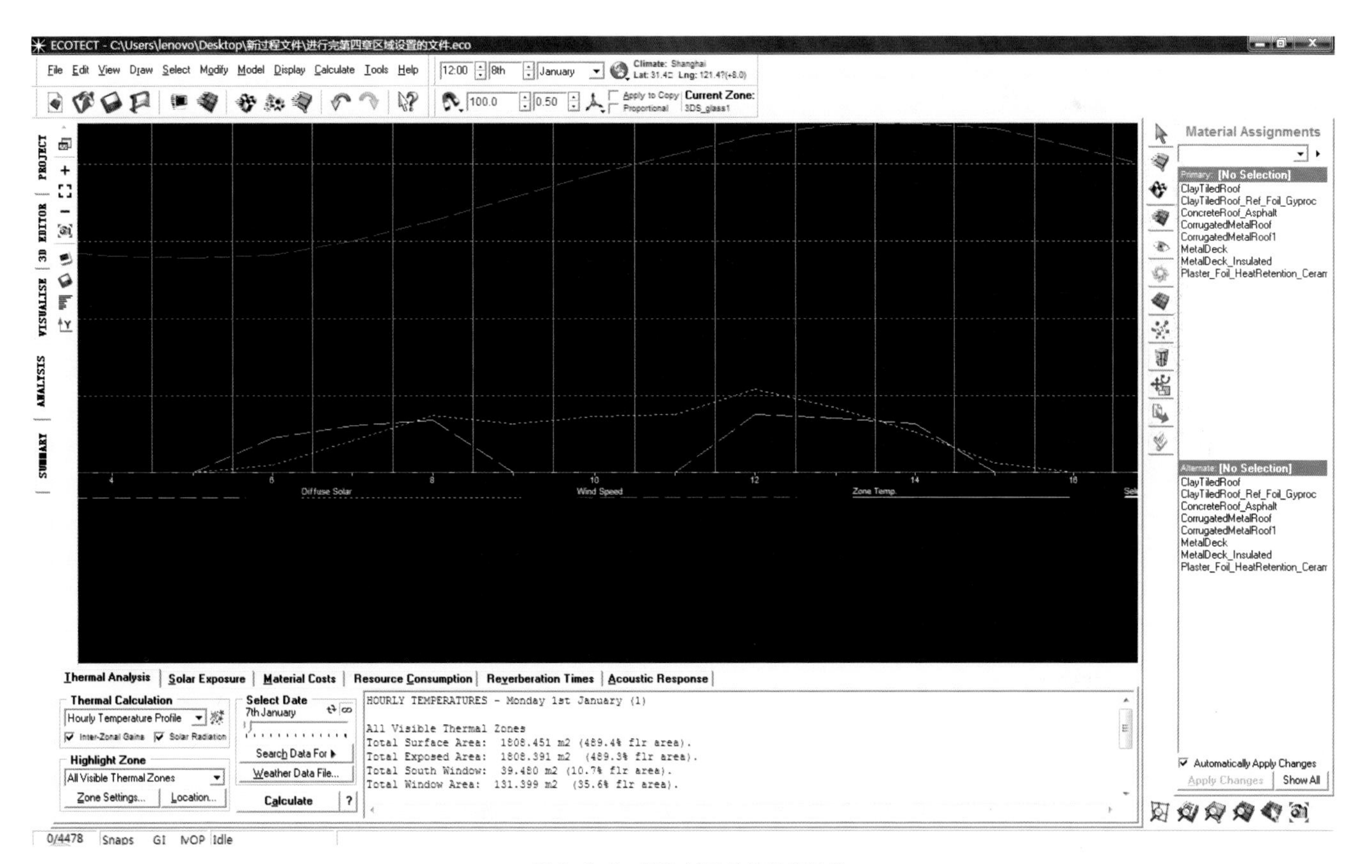


图 8–8–8　修改材质后的计算结果

## 8.8.2 EnergyPlus 插件计算

**第 9 步**：Ecotect 也可以利用其他插件进行计算，此处利用 EnergyPlus 进行计算。安装文件在光盘中可以找到，安装过程如图 8-8-9 所示。

**第 10 步**：现利用 EnergyPlus 进行计算。点击右边 按钮，选择 EnergyPlus - Export Model Data，在弹出对话框里选取保存名称和位置后保存，如图 8-8-10 所示。

**第 11 步**：随后，弹出如图 8-8-11 所示对话框。

**第 12 步**：分别单击“General Settings”和“Model Zone”选项卡，对其中的设置一般不作什么特别修改，基本采用默认值，如图 8-8-12 所示。

**第 13 步**：单击“Report Variables”选项卡，这里可以看到的是可以进行输出的变量，勾选需要进行项目，单击“OK”就可以进行计算了，如图 8-8-13 所示。

**第 14 步**：计算后可以看到如下数据管理器，如图 8-8-14 所示。我们可以用 Ecotect 的数据管理器通过对 eso 文件的读取和分析，对 EnergyPlus 的计算结果进行可视化处理，在这里就不再赘述了，有兴趣的读者可以自行进行尝试。

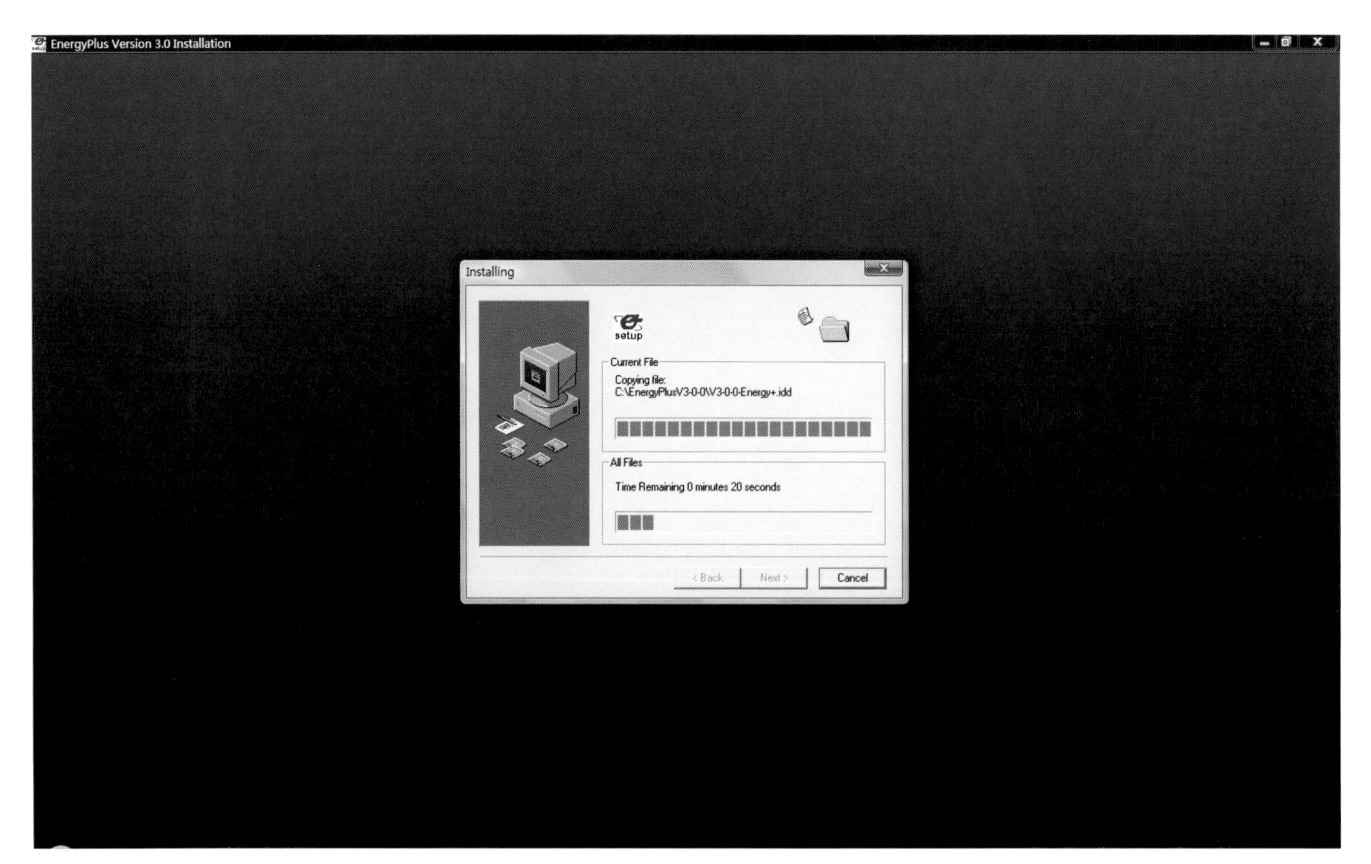


图 8-8-9　EnergyPlus 安装过程

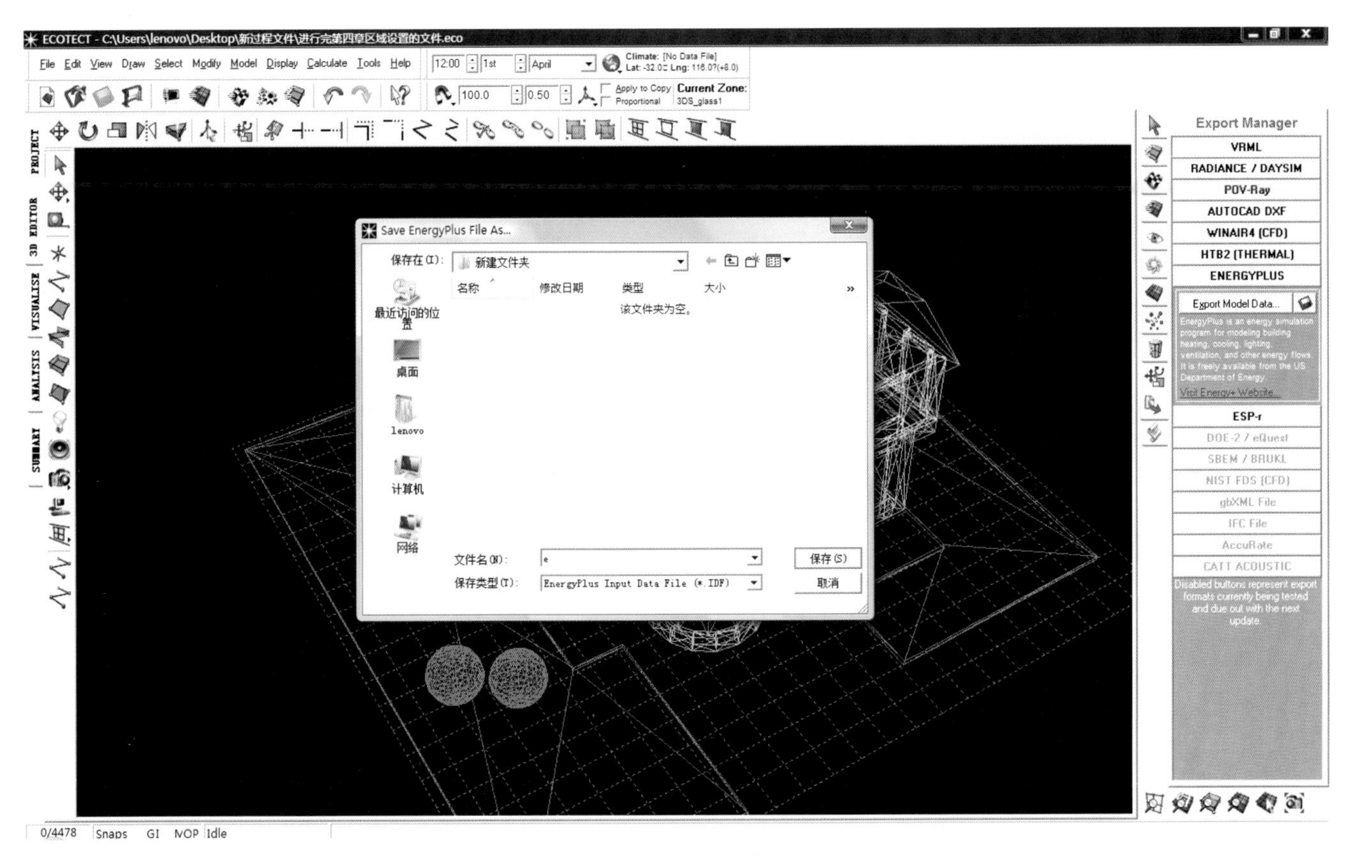


图 8–8–10　导出模型数据给 EnergyPlus

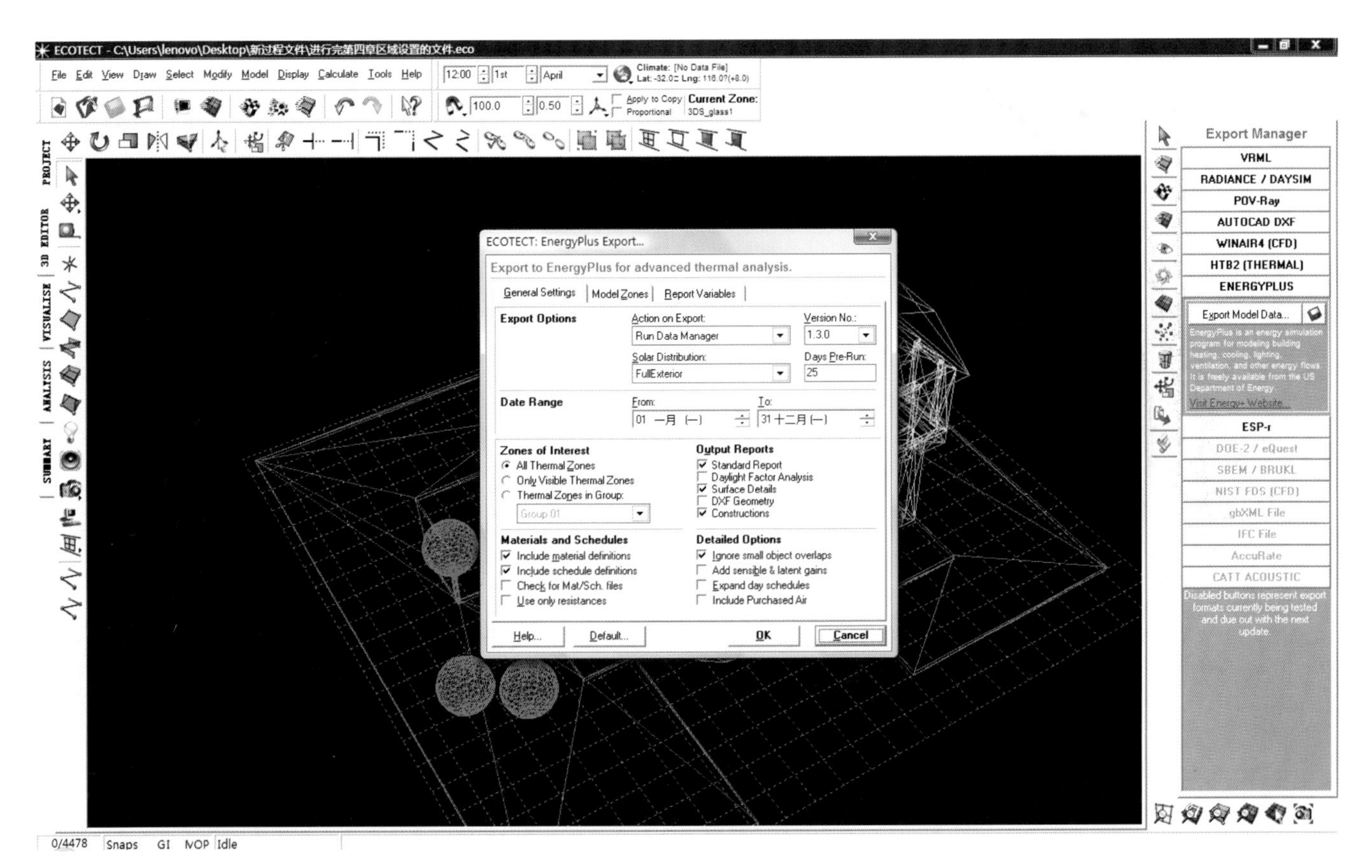


图 8–8–11　导出参数设置界面

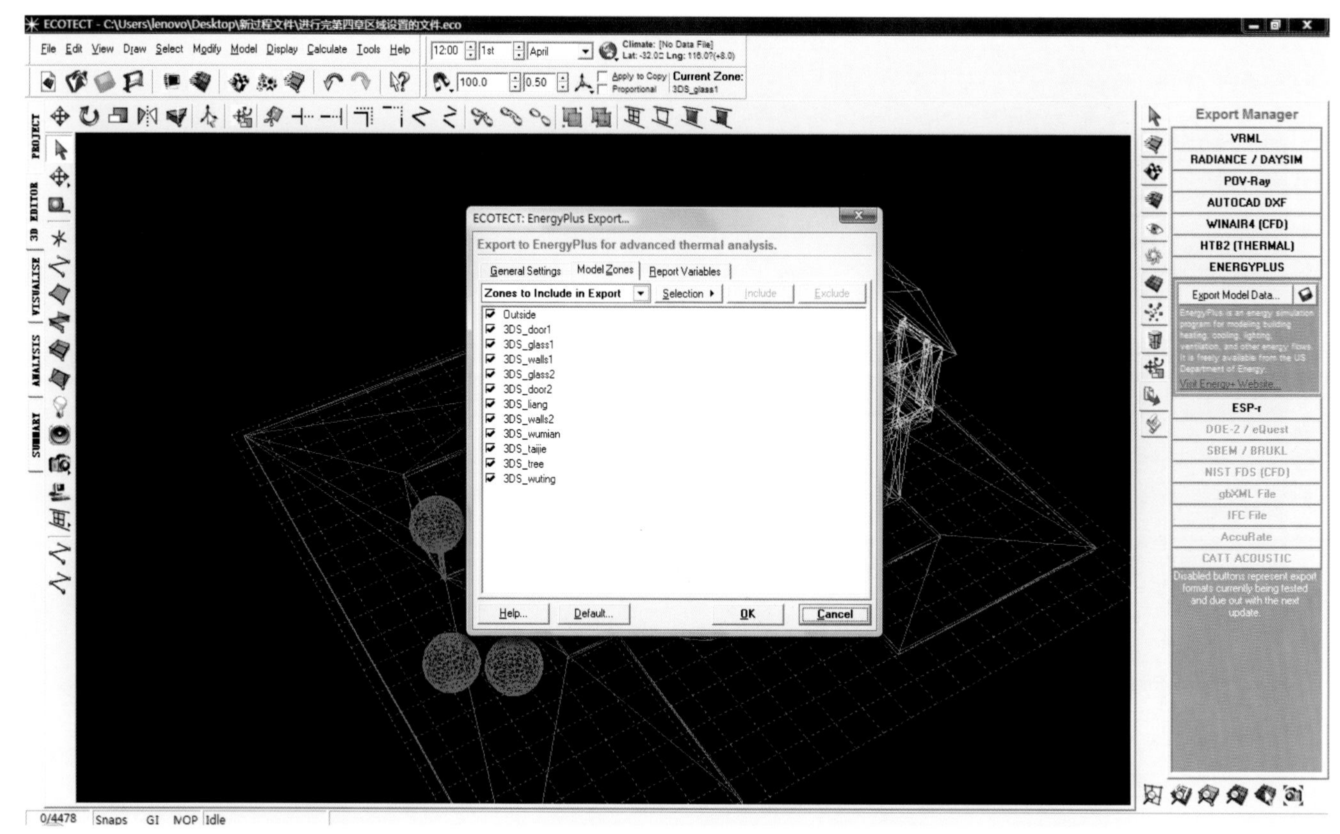


图 8-8-12　按默认设置

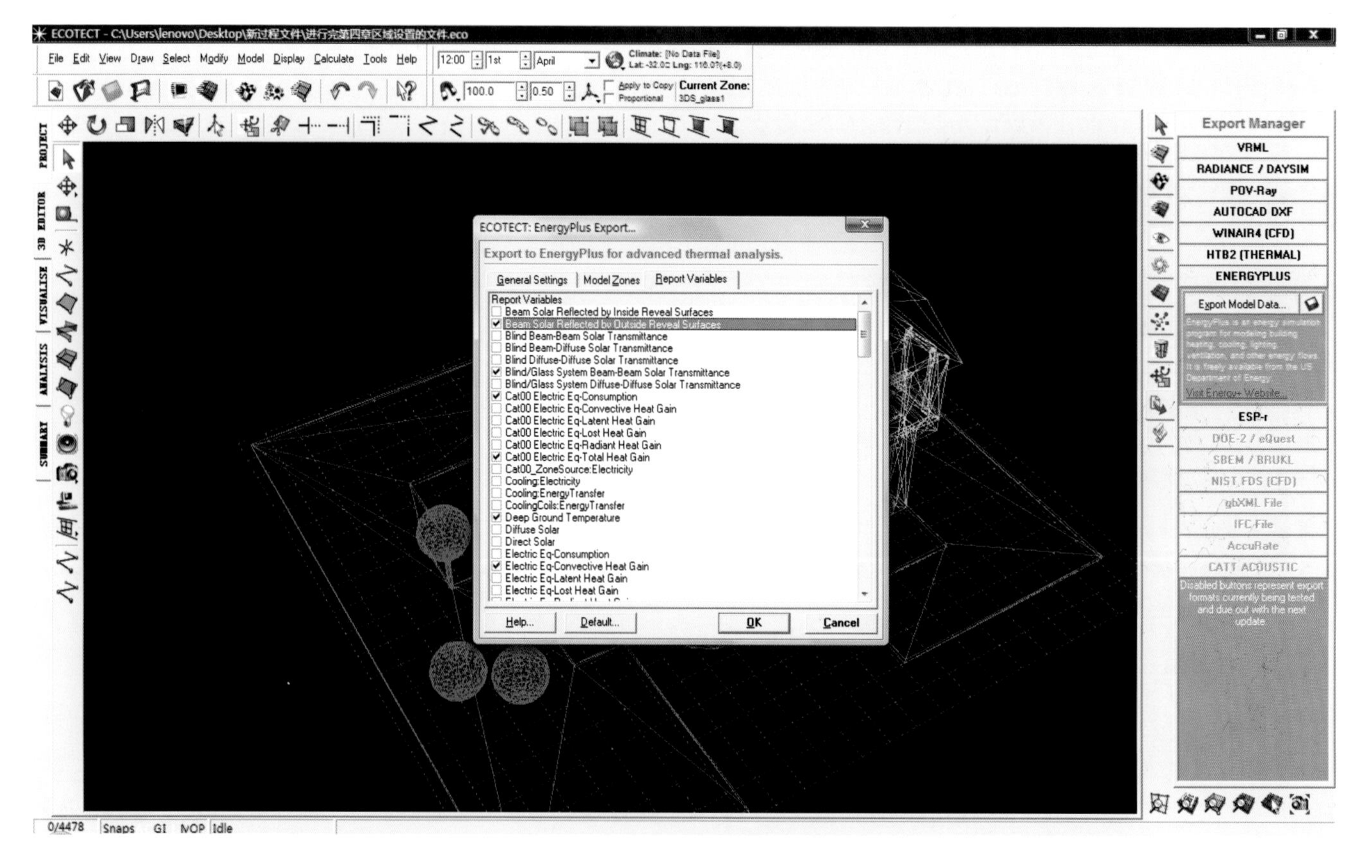


图 8-8-13　选择需要进行的计算项目

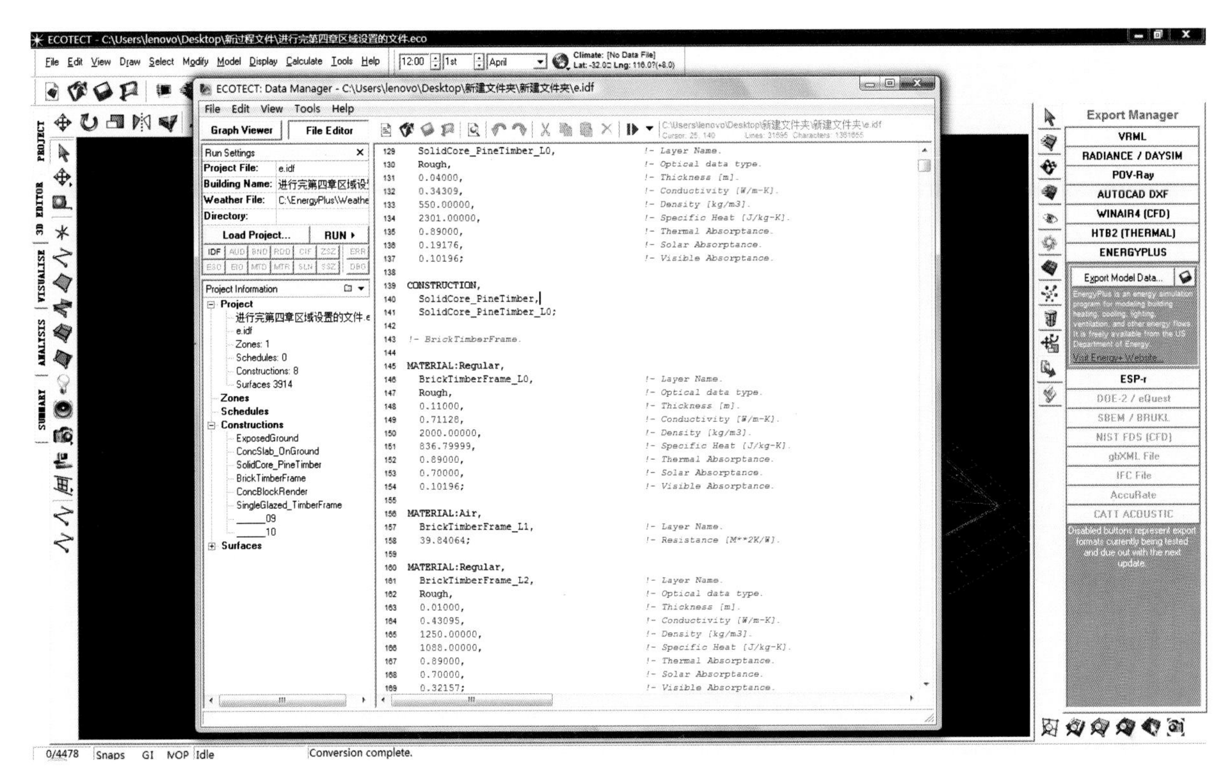


图 8-8-14　数据管理器界面

## 思考题 8.8

1. 将不同区域计入热环境分析中，分别进行计算，比较不同的结果。分析空调在房间热环境方面的作用和影响。
2. 对 wall2 区域进行“日照得热分析”查看结果，分析导致不同时段不同数值结果产生的原因。
3. 分析比较 EnergyPlus 和 Ecotect 在相同项目热环境分析方面功能的差异。

# 8.9 声环境分析

## 8.9.1 混响分析

**第 1 步：**对小住宅二层进行混响时间分析。由于在分析中会用到区域的体积，故需要计算二层的面积。选中二层之后点击“ ”按钮即可看到 Surface Area 中的面积为 93.87m²，如图 8-9-1 所示。

**第 2 步：**随后，点击 按钮作二层墙垂直线，如图 8-9-2 所示，同样点击“ ”按钮即可看到 Length 中的长度为 2.5m，得体积为 234.675m³。

**第 3 步：**点击“ANALYSIS”选项卡，并点击“Reverberation Times”进入混响时间计算项目。选取二层墙壁作为分析对象，输入体积 246.825m³，设置“Auditorium Seating”为 35 人和“Cloth-Covered”，点击“Calculation”计算得到如图 8-9-3 所示结果（其中蓝色部分为人耳可以识别的区域）。

**第 4 步：**为提高蓝色区域的覆盖量，尝试更改二层墙壁的材质。由原来的 BrickTimberFrame 改为 FramedPlasterBoard，如图 8-9-4 所示。

**第 5 步：**重新计算之后，可以明显发现这次蓝色区域，如图 8-9-5 所示，覆盖面比之前图 8-9-3 所示的计算结果大大增多，说明材质的改变起到了作用。此分析在材质选择方面可以提供一定程度的帮助。

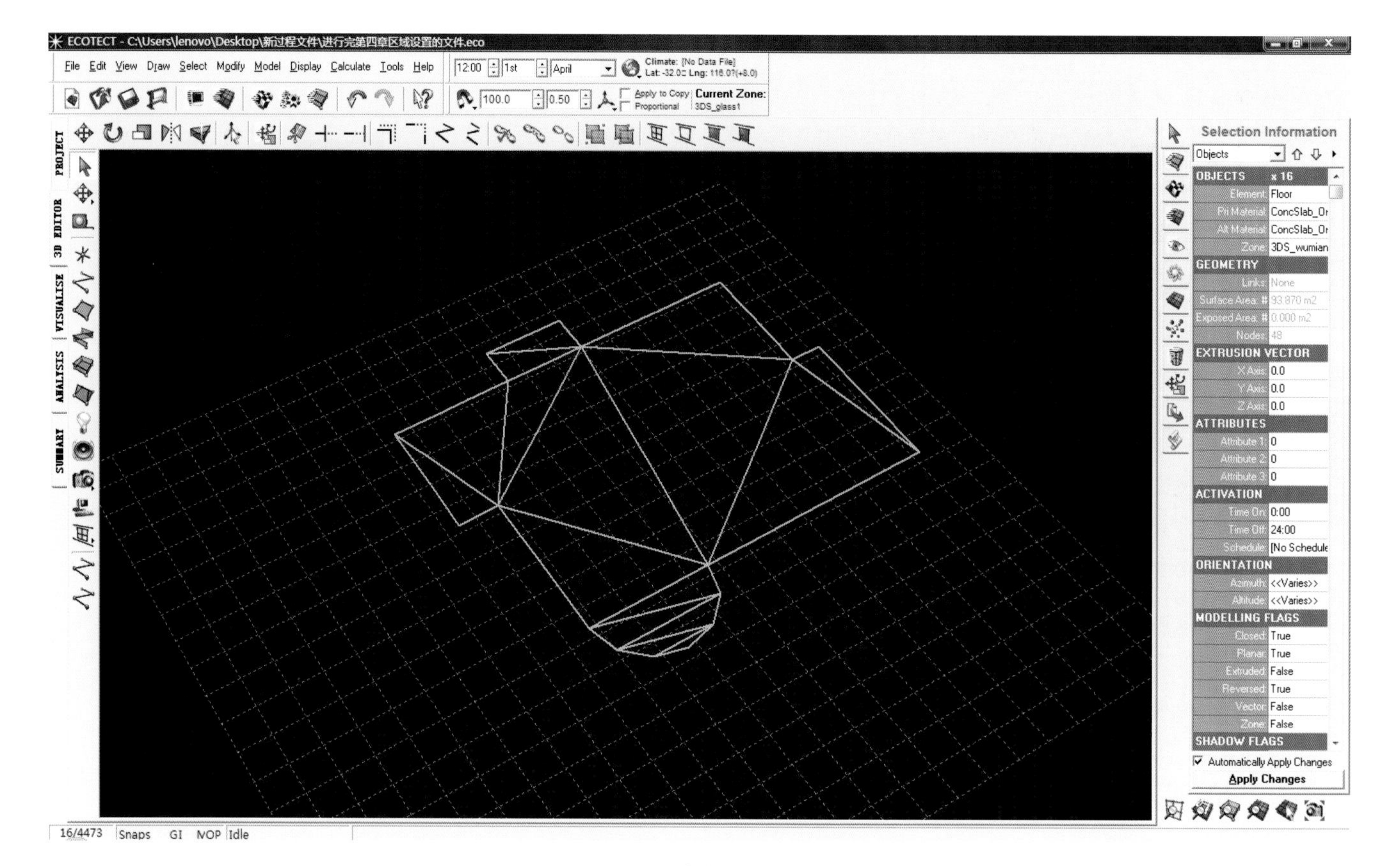


图 8-9-1 计算二层楼板面积

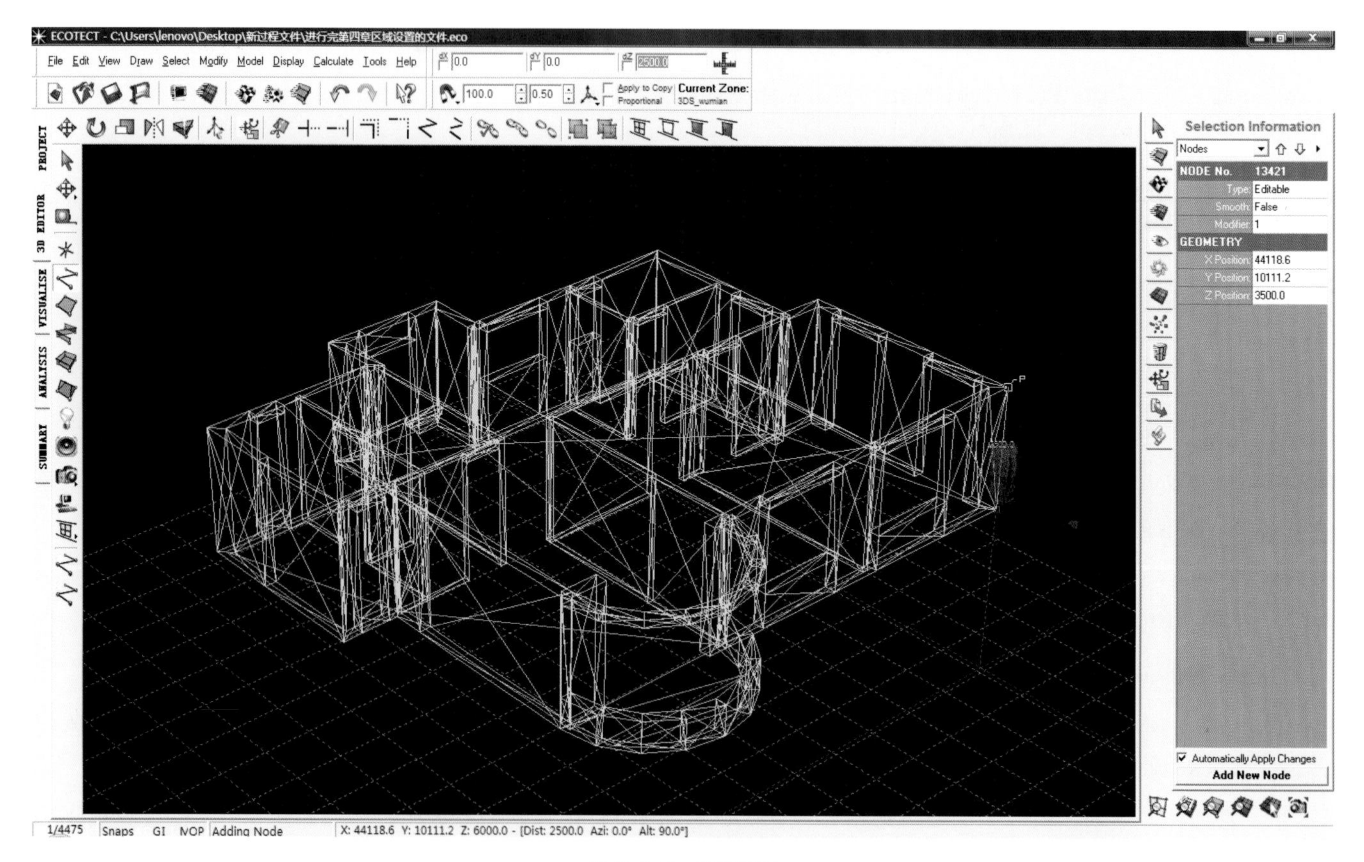


图 8-9-2 测量墙高

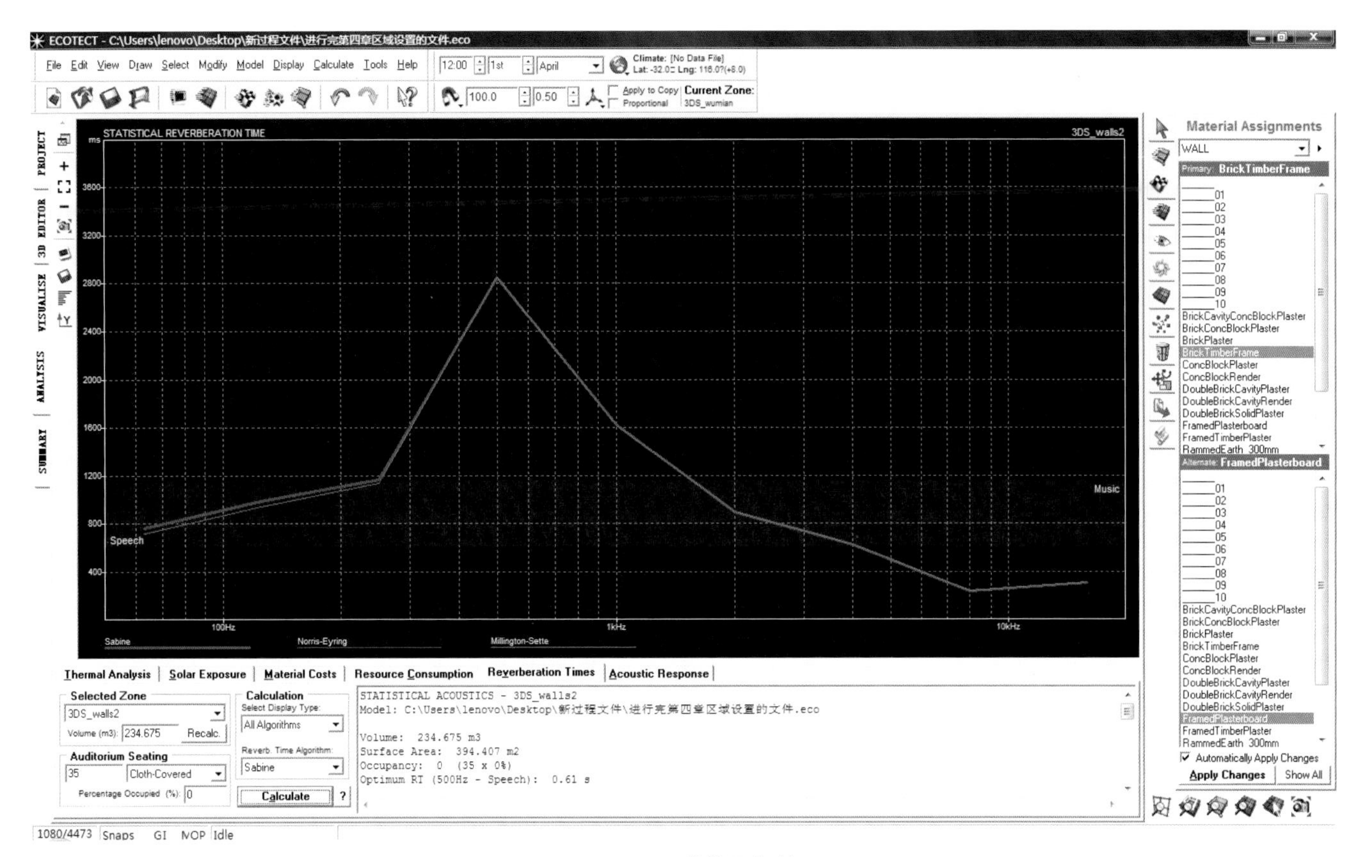


图 8–9–3 计算混响时间

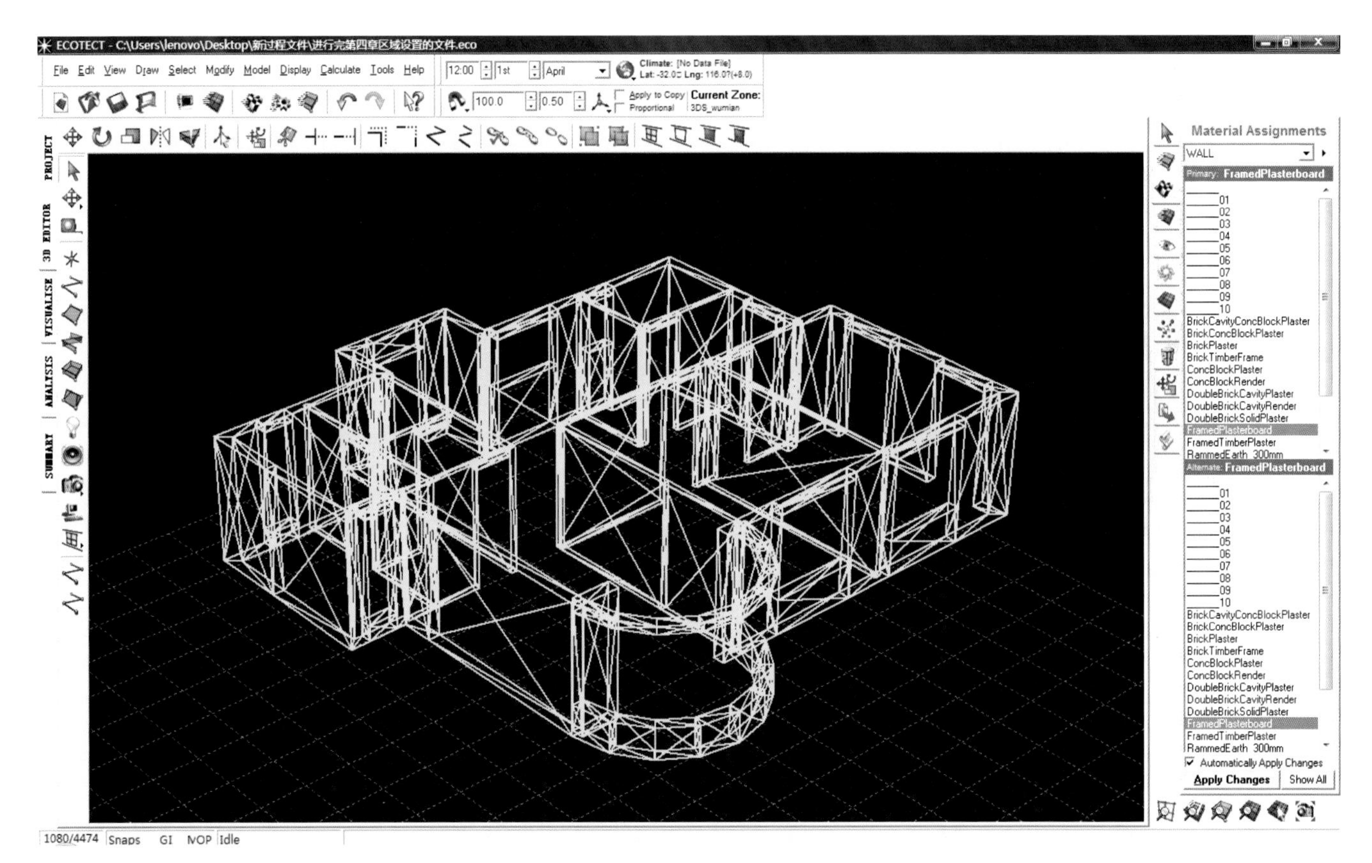


图 8–9–4 更改墙面材质

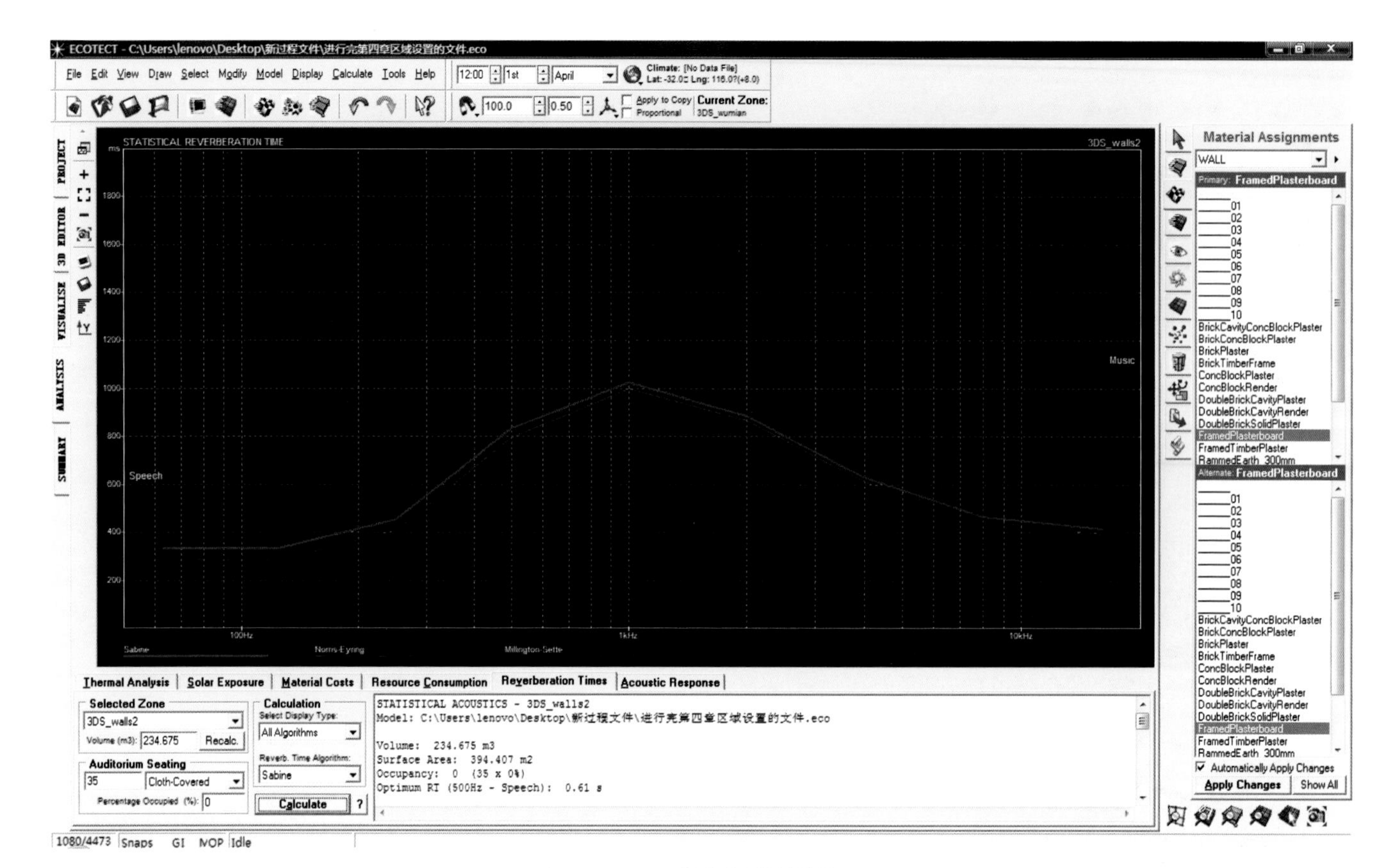


图 8–9–5　更改材质后的计算结果

## 8.9.2 几何声学分析

**第 6 步**：接下来进行几何声学分析。选取二层小住宅内部进行分析，点击 按钮在二层楼板上空建立一个发生体，如图 8-9-6 所示。

**第 7 步**：点击屏幕右侧的 按钮进入几何声学分析面板，保持照默认设置。点击“Generate Rays”按钮，经过一定时间的计算，可从如图 8-9-7 所示看到别墅二层区域充满了声波。

**第 8 步**：进一步调整“Number of Rays”处声波数为 10，Bounces（反射次数）依旧为 16 次，再次计算，结果如图 8-9-8 所示。

**第 9 步**：在图层管理器中关闭小住宅模型的图层，就可以看到刚才 10 条随机声波在小住宅二层内的反射情况，声波数量少了很多，如图 8-9-9 所示。该功能可以对室内各种材料、结构对于声音的反射作用提供定量化参考，以助于优化设计。

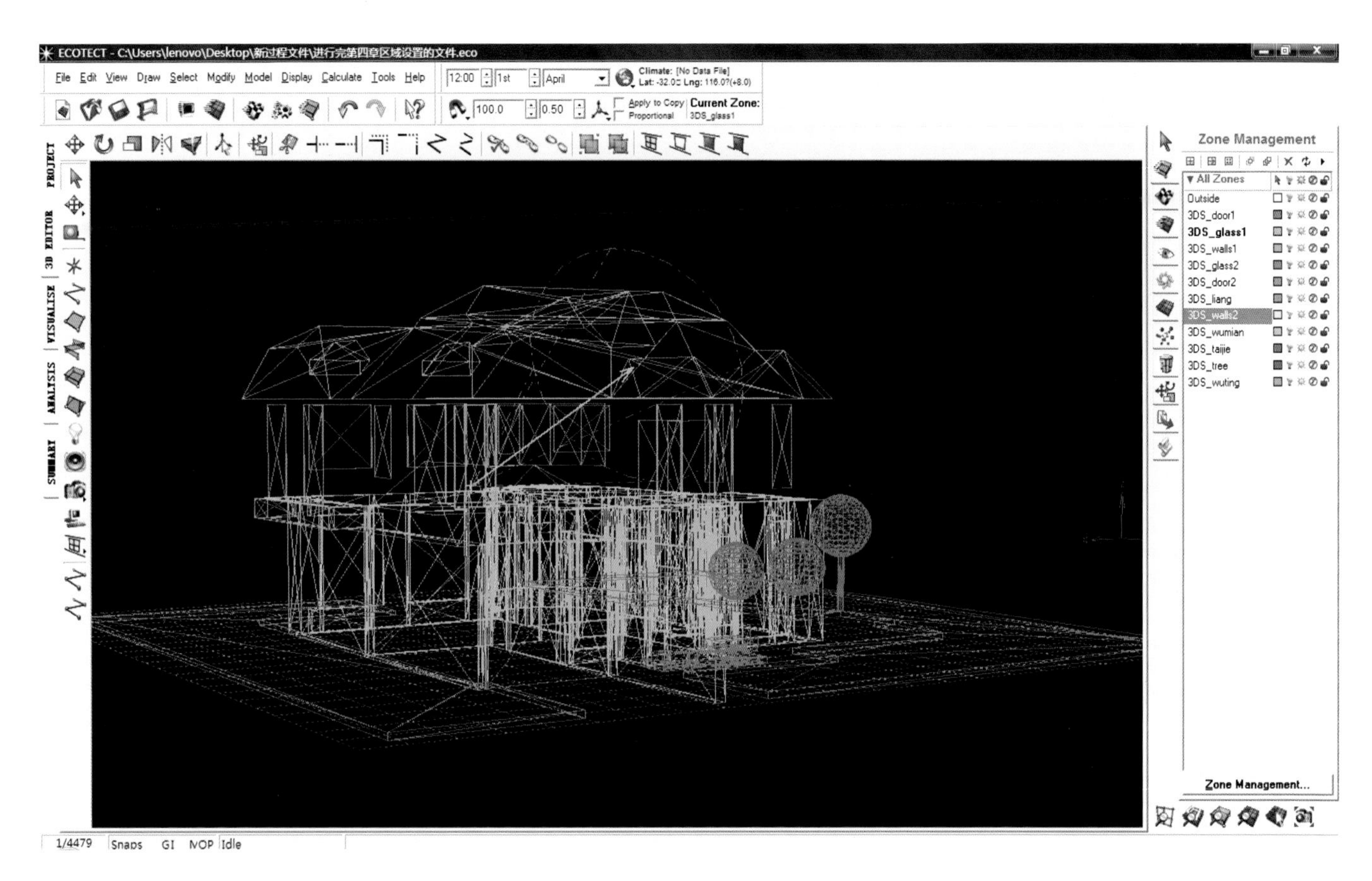


图 8–9–6　建立发声体

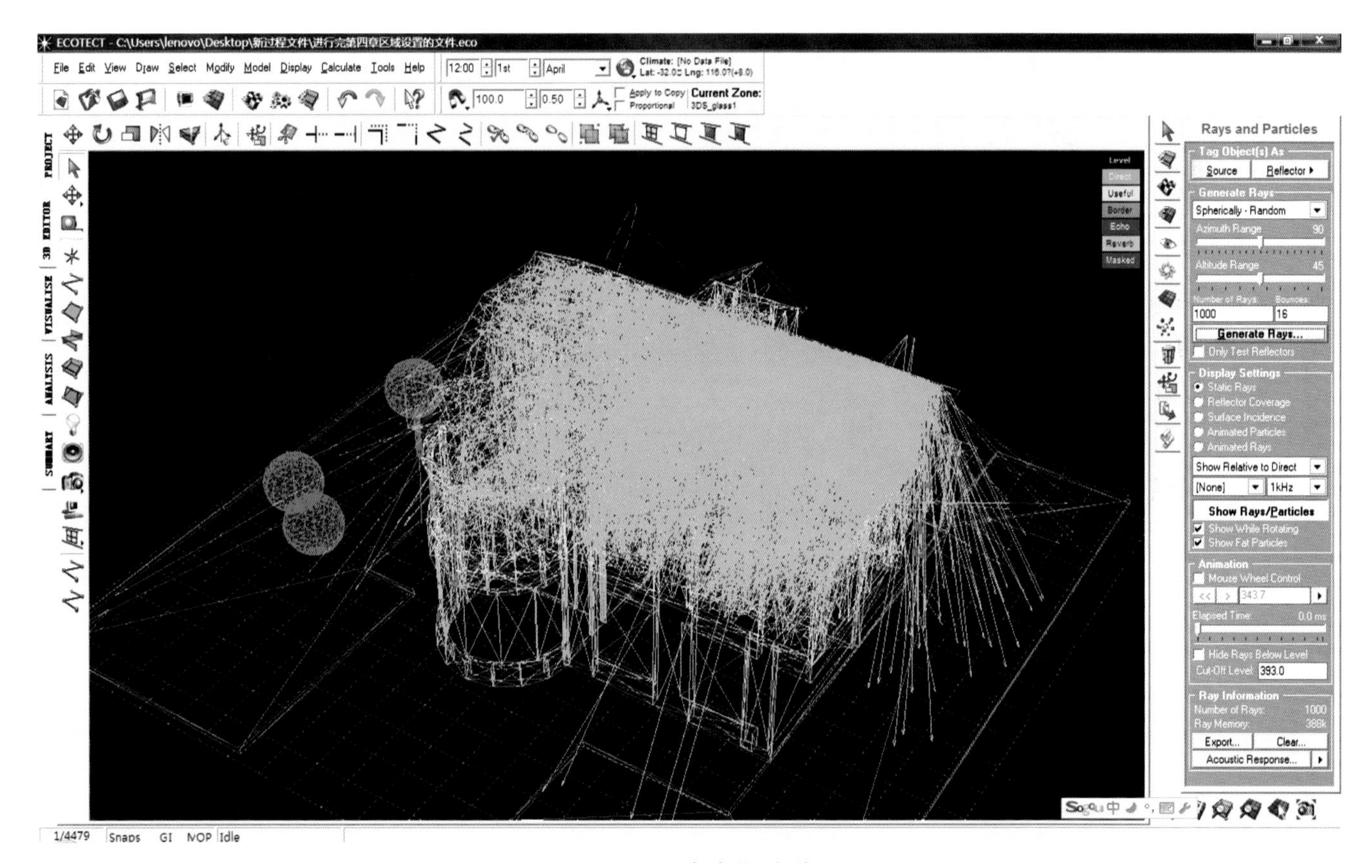


图 8–9–7　几何声学分析结果

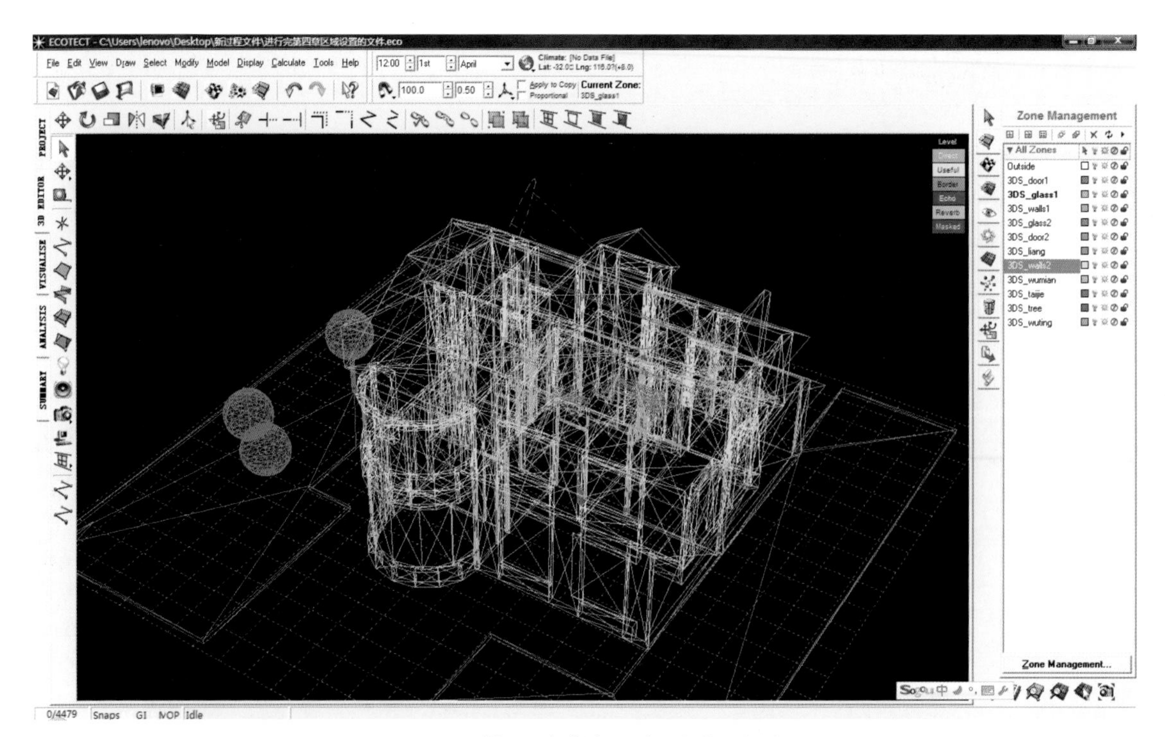


图 8–9–8　随机 10 条声波 16 次反射的分析结果

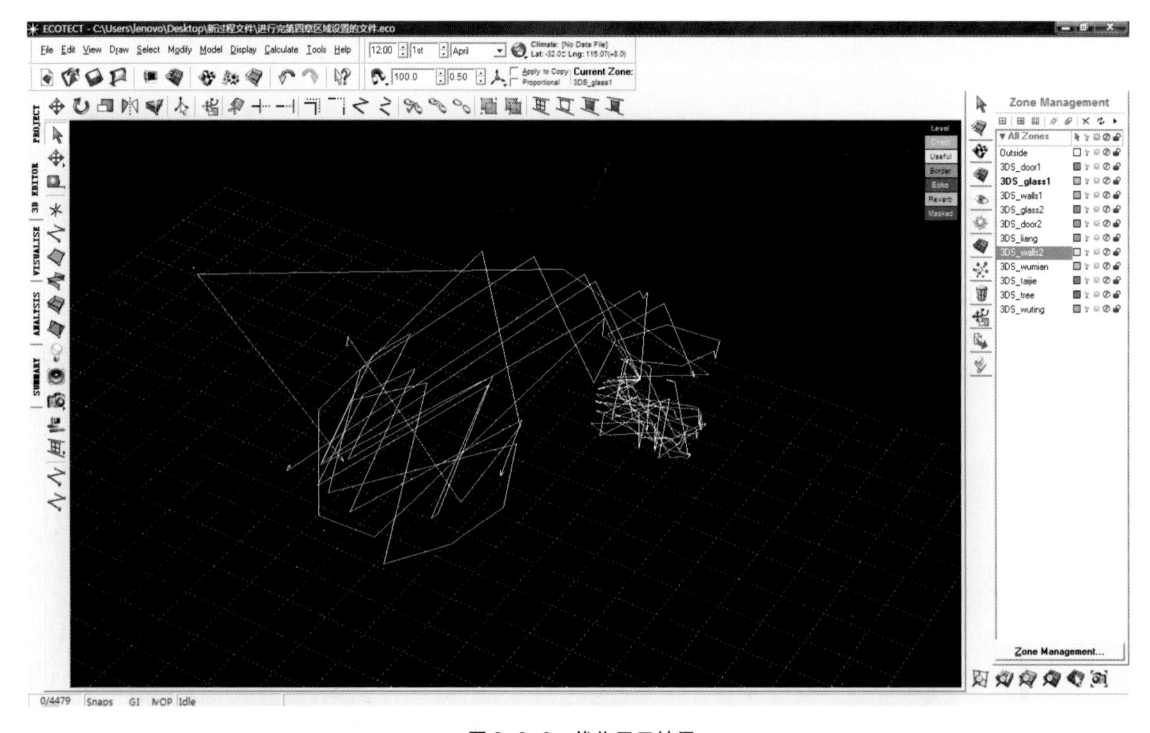


图 8–9–9　优化显示结果

## 思考题 8.9

1. 通过更改墙壁、玻璃、门、屋面的材质，寻求找到使二层混响时间为最优的材质组合方式。

2. 几何声波的查看方式不仅有声波线一种，可以尝试其他种类的查看方式，比如粒子波查看方式。并尝试粒子波的动态查看功能。

3. 波源发射波的模式选取有很多种，案例中使用的是输入波数和反射次数的方式，可以尝试其他方式中数值设置对波产生的不同影响。